复合材料的
界面行为

INTERFACIAL
BEHAVIOURS IN
COMPOSITES

杨序纲 吴琪琳 著

化学工业出版社

·北京·

本书全面阐述了复合材料的界面行为，主要包含两部分内容：第一部分介绍了界面的基本概念、界面在复合材料增强和增韧中的作用、界面的微观结构及其表征方法；第二部分主要涉及界面微观力学，阐述了几种重要复合材料在外负载下的界面行为，包括传统实验方法和近年来快速发展起来的拉曼光谱方法的详尽技术、数据处理程序和最终结果。

　　本书可作为从事复合材料研究或生产的科技工作者，高等院校相关专业教师、研究生和高年级本科生的参考用书。

图书在版编目（CIP）数据

复合材料的界面行为 / 杨序纲，吴琪琳著. 一北京：

化学工业出版社，2019.10

ISBN 978- 7- 122- 34887- 6

Ⅰ.①复… Ⅱ.①杨… ②吴… Ⅲ.①复合材料-界

面-研究 Ⅳ.①TB33

中国版本图书馆 CIP 数据核字（2019）第 149847 号

责任编辑：赵卫娟

责任校对：宋　玮　　　　　　　　装帧设计：刘丽华

出版发行：化学工业出版社
　　　　　（北京市东城区青年湖南街 13 号　邮政编码 100011）
印　　装：中煤（北京）印务有限公司
710mm×1000mm　1/16　印张 25¼　字数 450 千字
2020 年 4 月北京第 1 版第 1 次印刷

购书咨询：010-64518888　　售后服务：010-64518899
网　　址：http://www.cip.com.cn
凡购买本书，如有缺损质量问题，本社销售中心负责调换。

定　　价：168.00 元　　　　　　　　　　版权所有　违者必究

本书在《复合材料界面》（化学工业出版社，2010 年出版）一书基础上进行编写，沿用了原本的结构和框架，增补了近年来这一领域的重要研究成果，对某些内容则做了删节，篇幅增加约 50%。为了与全书内容更为贴切，将书名确定为"复合材料的界面行为"。

近年来，研究人员对界面在复合材料增强和增韧中所起的作用做了更为深入的研究，取得了重要研究成果，本书第 1 章主要增补了这方面的内容。此外，第 1 章还增补了有关界面设计的内容，包括界面改性和增强休表面改性。第 2 章涉及复合材料界面的微观结构及其表征方法和技术，主要增补了近年来获得广泛应用的原子力显微术在探索复合材料界面结构方面的主要技术和获得的重要成果。第 3 章增加了单纤维拉出试验的一个实例，叙述了试样的制备过程。近场光学的应用是近年来拉曼光谱术获得的重大进展，它使显微拉曼光谱术的空间分辨率从目前的微米级大幅提高到纳米级，将很有可能在复合材料界面研究上获得新的突破，因而在第 4 章增补了近场光学显微拉曼术的相关内容。第 5 章讨论了碳纤维增强复合材料微观力学，最近获得的有关纤维搭桥和变温下的界面行为的研究成果很有理论和应用价值，该章增补了相关的研究内容。石墨烯纳米复合材料是当前材料科技领域的研究热点，已有大量的文献报道了这类复合材料界面行为的研究成果，一些重要内容被增补在第 7 章中。其余各章则有少量删节和修正。

本书的完成得到诸多同事和亲友的鼓励和支持，程朝歌、宋云佳、贾立双、夏铭等博士、硕士研究生在查找资料和示图处理方面做了许多工作，在此表示深切感谢。

著者学识有限，书中不妥之处在所难免，敬请读者批评指正。

著者于上海

2019 年 12 月

第1章
Chapter 1
界面的形成和界面的作用

第2章
Chapter 2
复合材料界面的微观结构

第3章 | 复合材料界面微观力学的
Chapter 3 | 传统实验方法

第4章 | 界面研究的拉曼光谱术和
Chapter 4 | 荧光光谱术

第5章
Chapter 5

碳纤维增强
复合材料

第6章
Chapter 6

碳纳米管增强
复合材料

第7章
Chapter 7
石墨烯增强 复合材料

第8章
Chapter 8
玻璃纤维增强复合材料

第9章
Chapter 9
陶瓷纤维增强 复合材料

第10章
Chapter 10
高性能聚合物纤维增强复合材料

第1章

Chapter 1

界面的形成和界面的作用

对于给定的增强体和基体，它们之间的界面是复合材料性质的决定性因素。例如，两种不同性质材料的强界面结合可能产生强度成倍增大的新材料，而两种脆性材料通过弱界面结合可以组成一种具有良好韧性的复合材料。界面科学和技术历来是各领域复合材料工作者共同关注的一个焦点。人们努力使用各种表征手段了解界面的结构和性质，探索界面的形成机制，除科学上的意义外，还试图通过设计、制备结构和性质合适的界面，获得具有预定性能的复合材料。

复合材料的界面（interface）并不是单指由增强体与基体相接触的单纯的一个几何面，而是指一个包含该几何面在内的从基体到增强体的过渡区域。在该区域，物质的微观结构和性质与增强体不同，也与基体有区别，而另成一相或几相，常称为界相（interfacial phase 或 interphase）。确切的定义如下：界面区是从与增强体内部性质不同的各个点开始，直到与基体内整体性质相一致的各个点组成的区域。界面区的宽度可能从几纳米到几微米，甚至几十微米。界面区物质的微观结构和性质主要取决于基体和增强体的结构和性质、增强体的表面处理以及复合材料的制备工艺等。

图 1.1 是增强体（如某种纤维）与基体间界面区示意图。在复合材料制备过程中给定的热学、化学、力学和其它物理条件下，形成了结构和性质有别于基体和增强体的界面区。从基体和增强体材料向界面区的过渡可能是连续变化的，也可能是不连续变化的。因而，它们之间可能不存在确切的分界，也可能有局部的确切边界。需要指出的是，在某些情况下，现有测试手段的分辨本领并不能显示确切的界面区域，而只能观察到基体与增强体之间相互接

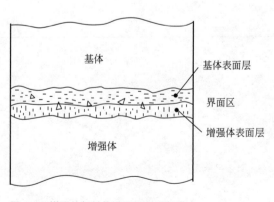

基体

基体表面层

界面区

增强体表面层

增强体

图 1.1　增强体与基体间界面区示意图

触的"模糊"边界线。

在本书随后的阐述中，为方便起见，除非特别指明，"界面"或"界面区"和"界相"或"界相区"具有相同的含义。

1.2
界面的形成机理

复合材料中增强体与基体材料的界面结合（bonding）或界面黏结（adhesive）来源于两种组成物相接触表面之间的化学结合或物理结合，或兼而有之。结合机理包括吸附和润湿（浸润）、静电吸引、元素或分子相互扩散、机械锁合、范德华力、化学基团连接以及化学反应形成新的化合物等。

1.2.1
物理结合

（1）吸附和润湿

两个电中性物体之间的物理吸附可以用液体对固体表面的润湿来描述。由润湿引起的界面结合是电子在原子级尺度的很短程范围的范德华力或酸-碱相互作用。这种相互作用点发生在组成物原子之间相互距离在几个原子直径内或者直接相互接触的情况。对于由聚合物树脂或熔融金属制备的复合材料，在制备过程的浸渍阶段，基体材料对固体增强体的润湿是必要条件。不完全润湿可能会在界面上出现气泡，形成弱界面结合。通俗地讲，润湿性是用来描述一种液体在一种固体表面上展开程度的术语。

图 1.2(a) 是固体表面上一液滴模型的示意图[1]。在三相相互接触的 A 点，根据平衡原理得出下式：

$$\gamma_{SV} = \gamma_{SL} + \gamma_{LV}\cos\theta \tag{1-1}$$

$$\theta = \arccos\frac{\gamma_{SV} - \gamma_{SL}}{\gamma_{LV}} \tag{1-2}$$

式中，γ_{SV}、γ_{SL} 和 γ_{LV} 分别是固体-蒸汽、固体-液体和液体-蒸汽界面的表面自由能；θ 是接触角，$\theta > 90°$ 的液体称为不润湿的 [图 1.2(b) 显示了 $\theta = 180°$ 的极端情况]，而 $\theta < 90°$ 的液体称为润湿的。若液体不形成液滴，亦即 $\theta = 0°$，则液体铺展在固体表面上 [图 1.2(c)]，式(1-1) 无效。此时，下列不等式成立：

$$\gamma_{SV} - \gamma_{SL} > \gamma_{LV} \tag{1-3}$$

固体（相当于复合材料中的增强体）表面自由能 γ_{SV} 必须大于或等于液体（相当于基体材料）的表面自由能 γ_{LV}，才能发生适当的润湿。参考文献 [2] 列出了一些复合材料中常用纤维和树脂的表面自由能的值。

液体表面能 γ_{LV} 和接触角 θ 的大小可实验测定。

应该注意到上述处理完全忽略了固体表面对蒸汽或气体吸附的影响。如若吸附量较大，必须做适当修正。

对于真实复合材料，仅仅考虑增强体表面与液态基体（例如树脂）之间的热动力学来讨论润湿是不够的。例如，对于纤维增强复合材料，因为这种复合材料是由大量集束在一起的微细纤维包埋于基体之中而构成，因而，除了由基体对纤维有适当的润湿性能，在纤维与基体间产生好的界面黏结外，另一个要点是在复合材料制备过程中基体充分渗入纤维束内部的能力。纤维之间的微小间隙能产生很大的毛细管力，促使基体的渗入，毛细管作用的大小（亦即渗入力的大小）与液体的表面张力和毛细管的有效半径直接相关。

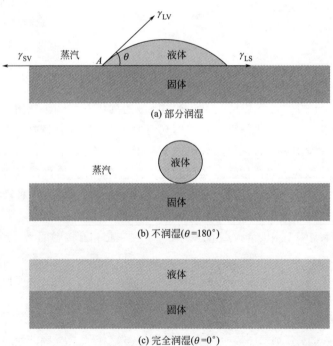

(a) 部分润湿

(b) 不润湿($\theta=180°$)

(c) 完全润湿($\theta=0°$)

图 1.2 三种不同的润湿情景

需要强调指出的是，润湿性能与界面结合强弱并非同义词。润湿性能描述固体与液体之间紧密接触的程度，高润湿性能并不意味着界面有强结合。一个具有极佳润湿性能的液-固系统，却可能只有弱范德华力类型的低能结合。小接触角意味着好的润湿性能，是强界面结合必要但不充分的条件。此外，应注意到接触角的大小还与下列因素密切相关：接触时间和温度；化学计量；表面粗糙度和表面几何；系统生成的热和电子构型等。

（2）原子或分子间的相互扩散

这种物理结合是指复合材料中增强体和基体的原子或/和分子越过两组成物的边界相互扩散而形成的界面结合。图 1.3 显示了相互扩散的两种主要方式。图 1.3(a) 所示的情况可能发生在聚合物基体复合材料中，大分子通过边界伸入对方区域并发生分子的相互缠结。结合强度取决于扩散的分子数量、发生缠结的分子数和分子间的结合强度。溶剂的存在可能会促进相互扩散。扩散的数量与分子构型、所包含的组分以及分子的流动性能密切相关。这种结合机理形成的界面常有确定的宽度，有一个可测定的界面区域或界相区。在聚合物基复合材料中，与基体材料相比，界相要软得多。例如，在单纤维与环氧树脂之间形成的厚度约为 500nm 的界相，其平均模量可能约为基体模量的 1/4。然而，刚性纤维能减弱软界相的影响，增大界相的有效模量，使其在纤维附近超过纤维的模量。

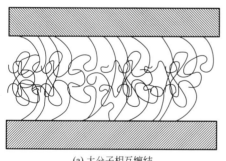
(a) 大分子相互缠结

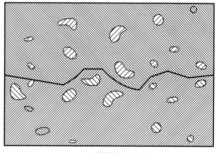
(b) 元素的相互扩散

图 1.3　相互扩散引起的界面结合

另一种相互扩散的情景如图 1.3(b) 所示。这是元素的相互扩散，常常发生在金属基和陶瓷基复合材料中。相互扩散促进了界面区元素之间的反应。对金属基复合材料，这种情况可能并不有利，因为常常会形成不希望出现的化合物。

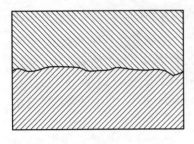

图 1.4 界面的机械锁合

（3）机械锁合

图 1.4 是界面发生机械锁合的示意图。界面的机械锁合是由于增强体和基体表面不平滑而产生的。例如，某些碳纤维并不具有光滑的表面，表面常见纵向的沟槽，如图 1.5 所示[3]，而且，常用的氧化处理还使其表面产生大量的凹陷或凸起和褶皱，同时也增大了表面积。由此产生的机械锁合是碳纤维/聚合物基复合材料重要的界面结合机制。这种类型界面的强度一般在横向拉伸时并不高，但其纵向剪切强度可能达到很高的值，这取决于表面的粗糙程度。在石墨烯纳米复合材料中也有类似的情况，石墨烯表面常存在褶皱和起伏（图 1.6[4]），这种粗糙表面有利于与基体材料形成机械锁合。有些陶瓷纤维有着粗糙的表面形态（图 1.7[5]），使机械锁合成为其复合材料界面的重要结合机制。

(a)

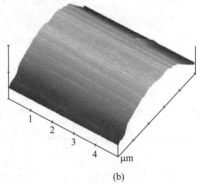

(b)

图 1.5 一种碳纤维的表面形态
(a) SEM 像；(b) AFM 像

对于近年来出现的碳纳米管增强复合材料，表面机械锁合是其界面物理结合的重要模式。图 1.8 是碳纳米管/环氧树脂复合材料界面的 TEM 像[6]。可以看到，纳米管完全包埋在环氧树脂的大分子之中，边界紧密接触，它们之间不存在间隙。纳米管的表面并非完全平滑的形态结构，例如直径变化引起的表面"台阶"。不平滑的表面几何提供了机械锁合的可能，图 1.8(d) 中箭头指示了局部机械锁合的位置。

复合材料的内应力，例如从加工温度冷却时，基体材料的收缩引起的热残

图 1.6　石墨烯表面的高分辨扫描隧道
　　　　显微（STM）像

图 1.7　一种陶瓷纤维表面的 SEM 像

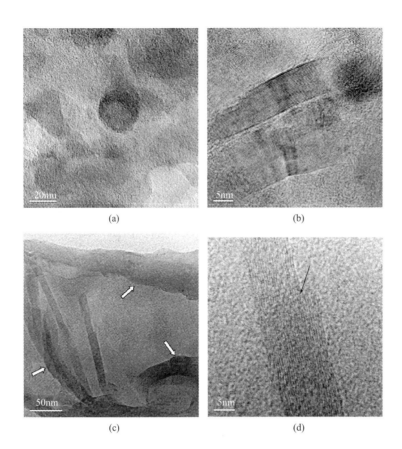

图 1.8　碳纳米管/环氧树脂复合材料界面的 TEM 像

（a）黑暗区域是包埋在 PS 中的碳纳米管；（b）碳纳米管/PS 界面的细节，碳纳米管直径的变化和曲折促进了机械锁合；（c）碳纳米管的弯曲和不均匀的直径；（d）碳纳米管的纵向切面

余应力，对机械锁合有重要影响。如果内应力是垂直于增强体表面的径向应力，它将显著增大机械锁合的效果。在许多陶瓷基复合材料中，这种机理是主要的界面结合来源，并且在控制其破坏阻抗中起决定性作用。

（4）静电引力

复合材料增强体与基体在界面上静电荷符号的不同引起的相互吸引力也是产生界面结合的一种方式。图1.9是静电引力引起的界面结合示意图。由静电引力引起的界面强度取决于电荷密度。这种引力对界面结合强度的贡献对多数复合材料似乎并非是主要的。然而，纤维表面用交联剂处理后，它的贡献是举足轻重的。

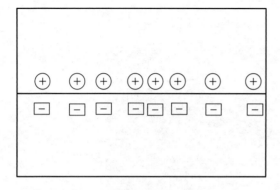

图1.9　静电引力引起的界面结合示意图

（5）基体材料的重结晶

复合材料的增强体会引起某些聚合物基体材料在增强体表面附近的重结晶，形成结构与基体材料显著不同的界面层。例如，在氧化铝纤维/聚丙烯复合材料中，氧化铝纤维表面附近常常形成全同立构聚丙烯树脂（IPP）的穿晶结构[7]。在碳纳米管/聚合物复合材料中，也发现在增强体纳米管附近出现了与基体不同的结晶结构或有序程度[8,9]。增强体表面的异物和缺陷似乎起着晶核的作用，是重结晶的起始点。

图1.10从图（a）到图（b）再到图（c）显示了 Al_2O_3/IPP 中界面穿晶结构的形成过程[7]。由于 Al_2O_3 纤维的存在，在纤维表面附近的 IPP α 球晶重新结晶，转变为 α 穿晶或 β 穿晶。穿晶层的形成对复合材料界面强度有影响。单纤维断裂试验表明，穿晶层改善了界面性质。

重结晶形成了增强体与基体之间的界面层，是界面结合的一种方式，它对界面性质的影响有待做进一步研究。

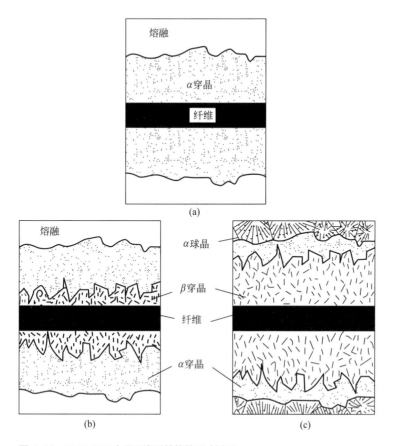

图 1.10 Al_2O_3/IPP 中界面穿晶结构的形成过程

1.2.2
化学结合

界面的化学结合机理可分为两种类型：一类只是增强体和基体基团之间化学键的结合，不产生新的化合物；另一类则发生化学反应，产生新的化合物。

（1）化学键结合

在这种界面结合机理中，纤维表面的化学基团与基体中另一个与之相容的化学基团之间形成一个新的化学键，如图 1.11(a) 所示。例如，在玻璃纤维/环氧树脂复合材料的制备过程中，硅烷交联剂水溶液中的硅烷基团与玻璃纤维表面的羟基发生反应，而其另一端的基团（乙烯基）则与基体中的环氧基团发生反应，从而形成了纤维与基体之间的有效结合。这种化学反应结合理论也能成功地解释碳纤维的表面氧化处理显著地促进了碳纤维与许多不同聚合物树脂的有效界面结合。

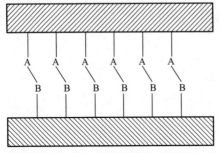

(a) 增强体表面基团A与基体表面基团B之间的化学反应　　　(b) 形成新化合物的化学反应

图 1.11　界面化学结合机理

　　碳纳米管/聚合物复合材料也有类似的界面结合方式，将聚合物大分子链连接于碳纳米管的外壁。例如，在制备多壁碳纳米管/聚碳酸酯复合材料时，首先将纳米管表面进行环氧化改性[10]，随后使其与羟基端环氧化物分子反应。这些功能基团最后与聚碳酸酯基体的分子链起反应，使聚碳酸酯链被束缚于碳纳米管的外壁[11]。图 1.12 是其界面区束缚分子示意图。大分子并不连接于未改性纳米管的表面［图 1.12(a)］，而经过表面处理的碳纳米管表面连接了聚合物大分子［图 1.12(b)］。

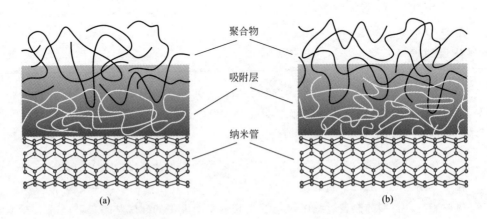

图 1.12　碳纳米管表面的束缚分子

（a）大分子未连接于碳纳米管表面；（b）大分子连接于碳纳米管表面

（2）反应化合物结合

这种界面结合模式通常发生在金属基复合材料中，反应导致在界面区出现新的化合物。图1.11(b) 为其示意图。在以熔融金属浸润工艺制备的金属基复合材料中，尤其会出现这种反应。一般而言，在界面区形成新的化合物对复合材料的力学性能是有害的。图1.13(a) 为一种莫来石（mullite）纤维增强合金基体复合材料（$3Al_2O_3 \cdot 2SO_2/Al\text{-}Cu\text{-}Mg$）界面区的电子显微图。可以观察到界面附近颗粒状的反应产物。对界面产物进行 EDX 分析和 SAD 花样［图1.13(b)］分析，可以确定该产物是 $MgAl_2O_4$ 尖晶石晶体。

对大部分陶瓷基复合材料，在增强体与基体之间一般不发生化学反应。

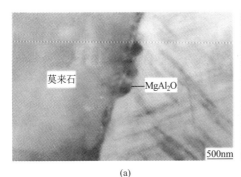
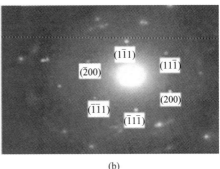

(a)　　　　　　　　　　　　　　　　(b)

图1.13　$3Al_2O_3 \cdot 2SiO_2/Al\text{-}Cu\text{-}Mg$ 金属基复合材料界面区的 TEM 分析

（a）TEM 像；（b）界面反应物的选区电子衍射（SAD）花样

1.3 界面的作用

一般而言，界面的作用是将增强体与基体材料黏结在一起形成复合材料整体，并将负载（负荷）从基体传递到增强体，而在有些情况下，偏转基体中裂缝的传播方向才是界面的主要作用。

对以增强为主要目标的复合材料，人们寻求各种方法和技术加强增强体与基体之间的结合，以便界面能有效地传递应力。高界面强度（包括界面剪切强度和横向拉伸强度）被认为是获得高性能复合材料的必要条件。这对于高性能纤维增强聚合物基复合材料大多是合理的。最常用的方法是纤维表面处理，赋予纤维表面新的化学或物理性质，以便与基体材料形成更强固的结合。例如，对玻璃纤维的交联剂处理使纤维表面与基体之间通过交联剂发生化学反应，形成强界面结合。碳纤维的表面处理，例如氧化处理、等离子体蚀刻和等离子聚合物表面涂覆等，改善了纤维表面的化学或/和物理性质，能显著地增强碳纤维与聚合物间的界面结合。对高性能聚合物纤维，则常用化学蚀刻、化学接枝、等离子处理和添加交联剂等技术改善表面化学活性和物理性质，以达到与聚合物基体的强界面结合。

基体材料的改性也用于改善界面结合性能，以获得合适的界面强度。

界面强结合的另一个作用是在复合材料使用过程中，对恶劣环境（力学、温度和湿度等工作条件）有强抵御能力。

对金属基复合材料，通常也要求具有强界面结合。界面的作用同样主要是保证可靠的应力传递。在高温制备过程中界面区的反应产物一般有利于增强界面的化学结合，但降低了复合材料的总体力学性能。所以，需要在各项所期待具备的性能之中取一个折衷点，在复合材料的设计和制备时，适当控制界面化学反应。

有一类复合材料，例如陶瓷基复合材料，增强剂的加入主要是为了改善材料的韧性。这时，要求复合材料的界面有弱结合，低界面结合强度产生的增强体与基体之间在外负载作用下的脱结合、偏转缝裂传播方向和增强体拉出等现象增强了材料的韧性。界面结合强度对复合材料破坏过程和结果所起的作用可用图 1.14 说明[2]。如果陶瓷基体与纤维之间有很强的界面结合，在复合材料某点产生的裂缝将快速穿越复合材料整体，产生平面状的断裂面，如图 1.14(a) 所示。换句话说，纤维/基体的强界面结合不允许在破坏过程中有额外的能量消耗，亦即具有强界面结合的陶瓷基复合材料的断裂过程是一种低能量断裂过程，与纯陶瓷材料的断裂情况没有什么不同。这种情况下，如果纤维的模量并不是显著高于基体，材料并无任何增韧效果。如若界面是弱结合，界面将起到阻滞裂缝传播的作用。由于脱结合的发生，使得裂缝转向与其原始方向垂直的方向传播，如图 1.14(b) 所示。此时，产生与原有裂缝相垂直的二次裂缝（亦即沿界面的裂缝），并消耗了额外的能量，总的断裂能增大了，材料获得增韧。除陶瓷材料外，对于某些脆性聚合物材料，如环氧树脂，增强体的添加也常常是为了增强材料的韧性。这时，适当的弱结合界面也是被要求的。

为了获得弱结合的界面，必须避免增强体/基体间界面的化学反应或者减弱反应的程度。常用的方法是在制备复合材料之前，在增强体表面涂布一层覆盖

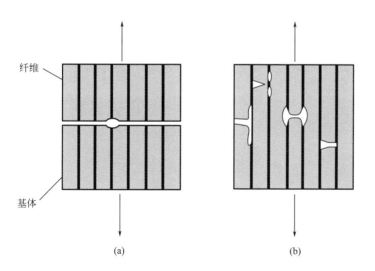

纤维

基体

(a)   (b)

图 1.14 复合材料不同形式的破坏过程
(a) 强结合界面；(b) 弱结合界面

物。例如，在碳化硅纤维表面涂布碳薄层能有效地控制复合材料界面的力学性质，如强度和韧性。

复合材料的性能取决于所选用的基体和增强体材料的性质，以及在它们之间形成的界面。对于给定的基体和增强体系统，界面的结构和性质是影响复合材料性能的决定性因素。复合材料的研究和生产人员希望通过控制界面获得所期望的复合材料性能。因此，对复合材料界面行为的研究常常成为复合材料领域的核心问题。

然而，人们对复合材料界面的认识远未完成。界面研究主要面临两方面的问题：一是界面应力传递，探索负载下应力通过界面从基体向增强体传递的方式和规律，此时，不考虑界面不均匀的微观结构，而作为均一体来处理；二是界面的微观结构和性质，包括结合物理和结合化学，并进一步延伸到界面结构和性质与复合材料整体性能之间的关系。

复合材料界面区的形成或是一个物理过程，或是一个化学过程，或是两个过程兼而有之，这取决于增强体和基体材料的性质、增强体的表面改性、基体材料的改性以及复合材料的制备工艺条件，如热学、化学和力学环境等。从微观角度考虑，界面的形成过程取决于增强体和基体表面（或表面层）的原子排列、分子构型和化学成分，也有关于增强体的形态学性质和各组成物的扩散性能。因此，对不同的增强体/基体系统，界面都有其各自特有的性质。本书随后的阐述将以典型复合材料为例引伸出各系统界面行为的共性。

1.4
增强机制

1.4.1
理论预测

许多学者很早就对增强体对材料的增强机制做出了理论分析[12-14]，指出增强作用来源于基体通过界面剪切应力将外负载传递给增强体（例如纤维），在大多数情况下，增强体是复合材料真正的承载组分。

现以由高模量纤维和低模量基体组成的模型复合材料为考察对象，粗略分析负载传递的情景。图1.15(a)显示了施加外负载前的模型示意图，图中的假想垂直线连续地穿越纤维与基体之间的界面。假定纤维与基体之间有强结合，两者的泊松比相同。复合材料施加轴向负载后的情景显示在图1.15(b)中。外负载并未直接施加于纤维上，如此，考虑到纤维与基体有不相同的模量，两者将产生不同的位移。这种不同轴向位移的存在意味着在基体中平行于纤维轴向的剪切应力的发生，此时想象中的无应力状态下的垂直线将会发生弯曲。正是借助于基体中的这种剪切应变（应力）实现了外负载向增强体纤维的转移。

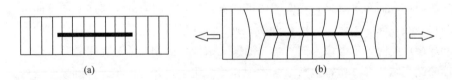

(a)   (b)

图1.15 复合材料剪切应力产生的示意图
(a) 形变前；(b) 形变后

按以下方法处理沿纤维/基体界面的应力分布。

假定纤维和基体都是弹性体。诸如碳纤维和陶瓷纤维大都是弹性体，聚合物和陶瓷基体也可作弹性体处理，而金属在破坏前常常表现出弹性和塑性变形。

设想一长为 l 的纤维被包埋于基体中，该组合体承受外加应变，如图1.16

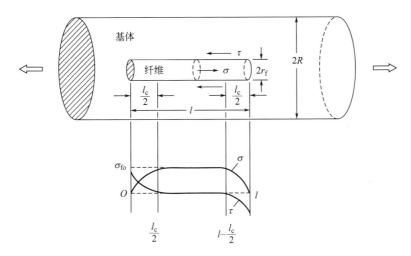

图 1.16　纤维增强复合材料的负载传递

所示。假定：①纤维与基体之间有完善的结合，亦即它们之间不会发生滑移；②纤维和基体有相同的泊松比，这意味着在施加沿纤维轴向的外负载时，不会产生横向应力。令距离纤维一端头为 x 的点，当存在纤维时位移为 u，而不存在纤维时位移为 v，则对于从基体向纤维的负载传递有下式成立：

$$\frac{\mathrm{d}P_\mathrm{f}}{\mathrm{d}x} = B(u - v) \tag{1-4}$$

式中，P_f 是施加于纤维上的负载；B 是一常数，取决于纤维在基体中的排列几何、基体的类型以及纤维和基体的模量。微分式(1-4)，得到下式：

$$\frac{\mathrm{d}^2 P_\mathrm{f}}{\mathrm{d}x^2} = B\left(\frac{\mathrm{d}u}{\mathrm{d}x} - \frac{\mathrm{d}v}{\mathrm{d}x}\right) \tag{1-5}$$

$$\frac{\mathrm{d}u}{\mathrm{d}x} = \text{纤维应变} = \frac{P_\mathrm{f}}{E_\mathrm{f}A_\mathrm{f}}$$

$$\frac{\mathrm{d}v}{\mathrm{d}x} = \text{远离纤维处基体的应变} = \text{外加应变 } e$$

式中，E_f 和 A_f 分别是纤维的杨氏模量（弹性模量）和横截面积。如此，方程式（1-5）可以改写为：

$$\frac{\mathrm{d}^2 P_\mathrm{f}}{\mathrm{d}x^2} = B\left(\frac{P_\mathrm{f}}{A_\mathrm{f}E_\mathrm{f}} - e\right) \tag{1-6}$$

这个微分方程的解为：

$$P_\mathrm{f} = E_\mathrm{f}A_\mathrm{f}e + S\sinh\beta x + T\cosh\beta x \tag{1-7}$$

式中，

$$\beta = \left(\frac{B}{A_f E_f}\right)^{1/2} \tag{1-8}$$

S 和 T 为常数。使用下列边界条件可求得 S 和 T：

当 $x=0$ 和 $x=l$ 时，$P_f=0$。代入方程式(1-7)，并使用半角三角公式，获得如下结果：

对 $0 < x < l/2$，

$$P_f = E_f A_f e\left[1 - \frac{\cosh\beta(l/2-x)}{\cosh(\beta l/2)}\right] \tag{1-9}$$

或者

$$\sigma_f = \frac{P_f}{A_f} = E_f e\left[1 - \frac{\cosh\beta(l/2-x)}{\cosh(\beta l/2)}\right] \tag{1-10}$$

纤维中的最大可能应变是外加应变 e，因而最大应力为 eE_f。如果纤维足够长，纤维应力将从两端头向中部增大到最大值。据此，可以计算得到纤维的平均应力为：

$$\bar{\sigma}_f = \frac{E_f e}{l}\int_0^l \left[1 - \frac{\cosh\beta(l/2-x)}{\cosh(\beta l/2)}\right]dx = E_f e\left[1 - \frac{\tanh(\beta l/2)}{\beta l/2}\right] \tag{1-11}$$

依据力平衡原理，能够得到沿纤维/基体界面剪切应力的变化。考虑图 1.16，有下式成立：

$$\frac{dP_f}{dx}dx = 2\pi r_f dx\tau \tag{1-12}$$

纤维上的拉伸负载 $P_f = \pi r_f^2 \sigma_f$，代入式 (1-12)，得到：

$$\tau = \frac{1}{2\pi r_f} \times \frac{dP_f}{dx} = \frac{r_f}{2} \times \frac{d\sigma_f}{dx} \tag{1-13}$$

联合式(1-10) 和式(1-13)，得到：

$$\tau = \frac{E_f r_f e\beta}{2} \times \frac{\sinh\beta(l/2-x)}{\cosh(\beta l/2)} \tag{1-14}$$

图 1.16 下方显示了 τ 和 σ_f 随距离 x 的变化曲线。式(1-14) 中剪切应力 τ 的极大值应该是下列两剪切应力中的较小者：①基体的剪切屈服应力；②纤维/基体间界面的剪切强度。在外负载作用下，这两个剪切应力中无论哪一个首先达到都将控制负载传递现象，应该被应用于式(1-14) 中。

按以下方法确定常数 B，以便计算 β 值。

β 值的大小取决于纤维在基体中的排列几何。参考图 1.16，假设纤维长度 l 远大于纤维半径 r_f。令 $2R$ 为平均纤维间距，在距离纤维轴 r 处沿纤维轴向的剪切应力为 $\tau(r)$。则在纤维表面处（$r=r_f$），有下式成立：

$$\frac{\mathrm{d}P_\mathrm{f}}{\mathrm{d}x} = -2\pi r_\mathrm{f}\tau(r_\mathrm{f}) = B(u-v)$$

亦即有：

$$B = -\frac{2\pi r_\mathrm{f}\tau(r_\mathrm{f})}{u-v} \tag{1-15}$$

令 w 为基体的实际位移，则在不允许滑移的情况下，在纤维/基体的界面有 $w=u$。在距离纤维中心 R 处，基体位移不受纤维是否存在的影响，有 $w=v$。考虑到作用在 r_f 与 R 之间基体上的力平衡，有下式成立：

$$2\pi r\tau(r) = 常数 = 2\pi r_\mathrm{f}\tau(r_\mathrm{f})$$

或者

$$\tau(r) = \frac{\tau(r_\mathrm{f})r_\mathrm{f}}{r} \tag{1-16}$$

对基体中的剪切应变 γ，有式 $\tau(r) = G_\mathrm{m}\gamma$ 成立，式中 G_m 是基体的剪切模量。则有：

$$\gamma = \frac{\mathrm{d}w}{\mathrm{d}r} = \frac{\tau(r)}{G_\mathrm{m}} = \frac{\tau(r_\mathrm{f})r_\mathrm{f}}{G_\mathrm{m}r} \tag{1-17}$$

从 r_f 到 R 积分，得到：

$$\int_{r_\mathrm{f}}^{R} \mathrm{d}w = \Delta w = \frac{\tau(r_\mathrm{f})r_\mathrm{f}}{G_\mathrm{m}}\int_{r_\mathrm{f}}^{R} \frac{1}{r}\,\mathrm{d}r = \frac{\tau(r_\mathrm{f})r_\mathrm{f}}{G_\mathrm{m}}\ln\left(\frac{R}{r_\mathrm{f}}\right) \tag{1-18}$$

根据定义：

$$\Delta w = v - u = -(u-v) \tag{1-19}$$

联合式(1-18) 和式(1-19)，得到：

$$\frac{\tau(r_\mathrm{f})r_\mathrm{f}}{u-v} = -\frac{G_\mathrm{m}}{\ln(R/r_\mathrm{f})} \tag{1-20}$$

联合式(1-15) 和式(1-20)，得到：

$$B = \frac{2\pi G_\mathrm{m}}{\ln(R/r_\mathrm{f})} \tag{1-21}$$

将上式代入式(1-8)，得到负载传递参数 β：

$$\beta = \left(\frac{B}{E_\mathrm{f}A_\mathrm{f}}\right)^{1/2} = \left[\frac{2\pi G_\mathrm{m}}{E_\mathrm{f}A_\mathrm{f}\ln(R/r_\mathrm{f})}\right]^{1/2} \tag{1-22}$$

式中，R/r_f 是纤维在基体中排列几何的函数。对纤维的正方形排列，$\ln(R/r_\mathrm{f}) = \frac{1}{2}\ln(\pi/V_\mathrm{f})$，式中 V_f 为纤维体积含量；而对于六角形排列，$\ln(R/r_\mathrm{f}) = \frac{1}{2}\ln(2\pi/\sqrt{3}V_\mathrm{f})$。定义 $\ln(R/r_\mathrm{f}) = \frac{1}{2}\ln(\phi_\mathrm{max}/V_\mathrm{f})$，式中 ϕ_max 是极大排列因

子（或称最大填充系数）。将其代入式（1-22），得到：

$$\beta = \left[\frac{4\pi G_\mathrm{m}}{E_\mathrm{f} A_\mathrm{f} \ln(\phi_{\max}/V_\mathrm{f})}\right]^{1/2} \tag{1-23}$$

从式中可见，比值 $G_\mathrm{m}/E_\mathrm{f}$ 越大，β 值越大，这意味着从纤维端头向中部应力的增大越快。

图 1.16 的下方显示了纤维应力 σ 和界面剪切应力 τ 沿纤维轴向的分布。根据前述边界条件，在纤维的两端头应力为零。从纤维端头开始向中部应力逐渐增大，如若纤维足够长，纤维的大部分都有应力最大值。这产生了负载传递的临界长度概念，它是研究增强理论的一个重要参数，将在以后的章节中涉及。剪切应力在纤维端头有最大值。基体屈服或界面破坏将从纤维端头处开始发生。

上述讨论表明为了使高强纤维的负载达到它的最高强度，基体必须有强剪切强度。对于金属类基体，高剪切应力将使其发生塑性流动。对这类增强体弹性/基体塑性系统的处理程序可参阅相关文献[2]。

1.4.2
实验研究

显微拉曼光谱术[15]是复合材料增强体增强行为研究的强有力手段。这种技术能以微米级的空间分辨率测得外负载下复合材料增强体的应变分布。近来发展起来的近场拉曼光谱术则将空间分辨率进一步提高到纳米级[16]。

当前复合材料的几种最重要的增强体，包括在积极研究中的和已经得到大量应用的，例如石墨烯[17,18]、碳纳米管[8,19]、碳纤维[20,21]、陶瓷纤维[22-24] 和许多有机纤维[25-27]，在自由（无形变）状态和形变状态下都显示特征拉曼峰，有的还显示特征荧光峰[28-31]。这种实验研究方法的理论依据如下所述。

一些重要的、常用的增强体在受到外力作用时，其拉曼特征峰的频移（或荧光峰的波数）将向高频移（或波数）方向或低频移（或波数）方向偏移，例如，碳纤维承受拉伸应力时，它的几个特征峰将向低频移方向偏移，而氧化铝纤维 PRD-166 在承受拉伸应力时，某些特征峰则向高频移方向偏移，荧光峰 R_1 和 R_2 向高波数方向偏移。偏移量的大小是材料本身、所考察的特征峰和材料杨氏模量的函数。令人感兴趣的是频移（或波数）的偏移量常常与增强体所受的应力/应变有线性函数关系。利用这种简单的数学关系能够方便地测量复合材料中增强体的应力/应变状态。显微拉曼光谱术由于具有高空间分辨率，已经广泛地应用于测定复合材料中增强体应变的点-点分布，并据此获得界面剪切应力分布。

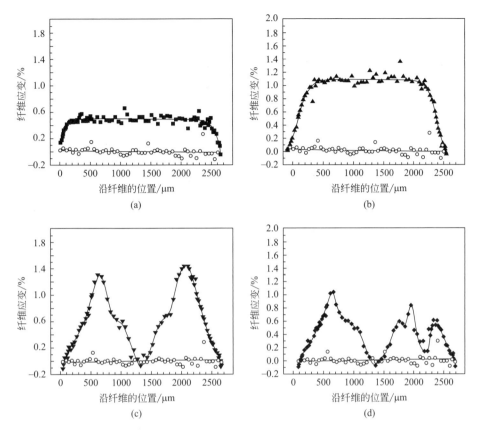

图 1.17　不同轴向拉伸负载（应变）下 Kevlar-149/环氧树脂中纤维的应变分布
（a）应变 0.5％；（b）应变 1.0％；（c）应变 1.5％；（d）应变 2.0％

　　图 1.17 显示了使用显微拉曼光谱术测得的不同轴向拉伸负载下 Kevlar-149/环氧树脂复合材料中纤维的应变分布。在较大应变（0.5％ 和 1.0％）下，纤维应变从两端头的零应变增加到中部的与基体相同的应变大小［图 1.17(a) 和（b）］。这与前述剪切-滞后（剪-滞）理论的分析结果一致。图 1.17(c) 和（d）则显示了不一样的情景。这时纤维发生断裂，断裂后的纤维长度不足以使其中部的应变达到基体的应变值，而下跌为较小的值。图 1.18 是对陶瓷基复合材料氧化铝-氧化锆 PRD-166 纤维/玻璃 SLS 的测定结果。图 1.18(a) 显示了复合材料在不同拉伸应变下纤维的应变分布，由纤维荧光峰 R_1 波数的偏移计算得到。在复合材料拉伸负载下纤维都有负应变值，处于压缩状态。这是由于复合材料制备过程中产生的热残余应力，使自由状态下复合材料中的纤维具有压缩应变，拉伸负载仅仅使得其压缩应变减小。复合材料不同外加应变下界面剪切

应力沿纤维轴向的分布如图 1.18(b) 所示。

上述实验测定结果表明复合材料通过界面剪切应力将负载传递给增强体，从而由增强体承担主要负载，达到材料的增强效果。

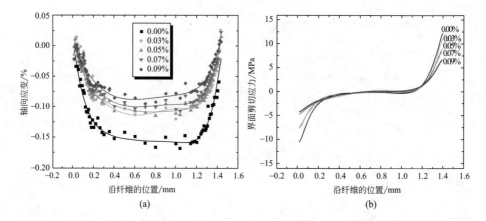

图 1.18　氧化铝-氧化锆 PRD-166 纤维/玻璃 SLS 复合材料的纤维轴向应变和界面剪切应力分布
（a）纤维轴向应变；（b）界面剪切应力

1.5
增韧机制

有多种机制能使填充物增强复合材料的断裂韧性，这些机制中界面大都起着至关重要的作用。主要有下列几种增韧机制：脱结合（debonding）和拉出（pull-out）、裂纹转向（crack deflection）、裂纹钉扎（crack pinning）、裂纹搭桥（crack bridging）、微开裂（microcracking）、塑性区分支（plastic-zone）和裂纹尖端钝化（crack tip blunting）等。

1.5.1
脱结合和拉出

在增强体与基体的界面结合足够强又不太强时，在外力作用下增强体从基体脱结合或拉出，并随后在聚合物中形成塑性孔穴（图 1.19[2]），是复合材料十分重要的增韧机制。除了在脱结合和拉出过程中耗散能量外，也在脱结合和拉出之后基体的塑性变形中耗散能量。在纤维增强增韧复合材料中这种增韧机制已经得到广泛研究。要充分发挥这种机制的增韧作用，增强体与基体的界面结合程度是关键因素。过强的界面结合将导致裂纹穿过增强体（增强体破坏），不发生脱结合和拉出；过弱的界面结合则难以实现应力传递，增强体反而成为材料的缺陷，恶化了材料的力学性质。实际上，为了获得合适的界面结合强度，常常采取各种方法对增强体表面做修饰处理，例如在增强体表面涂覆表面活性剂和其它物质。本章 1.3 节图 1.14 详细说明了脱结合和拉出的增韧作用。文献[6] 建立的模型分析了一根直径变化的碳纳米管从线型聚乙烯分子束基体中拉出的过程，对理解脱结合和拉出的增韧作用和借鉴实验方法颇有参考价值。

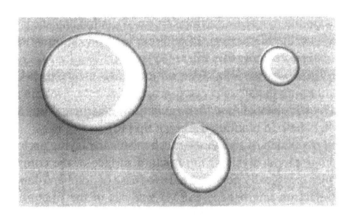

图 1.19 增强体与基体的脱结合或拉出

　　有许多方法和技术可用于表征增强体的脱结合和拉出及其增韧作用。例如从拉出力的变化规律和界面断裂能描述这一物理现象。对模型复合材料增强体的拉出试验，如小型拉伸仪下的单纤维拉出试验和在 AFM 下碳纳米管的拉出试验，是最常用的技术之一。从测试的结果中常常能推测出复合材料的界面结合机制和增韧机制。这些方法和技术将在随后各章节中详述。

　　断裂面的 SEM 观察是界面脱结合和拉出现象直观、方便而有效的表征方法。图 1.20 显示了纤维增强复合材料典型的界面脱结合和增强体拉出后的增强体表面和与增强体分离后的基体形态[32,33]。试样是一种高抗磨损的 C/C 复合材料拉断后的断裂面，SEM 像显示了拉出纤维的表面和它在基体中留下的"内壁"。这种表面和内壁可以认为是纤维与基体脱结合后的界面。可以看到，脱结合几乎没有导致纤维表面和基体内壁的任何损伤。将拉出纤维表面形态与原材料纤维表面形态相比较也没有发现什么变化。据此,可以判断纤维与基体间只有很松散的结合,而且可能不存在有确定厚度的界相层,拉出过程是一个克服摩擦力消耗能量的过程,材料因此获得增韧。在石墨烯/聚合物纳米复合材料中发生的石墨烯脱结合和拉出现象已在复合材料断裂面的 SEM 表征中观察到,尽管这种观察多少有些不容易(因为衬度较弱)。图 1.21 显示了石墨烯/环氧树脂纳米复合材料裂纹中被拉出的石墨烯片[34]。石墨烯片似乎被一薄层聚合物所包裹。尽管从该图像还难以判断脱结合是发生在界面还是在界面区附近的基体材料,这种脱结合和拉出行为已经消耗了能量,增强了材料的韧性。注意到上述两个实例有不同的增韧机制:前者主要依靠拉出过程中克服摩擦力消耗能量达到增韧,而后者在脱结合和拉出过程中基体材料(或界面区材料)的塑性变形是主要的增韧机制。

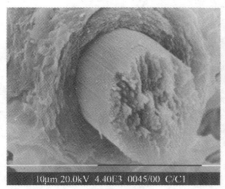 

(a) 脱结合后的纤维表面　　　　　　　　(b) 脱结合后的基体内壁

图 1.20　C/C 复合材料拉伸破坏后断裂面的 SEM 像

1.5.2
裂纹转向

由复合材料增强体与基体间界面引起的裂纹转向是增大能量耗散的一个重要机制。这时,界面性质显然是一个十分关键的因素。当裂纹前缘遭遇第二相物质时,它有两种方式继续前行:"切开"它和绕过它(亦即偏离原来的轨迹)。裂纹穿过脆性增强体并不能改善聚合物的韧性,因为在脆性破坏时能量耗散不大。但是,如果裂纹倾斜或扭转绕过增强体,裂纹将改变方向,增加了总断

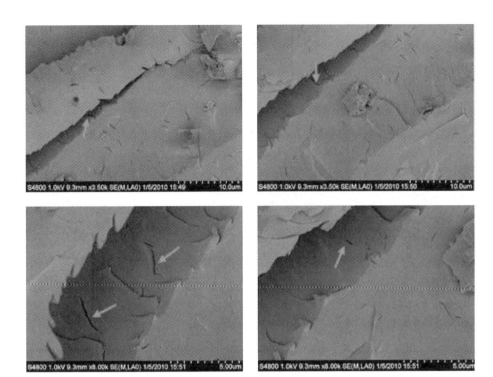

图 1.21　石墨烯/环氧树脂纳米复合材料断裂面的 SEM 像

裂面面积，从而增大能耗。将断裂能的大小与断裂面粗糙度相联系是确认裂纹转向是否是增韧机制的一种方法。影响裂纹转向并因此增强断裂韧性的因素主要有基体强度、增强体强度及基体与增强体之间的界面性质。裂纹转向增韧机制的理论研究早期已有报道[35]。根据 Faber 和 Evans 的理论分析，假定增强体微粒间距不变和尺寸均匀，对不同几何形状的增强体，裂纹倾斜转向对增韧的贡献可用下式计算：

$$\frac{(G_{\mathrm{C}}^{\mathrm{t}})_{\mathrm{Sphere}}}{(G_{\mathrm{C}}^{\mathrm{Matrix}})} = 1 + 0.87 V_{\mathrm{f}} \tag{1-24}$$

$$\frac{(G_{\mathrm{C}}^{\mathrm{t}})_{\mathrm{Rod}}}{(G_{\mathrm{C}}^{\mathrm{Matrix}})} = 1 + V_{\mathrm{f}} \left[0.6 + 0.014 \frac{h}{2r} - 0.0004 \left(\frac{h}{2r} \right)^2 \right] \tag{1-25}$$

$$\frac{(G_{\mathrm{C}}^{\mathrm{t}})_{\mathrm{Plate}}}{(G_{\mathrm{C}}^{\mathrm{Matrix}})} = 1 + 0.28 V_{\mathrm{f}} \frac{l}{t} \tag{1-26}$$

式中，$\dfrac{(G_{\mathrm{C}}^{\mathrm{t}})_{\mathrm{Sphere}}}{(G_{\mathrm{C}}^{\mathrm{Matrix}})}$、$\dfrac{(G_{\mathrm{C}}^{\mathrm{t}})_{\mathrm{Rod}}}{(G_{\mathrm{C}}^{\mathrm{Matrix}})}$ 和 $\dfrac{(G_{\mathrm{C}}^{\mathrm{t}})_{\mathrm{Plate}}}{(G_{\mathrm{C}}^{\mathrm{Matrix}})}$ 分别是球形、杆状和圆盘形增强体复合材料相对原有基体的断裂能比，V_{f} 是增强体的体积含量，$\dfrac{h}{2r}$ 是杆长（h）对直

径（r 为半径）之比，$\dfrac{l}{t}$ 是圆盘的直径对厚度之比。对圆盘形增强体，裂纹前缘倾斜转向对增韧起最大的作用；而对球形和杆形增强体，裂纹前端扭转转向是增韧的主要机制。

　　根据式(1-24)～式(1-26)，对不同形状增强体，设体积份为 0.1，由裂纹倾斜转向产生的韧性增强作为增强体纵横（或径厚）比的函数，如图 1.22(a)所示[2]。由图中可见，圆盘形增强体在裂纹倾斜转向时对韧性增强的效果最大，尤其在大径厚比时。以石墨烯为例，与其它二维微粒相比较，石墨烯片有大得多的径厚比。不过，石墨烯片真实的径厚比与理想的理论值相比要小得多。这是因为"柔软"的石墨烯在聚合物基体中大都呈弯曲和波浪形状。所以，石墨烯片的有效径厚比，比起理论值至少要小一个数量级。假定石墨烯片的平均直径约为 $2\mu m$，厚度约为 2nm，理论径厚比约为 1000。考虑到弯曲，在图 1.22(b)中将径厚比减小为 100。在减小的径厚比下，Faber-Evans 模型显示在石墨烯含量约 0.125％（质量分数）以下，理论值与实验测定值之间有极佳的吻合；在这之后，实验值快速降低，这是因为石墨烯片分散情况的恶化。

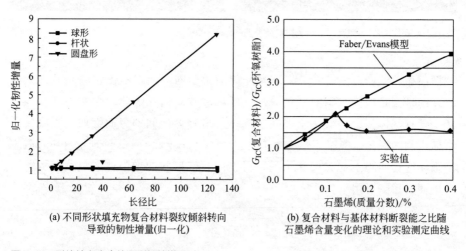

(a) 不同形状填充物复合材料裂纹倾斜转向
导致的韧性增量(归一化)

(b) 复合材料与基体材料断裂能之比随
石墨烯含量变化的理论和实验测定曲线

图 1.22　裂纹转向产生的断裂韧性增强

1.5.3
裂纹钉扎

　　裂纹钉扎是一个有效的增韧机制，它以具有合适微粒间距的第二相来阻抗复合材料中裂纹的发展[36]。裂纹钉扎发生在传播中的裂纹遭遇到不能穿透的障碍物时，裂纹前缘在两个颗粒间弯曲，但仍然被颗粒牵制（图1.23）。这种增韧机制在无机颗粒增强环氧树脂复合材料中普遍地被观察到。裂纹钉扎以迫使裂纹前缘在纳米填充物之间弯曲，达到复合材料断裂过程中增加能量耗散的目的。裂纹在填充物之间弯曲增加了裂纹长度［图1.23(b)］，从而增加了裂纹扩展所吸收的能量。钉扎裂纹构建了新的（断裂）表面，并使二次裂纹成核，形成拖尾样结构，如图1.23(c)所示，增大了能量的吸收。纳米尺度颗粒或纤维增强复合材料中并不能产生裂纹钉扎，因为它们的尺寸太小不足以产生裂纹钉扎。但对微米尺度的二维石墨烯或氧化石墨烯，其尺寸已足以产生裂纹钉扎。

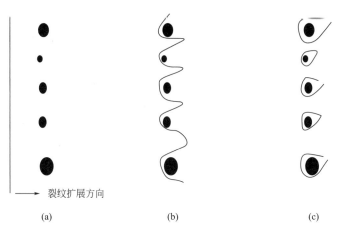

裂纹扩展方向

(a)　　　　　　　　(b)　　　　　　　　(c)

图1.23　第二相颗粒钉扎裂纹前缘的示意图

使用SEM对断裂面的观察能证实复合材料破坏过程中裂纹钉扎现象的发生。一个实例如图1.24所示，该图为纯净环氧树脂和氧化石墨烯/环氧树脂纳米复合材料开口裂纹拉伸试验断裂面的SEM像[37]。可见，纯净环氧树脂断裂面显现典型的镜面形貌［图1.24(a)］，是脆性材料断裂面的特征形态。图像显示了开口、预裂纹和裂纹传播区域的表面形态。复合材料断裂面显示了粗糙而多台阶的形貌［图1.24(b)和(c)］，表明氧化石墨烯片已经对传播中的裂纹产生了转向作用。这个过程导致面外负载并产生了新的断裂表面，继续断裂就需要增加应变能。显微图中还观察到裂纹钉扎的证据［图1.24(d)中箭头所示］。

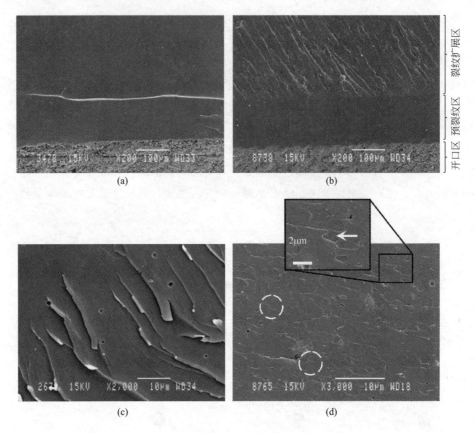

图 1.24　纯净环氧树脂（a）和氧化石墨烯/环氧树脂纳米复合材料　[（b）~（d）]　开口裂纹拉
　　　　伸试验断裂面的 SEM 像

1.5.4
裂纹搭桥

　　将高纵横比增强体从基体中拉出并在裂纹的前端搭桥是增强体增强聚合物基
复合材料的一种增韧机制[35,38]。增强体搭桥降低了裂纹尖端的应力集中（图 1.25）。

　　纤维增强聚合物基复合材料的双开口试样拉伸试验能形象地说明纤维搭桥
和脱结合对增韧所起的作用。图 1.26(a) 是拉伸过程中测得的负载-位移曲线，
而图 1.26(b) 是试样中一条裂缝的发生和发展并形成纤维脱结合和搭桥的示意
图[39]。在负载开始阶段，复合材料发生可逆的力学现象，相当于图中从 $O \rightarrow A$
的情况。从 A 点开始，基体的裂缝搭桥区开始出现裂缝，并逐渐发展，到达负
载-位移曲线的 B 点时，裂缝在两开口之间的区域贯通。这一阶段之后，复合材

料内部的纤维开始发生断裂，纤维的承载能力
减弱，直到断裂纤维的数量达到临界数，对应
于图中的 C 点。断裂的纤维将出现拉出现象。
由于纤维与基体之间的界面摩擦，纤维拉出对
负载有一额外的贡献。每一根纤维的断裂都会
引起负载在剩余的未断裂纤维中的重新分配。
重新分配之后，每根未断裂纤维将承受更大的
负载，引起更多纤维的断裂，一直到所有纤维
都发生断裂，对应于图中的 D 点。此后，试样
负载完全由断裂纤维在拉出过程中的界面摩擦
承载，直到试样完全破坏，分离为两个部分，
对应于图中 $D{\rightarrow}X$。

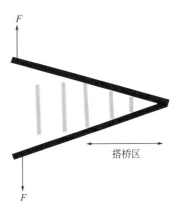

图 1.25　裂纹搭桥示意图

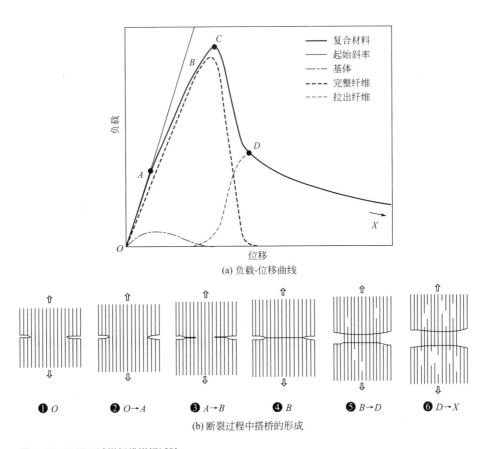

(a) 负载-位移曲线

❶ O　　❷ $O{\rightarrow}A$　　❸ $A{\rightarrow}B$　　❹ B　　❺ $B{\rightarrow}D$　　❻ $D{\rightarrow}X$

(b) 断裂过程中搭桥的形成

图 1.26　双开口试样纤维搭桥试验

整个断裂过程的力学行为可以归结为如下程序：复合材料的线性弹性行为（$O{\rightarrow}A$），纤维的线性弹性行为（$A{\rightarrow}B$），未断裂纤维的搭桥和纤维拉出现象（$B{\rightarrow}D$），以及全部由断裂纤维拉出现象形成的摩擦搭桥（$D{\rightarrow}X$）。

可以看到，纤维与基体之间的界面行为在上述纤维增韧力学现象中起着关键作用。可以用宏观力学方法处理搭桥力学现象。然而，结合拉曼或荧光光谱术的微观力学分析，能给出更为丰富的资料，并对搭桥力学现象中的界面行为有更为深入和丰富的认识。文献［3，40，41］应用拉曼光谱术对复合材料纤维搭桥行为的界面微观力学做了详细研究，将在随后的第 5 章详述。

最近报道，石墨烯/聚合物纳米复合材料，如同纤维增强聚合物复合材料一样，也在断裂过程中显现出裂纹搭桥现象[42]，是纳米复合材料增强增韧的重要机制之一。第 7 章将显示相关图像并讨论这一现象。

1.5.5
微开裂和塑性区分支

微开裂（或称微裂纹）是聚合物基复合材料的有效增韧机制[43]。微裂纹能产生在基体、片形填充物的层间和填充物-基体间的界面中。微裂纹形成的微孔释放了对基体的约束，允许产生额外的应变。类似于填充物的脱结合，微裂纹有利于基体塑性孔的生长。

塑性区分支是无机和弹性体填充物杂化复合材料对聚合物增韧的有效机制。由于无机颗粒的存在，在基体中产生的高应力区除了引起无机填充物之间基体的剪切变形外，还导致弹性体及其周围空穴和剪切带的生成[44]。

1.5.6
裂纹尖端钝化

裂纹尖端钝化本身不是一种单独的增韧机制，但它有效地影响裂纹传播速率。诸如局部塑性剪切、脱结合、空化、微裂纹和增强体的断裂等机制都有助于裂纹尖端的钝化。图 1.27 为界面开裂（脱结合）导致裂纹尖端钝化的示意图[45,46]。在外负载作用下，在增强体（如纤维）发生断裂的同时界面开裂，增强体与基体间脱结合，横向裂纹沿界面扩展，尖锐的尖端被钝化。这个过程耗散了能量，延缓了裂纹的传播速率。

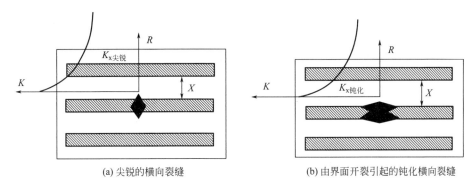

(a) 尖锐的横向裂缝

(b) 由界面开裂引起的钝化横向裂缝

图 1.27 界面脱结合导致裂纹尖端钝化的示意图，图中的 K-R 曲线将在第 5 章 5.5.2 节中作出解释

1.5.7
增韧机制的表征

断裂面形态学分析是确认增韧机制的主要手段之一，有助于确定上述各种增韧机制中哪种或哪几种机制在复合材料断裂中发生作用。

SEM 能直观地显示断裂面形貌，是分析断裂面形态的最重要手段。大多数断裂增韧机制都能在断裂面的 SEM 观察中找到形态学上的证据，例如石墨烯纳米复合材料断裂时裂纹转向、裂纹钉扎、脱结合和拉出以及裂纹搭桥等增韧机制的直接证据。

典型的实例如图 1.20 和图 1.21 所示，两幅图分别显示了纤维和石墨烯片在复合材料断裂时发生的增强体拉出现象，表明拉出是这些材料被增韧的重要机制。

图 1.24 中复合材料断裂面显示的河流样条纹，呈台阶样多台面的形貌是传播中的裂纹前缘转向这种增韧机制的确切证据。这个过程引起面外负载，产生了新的断裂面，从而为断裂的继续扩展增加了所需要的应变能。

图 1.28 是石墨烯/Si_3N_4 ［图 1.28(a) ～ (c)］和石墨烯/ZrO/Al_2O_3 ［图 1.28(d)］纳米复合材料压痕试验径向裂纹的 SEM 像[47]，显示了几种主要的增韧机制，包括石墨烯拉出、裂纹搭桥、裂纹转向、微开裂和裂纹分支等。

断裂面粗糙度是断裂面形貌的重要定量描述。对石墨烯纳米复合材料，断裂面粗糙度与石墨烯含量显现出某种相关性。图 1.29(a) 显示了石墨烯/环氧树脂纳米复合材料断裂面粗糙度（Ra）与功能化石墨烯含量（质量分数）的函数关系[48]。当石墨烯片含量从 0.1% 增加到 0.125% 时，Ra 值增大到原值的 2 倍；此后，随着石墨烯片含量继续增加，粗糙度增大的效果开始趋于饱和。粗糙度随石墨烯含量而增大提示裂纹转向在材料的韧性上起重要作用。当裂纹遭遇刚性包含物时原始裂纹发

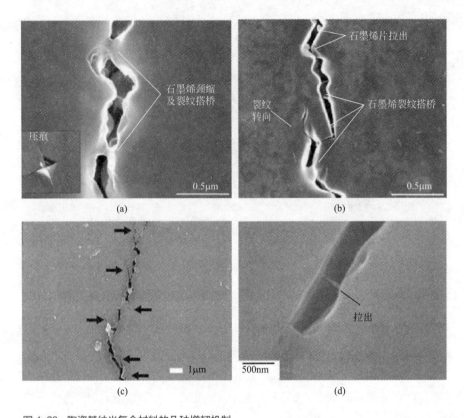

图 1.28 陶瓷基纳米复合材料的几种增韧机制
(a) 裂纹搭桥；(b) 石墨烯拉出、裂纹转向和裂纹搭桥；(c) 微开裂和裂纹分支；(d) 石墨烯拉出

生倾斜或扭转，导致裂纹转向。这一过程增加了总断裂面，与未添加石墨烯的聚合物材料相比引起更大的能量吸收。倾斜和扭转使裂纹离开原来的传播面，并使裂纹在混合模式（拉伸/面内剪切和拉伸/面外剪切）条件下发展，这要求更大的驱动力[48]，也导致更高的材料断裂韧性。如若这种裂纹转向过程起主要作用，当断裂能增大时断裂面粗糙度应该成线性增大。测试得出，这与石墨烯/环氧树脂复合材料石墨烯含量在 0.0~0.125% 内的情况正好基本符合[48]［图 1.29(b)］。然而，更高的石墨烯含量时，曲线的趋向反转，这可能是石墨烯的聚集降低了韧性的原因。

AFM 能用于测定定量描述表面粗糙度的各种参数[49]。

理论分析也有益于对断裂过程中增韧机制的分析。例如，经典 Faber-Evans 模型分析得出，与其它增强体相比，具有高径厚比的石墨烯片对裂纹转向更为有效。图 1.22 显示了对杆形、球形和片形增强体由于裂纹倾斜产生的归一化韧性增强相对颗粒纵横比的关系[48]。结果指出，具有大纵横比（径厚比）的片状

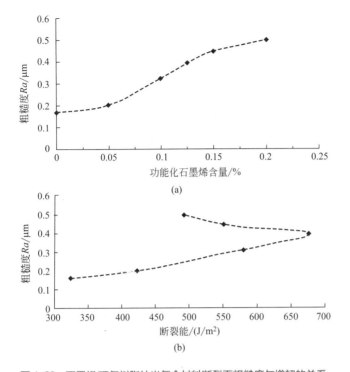

图 1.29 石墨烯/环氧树脂纳米复合材料断裂面粗糙度与增韧的关系
(a) 断裂面粗糙度与石墨烯含量的关系；(b) 断裂面粗糙度与断裂能的关系

物（如石墨烯片），裂纹前缘的倾斜起增韧的作用。球形和杆形颗粒在裂纹倾斜过程中都没有值得注意的增韧效应，而且，在裂纹倾斜过程中杆形填充物的长径比对增韧几乎没有影响。这表明具有高径厚比的石墨烯片对基体的增韧是高度有效的，这与实验测定的结果一致。

1.6
界面设计

如前所述，界面的结构和性质取决于基体和增强体材料本身的结构和性质、复合材料的制备方法和所选择的各项工艺参数。对于给定的基体和增强体，为了达到预先设定的界面结构和性质，一种应用广泛而有效的处理方法是基体改性或/和增强体表面改性。改性主要引起基体对增强体的润湿性能的变化和基体与增强体之间的化学活性的改变。

1.6.1
基体改性

基体改性是改善基体在增强体表面润湿性能的有效方法，在聚合物基和金属基复合材料制备中均有应用。

在制备得到广泛应用的传统复合材料玻璃纤维（GMT）/PP 时，如何改善玻璃纤维与 PP 的界面结合曾经是复合材料工作者面临的一个关键问题。PP 是半结晶非极性聚合物，分子链上无具有反应活性的极性基团，与玻璃纤维表面形成的界面通常是弱的物理结合。应用光引发的 PP 表面接枝共聚反应能显著改善基体 PP 的活性，从而形成与玻璃纤维表面的强界面结合。例如，以二苯甲酮（BP）为光敏剂，顺丁烯二酸酐（MAH）为接枝单体，在紫外线辐照下使 PP 颗粒表面发生接枝共聚反应，接枝到 PP 大分子链上的 MAH 基团能与玻璃纤维表面的硅羟基发生界面化学反应，从而改变物理结合的界面状态，实现玻璃纤维与基体 PP 间的化学键合。这是一种强界面结合。测试表明固相光接枝 PP 使复合材料 GMT/PP 的界面剪切应力、抗弯强度和弯曲模量大幅提高[50]。

对金属基复合材料，使用基体改性的方法同样能显著改善基体对纤维表面的浸润和它们之间的结合。例如氧化铝纤维增强铝基复合材料，氧化铝与熔融铝之间只有很差的浸润性，两者的接触角范围为熔点下的 180°到 1800K 下的大于 60°。在基体中加入掺杂物锂，形成铝基体与锂的合金，能显著增强基体对氧化铝纤维的浸润。测试表明，界面形成了化学反应产物 $LiAlO_2$[51]。

1.6.2
增强体表面改性

大多数增强体的表面常常只有低表面能，而且显现化学惰性，还存在表面污染以及边界层，因而大都表现出液态基体的低浸润性和黏结性。表面处理能改变增强体表面的化学组成，增大表面能，并改变其晶态及表面形貌。此外，还能清除表面污染物。这些效果提高了基体对增强体表面的浸润和黏结性能，进而改善了界面性质。这是一种有效而经济的方法，已经得到广泛应用。增强体表面改性可分为湿法和干法两类，可应用于范围广泛的各种材料，包括聚合物、金属、陶瓷和各种形式的碳材料。表面处理常常能促使在增强体表面形成功能基团。湿处理主要包括化学或电化学处理和偶联剂或金属涂覆，而干处理主要包括等离子体、光辐射、微波、无线电频率波、臭氧和氟化处理等。各种处理的最终目标是改变增强体的表面化学和增强体材料的表面结构，从而控制增强体表面的某些性质，如化学反应活性、浸润性、粗糙度、生物相容性和导电性等。当然，对所有处理，除表面性质外，增强体的整体性质应该得到最大程度的保留。

（1）化学氧化

对非极性材料，化学氧化是一种有效的处理方法，主要目的是使材料表面产生相当大量的含氧基团。处理的主要程序是将待处理材料浸入浓硝酸或硫酸、次氯酸钠、高锰酸钾、重铬酸盐或过氧化氢等氧化剂溶液中。

对碳材料，硝酸氧化是最广泛使用的增强活性的湿态氧化处理方法。例如在沸腾的硝酸中处理的碳材料将引起酸性表面基团（如羰基和羧基）的大量增加。

（2）电化学氧化

上述浸入法处理常常引起原材料结构的变化，甚至导致基本性质的改变。温和的电氧化处理能在增强体表面建立氧功能基团，同时克服了浸入法的缺点。这种方法比起传统的化学氧化法有下列明显的优点：由直流电源提供的电子是唯一的反应剂；反应条件能准确地重现；反应化学计量能用功率供应调节；尽管表面活性有显著增强，增强体（如碳纤维）的力学性能和表面积保持不变。

图 1.30 为碳纤维连续电氧化工艺过程示意图[52]。阳极氧化主要用于碳纤维，不同电解质处理后的碳纤维表面有不同的化学组成。例如，用 NH_4HCO_3 作电解质，碳纤维表面将引入能增加界面化学键的含氮基团，并减弱表面的氧化程度。

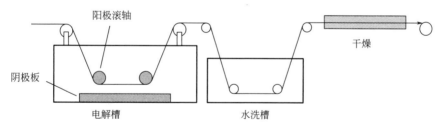

图 1.30 碳纤维连续电氧化工艺过程示意图

（3）偶联剂改性

偶联剂对玻璃纤维表面的改性效果显著，已经在工业规模的生产中使用。常用硅烷偶联剂的结构有如下通式：

$$R—Si(CH_2)_nX_3$$

式中，R 为有机官能团；X 为可水解的基团，通常为—Cl、—O（OCH$_3$）、—OR 或—N（CH$_3$）$_2$ 等；$n=0\sim3$。偶联剂可用水或有机溶剂溶解后涂覆在纤维表面。通常，化学键理论被用于解释硅烷偶联剂与增强体玻璃纤维和基体树脂之间的反应，双官能团的硅烷偶联剂分子通过硅氧键与纤维表面形成化学键连接，而其有机官能团部分则与树脂基团相连接。

偶联剂也可用于对碳材料和 MMT 的表面改性[53]。

作为实例，图 1.31 显示了硅烷偶联剂与 MMT 之间的反应[54]。使用接触法测得 MMT 的表面自由能有所增大，有利于 MMT 与基体环氧树脂之间的界面相互作用。

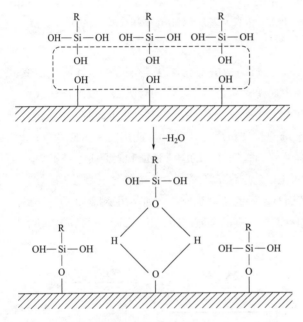

图 1.31　硅烷偶联剂与 MMT 之间的反应

（4）等离子体处理

等离子体处理是增强体表面改性很普遍使用的方法，适用于各种增强体材料。它能使增强体表面产生自由基、离子和亚稳态物质，引起烧蚀、交联和氧化反应。等离子体处理的表面改性效果显著。例如，氧等离子体处理可使碳纤维表面生成—COOH、—C—OH 和 =C=O 等官能团，同时改善了碳纤维的润湿性，表面粗糙度也有明显增大。对有机纤维的处理也有类似的结果。例如 PBO 纤维经氧等离子体处理 15min 后，表面总自由能由 47.6mJ/m^2 增大到 64.4mJ/m$^{2[55]}$。芳纶纤维在常压下的等离子体处理后，表面粗糙度发生明显变化，O/C 质量比从处理前的 15.99% 增大到处理后的 27.15%[56]。

这种方法有两个明显的优点：反应深度易于控制，反应一般仅发生在材料表面，因而不影响材料的整体性质；可使用多种环境气氛，例如氧化、还原或惰性气体环境。此外，所使用的技术操作简便，效率较高。

一般可在低压下获得稳定的等离子体。在反应器内注入各种不同气体，可控制最终表面的结构、化学性质和物理性质。使用低压等离子体连续处理要求装备大的真空系统，成本较高。图 1.32 为低压等离子体处理的一种简易实验装置示意图，工作时保持反应器内的低气压[57]。两电极间可使用 0～1800V 的可调交流电源，也可使用 0～3000V 的直流电源。

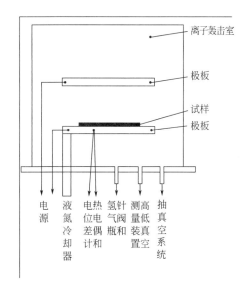

图 1.32　简易低压等离子体处理装置示意图

实验表明氩等离子体处理将引起有机纤维表面的形貌结构发生显著改变，如图 1.33 所示[32]。处理前的纤维通常有较光滑的表面，经处理后的试样表面显示明显的粗糙形貌。

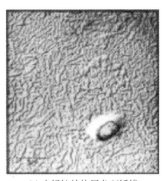
　　　　(a) 未经拉伸的尼龙66纤维

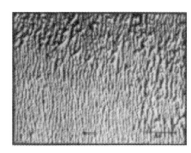
　　　　(b) 经过拉伸的尼龙66纤维

图 1.33　经过氩离子体处理后的尼龙纤维表面复型 TEM 像

常压等离子体处理相对低压（真空）处理是一种较新的工艺。装置较为简单，成本低，也便于实现连续化生产。这种工艺的缺点在于：由于气压较高，粒子的平均自由程受到限制，因而与低压放电相比，处理效率较低；粒子密度大，热传输率快，易造成试样热损伤，因而不适用于热敏感的材料。

（5）臭氧处理

非极性碳材料可以通过在空气或氧（O_2）或臭氧（O_3）中热处理的氧化反应获得适当的表面处理。在各种氧源中，臭氧是最常使用的一种。臭氧处理用于在碳材料表面引入氧官能团。

臭氧是一种强氧化剂，易于与非饱和键反应，而对饱和键反应缓慢。通过氢氧自由基的形成，臭氧也与无机和有机化合物直接或间接地发生反应。氢氧自由基比臭氧有更强的氧化能力，它与有机物的反应十分快速。基于工艺相对简便和强的反应性，有机和无机材料的臭氧处理已经在工业生产上得到广泛应用，包括在复合材料增强体表面改性中的应用。

碳纤维臭氧处理时，在高温下分解出的活性氧原子将与碳纤维表面的不饱和碳原子发生化学反应。处理炉内的臭氧分解速度与温度直接相关，随温度的升高分解加快，约150℃时分解达到100％。碳纤维经臭氧处理后表面含氧量明显增加。

（6）高能射线辐照处理

使用高能射线辐照处理改善增强体表面性质有如下优点：可在包括室温在内的任意温度下实施；射线穿透力强，作用比较均匀，除表面外还能改善材料本体的结构和性质；处理工艺简单，操作方便，便于连续化批量生产；无环境污染。

γ射线是使用较多的一种高能射线，其它还有高能电子束和X射线。

使用γ射线对碳纤维做辐照处理的研究指出，处理使纤维表面极性基团的含量、表面粗糙度和浸润性能都有显著提升[58]。对有机物增强体，γ射线辐照处理同样有好的效果[59-62]。研究指出，辐照除了能使有机纤维的表面变得更粗糙，形成更多的含氧极性基团，导致表面浸润性增强外，还能发生辐照交联，改变纤维的微结构，如晶体结构的变化，提高纤维本体的强度。辐照接枝反应也是这种处理的一种有效方法，例如，将 Armoc 纤维浸入酚醛/乙醇溶液中用 ^{60}Co 辐射源处理后，酚醛树脂将接枝到纤维表面，从而增加了纤维表面 C—O 基的含量，表面粗糙度也有所增大。

参考文献

[1] Chawla K K. Composite Materials：Science and Engineering. 2nd ed. New York：Springer，1998.

[2] Kim J K，Mai Y W. Engineered interfaces in fiber reinforced composites. Amsterdam：Elsevier，1998.

[3] 邓李慧. 复合材料中架桥纤维的拉曼光谱研究——以碳纤维和超高分子量聚乙烯纤维为例[D]. 上海：东华大学，2015.

[4] Stolyarova E，Rim K T，Ryu S，Flynn G W，et al. High-resolution scanning tunneling micros-

copy imaging of mesoscopic graphene sheets on an insulating surface. Proc Nat Aca Sci, 2007, 104: 9209.

[5] Yang X, Hu X, Day R J, Young R J. Structure and deformation of high-modulus alumina-zirconia fibres. J Mater Sci, 1992, 27: 1409.

[6] Wong M, Paramsothy M, Xu X J, Ren Y, et al. Physical interactions at carbon nanotube-polymer interface. Polymer, 2003, 44: 7757.

[7] Peron B, Lowe A, Baillie C. The effect of transcrystallinity on the interfacial characteristics of polypropylene/alumina single fibre composites. Composites Part A, 1996, 27A: 839.

[8] Ruan S L, Gao P, Yang X G, Yu T X. Toughening high performance ultrahigh molecular weight polyethylene using multiwalled carbon nanotubes. Polymer, 2003, 44: 5643.

[9] Coleman J N, Cadek M, Ryan K P, Fonseca A, et al. Reinforcement of polymers with carbon nanotubes. The role of an ordered polymer interfacial region. Experiment and modeling. Polymer, 2006, 47: 8556.

[10] Eitan A, Jiang K, Andrews R, Schadler L S. Surface modification of multi-walled carbon nanotubes: towards the tailing of the interface in polymer composites. Chem Mater, 2003, 15: 3198.

[11] Eitan A, Fisher F T, Andrews R, Brinson L C, et al. Reinforcement mechanisms in MWCNT-filled polycarbonate. Comp Sci Tech, 2006, 66: 1162.

[12] Cox H L. The elasticity and strength of paper and other fibrous materials. Brit J App Phys, 1952, 3: 122.

[13] Schuster M D, Scala E. The mechanical interaction of sapphire whiskers with a birefringent matrix. Trans Met Soc-AIME, 1964, 230: 1635.

[14] Kelly A. Strong Solids. 2nd ed. Oxford: Clarendon Press, 1973.

[15] 杨序纲, 吴琪琳. 拉曼光谱的分析与应用. 北京: 国防工业出版社, 2008.

[16] 杨序纲, 吴琪琳. 材料表征的近代物理方法. 北京: 科学出版社, 2013.

[17] Ferrari A C. Raman spectroscopy of graphene and graphite: disorder, electron-phonon coupling, doping and nonadiabatic effects. Solid State Communications, 2007, 143: 47.

[18] Luo Z Q, Yu T, Kim K J, Ni Z H, et al. Thickness-dependent reversible hydrogenation of graphene layers. ACS Nano, 2009, 3: 1781.

[19] Cooper C A, Young R J, Halsall M. Investiga-

tion into the deformation of carbon nanotubes and their composites through the use of Raman spectroscopy. Composites Part A, 2001, 32: 401.

[20] Filiou C, Galiatis C. In situ monitoring of the fibre strain distribution in carbon fibre thermoplastie composites 1. Application of a tensile stress field. Comp Sci Tech, 1999, 59: 2149.

[21] Huang Y L, Young R J. Interfacial micromechanics in thermoplastic and thermosetting matrix carbon fibre composites. Composites Part A, 1996, 27A: 973.

[22] Yang X G, Bannister D J, Young R J. Analysis of the single-fiber pull-out test using Raman spectroscopy: Part 3. Pull-out of Nicalon fibers from a Pyrex matrix. J Am Ceram Soc, 1996, 79: 1868.

[23] 杨序纲, 袁象恺, 潘鼎. 复合材料界面的微观力学行为研究——单纤维拉出试验. 宇航材料工艺, 1999, 19 (1): 56.

[24] 杨序纲, 王依民. 氧化铝纤维的结构和力学性能. 材料研究学报, 1996, 10: 628.

[25] Andrews M C, Young R J. Analysis of the deformation of aramid fibres and composites using Raman spectroscopy. J Raman Spectroscopy, 1993, 24: 539.

[26] So C L, Bennet J A, Scirichaisit J, Young R J. Compressive behavior of rigid rod polymer fibres and their adhesion to composite matrix. Plastics, Rubber and Composites, 2003, 32: 119.

[27] Berger L, Hausch H H, Plummer C J G. Structure and deformation mechanisms in UHMWPE fibres. Polymer, 2003, 44: 5877.

[28] Yang X, Young R J. Determination of residual strains in ceramic fiber reinforced composites using fluorescence spectroscopy. Acta Metall Mater, 1995, 43: 2407.

[29] Hseuh C H, Young R J, Yang X, Becher P F. Stress transfer in a model composite containing a single embedded fiber. Acta Materialia, 1997, 45: 1469.

[30] 阎捷, 杨潇, 卞昂, 吴祺琳, 杨序纲. 形变多晶氧化铝纤维的荧光 R 谱线. 光散射学报, 2007, 19: 242.

[31] 袁象恺, 潘鼎, 杨序纲. 模型氧化铝单纤维复合材料的界面应力传递. 材料研究学报, 1998, 12: 624.

[32] 杨序纲. 聚合物电子显微术. 北京: 化学工业出版社, 2014.

[33] 杨序纲, 潘鼎. 高摩擦性能碳/碳复合材料的微观结构. 宇航材料工艺, 1997, 27: 38.

［34］ Fang M，Zhang Z，Li J，Zang H，et al. Constructing hirarchically structured interphases for strong and tough epoxy nanocomposites by a-mine-rich graphene surfaces. J Mater Chem，2010，20：9635.

［35］ Faber K T，Evans A G. Crack deflection processes. 1. theory. Acta Metallurgica，1983，31：565.

［36］ Lange F F. Interaction of a crack front with a second-phase dispersion. Philo Mag，1970，22：983.

［37］ Bortz D R，Heras E G，Martin-Gullon I. Impressive fatique life and fracture toughness improvements in grapheme oxide/epoxy composites. Macromolecules，2012，45：238.

［38］ Zhang W，Picu C R，Koraktar N. The effect of carbon nanotube dimension and dispersion on the fatigue behavior of epoxy nanocomposites. Nanotechnology，2008，19：285709.

［39］ Dassios K G，Galiotis C，Kostopoulos V，Steen M. Direct in situ measurements of bridging stress in CFCCs. Acta Materialia，2003，51：5359.

［40］ 邓李慧，冉敏，吴琪琳. 超高分子量聚乙烯架桥纤维与裂缝的交互微观力学. 复合材料学报，2017，34：1505.

［41］ 邓李慧，陈淙洁，吴琪琳. 纤维搭桥技术在界面微观力学研究中的应用. 高分子通报，2015（1）：13.

［42］ Xu P，Loomis J，Bradshaw R D，Panchapakesan B. Load transfer and mechanical properties of chemically reduced graphene reinforcements in polymer composites. Nanotechnology，2012，23：505713.

［43］ Huang Y. Mechanisms of toughening thermoset resins. Adv in Chem，1993，233：1.

［44］ Azimi H R，Pearson R A，Hertzberg R W. Fatigue of hybrid epoxy composites：epoxies containing rubber and hollow glass spheres. Polym Eng Sci，1996，36：2352.

［45］ Schadler L S，Amer M S，Iskandurani B. Experimental measurement of fiber/fiber interaction using mocro-Raman spectroscopy. Mech Mater，1996，23：205.

［46］ Detassis M，Frydman E，Vrieling D，Zhou X F，et al. Interface toughness in fibre composites by the fragmentation test. Comp Part A，1996，27A：769.

［47］ Porwal H，Grasso S，Reece M J. Review of graphene-ceramic matrix composites. Adv Appl Ceram，2013，112：403.

［48］ Rafiee M A，Rafiee J，Srivastava I，Wang Z，et al. Fracture and fatique in grapheme nanocomposites. Small，2010，2：179.

［49］ 杨序纲，杨潇. 原子力显微术及其应用. 北京：化学工业出版社，2012.

［50］ 顾辉，张志谦，魏月贞. 聚丙烯粉料表面的紫外光和射线辐照接枝. 高技术通讯，1997，7：11.

［51］ National Materials Advisory Board. High temperature metal and ceramic matrix composite for oxidiying atmosphere. Applications，NMAB-376，Washington DC，1981.

［52］ Park S J，Park B J，Ryu S K. Electrochemical treatment on activated carbon fibers for increasing the amount and rate of Cr adsorption. Carbon，1999，37：1223.

［53］ Park S J，Kim B J，Seo D I，et al. Effects of a silane treatment on the mechanical interfacial properties of montmorillonite/epoxy nanocomposites. Mater Sci Eng，2009，A526：74.

［54］ Park S K，Seo D I. Interface Science and Composites. Amsterdan：Elsevier，2011.

［55］ Chen P，Shang Y T，Kung S F，et al. Effecte of oxygen plasma treatment power on surface properties of poly（p-phenylene benzobisoxazole）. Appl Surf Sci，2008，255：3153.

［56］ Xi M，Li Y L，Shang S Y，et al. Surface modification of aramid fibers by air DBD plasma at atmospheric pressure with continuous on-line processing. Surf Coat Tech，2008，202：6029.

［57］ 严灏景，杨序纲. 纤维的离子刻蚀. 华东纺织工学院学报，1982（4）：1.

［58］ Li J Q，Huang Y D，Zhang Z Q，et al. High-energy radiation technique treat on the surface of carbon fibers. Mater Chem Phys，2005，94：315.

［59］ Zhang Y H，Huang Y D，Liu L，et al. Surface modification of aramid fibers with γ-ray radiation for improving interfacial bonding strength with epoxy resin. J Appl Polym Sci，2007，106：2251.

［60］ 邱军，刘立洵，张志谦. 辐照 APMOC 纤维对其复合材料拉伸强度的影响. 宇航材料工艺，2000，3：34.

［61］ Zhang Y H，Huang Y D，Liu L，et al. Effects of γ-ray radiation grafting on aramid fibers and its composites. Appl Surf Sci，2008，254：3153.

［62］ Zhang Y H，Huang Y D，Zhao Y D. Surface analysis of γ-ray radiation modified PBO fiber. Mater Chem Phys，2005，92：245.

第2章
Chapter 2

复合材料界面的
微观结构

　　复合材料的界面能否有效地传递负载，有赖于增强体与基体之间界面化学结合和物理结合的程度，强结合有利于负载的有效传递。界面结合的强弱显然与界相区域物质的微观结构密切相关。对于以增韧为目标的复合材料系统，则要求较弱的界面结合强度，期望在某一负载后发生界面破坏，引起界面脱结合（debonding），此后由增强体与基体之间的摩擦力承受负载。摩擦力的大小与脱结合后增强体表面和基体表面的粗糙度密切相关，而表面粗糙度则在一定程度上取决于界相区的形态学结构。

　　复合材料的结构缺陷，如小孔、杂质和微裂缝，常常倾向于集中在界相区。这引起增强复合材料性能的恶化。在材料使用过程中，湿气和其它腐蚀性气体的侵蚀常常使界相区首先受到不可逆转的破坏，从而成为器件损毁的引发点。

　　基于上述原因，不论在制造还是在使用过程中，复合材料的界面结构都吸引了人们特别的关注，成为探索复合材料界面行为的焦点之一。

　　本章所述界面结构主要是指界相区的结构，也包含邻近界相区的基体和增强体的结构。许多复合材料的界相区与基体或增强体并无确切的边界。即便是同一种复合材料，界面结构也非均匀一致，有的有明显的边界，有的则有模糊的边界。界相区有时是一个结构逐渐过渡的区域。对界面结构的完整认识，应该包含对其邻近区域结构的检测。

　　长期以来，复合材料界面结构最广泛使用的表征手段是透射电子显微术（TEM）。扫描电子显微术（SEM）因其使用简便和能快速获得结果，也被广泛应用。近年来，原子力显微术（AFM）和显微拉曼光谱术受到研究人员越来越多的关注，它们具备的某些特有功能常常能获得 TEM 和 SEM 无法获得的界面结构信息，而且使用相对简便。

　　界面研究人员无须对测试仪器本身有深入了解，但对成像机制和谱线或数据的来源必须有足够的认知，以避免对图像或谱线反映的界面结构信息做出错误的判断，或者遗漏了所测得数据和图像资料原来能够反映的宝贵的界面结构信息。本章对大多数表征技术省略了仪器结构和基本原理的叙述，着重于阐述各种成像机制（即图像衬度来源）和对影响测得数据和图像资料的各个因素的分析。

各种表征手段的适用范围也得到评述，并指出可供选择的其它测试手段。几种常用的试样制备技术分述于各节中。在对 AFM 表征的阐述中，还包含了检测界面区力学和物理性质的内容，这是 AFM 特有的功能。

复合材料品种繁多，界面结构相差悬殊，并无统一的结构模式。本章仅涉及几种典型类型复合材料的界面结构。

2.2
界面断裂面的SEM表征

对界面断裂面形貌（以下简称形貌）的观察是对界面结构的粗略检测。仅根据形貌难以对界面结构做出确切的认定。然而，参考所研究复合材料的相关资料（基体和增强体的性质、成型工艺参数等），依据界面形貌，有时可以获得界面可能存在某种结晶态、无定形态和其它聚集态以及组成物等结构单元的信息或启示，也可能对与复合材料界面力学行为有关的问题，例如基体与增强体的结合程度和受力的破坏方式等，给出合理的估计。当然，据此获得的微观结构资料有时是不确切的，只是一种合理的推断或"猜测"。为了获得确切的结论，可与从其它测试技术获得的资料相互印证。

通常，界面断裂面形貌的观察对象包括界面横断面（包含界面在内的复合材料横断面）和脱结合后暴露的增强体表面与基体表面（实际上也是界面区的断裂面）。考虑到对分辨本领和焦深的要求，扫描电子显微镜中的二次电子像和原子力显微镜的高度像与相位像最适合界面形貌观察。由于不需要观察透射电子像那样冗长复杂的试样准备程序，仪器操作相对简便，能快速获得资料，因此这些方法得到广泛应用，常常是人们粗略了解界面结构的首选方法。

需要指出的是，研究人员应该充分了解二次电子像的成像衬度机制，避免应用观察光学照片的经验"误读"二次电子图像，以致得出谬误的结论。

2.2.1
二次电子成像衬度机理

二次电子像通常在扫描电子显微镜中获得。仪器结构和基本原理可参阅相关文献[1,2]。本节仅涉及与图像衬度有关的内容。

二次电子是由入射电子束轰击试样表面，从试样表面层逸出的低能电子，其能量范围在 0~50eV。二次电子来源于试样物质表层 5nm 深度范围内。

试样发射的二次电子的角分布近似遵循余弦定理，如图 2.1 所示。这种分布与试样物质的结晶结构无关。由图中曲线可见，垂直于试样平面而且比较靠近试样表面的仪器检测器能接收到较大的二次电子流。

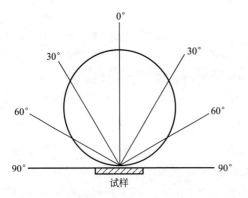

图 2.1　二次电子的角分布　　　　　图 2.2　入射角大小对二次电子发射率的影响

通常，入射电子束与检测器之间的夹角成 90°或稍大些。改变试样的倾角就等于改变了入射电子的入射角和二次电子的收集角。因而必须同时考虑这两个角对检测器收集电子效率的影响。

对于平坦的试样表面，二次电子的逸出量与入射电子束方向相对试样表面的夹角有关，可用下式表示：

$$二次电子的产生率 \propto \frac{1}{\cos\theta} \tag{2-1}$$

式中，θ 是入射电子束与试样表面法线之间的夹角，如图 2.2 所示。这就是说，当入射电子束的入射线对试样表面的倾斜角越小时，试样被激发出的二次电子越多。这是因为这时候入射电子束入射试样物质的渗入部分更靠近试样的表层，而低能电子正是从试样表层逸出的。如此，可以得出这样的结论：当试样表面垂直于入射电子束时，检测器收集到的二次电子流是最小的。

根据上述分析，可以得出，二次电子成像的衬度主要是试样表面形貌的反映。

如何选取试样表面位置，考虑接收到的二次电子流大小固然是重要的因素，但是还必须注意下述因素。在大角入射时，将发生图像相当大的预缩，整个像不能完整地正确聚焦。而且，还可能由于试样表面轮廓而引起相当严重的阴影，使得试样表面的某些部位不能发射信息。图2.3能够清楚地说明这个问题。在图中所示的情形下，B表面比A表面能逸出更多的二次电子，B表面逸出的二次电子也更有利于被检测器所收集。然而，当试样做顺时针方向旋转，超过一定位置以后，B表面就不再有任何二次电子发射，试样图像将失去B表面的形象。

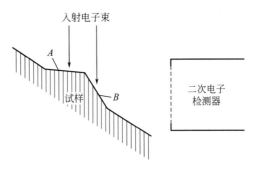

图2.3　表面轮廓引起的衬度变化

二次电子是低能量电子，在电场作用下呈曲线轨迹进入检测器，具有翻越障碍的能力。这使得试样凹坑底部和凸起的背部被激发产生的信号都能进入检测器而最终成像，似乎试样是在各个方向被照明的，如图2.4所示。这是二次电子成像一个十分可贵的特点。

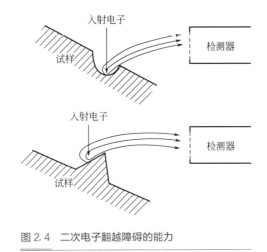

图2.4　二次电子翻越障碍的能力

入射电子束轰击试样时，在试样物质内部的作用范围随深度呈梨形扩散，但在表层10nm深度范围内不会有明显扩大。二次电子来源于试样表层5nm深度范围内，因此，二次电子像有可能获得较高的空间分辨率。目前，场发射扫描电子显微镜通常可达到的二次电子像的最高分辨率为1nm。

2.2.2
试样准备

在扫描电子显微镜中检测的试样，其准备工作十分简便。对导电体试样，可以不做任何预处理，只要其大小形状适合试样室，即可置入仪器试样室检测。对非导电体试样，则在置入试样室前，必须在真空镀膜机中对其待测表面喷镀一薄层导电物质，常用的是金或碳。若仪器操作于低加速电压，例如 1kV 以下，也可不喷镀导电膜。此时，由于二次电子发射本领低，难以获得高质量的图像。近代场发射扫描电子显微镜可在更低加速电压下获得较为满意的图像。

为了观察到复合材料界面区的二次电子像，必须应用某种方法将材料的界面区域暴露于试样表面。例如将纤维增强复合材料中的纤维拉出，暴露出纤维表面和原先与纤维相结合的基体表面，这是受到或多或少损坏的界面。另一个常用的方法是对复合材料施力，使其沿设定的方向断裂。对脆性材料，可在常温下实施，而对韧性复合材料，可用冷冻断裂法。在液氮温度下将材料脆性断裂，暴露出包含基体、增强体和界面的区域。还有一种方法是将暴露了界面区的端面或断裂面，在超薄切片机上用金刚石刀或玻璃刀切平，或者磨平抛光，随后使用蚀刻法，使试样端面结构不同或成分不同的区域有着不同程度的蚀刻，形成形貌上的差异。

2.2.3
界面断裂面的形貌结构

不同复合材料常常有着相差悬殊的界面断裂面形貌。

碳化硅纤维增强碳化硅（SiC/SiC）是一种耐高温又有高力学性能的陶瓷复合材料。纤维的主要作用是改善陶瓷材料的脆性，使复合材料具有合适的韧性。这要求纤维与基体之间有弱结合界面。二次电子像的观察能给出界面性质的初步判断。图 2.5 是一种 SiC/SiC 复合材料受压力破坏后试样端头附近表面的二次电子像[3]，显示了复合材料几乎所有的破坏模式，如离层（delamination）、纤维断裂、界面脱结合和基体开裂。这种材料表面经过抛光，随后经受压缩负载破坏后的表面二次电子像如图 2.6 所示。图中显示了纤维与基体的脱结合、纤维的拉出和断裂破坏。这些现象表明这种复合材料的纤维与基体之间有着弱结合。

拉出纤维的表面形态有时能给出界面结构和性能的某些估计。C/C 复合材料的性能和结构，包括界面结构，与基体碳的前驱体种类和热处理工艺密切相关。图 2.7 显示了两种 C/C 复合材料断裂面的扫描二次电子像[4]。两种材料由相同的碳纤维和不同的基体碳前驱体制得，它们的热处理温度也有不同。图 2.7(a) 所示试样碳纤维与基体碳明显分离，没有观察到界面附近纤维或基体可能存在的特殊微结构情景。与之相反，图 2.7(b) 所示试样纤维与基体碳有紧密的结合，紧靠纤维的基体碳似乎有某些微结构情景，可能存在与碳纤维和基体碳结构不同的界相层。

图 2.5 SiC/SiC 复合材料受压力破坏后试样
端头附近表面的二次电子像

图 2.6 SiC/SiC 复合材料抛光表面受压缩负
载破坏后的二次电子像

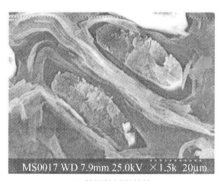

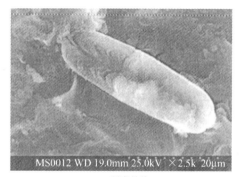

(a) 热固性树脂基体

(b) 沥青基体

图 2.7 两种 C/C 复合材料断裂面的扫描二次电子像

　　另一个 C/C 复合材料断面的 SEM 观察实例如图 1.20 所示。该图显示的是另一种形式的界面断裂面，断裂沿纤维纵向发生，暴露出界面破坏后的纤维表面和纤维拉出后的基体"内壁"。分析拉出后纤维表面和基体"内壁"的形态，可判断纤维与基体的界面结合程度。拉曼光谱检测能获得纤维和基体碳石墨结构的有序程序[5]，这有助于对可能存在的界面结构的推测。

　　金属基复合材料常常在纤维表面与基体间形成反应层。一种碳化硅纤维增强钛合金复合材料（SiC/Ti-6Al-4V）抛光横截面的二次电子像如图 2.8 所示，显示了确定的界面反应层[6]。图 2.8(a) 所用试样，其纤维表面预先覆盖了一薄层碳；而图 2.8(b) 所用试样，纤维表面未覆盖碳层。界面反应层分别位于 SiC 与 C 和 SiC 与 Ti 合金之间，它们的外观形貌有显著区别，前者有约 $0.6\mu m$ 的均匀厚度，而后者在相邻基体的边缘表现为锯齿形，平均厚度约为 $1.0\mu m$。

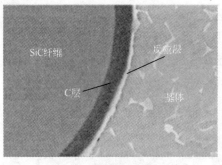 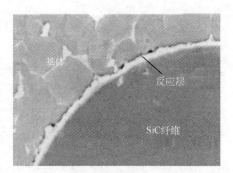

(a) SiC(C)/Ti-6Al-4V　　　　　　　　　(b) SiC/Ti-6Al-4V

图 2.8　金属基复合材料 SiC/Ti-6Al-4V 的界面形态

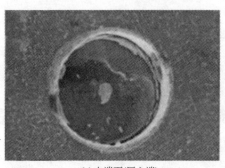 

(a) 上端面(压入端)　　　　　　　　　(b) 下端面

图 2.9　纤维压出后复合材料 SiC/Ti-6Al-4V 的二次电子像

　　将纤维从基体中压出，使纤维与基体脱结合，暴露出的纤维表面和基体表面形貌如图 2.9 所示。脱结合发生在碳覆盖层与反应层之间。碳层牢固地结合于纤维表面，但已遭到部分破坏，可以看到许多附着于纤维表面的碎片。

　　一种聚合物基复合材料的断裂面形态显示在图 2.10 中[7]，这是两幅纤维增强聚合物复合材料断裂面的 SEM 像。图 2.10(a) 显示纤维与基体聚合物之间的结合很弱，而图 2.10(b) 显示纤维与基体材料之间有很强的结合。断裂面观察表明两种试样有显著不同的增强体与基体之间的界面结构。

　　图 2.11 是 PP/PS 共混物断面的 SEM 像，显示了增容剂对复合材料界面结构的强烈影响。图 2.11(a) 和 (b) 所示试样不含增容剂，两种聚合物 PP 和 PS 之间显现间隙，几乎未形成界相区。加入增容剂（PP/PS 嵌段共聚物）的共混物 [图 2.11(c) 和 (d)]，由于增容剂覆盖了 PS 颗粒，显著改善了 PS 与基体 PP 之间的结合。

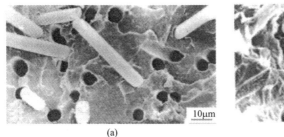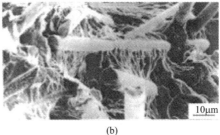

(a)   (b)

图 2.10 纤维增强 PP 复合材料断裂面的 SEM 像
（a）纤维与基体间有很弱的结合；（b）纤维与基体间有很强的结合

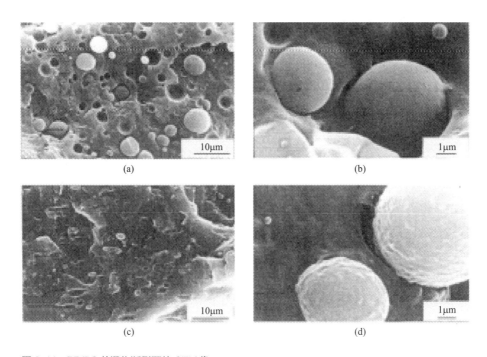

(a)   (b)

(c)   (d)

图 2.11 PP/PS 共混物断裂面的 SEM 像
（a）未加增容剂；（b）未加增容剂；（c）加增容剂；（d）加增容剂

SEM 观察也能提供纳米碳增强复合材料界面结合情况的信息。一种石墨烯/PDMS 纳米复合材料界面行为的拉曼光谱研究指出，当拉伸应变达到 7% 时，可能发生石墨烯与基体材料之间的脱结合现象[8]。试样原位拉伸应变的 SEM 观察直观地证实了这一界面行为，如图 2.12 所示[8]。图 2.12(a) 是拉伸前原始试样的 SEM 像，显示了石墨烯片与基体 PDMS 之间有着良好结合的界面；插图

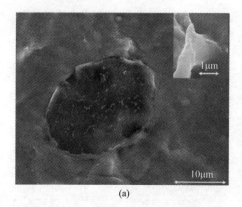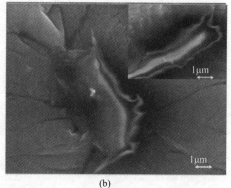

(a)   (b)

图 2.12 石墨烯/PDMS 复合材料的 SEM 像

（a）拉伸前；（b）拉伸后

是局部放大像，显示了石墨烯波状的边缘结构。观察发现，在应变大于 7% 以后，发生了石墨烯与基体 PDMS 之间脱结合现象，如图 2.12(b) 所示。

2.3
界面微观结构的TEM表征

透射电子显微术的主要工作模式包括透射电子像观察和对选区电子衍射（SAD）花样、特征 X 射线谱（EDX）以及能量损失谱（EELS）的分析。透射电子像观察和选区电子衍射花样分析主要用于揭示界面区的结晶学和其它聚集态结构，而 EDX 和 EELS 则主要用于界面区的成分分析，将在随后的章节中阐述。

2.3.1
透射电子成像的衬度机理

透射电子成像在透射电子显微镜中完成，能达到很高的分辨率。透射电子像能区分试样中的晶态和无定形态区域，能获得试样物质的晶格像，甚至是分子原子像。近代透射电子显微镜能达到约 0.1nm 的高分辨率。仪器结构和基本原理可参阅相关文献[1,9]。

　　透射电子成像的衬度机理比扫描二次电子像要复杂得多。当入射的高速电子流穿透试样时，入射电子将与试样物质的分子、原子发生相互作用，可能的物理过程为散射、吸收、干涉和衍射。其结果是到达荧光屏不同区域的电子流强度有所差异，形成各区域明暗不同的透射电子像。衬度机制可以有散射衬度、衍射衬度和相位衬度，取决于试样本身和仪器的工作模式。

　　散射衬度是指由于试样不同区域的质量厚度或原子序数差异产生的衬度，适用于对非晶材料的观察。图 2.13 是质量厚度衬度形成示意图[10]。电子穿透试样时，与试样物质的分子、原子发生碰撞，发生散射。试样较厚的区域 C 或原子序数较大的区域 A 使电子受到大角散射的概率较大；反之，其它区域，如区域 B，则受到大角散射的概率较小。仪器的物镜光阑阻挡了大角散射的电子。如此，到达像平面上荧光屏的电子流强度，亦即荧光屏各区域的明暗程度与试样的质量厚度相对应。与区域 A 和区域 C 对应的区域 A' 和区域 C' 较黑暗，而与区域 B 相对应的区域 B' 则较明亮。

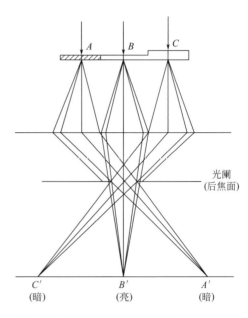

图 2.13　质量厚度衬度形成示意图

　　设像平面上不同区域 1 和 2 的电子束强度分别为 I_1 和 I_2，则像衬度 C 可以表示为：

$$C = \frac{I_1 - I_2}{I_1} = 1 - \frac{I_2}{I_1} \tag{2-2}$$

　　设 I_0 为未受试样散射时像平面上的电子束强度，I 为受到厚度为 t 的试样散射后像平面上电子束的强度，I 小于 I_0，服从指数衰减规律：

$$I = I_0 e^{-Qt} \tag{2-3}$$

　　式中，Q 为电子的衰减系数。

$$Q = N_0 \rho \sigma_a / A \tag{2-4}$$

　　式中，N_0 为阿伏伽德罗常量；ρ 为试样密度；A 为平均原子量；σ_a 为原子散射截面，表示原子散射一个电子的概率。

将式(2-4)代入式(2-3)，即得：

$$I = I_0 e^{\frac{\sigma_a N_0 \rho t}{A}} = I_0 e^{-\sigma' \rho t} \tag{2-5}$$

式中，ρt 称为质量厚度；$\sigma' = \sigma_a N_0 / A$，称为质量衰减系数。$\sigma'$ 与入射电子的加速电压有关，也与试样的原子序数有关。一方面，加速电压越大，入射电子能量越大，质量衰减系数越小，电子越不易被散射。另一方面，原子序数越大，σ' 越大，则电子被散射得越强烈。式(2-5)表明质量厚度 ρt 与透射电子束强度呈指数衰减关系。

将式(2-5)代入式(2-2)，得到像衬度：

$$C = 1 - e^{N_0 \left(\frac{\sigma_{a_2}}{A_2} \rho_2 t_2 - \frac{\sigma_{a_1}}{A_1} \rho_1 t_1 \right)} \approx N_0 \left(\frac{\sigma_{a_2}}{A_2} \rho_2 t_2 - \frac{\sigma_{a_1}}{A_1} \rho_1 t_1 \right) \tag{2-6}$$

式(2-6)显示试样中不同区域的原子散射截面、原子量、密度和厚度的差异都对像衬度的形成作出贡献。

为了改善质量厚度衬度，可以在试样制备方面采取一些有效措施。例如对高分子材料进行重金属染色，以增大试样不同区域的质量差异，而蚀刻法可对结构或成分不同的区域产生试样厚度上的差异。在电镜技术方面可以采用空心束暗场成像法。在电镜物镜后焦面上放置一个环形光阑，光阑的中心是一个电子不能穿透的小圆形挡板，它阻挡了穿过试样后仍平行于光轴的几乎没有被散射的电子束。这些电子并不传递信息而只对像的背景有贡献，因而阻挡了这些电子以后，可使图像衬度显著增强。

由于结晶区域与非结晶区域密度上的差异，质量厚度衬度有时也能在图像中显示晶粒的外形。然而它对晶体结构的显示却无能为力。为了获得晶体结构方面的信息必须借助于衍射衬度或相位衬度成像。这两种衬度的基础是阿贝成像原理。

衍射衬度和相位衬度的理论和数学处理比较繁复，下文仅做简要的定性处理。

当电子束入射于晶体时，由于晶体分子原子的周期性结构，将引起电子衍射，衍射花样遵循布拉格方程：

$$n\lambda = 2d \sin\theta \tag{2-7}$$

式中，n 是衍射级数，为整数；λ 是电子束的波长；d 是晶体的晶面间距；θ 是布拉格衍射角。满足上述公式中 θ 角的衍射束获得强度极大。

衍射衬度是由于晶体内部不同区域满足衍射条件的程度不同而形成的。图 2.14 为衍射衬度形成示意图[10]。一平行电子束入射于一试样。设试样中存在两种取向不同的晶粒 A 和 B。B 晶粒的某组晶面与入射电子束方向所成夹角 θ

正好满足布拉格方程，而其余晶面则相差甚远。此时，如果忽略吸收和次级衍射等其它效应，入射电子束经 B 晶粒后将一分为二，一束为透射电子束，另一束为形成明亮斑点的衍射束。透射电子束强度将小于入射电子束强度。如若 A 晶粒的取向使其内部各晶面组都不满足布拉格条件，就不产生衍射束，A 晶粒区域的透射电子束强度近似等于入射电子束强度。如此，若安置物镜光阑使其阻挡 B 晶粒的衍射束，而仅使其透射束通过，则在像平面上将形成 A 晶粒和 B 晶粒之间的亮度差异，这就是衍射衬度。显然，

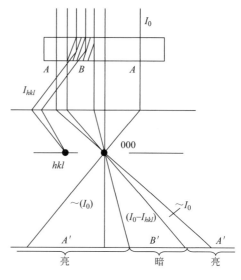

图 2.14 衍射衬度形成示意图

衍射衬度与试样内晶粒各晶面组的方位（晶粒取向）和晶面间距密切相关。

试样中的缺陷将会引起缺陷所在区域晶体的晶面发生形变，破坏晶面组原有严格的周期性，与无缺陷区域相比，满足布拉格条件的程度不同，从而在图像中产生衬度，显示缺陷。

质量厚度衬度通常不能在图像中反映出晶体本身的缺陷，如晶界、位错、层错和第二相颗粒等。这是因为这类缺陷都发生在很微小的区域，引起的质量厚度差异不足以引起足够大的电子散射差异。然而，这类微观缺陷却能在衍射图像中得到显示。晶体缺陷将引起晶体局部区域晶面取向和晶面间距的变化，这种变化对衍射条件十分敏感。因而，即便相关局部区域十分微小，也足以使图像获得满意的衬度。

用光阑阻挡衍射束，以零级透射束成像，得到的是明场像。若以一束衍射束成像，得到的是暗场像。倾斜照明的暗场衍射像一般易于获得较高的衬度和分辨率。

对于很薄的试样，由质量厚度或衍射角的差异在图像上产生的衬度常常不足以显示试样不同区域的结构差异。此时可采用相位衬度技术以观察试样的晶体微结构。这种成像机制获得的图像有很高的分辨率，常称为高分辨像，可达到 0.1nm 数量级。为获得相位衬度，要求照明光源有好的相干性。相位衬度来源于电子束穿透具有周期性结构试样时发生的相位差异。

图 2.15 为相位衬度成像光路示意图，它显示了双束条件下的相位衬度成

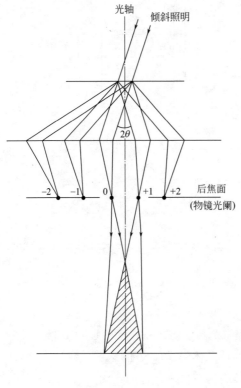

图 2.15 相位衬度成像光路示意图

像[10]。一近似平面波的电子束倾斜照射一结晶薄试样，在物镜后焦平面上除了有零级透射束形成的斑点外，还有衍射束形成的一系列具有周期性对称的衍射斑点。设物镜光阑只允许零级透射束和+1级衍射束通过，而阻挡其余的衍射束。这时，0级和+1级衍射点便作为次级相干光源发出各自的次级波。这两个次级波有着一定的相位差，在像平面上相干形成放大了的晶格像。采用倾斜照明可使相干两光束都是近轴光束，成像系统像差较小，能获得较高分辨率。若采用垂直照明，并使光阑将0级透射光束阻挡，由+1和−1级衍射束通过而相干成像，得到的是暗场像。

相位衬度像采用的是多束成像的方法，它允许透射束和至少一个衍射束（即两个以上的波合成干涉）通过物镜光阑形成像。这种方法又称为高分辨电子显微方法，观察到的像则称为高分辨电子显微像。它是一种干涉像，反映了晶体的周期性排列，只有满足弱相位条件时（试样很薄，厚度小于6nm），高分辨显微像才可以看作是高分辨结构像或原子像。

相位衬度像最显著的优点在于，它具有很高的图像分辨率，可以在原子尺度上直接观察固体的微观结构，甚至可以分辨某些原子。但是，拍摄高分辨像的前提是具有一台各项性能均处于良好状态的高分辨电镜。此外，对试样的制备、仪器的调节和使用以及摄像技术等方面，都有很高的要求。

2.3.2 选区电子衍射

电子衍射是透射电子显微镜的基本功能之一。电子衍射分析能获得试样物质结晶结构方面的各项参数。在许多方面，电子衍射和 X 射线衍射具有同样的功能。与 X 射线衍射相比，它的一个突出优点是可以在电镜下进行选区（微区）衍射，亦即在电镜的微观视野下选择感兴趣的局部区域进行电子衍射（因而称为选区电子衍射 SAD）。这在复合材料界面结构研究中尤其有用，因为界面区往往是十分薄的微小区域，其横截面面积很小。可以选择的区域的最小面积因电镜型号而异，常用电镜的选区直径不小于 $1\mu m$。

图 2.16 为电子衍射光路示意图。电子衍射花样通常有三种类型：一种是单晶体的衍射花样，其特点是花样由规则排列的点阵组成；一种是多晶体衍射花样，花样由同心圆组成；另一种是非晶体衍射花样，常呈现为中心弥散圆。据此，可判断所观察的区域是单晶体还是多晶体或是非晶体。

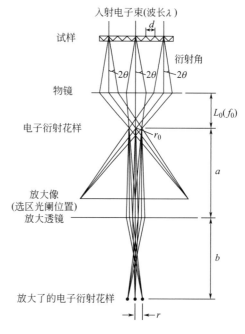

图 2.16　电子衍射光路示意图

对单晶体和多晶体，可对其衍射花样进行标定，确定晶的基本结构、晶体的取向，计算出晶体的晶面间距和晶面夹角。

透射电镜可以方便地同时获取试样的电子图像和电子衍射图。电子图像可直观地呈现试样的形态学结构，而电子衍射图则能给出试样的结晶学信息。

电子衍射的理论、操作技术和分析应用可参阅相关专著[11,12]。

2.3.3
试样准备

用透射电镜观察复合材料界面微结构，其试样制备工作比大多数其它测试技术都要繁杂得多，要求工作人员有足够的耐心和经验。常用的方法有超薄切片法和离子轰击减薄法。

超薄切片在超薄切片机中进行，使用专门自行制作的"新鲜"玻璃刀或购置的专用金刚石刀。需要指出的是，在某些场合优质的玻璃刀比起金刚石刀能获得更佳的切片质量。对一般透射电镜，要求切片厚度在 200nm 以下。这有两个原因：电子束透射能力有限和电子显微镜有大的景深。

计算得出，分辨率为 1nm 的透射电镜，其景深约为 200nm。光学显微镜的景深要小得多，在切片中一个平面的像不受切片内其它平行平面结构的影响，从而可获得清晰的像。在一块切片中，只需逐次对各个平面对焦，就能清楚地观察到切片内不同深度的结构，这样就形成了三维结构的轮廓。在使用电镜观察时，由于景深大，就不能这样有选择性地对焦。实际上三维的结构形成了二维的像，因为电子束能透过的最大切片厚度往往比景深小，所以只要对切片任何深度的平面聚焦，就相当于切片的整个厚度都在焦。若切片厚度过大，在切片中各深度的点和线都清晰成像在同一荧光屏上。这样一来，点、线相互重叠，就无法观察到内部结构。

超薄切片法一般仅适用于聚合物复合材料。毋庸置疑，切块的修整必须保证切削面包含待观察的界面区域。通常，这是不难做到的。然而，对欠缺经验的研究工作者要获得完满的切片是件不容易的工作。首先，切片中可能发生的主要问题是切片常常在界面处分离，或者一相材料有完好的切片，而其它相材料则不能形成薄片，从而无法观察到完整的界面区域。复合材料由二相或多相物质所组成。如若基体和增强体之间的结合强度不够强，在切削力作用下，界面区将首先破坏，相间发生分离。其次，基体和增强体常有不相同的物理和力学性质，有的还相差悬殊，刀具和切削参数（例如后角的大小、切削速度和温度等）的选用难以同时成为不同相材料的最佳选择。因而，工作者面临的是一个合适的折衷，这就需要经验和技巧。

对于包含弹性体或软性物质的试样需用冷冻超薄切片术。

离子轰击减薄法适用于陶瓷基复合材料和金属基复合材料，有时也用于耐高温的聚合物基复合材料。减薄常常是一个冗长的过程，一般以小时计，需要几小时甚至几十小时，这取决于材料的性质、薄片的厚度和减薄时所选取的各项参数。技术详情可参阅文献 [1,13]。

离子轰击减薄是一种运动中的离子对物质的溅射过程。对离子减薄试样图像的解释，必须注意几个由离子轰击可能引起的问题，主要是减薄过程中试样温度的升高、离子损伤和可能产生的与原有微结构无关的结构情景。试样升温可能达到 100℃ 以上。这对陶瓷材料一般不成问题，但对低熔点或低降解温度材料则不可等闲视之。这时，应该考虑选用低束流。离子损伤只发生于试样的表面层约 10nm 数量级的厚度范围。离子轰击还可能在试样表面产生各种不同形状的伪迹，必须注意鉴别。

2.3.4
陶瓷基复合材料界面

与大多数聚合物基复合材料不同,陶瓷基复合材料中增强体的作用通常是改善陶瓷材料的韧性,增大断裂能。因而,基体与增强体之间界面结合强度的设计至关重要。过强的结合不能达到增韧的目标,而过弱的结合则难以传递负载。对这类复合材料,决定界面结合强弱的界面区域的微观结构自然成为人们关注的目标。

TEM 是人们研究陶瓷基复合材料界面微结构最重要的方法,可以据此获得界相及其附近基体和增强体的结晶或无定形结构、元素分布和化学组分等界面微观结构的几乎所有资料。用于 TEM 观察的试样可用离子减薄法制得。

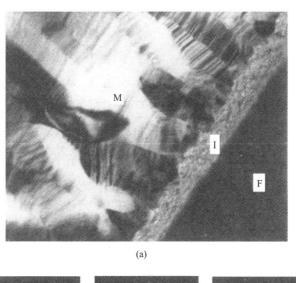

(a)

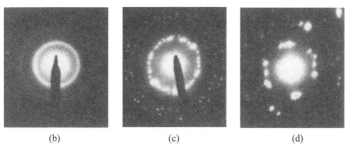

(b)   (c)   (d)

图 2.17 SiC/SiC 复合材料界面区的 TEM 明场像(a)和选区电子衍射花样 [(b)、(c) 和 (d)]

图 2.17 显示了一种 SiC/SiC 复合材料界面区的 TEM 明场像和选区电子衍射花样。明场像 [图 2.17(a)] 由明确的三部分所组成：基体（M）、界相（I）和纤维（F）。SiC 基体与界相有清晰的分界线。基体由大小不一的 SiC 晶粒所组成。在接近界相的区域，SiC 晶粒尺寸约为几十纳米，而且随机排列，无择优取向。图 2.17(c) 为该区域的选区电子衍射花样，由明显可分辨的衍射点组成环状。这是由于 SAD 孔径（$0.5\mu m$）的大小不足以包含足够多的 SiC 颗粒，以获得完整的环形连续线。随着离开界相距离的增大，SiC 晶粒的大小明显增大，达到几百纳米尺度。图像还显示了明显的晶粒择优取向，相应的 SAD 花样 [图 2.17(d)] 则出现 SiC 晶体强烈成弧形分布的（111）反射。区域 F 对应于增强纤维 Nicalon，明场像没有显示任何结构细节。纤维的 SAD 花样如图 2.17(b) 所示。花样中有三个环，分别对应于 SiC_{111}、SiC_{222} 和 SiC_{321} 衍射束。SAD 花样表明，纤维是多晶结构，结晶颗粒很小，而且没有择优取向。花样没有给出纤维中存在自由碳的证据，尽管拉曼光谱显示了明确无误的自由碳峰。相同区域的暗场像能显示纤维的 SiC 晶粒，其尺寸约为 3～4nm。区域 I 为纤维与基体之间的界面。界面宽度约为 100nm，由结构不同的两次级层所组成，其中与纤维相邻的次级层明显较薄。与界面区和基体之间的边界不同，次级层和纤维之间的边界模糊。图中显示，界面区是小颗粒结构，颗粒尺寸大至 10nm。明场像没能给出界面微观结构更多的信息。图 2.18 是另一界面区域的暗场像，应用纤维中 SiC 晶粒的（111）衍射获得。暗场像显示了纤维中尺寸 3～4nm 的 SiC 晶粒。界面区中则存在尺寸大得多的 SiC 晶粒，达到 10nm，甚至更大。考虑到制

图 2.18　SiC/SiC 复合材料界面区的 TEM 暗场像

作这类复合材料的纤维常在其表面预先覆盖一薄层碳，可以判断，界面区中应含有 SiC 晶粒和自由碳。更详细和确切的界面微结构资料或许可从 TEM 的高分辨像和元素分析中获得，也可应用其它测试手段，如显微拉曼光谱术[14]。

需要指出，即便是同一复合材料，其界面结构并非各处相同，在不同区域常有十分不相同的界面结构。上述 SiC/SiC 复合材料中也观察到无明确边界的界面，只是 SiC 晶粒按其大小梯度分布，从纤维过渡到基体，晶粒由小变大。

一种玻璃基复合材料界面区域的 TEM 像如图 2.19 所示[15]，显示了厚度为 $0.15\sim0.20\mu m$ 的界面层（I）。可以认定其结构与玻璃基体（G）和 SiC 纤维（F）显著不同，详细情景可应用 TEM 的其它技术（如 HRTEM 和 EDX 等）做进一步分析。

SiC 纤维增强玻璃-陶瓷基复合材料有着更复杂的多层界面区域。这种界面区是在热压和陶瓷化过程中，纤维表面被基体中的氧所氧化，发生化学反应而形成的。TEM 和 HRTEM 是研究这类多层界面微观结构的主要方法。界面层的化学成分可用 EDX 和 EELS 测定。界面成分和界面化学的完整测定则需要使用某些补充技术，例如二次离子质谱术（SIMS）和俄歇电子谱术。这类测试在纤维表面施行，可用氢氟酸将复合材料的基体溶解去除，裸露出纤维表面。X 射线光电子能谱（XPS）分析也用于证实 EELS 和 AES 测定的结果。这些补充技术的应用可参阅相关文献[16,17]。

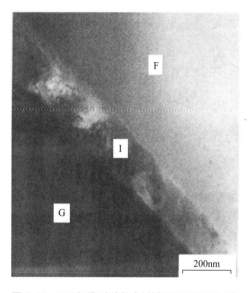

图 2.19　SiC 纤维/玻璃复合材料界面区的 TEM 像

这类复合材料的界面区常常存在一薄层富碳层。从力学角度讲，这一薄层的存在至关重要。这是因为碳层强度较低，因而增强了复合材料的韧性。透射电子显微术能明确无误地检测到富碳层的存在。

图 2.20 显示了一种 SiC 纤维/YMAS（Y_2O_3-MgO-Al_2O_3-SiO_2）玻璃-陶瓷复合材料界面区的 TEM 像[18]。界面由两个次级层构成，它们连续而不中断。与基体相邻的较明亮次级层平均厚度约为 80nm，是碳层，标记为 CL；而与纤

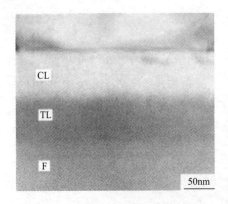

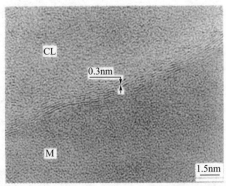

图 2.20 一种 SiC 纤维/YMAS（Y_2O_3-MgO-Al_2O_3-SiO_2）玻璃-陶瓷复合材料界面区的 TEM 图像

图 2.21 图 2.20 中明亮次级层（CL）和基体（M）的 HRTEM 像

维相邻的次级层较暗，平均厚度约为 100nm，标记为 TL，是过渡层。它们的成分组成可用 EDX 测定。

图 2.21 是明亮次级层（CL）和基体（M）的 HRTEM 像。可以看到清晰的晶格条纹，晶格间距接近 0.35nm。这些晶格条纹对应于（0002）碳平面。这一层具有湍层碳的典型微结构。图像还显示，在基体与碳界相的相邻区域，碳平面近乎平行于界面。碳层的形成是材料制作过程中基体中氧与碳纤维中 SiC 纳米晶体发生化学反应的结果。

较暗的次级层 TL 的 HRTEM 像如图 2.22 所示。与图 2.21 中的碳界面层相比，过渡层有不同的微观结构。可以确切地观察到两个界面相（CL 和 TL）之间的相接触区域。图 2.22(b) 是图 2.22(a) 局部区域的放大。可以在 CL 层观察到湍层碳，而在 TL 层则可观察到大量纳米级大小的 SiC 晶粒（图中箭头所示），晶粒周围是无定形结构物质。

界面区域的化学成分用 EDX 分析检测。对各区域的检测结果见图 2.23。图中左上角示意图表示各检测点的位置。检测点分别位于离开界面 100nm 处的纤维体 [图 2.23(a)]、TL 暗次级层 [图 2.23(b)]、CL 碳界相 [图 2.23(c)]、碳层与基体的界面 [图 2.23(d)] 和基体 [图 2.23(e)]。

并非所有陶瓷基复合材料的基体与增强体之间都存在中间层界面相，例如，金属铌（Nb）颗粒增强氧化锆（ZrO_2）复合材料的 TEM 观察就没有发现界面相[19]。图 2.24(a) 是这种复合材料界面的 HRTEM 像，可以看到两种晶粒直接接触而无任何中间相。图 2.24(b) 是一种 SiC 纤维增强 SiC 复合材料的 TEM 像，纤维与基体之间未出现明显的中间层界面相。

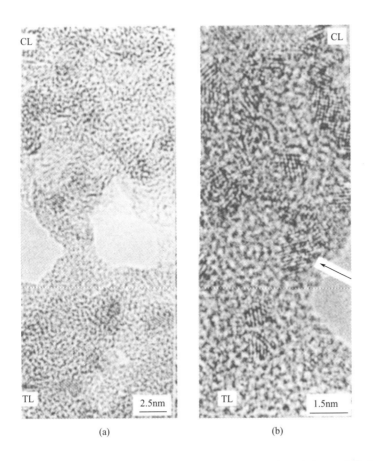

(a)   (b)

图2.22 图2.20中CL和TL次级层的HRTEM像,(b)是(a)的局部放大像

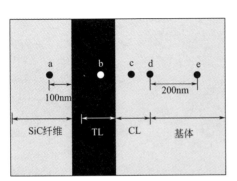
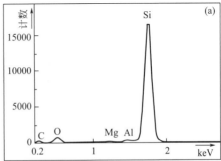

图2.23

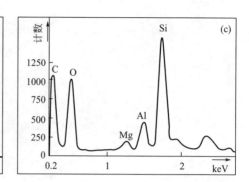

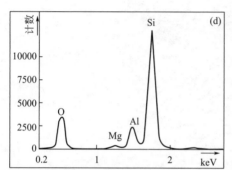

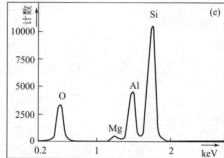

图 2.23 SiC 纤维/玻璃-陶瓷复合材料界面区的 EDX 谱图

（a）纤维；（b）TL 暗区次级层；（c）碳界相；（d）碳层与基体的界面；（e）基体

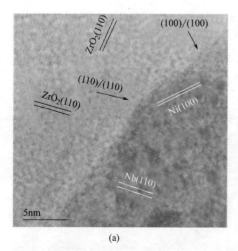

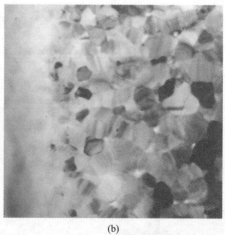

图 2.24 未见界面相的复合材料 TEM 像

（a）Nb/ZrO$_2$ 复合材料的 HRTEM 像；（b）SiC/SiC 复合材料的 TEM 像

2.3.5
金属基复合材料界面

基于增强性能的目标不同，金属基复合材料除了选用不同的基体和增强体组合外，还采用各种各样的不同制作工艺。不同原材料和制作工艺的复合材料总是包含有本身特性的界面微观结构。不过，也存在某些共同特性，例如，与聚合物基复合材料不同，金属基复合材料大都在高温下成型，在界面区常常形成有确定宽度的第三相（界面层）甚至第四相（次级界面层）物质。此外，由于发生化学反应，产生新的化合物或结晶颗粒也是其特性之一。

氧化铝纤维增强镍铝金属互化物复合材料（$Al_2O_3/NiAl$）具有优良的高温力学性能，用于高温工作环境下结构元件材料的前景广阔。NiAl 与 Al_2O_3 纤维之间在高温下有很好的化学相容性。复合材料的制备过程可能使基体和增强纤维之间形成确定的、与前两者材料不同的界面结构。而且，这种结构随复合材料制备工艺的不同可能发生显著变化。近代电子显微镜的卓越功能在显示这类界面微结构方面获得很大成功[20]。

用物理气相沉积法（PVD）将 NiAl 包覆在单晶 Al_2O_3 纤维的表面上，这种复合物界面区域的 TEM 像显示在图 2.25(a) 中。可以看到，一层厚度几十纳米的界面区位于纤维和基体之间。图 2.25(b) 和 (c) 是其局部区域的高分辨图像，表明界面具有无定形结构。与图 2.25(a) 同一区域的元素分布图 ［图 2.25(d)～(f)］ 则表明界面层由 O、Al 和 Ni 所组成。用 STEM/EDX 做半定量分析得出它们的含量分别约为 60%O、$20\%\sim30\%$Al 和 $10\%\sim20\%$Ni。如此，可以认定，无定形界面层是 Al、Ni 氧化物。显然，该薄层物质是在 PVD 过程中形成的。

由上述包裹 NiAl 层的 Al_2O_3 纤维用扩散结合法可制得 $Al_2O_3/NiAl$ 复合材料，其界面区的 TEM 像如图 2.26(a) 所示[20]。可以看到，扩散结合过程仍然保留了纤维和基体之间的无定形界面层，不过在无定形层、无定形层与纤维之间和无定形层与 NiAl 之间出现了许多纳米级晶粒。在高分辨 TEM 像 ［图 2.26(b)］ 中显示了无定形层的微观结构。

与图 2.25 相同，也可获得图 2.26(a) 范围内各组成元素 Ni、Al 和 O 的分布图。从元素分布图观测到在 NiAl 基体与界面层之间存在着一连续的次级薄层，厚度约为 2～3nm。这一次级层含有大量 Al 和 O，可判定为氧化铝。对各指定局部区域（A～E）的半定量分析结果见图 2.26(c)，可以确定，晶粒 D 是纯净的 Ni 晶体。

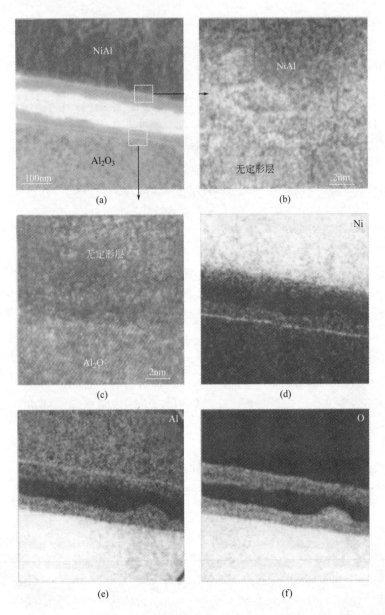

图 2.25 Al₂O₃/NiAl 包覆材料界面区的 TEM 像（a），局部区域的高分辨 TEM 像 ［（b）和（c）］，界面区域 Ni、 Al 和 O 元素分布图 ［（d）～（f）］

金属基复合材料制备过程中的界面反应常常形成新的产物。可应用透射电子像观察和 EDX 分析进行产物的鉴别，而选区电子衍射可用于检测反应产物的结晶性质，如图 1.13 所示[21]。

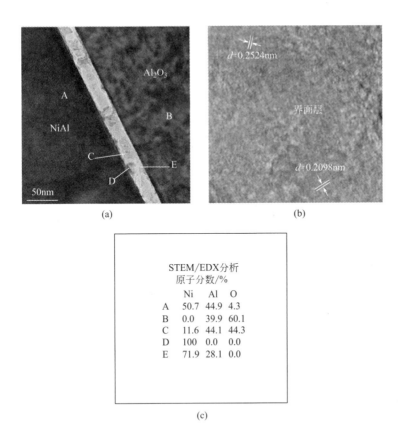

图 2.26 图 2.25 中的包覆材料经扩散结合后制得 Al₂O₃/NiAl 复合材料界面区的 TEM 分析

（a）TEM 像；（b）高分辨 TEM 像；（c）STEM/EDX 分析的结果

2.3.6
聚合物基复合材料界面

如果增强纤维与聚合物基体的力学和物理性质相差悬殊，用超薄切片法制得包含界面区的复合材料 TEM 超薄试样是十分困难的。

对于诸如碳纤维或陶瓷纤维增强聚合物基体这类复合材料，除了增强体与基体材料性质悬殊的不利因素外，碳和陶瓷材料的脆性也是一个难以逾越的障碍。对这类复合材料几乎无法使用超薄切片法制备试样，即使工作者有丰富的经验和技巧。使用离子减薄法也难以获得满意的薄区。由于纤维与基体材料的离子轰击溅射率差异甚大，常常发生的情况是聚合物基体已被溅射而完全消失，而碳或陶瓷材料尚未被溅射得足以出现薄区，难以获得同时包含纤维和基体的界面区超薄试样。对这类复合材料系统界面微观结构的探测，AFM 是一个相对有效的方法。

对聚合物纤维增强聚合物基体复合材料则有可能制得合适的 TEM 试样，例如，由纯丙烯酸纤维和丙烯酸-乙烯共混物基体制得的 PP/PP 复合材料能获得合格的超薄切片[22]［图 2.27(a)］。用 RuO_4 对切片做重金属染色能获得良好的图像衬度。图 2.27(b) 为切片的 TEM 像，右下方为纤维。图像显示了在基体靠近纤维区域的穿晶层。它们规则排列，垂直于纤维表面，层厚约为 10nm。在这类复合材料中，没有观察到如同陶瓷基和金属基复合材料中常常出现的具有明显边界的界相区和颗粒状界面产物。一般情况下，图像的衬度也明显较弱。

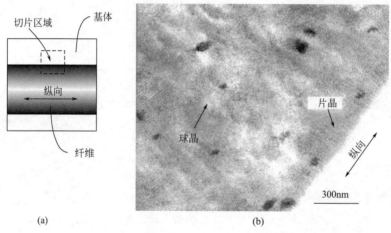

图 2.27　PP/PP 复合材料界面区的 TEM 像

(a) 切片位置示意图；(b) TEM 像

2.4
界面微观结构的AFM表征

原子力显微术是最近二十余年发展起来的很有应用价值的材料表面分析技术。AFM 能给出从几纳米到几百微米区域的表面结构的高分辨像（分辨率高达 0.1nm），可用于表面微观粗糙度的高精度和高灵敏度定量分析，能观测到表面物质的组分分布，高聚物的单个大分子、晶粒和层状结构，以及微相分离等物质微观结构情景[23-26]。在许多情况下，也能显示次级表面结构。AFM 也是表征固体物质局部区域力学性质（如硬度、吸附性和黏弹性等）、电学和磁学等物理性质的强有力工具。

在检测材料微观结构的功能方面，AFM 和 TEM 有若干共同之处。然而，AFM 的应用近年来得到更为快速的发展。吸引人们应用 AFM 的原因有下述几点：AFM 的试样准备十分简便，不像 TEM 那样，通常要求熟练的技巧和冗长的过程；AFM 可以在大气条件下进行检测，而不必像电子显微术那样必须在高真空条件下检测试样；AFM 可以在三维尺度上检测试样结构单元的尺寸，而 TEM 只能在横向尺度（二维）上进行检测，对纵深方向上结构单元尺寸的检测无能为力。

在复合材料界面表征领域 AFM 正表现出越来越重要的作用，主要因为 AFM 除了能显示复合材料界面的微观结构外，还能以高空间分辨率直接测定界面各个局部区域的某些力学和物理性质，这些性质也反映了界面物质的微观结构情景。

AFM 主要通过形貌像和相位像反映复合材料界面的微观结构。形貌像可用于显示某些复合材料横向或纵向截面的界面轮廓，观察增强体（例如纤维）的表面，包括增强体原始表面和改性表面的形貌以及从复合材料中拉出的增强体表面（界面）形貌。据此可以推测或判断不同表面处理和加工条件下的界面结构和性能，探索界面结合机理。相位像则能显示表面和表面以下（次表面）的组织结构，例如成分组成及其形态和分布，以及聚集态结构等。

有多种 AFM 工作模式可用于测量和表征复合材料界面的力学和物理性质。最值得重视的一种是近来发展起来的 AFM 纳米压痕技术，它使用极为细小的金刚石针尖，能以纳米尺度分辨率定量表征界面材料的性质，例如，能测得增强纤维或其它增强体及其周围物质的杨氏模量分布，这对于探索复合材料增强性能的微观机制是十分重要的依据。应用振荡微悬臂的针尖压入试样表面的 AFM 力调制模式技术，可定性测定试样表面局部区域的刚性。还有一种模式是 AFM 轻敲操作模式中的相位成像术，这时，仪器接收的成像信号（相位差）的大小取决于探针与试样轻敲相互作用时消耗的能量，因而对表面弹性性质敏感，能获得的横向分辨率约为 10nm。不过应该注意的是黏结性、亲水性或疏水性、黏弹性和弹性等同时都对能量消耗有所贡献。所以，在解释 AFM 轻敲模式相位像时，应该考虑试样表面模量对相位像衬度有什么样的贡献。

AFM 能以纳米尺度的高空间分辨率，定点或者在一给定面积内定性或定量地测量复合材料界面物质的力学和物理性质，这种功能是迄今任何其它测试技术都难以做到的。

2.4.1
基本原理

AFM 利用一个对力敏感的探针，探测针尖与试样之间的相互作用力来实现表面成像。图 2.28 是 AFM 的结构和工作原理简图。一个对微弱力很敏感的弹性微悬臂（简称悬臂）一端固定，另一端附有端头十分尖锐的针尖。针尖接近试样表面或与试样表面相接触时，针尖端头原子与试样表面间存在的微弱作用力（吸引力或推斥力）将使微悬臂发生相应的微小弹性变形。作用力 F 与微悬臂形变 Δz 之间的关系遵循虎克定律：

$$F = k\Delta z \tag{2-8}$$

式中，k 为微悬臂的弹性常数。据此，测定微悬臂形变量的大小，可获得针尖与试样之间作用力的大小。

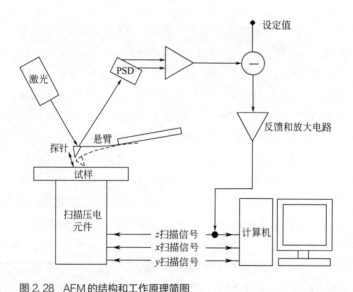

图 2.28　AFM 的结构和工作原理简图

有许多方法可用于检测微悬臂微小形变的大小，如光学检测法、电容检测法、隧道电流检测法和压敏电阻检测法等。其中，光学检测法中的光束偏移技术原理简明，技术上容易实现，是目前应用最为广泛的方法，其原理如图 2.29 所示[27]。由激光器发出的激光被聚焦于微悬臂的背面，激光束从具有良好反射面的微悬臂背面反射，进入对位置敏感的光电二极管检测器（PSD），通过反馈系统控制反射束偏移量恒定，处理相关信号，获得对试样表面的成像。

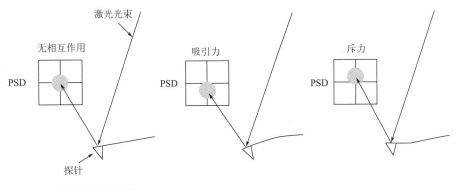

图 2.29 光学检测法原理图

在探针远离试样表面时，针尖与试样间无相互作用，悬臂不受力，反射激光在 PSD 的入射点正好位于中央。当探针下移，其针尖与试样接触时，悬臂受到斥力，向上偏移，使被反射的激光在 PSD 上的位置向上偏移，偏移量大致与斥力大小成正比，PSD 测量到的偏移量成为反馈系统的输入。反之，当探针离开试样表面时，针尖受到吸引力，悬臂向下弯曲，反射激光在 PSD 上的位置向下偏移，测得的偏移量也输入反馈系统。

AFM 探针的精确三维定位由压电陶瓷器件完成。压电材料在被施加一电压后，其长度（或厚度）会发生变化，形变量不大，可用于精确的探针定位。如若电压信号稳定，不难达到 0.1nm 甚至更高的精确度。常用压电陶瓷扫描器对试样表面的扫描可实现精密的三维方向线性移动。最大扫描区域尺度约为 $150\mu m$。安置试样的载物台能做 $x\text{-}y$ 方向移动，以便探针能够扫描试样表面感兴趣的区域。

常用原子力显微镜一般都可以安装可对试样进行拉伸/压缩的力学附件和加热/冷却的变温附件。仪器要求对振动和声音屏蔽的环境。小型仪器对试样大小有限制，一般要求试样直径小于 2cm。对大型仪器，适用的试样尺寸可达到 20cm 甚至 30cm。

2.4.2
操作模式和成像模式

2.4.2.1 操作模式

AFM 通常有三种不同操作模式，以针尖与试样相互作用的方式区分，分别是接触模式、非接触模式和轻敲模式。

（1）接触模式

在接触模式中，针尖扫描试样时，始终与试样表面相接触（图2.30）。悬臂的偏移是试样对针尖作用力的量度。应用电子反馈装置，在扫描过程中针尖与试样的作用力保持不变。如若试样是由不同组分组成的不均匀物质，这些组分有不同的力学性质，那么随着针尖力的增大，高度像就会反映出较弱组分由针尖引起的较大表面形变。除高度像外，使用接触模式也能获得偏差像（deflection image）和侧向力像（lateral force image）。这两种像常常能给出额外的试样表面结构细节。

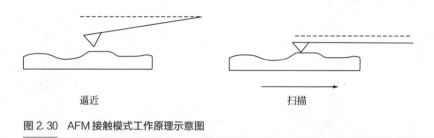

逼近   扫描

图2.30 AFM接触模式工作原理示意图

接触模式成像有很高的分辨率，能获得原子和分子尺度的周期性晶格像。试样可以是无机或有机晶体，也可从高聚物中获得这类像。晶格可以在高度像、偏差像和侧向力像中显示。侧向力像在显示原子尺度的情景时有较高的衬度。

AFM接触模式操作的一个重大缺点是针尖力引起的试样损伤和形变，以及由针尖与试样相接触引起的相互作用的复杂性。

（2）非接触模式

非接触模式控制探针在试样表面上方5～20nm距离处扫描，针尖始终不与试样表面接触，因而针尖不会对试样产生污染或破坏。非接触模式操作于针尖与试样表面相互作用的吸引力区。由于吸引力对距离的敏感性没有斥力区高，因此成像的分辨率比接触模式低。在非接触模式中，针尖-试样之间的相互作用力是很弱的长程力（范德华吸引力）。这种吸引力远小于排斥力。该微弱的吸引力将引起微悬臂固有振动频率峰值的偏移，如图2.31所示。非接触模式利用这种偏移作为回馈信号成像。为了检测这种微小的力，要求使用高灵敏度的探针。显然，非接触模式不会引起试样损伤。此外，由于可以控制针尖完全位于试样表面吸附气体层的上方或者完全浸入吸附层内进行非接触扫描，因此，诸如存在于接触模式中的毛细管力和静电力对作用于试样上的力的影响非常小。这些情况使得非接触模式能够成功地用于真实原子尺度成像，给出最高分辨率达到纳米尺度的结构图像。然而，这种模式由于相对较大的针尖-试样间距，其分辨率要比接触模式低。其次，由于针尖很容易被表面吸附气体的表面压吸附到试样表面，引起图像数据的不稳定和对试样的损伤，使非接触模式的操作比较困难。因此，除非特殊需要，这种操作模式已经很少采用。

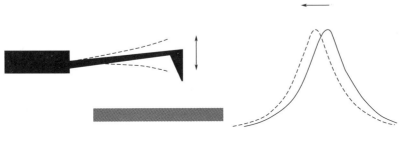

图 2.31　AFM 非接触模式工作原理示意图

（3）轻敲模式

轻敲模式是一种介于上述两种模式之间的操作模式。轻敲模式在材料表征中应用最为广泛。以轻敲模式工作时，微悬臂以其固有（共振）振动频率或相近频率相对试样表面上下振动，同时沿试样表面扫描。针尖在微悬臂振动时间断地与试样表面接触，每一振动周期接触一次。这种模式的优点十分明显：首先，由于针尖同试样相接触，这种模式能达到与接触模式相近的分辨率；其次，由于操作于轻敲模式时针尖与试样间的相互作用力很小，比起以接触模式工作时要小得多，因而几乎可以完全避免由垂直作用力引起的试样非弹性形变导致的试样损伤；最后，由于针尖与试样的接触时间非常短暂，由针尖扫描产生的侧向剪切力几乎完全消失，可忽略由侧向力引起的效应。因此，轻敲模式特别适用于诸如合成聚合物和生物医学这类较"软"材料的研究。轻敲模式下的成像原理将在后文阐述。

2.4.2.2　成像模式

AFM 的成像模式众多，主要有下列几种：高度像（height image）或称形貌像（topographic image）、偏差像或称差值像（error signal image）、侧向力像、相位像（phase image）、力调制模式像（force modulation mode image），以及与表面力学或物理性质相关的力曲线和纳米力学图等。

（1）高度像和表面粗糙度

高度像显示的是试样表面的形貌，可以在接触模式或轻敲模式下获得，也可以在非接触模式下获得。

　　操作于接触模式时，为了获得优良的图像，设定力（set-point force）的合适选定十分重要。设试样是由多组分构成的不均匀多相材料，各组分的力学性质不同，较弱组分由针尖引起更大的表面形变，从而产生高度像的衬度。

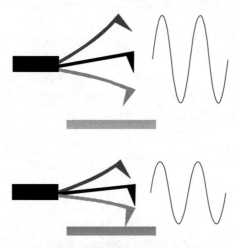

图 2.32　AFM 轻敲操作模式工作原理示意图

　　轻敲模式下获得高度像的原理如图 2.32 所示。当针尖不与试样表面接触时，微悬臂以较高振幅"自由"振动。在振动中的针尖向试样表面方向移动与表面相接触时，由于继续移动的空间受到限制，微悬臂的振动振幅将减小。随后，针尖向离开试样表面的方向移动，微悬臂的振动有了足够的空间，振动的振幅增大，接近于空气中的自由振动振幅。反馈系统将检测器测得的振幅信号反馈，连续调整针尖-试样间距以控制微悬臂振幅，使针尖与试样间的相互作用力保持恒定，据此，可获得试样表面的高度像，显示表面形貌。轻敲模式下，针尖与试样间的相互作用力很小。在这个范围内的作用力，相应的针尖振幅足以克服针尖-试样间的黏附力。同时，由于作用力垂直于试样表面以及瞬间作用的性质，轻敲模式特别适合软性、易碎和黏结性较强的材料试样。

　　轻敲模式可操作于空气环境中，也可操作于液体环境中。在前一种环境条件下，要求使用具有相当强刚性的悬臂，因为悬臂必须克服由于空气环境下在试样表面形成的极薄水分层产生的毛细管力。在液体环境下成像则不存在毛细管力引起的成像困难，因为试样被浸入液体中，不要求使用强刚性的微悬臂。

　　与接触模式一样，针尖与试样间作用力大小的最佳选择是能否获得优良AFM图像的主要问题之一。对轮廓变化缓和的材料，一般要求尽可能小的针尖力。小针尖力成像意味着小的针尖-试样接触面积，因而也有利于高分辨成像。对多相不均匀材料的组分成像，轻敲模式采用大针尖力则是十分必要的。

　　AFM 的高度像可用于试样表面给定微区高分辨的粗糙度定量测定，也能给出横截面的几何轮廓曲线图。从几纳米到几微米的沟纹和凹凸，这类形貌结构单元都能在 AFM 中做定量测定。应用合适的数据分析软件能获得试样给定区域内粗糙度各表征参数的统计结果。仪器供应商通常能提供这类专用软件。界面或增强体表面粗糙度分析是复合材料界面研究的重要内容之一。

表面粗糙度的定量描述常用美国机械工程协会的 ASME B 46.1 粗糙度分析标准。表面平均粗糙度 Ra、极大高度粗糙度 R_{max} 和分布不对称性 S_k（skewness）是最常用于描述表面粗糙度的三个参数，它们的含义如下所述。

平均粗糙度 Ra：在所考察的区域（$4\mu m^2$）内相对中央平面测得的高度偏差绝对值的算术平均值。

极大高度粗糙度 R_{max}：在横截面轮廓曲线图中在轮廓长度范围内相对中心线最高点与最低点高度的差值。

不对称性 S_k：

$$S_k = \frac{1}{R_q^3} \times \frac{1}{N} \sum_{j=1}^{N} Z_j^3 \qquad (2-9)$$

式中，Z 是表面测点的高度；N 是考察区域（$1\mu m^2$）内测点的数目；R_q 称为均方根粗糙度。

$$R_q = \sqrt{\frac{\sum (Z_j)^2}{N}} \qquad (2-10)$$

$S_k > 0$ 表示表面具有凸峰，而 $S_k < 0$ 则表示表面具有凹坑。S_k 的数值大于 ± 1.0 表明表面有很高的凸峰或很深的凹坑。

除了使用参数 Ra、R_{max} 和 S_k 描述表面粗糙度外，也应用 R_q'（高度的均方偏差）和功率密度谱分布（power spectral density distribution）更详细、更全面地描述表面形貌。R_q' 值定义如下：

$$R_q' = \sqrt{\frac{\sum (Z_j - Z_{av})^2}{n}} \qquad (2-11)$$

式中，Z_j 是点 j 的高度；Z_{av} 是测量面积内的平均高度；n 是给定面积内的测点数目（例如 256×256）。沿纤维轴向截面的功率密度谱分布用于测量纤维表面形貌变化的波长。这种分布显示多大波长最常发生和多大波长对纤维粗糙度有最大影响。可用最重要的波长 L_1 和次重要的波长 L_2 来表征。两者之差的绝对值 $|L_1 - L_2|$ 用于估计波长分布的宽度。上述各个定量描述表面形貌和粗糙度的参数都可从 AFM 检测和相关软件中获得。

（2）相位像

轻敲模式下，除了收集高度信息外，还可同时收集相位信息。因而，在获得形貌图像的同时，通过相位检测系统可以获得相位图像。与高度像相比，相位像常常能给出令人惊奇的、丰富得多的试样结构信息。图 2.33 显示了一个典型的实例。试样为树脂与硬化剂没有达到均匀混合的环氧树脂。图 2.33(a) 为形貌像，没有给出多少结构信息，因为试样表面是平坦的。同时获得的相位像显示在图 2.33(b) 中，可以看到丰富的结构细节，反映了由于混合不均匀导致的不同区域不相同的弹性性质。

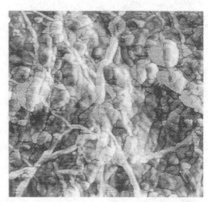

(a) 形貌像   (b) 相位像

图 2.33 轻敲模式下一种环氧树脂的 AFM 像

相位检测是监测驱动微悬臂振动的信号与微悬臂振动的输出信号之间的相位差，以此相位差作为成像信号得到的图像称为相位像。图 2.34 是相位成像原理示意图[28]。图中实线振动曲线表示的是微悬臂实际振动信号，而虚线振动曲线表示的是驱动微悬臂振动的原始信号（即压电装置提供的驱动信号）。这两个振动信号之间有一个相位差，相位差的大小与试样材料的性质有关。这两个信号都输入同一电子处理装置，检测出的两信号的相位差作为成像信号，从而检测出高度变化，获得高度像的同时获得相位像。在相位像中较硬的、弹性较差的试样区域比起较软的、较高黏弹性的试样区域更明亮。相位差的变化是试样表面组分、摩擦性能、黏弹性和其它性质的综合反映，因而常常能给出比高度像更为丰富的试样结构和性质的信息，显示结构的细节。与之相应，在识别和解释图像时需要考虑更多的影响图像衬度的因素。例如，试样表面并非绝对平坦，而有一定的高低起伏，在收集相位成像信号时，试样起伏的边界对相位差会有影响，并在相位图上有所反映。所以相位图还包含了某些形貌信息。在某些情况下，相位像甚至比高度像更能直观地反映这种边界。不过，一般而言，相位像对于识别多相不均匀材料的组分分布、表征表面黏性或不同区域的硬度等方面更为有效。

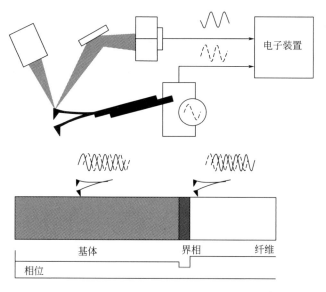

图 2.34 相位成像原理示意图

（3）偏差像

偏差像在接触操作模式下获得。成像信号是针尖-试样的真实垂直方向力与操作者选定的力大小之间的差值。偏差像常常能给出形貌的更多细节结构。偏差像可用于试样表面形貌的 AFM 高分辨成像。

（4）侧向力像

侧向力像又称摩擦力像（frictional image），在接触模式下操作成像。侧向力像的成像原理如图 2.35 所示[29]。这时，检测器接收的信号是与侧向力（x 轴方向）相应的信号。典型的光电二极管检测器（PSD）有四个信号接收区域（象限）。在大多数成像情况下，上两个象限与下两个象限接收到不同强度的信号，它们的差值反映了微悬臂垂直方向的偏差。而在侧向力成像模式下，将左边两个象限与右边两个象限的信号差用于测定侧向力引起的微悬臂扭转行为。针尖沿试样表面扫描时，由于受到侧向阻力而发生扭转，导致反射激光方向的偏移。侧向力像反映了试样各局部区域不相同的力学和黏结性质，因而可用于表征试样各区域的不同组分。

这种成像模式在摩擦力的定量测量，尤其是纳米摩擦学领域有重要应用价值。

接触模式的高度像、偏差像和侧向力像都具有对原子和分子尺度晶格成像的能力，其中，侧向力像能获得原子尺度结构单元更强的衬度。

侧向力像反映了试样表面摩擦力对针尖-试样相互作用的响应。这种图像从

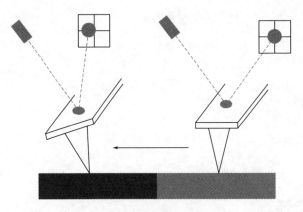

图 2.35　侧向力像的成像原理示意图

表面不同区域的不相同摩擦力特性反映试样的表面结构。有些结构情景往往是其它成像模式难以显示的。

有关侧向力成像的详细内容可参阅文献［30-32］。

（5）力调制模式像

力调制模式成像简称 FM 模式成像，反映的是试样表面的力学性质。图 2.36 是 FM 模式成像工作原理示意图。探针以接触模式对试样扫描，同时在

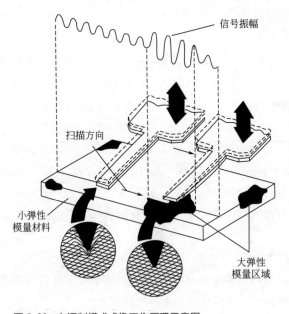

图 2.36　力调制模式成像工作原理示意图

位于微悬臂末端的压电驱动器作用下，探针以其共振频率（5～8kHz）做垂直方向的振动。用激光信号检测法测定微悬臂的振幅。换言之，作用于试样上的力相关于预先选定的设置力被调制。在收集力调制信息的同时也收集形貌信息。振幅响应取决于试样的表面力学性质。对刚性强的表面，针尖从表面回弹，振幅较大；而对软性试样，针尖使试样形变或"刺入"试样，振幅较小。

力调制成像技术利用试样各组成成分刚性的不同产生图像衬度，而与形貌变化无关。力调制成像可在接触模式下完成，也可在轻敲模式下获得。

力调制成像可用于表征复合材料界面的结构和刚性。图 2.37 显示了两种玻璃纤维/环氧树脂复合材料截面的 AFM 力调制模式像和悬臂偏移曲线[33]。图中微悬臂的偏移反映了试样表面的刚性。从图 2.37(a) 所示悬臂偏移曲线图可见，试样表面刚性的大小有三个清楚分开的呈水平分布的不同区域，分别对应于基体、界面和纤维。界面的力学性能表现为比基体材料更脆；而另一种复合材料在力调制成像中显示其界面刚性几乎是呈线性的递增变化 ［图 2.37(b)］，其力学性能表现为较高的韧性。

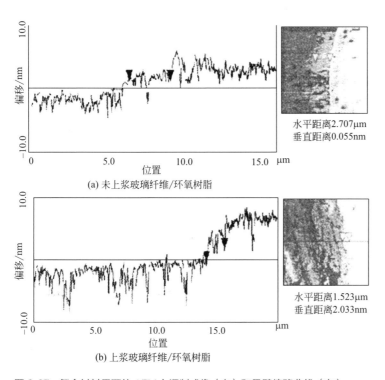

图 2.37　复合材料界面的 AFM 力调制成像（右）和悬臂偏移曲线（左）

对力调制成像更详细的分析和更多的应用实例可参阅文献［34］。

2.4.2.3　力曲线、纳米压痕试验和纳米力学图

AFM 技术除了上述成像模式外，还可以进行力曲线模式操作。此时，探针不做扫描，而是测定针尖与试样之间相互作用力和相对距离的关系曲线。力曲线模式主要用于检测试样的力学性质，如表面微区的硬度、杨氏模量和黏弹性能等。

（1）力曲线

力曲线描述针尖力或微悬臂偏移相对试样-针尖间距离的函数关系，能详尽地揭示这个过程的力学行为。力曲线能够提供试样表面与力相关性质的丰富信息，例如表面的弹性性质。力曲线也可用于测量针尖与表面间的排斥力和长程吸引力。如果将针尖用特定分子或基团修饰，应用力曲线分析技术能给出特定分子间的力或键的强度。

力曲线的测量和分析能用于探测试样某局部区域（点）的力学和黏结等表面性质。还可以将这种研究扩展成另一种模式（force volume 模式）。在表面感兴趣的区域，测得大量点的力曲线，例如 64×64、128×128、256×256 个点的曲线，并据此作图，如此可获得表面力学性质图或黏结性质图。

关于力曲线分析的详情可参阅文献［35-37］。

（2）纳米压痕试验

AFM 中的纳米压痕、划痕和磨损试验是力曲线研究的延伸。对压痕高度像和横截面力分布轮廓曲线的分析可以获得试样力学性质的信息。与类似的宏观压痕试验相比，这种方法有确切的下述优点：它涉及一种在微米和次微米尺度的新的力学测试功能，做纳米压痕和划痕仅需要应用小作用力，这使得在测量薄或超薄材料时不需要考虑基片的影响（宏观试验使用了大作用力，基片对压痕的影响不可忽略不计，增加了资料处理的复杂性和难度）；在 AFM 的纳米压痕试验中，形变和压痕的形成以及压痕的成像等过程都能在同一台仪器中处理。

关于 AFM 中的纳米压痕和相关技术可参阅文献［38,39］。

AFM 纳米压痕试验能够以高空间分辨率逐点测定界面的杨氏模量。迄今为止，这是唯一的方法。作为一个实例，图 2.38 显示了对一种玻璃纤维/环氧树脂复合材料磨平抛光横截面做一系列纳米压痕试验的结果（横截面同时暴露纤维、基体和界面）[28]。测试获得纤维区、界面区和基体区各给定点的压痕力-位移（压入深度）曲线。从图中可见，界面区的力-位移曲线与玻璃和基体聚合物都不相同，表明有自己特有的力学行为和微观结构。

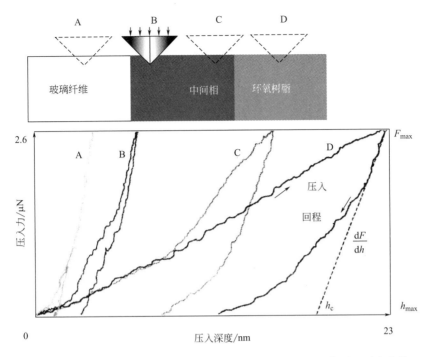

图2.38 玻璃纤维/环氧树脂复合材料横截面不同区域的压痕力-位移（压入深度）曲线

根据图2.38所示曲线可计算出各测试点的杨氏模量。

图2.39显示了两种玻璃纤维/环氧树脂复合材料界面区杨氏模量的大小随离开纤维表面距离的变化情况，给出了从基体经过界面到纤维体的模量分布图。可以看到在这两种复合材料中纤维有最高的模量，基体则最低，而界面区的模量介于两者之间。两种复合材料的纤维有着不同的表面处理程序。一种复合材料中不存在具有与基体不同模量值的界面区［图2.39(a)］，表明纤维周围的基体并没有形成测量得出的界面区。而图2.39(b)指出另一种复合材料形成了具有确定厚度的界面。在该区域模量大小有一梯度，从基体向纤维表面逐渐增大。从纳米压痕试验和相位成像试验得出，界面厚度在100～300nm范围变化（也有小于100nm的情况）。相同纤维和基体材料组成的复合材料显示不相同的界面区是纤维经不同的表面处理所致。

纳米压痕试验也能同时测得界面硬度 H。纳米压痕硬度定义如下：

$$H = \frac{P_{max}}{A} \tag{2-12}$$

式中，P_{max} 是在一个压入循环中最大压入深度时的负载；A 是投影接触面积，等于 $24.5h_c^2$（h_c 是压头接触深度）。

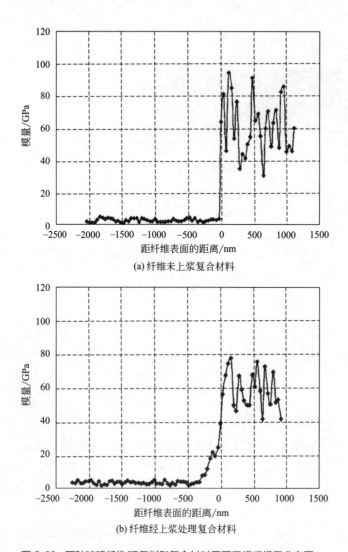

(a) 纤维未上浆复合材料

(b) 纤维经上浆处理复合材料

图 2.39　两种玻璃纤维/环氧树脂复合材料界面区杨氏模量分布图

图 2.40 显示了对一种纤维素纤维/PP 复合材料截面（界面区）测定的结果[40]。从纤维到基体，硬度有一个明显的一定宽度的过渡区，这应该是界面区。

（3）纳米力学图

上述测试只限于给出试样某个点的力学信息。应用 AFM 的其它技术，可获得表面不均匀材料的弹性和黏结等力学性质二维分布图。常用的技术有接触模式的 force volume（FV）技术[41]、峰力轻敲（peak force tapping）[42] 和轻敲

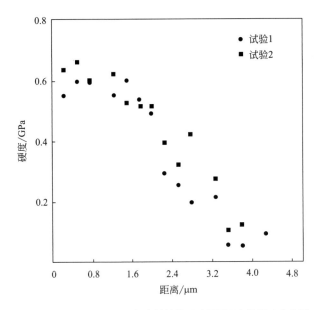

图 2.40 纤维素纤维/PP 复合材料截面（界面区）的硬度分布图

模式的扭谐悬臂梁（torsional harmonic cantilever）技术[43]。这类分布图也称纳米力学图（nanomechanical map）。

2.4.3
试样准备和图像伪迹

AFM 的试样准备工作简便易行。为了检测复合材料的界面结构和性质，需将界面区域暴露于表面。若只是检测表面形貌（高度变化），试样表面不必做任何处理，即可置于仪器中检测。若为了检测界面区域的微观结构，例如结晶结构或其它微观聚集结构单元，则必须将表面磨平抛光或用超薄切片机切平。对于非脆性复合材料，冷冻断裂是暴露界面区的一种值得推荐的方法，有时能获得平滑的表面区域。

如同其它显微镜方法一样，AFM 图像中也不可避免地出现伪迹。所谓伪迹就是图像中出现的一种与试样结构完全无关的假象。伪迹的产生主要是因为仪器操作者缺乏经验，也与成像参数的非最佳选择有关，这些参数包括设定力的大小、扫描速率和增益等。操作者应根据试样类型和待测定的结构情景适当地调整这些参数。例如，不同粗糙度的试样应选用不同的参数。

图像中比较明显的伪迹能被清晰地辨认出来，例如双针尖效应引起的与真实花样一起出现的额外"影子"花样。这种伪迹是由劣质针尖引起的。针尖可能有制造中产生的缺陷，其尖头也可能在扫描过程中由于与硬试样的接触被磨平或损坏。例如，原先尖锐的 Si 探针以较大的针尖力在 Si 片上扫描后会变钝。这时，试样表面的成像过程会导致图像中出现针尖的轮廓。这是一个相反的成像过程，试样使针尖成像。在平坦试样（例如云母）的图像中，常常出现周期性线性花样，间隔为 $1.5 \sim 2.5 \mu m$。这是由试样和悬臂表面的光学干涉引起的。调整检测激光在悬臂上的位置可使这种效应减至最小。

有关图像伪迹的详情可参阅文献 [44]。

2.4.4
碳纤维增强复合材料的界面

一般而言，TEM 是检测界面微观结构的有效方法。然而，对碳纤维/聚合物这类复合材料，在制备同时包含纤维、基体和界面区域的完整薄膜试样时遇到了几乎难以克服的困难。碳纤维和高分子聚合物在力学和物理性质上相差悬殊，即便是经验丰富、技能高超的工作者，也难以在超薄切片机上获得这类复合材料合适的薄膜试样，切片大都在界面区分裂。而在使用离子减薄技术制备试样时，由于碳纤维和聚合物材料对离子轰击的减薄速度相差甚大，也难以获得满意的薄区。AFM 在表征这类复合材料界面微结构方面具有明显的优势，不仅避免了上述制备试样的困难，而且能给出更为丰富的信息，除了微结构外，还能提供界面物质力学性质的资料。

AFM 具有检测这类复合材料界面区结构的能力。有人成功地用 AFM 研究了水热处理碳纤维增强环氧树脂复合材料的界面[45]。研究表明，湿气对复合材料的影响在界面区最为敏感，降解作用首先在界面区域发生。这与界面区域结构的不均匀性和存在诸多缺陷有关。图 2.41 显示了一种碳纤维增强环氧树脂复合材料横截面的 AFM 像。试样制备简便，只需将材料按所要求的几何位置切平，随后磨平抛光。图 2.41(a) 和 (c) 是试样的 AFM 轻敲模式高度像，可以观察到纤维和基体之间的间隙。这可能来源于材料制造过程中形成的不完全结合，也可能是试样制备过程中刮擦导致的脱结合。图 2.41(b) 和 (d) 分别是与图 2.41(a) 和 (c) 对应的相位像。明显可见，相位像比高度像显示了更丰富的结构细节。引人注意的是界面区出现的明亮衬度。并不清楚这种明亮反映了界面微观结构的什么内容，但是，可以肯定地说，与碳纤维和基体材料相比，在界面区，材料性质已经发生了显著变化，它有不同于纤维和基体的结构。

碳纤维增强复合材料界面的结构和性质不仅依赖于纤维表面的化学状态和

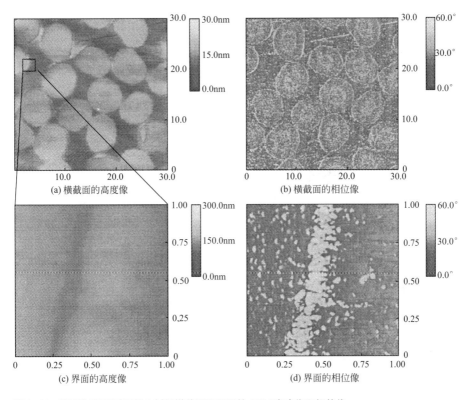

图 2.41 碳纤维/环氧树脂复合材料横截面和界面的 AFM 高度像和相位像

成分，还强烈地与纤维表面形态，主要是粗糙度和多孔性有关。表面形态决定了由纤维与基体之间机械锁合产生的界面结合机制对界面性能有多大贡献。为了达到预期的界面性质，常常对碳纤维表面做各种物理的或化学的预处理。对碳纤维表面形态学参数的定量测定，有助于估计表面形态的改变对界面结构和性能的改善能起多大作用，有利于预测纤维表面预处理的最佳条件。

　　AFM 能从三维尺度描述碳纤维表面的形貌，定量测定描述表面粗糙度的各个参数。AFM 适用于未经处理的原始碳纤维，也适用于与基体相互作用后的复合材料中纤维表面（界面）的形貌表征。

　　一种中等模量碳纤维 IM 和高模量碳纤维 HM1 的表面 AFM 形貌像和相应的截面轮廓曲线显示在图 2.42 中[46]。从复合材料基体环氧树脂 R_1 和 R_2 中拉出的碳纤维表面（界面）三维形貌像如图 2.43 所示[46]。HM2 是成品高模量碳纤维（含油剂或浆料），R_1 和 R_2 是两种硬化剂含量不同的环氧树脂。从 AFM 中测得的纤维表面形貌参数 Ra 和 R_{max} 列于图 2.44 中，而 S_k 和表面积相差率 S_{dr} 列于图 2.45 中。S_{dr} 也是描述表面形貌粗糙度的一个参数，它是指由相邻三个

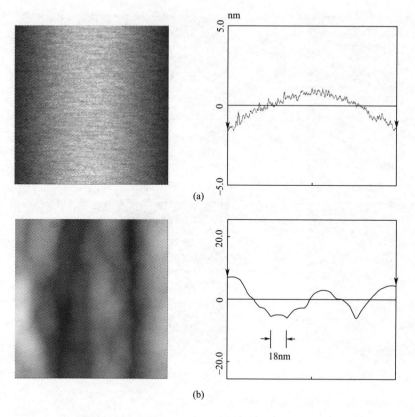

图 2.42 碳纤维表面的 AFM 形貌像和截面轮廓

（a）碳纤维 IM；（b）碳纤维 HM1

数据点（Z 方向高度）形成的所有三角形的三维面积与它们在 X-Y 平面上投影的三维表面积的百分比。

从形貌图（图 2.42）可见，IM 有明显光滑的表面结构。图像平均粗糙度 Ra 和极大高度粗糙度 R_{max} 与高模量纤维 HM1 和 HM2 相比有最小值（图 2.44），IM 纤维表面仅有纳米尺度的沟纹和粗糙结构单元，其不对称性参数 S_k 为正值 0.5（图 2.45），表明表面有大量凸起结构单元。IM 纤维还有比 HM 高得多的表面积相差率 S_{dr}（图 2.45），亦即有大得多的单位体积表面面积或界面面积，这有利于纤维与基体之间有更佳的界面结合。

图 2.43 显示，从模型单纤维复合材料中拉出的 IM 纤维有比其它拉出纤维更粗糙的表面形貌，各个粗糙度参数也有更大的值。纤维从基体材料中拉出时，界面破坏，如果有足够的界面结合力，拉出纤维的表面将遗留有基体（界面）物质，常常形成粗糙表面。

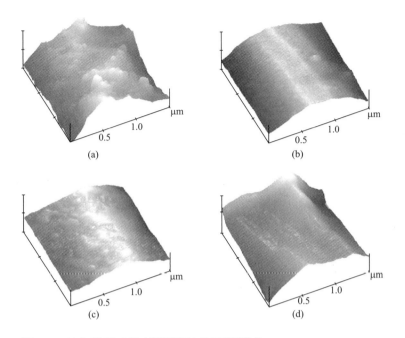

图 2.43　拉出碳纤维表面（断裂界面）的三维形貌像
（a）碳纤维 IM（从 R_1 基体拉出）；（b）碳纤维 HM1（从 R_1 基体拉出）；（c）碳纤维 HM2（从 R_1 基体拉出）；（d）碳纤维 HM2（从 R_2 基体拉出）

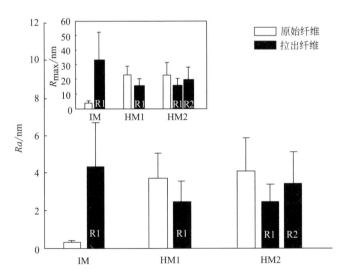

图 2.44　原始碳纤维和拉出碳纤维表面的 Ra 和 R_{max}

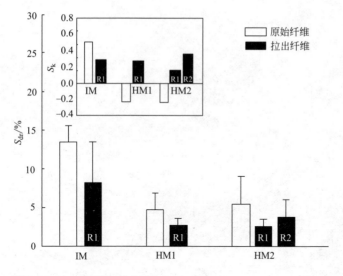

图2.45　拉出前后碳纤维表面的 S_k 和 S_{dr}

上述从 AFM 测试获得的有关纤维形貌的结果有助于解释从模型单纤维复合材料拉出试验得出的界面结合性质和界面力学行为。

AFM 另一个重要功能是做界面区刚性的测定。

图 2.46(c) 是一种碳纤维增强复合材料垂直于纤维轴向截面的力调制模式像[47]，显示了界面及其附近纤维和基体的刚性。为了便于对这种力振幅衬度像的解释，也同时显示了同一区域的形貌像［图 2.46(a)］和电导率像［图 2.46(b)］。每幅图像的下方是与之相应的 AB 范围内的扫描轮廓曲线。曲线中各数据点纵坐标的值是 AB 长方框内 10 条相邻像素线测得的平均值，这是为了增大信噪比。

力调制亦称位移调制（displacement modulation）。这种操作模式下，微悬臂的弯曲有关于试样局部区域的力学性质，给出的信号有振幅信号和相位信号。振幅信号有关于局部刚性，而相位信号反映了对完善弹性行为的偏离。后者对于研究如聚合物这类试样的黏弹性十分有用。图 2.46(c) 是由振幅信号给出的衬度。

为了获得电导率图，悬臂上的硅针尖覆盖有导电物质钨，其电阻率为 $50\mu\Omega\cdot cm$。图 2.46(b) 电导率像的上部分是对数标尺，而下部分是二进制标尺。使用对数标尺是为了使较低电流的变化能明显一些，以便能观察到扫描纤维不均匀的情景。图 2.46(a) 和 (c) 都是线性标尺，图中画出的白线对应于纤维-基体的分界，与电流像中的界线相一致。

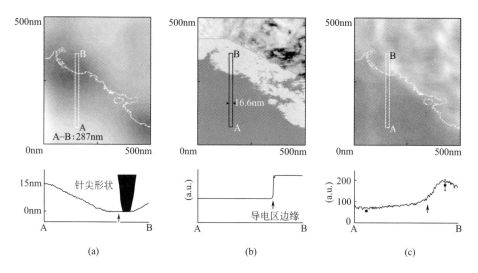

图 2.46 碳纤维/PPS 复合材料的 AFM 像
（a）形貌像；（b）电导率像；（c）力调制像

形貌像显示了明暗比较均匀的衬度，从形貌像和截面轮廓都难以判断纤维与基体的分界。从刚性像及其截面轮廓曲线也难以确定纤维的边界。然而，由于碳纤维的电导率显著高于绝缘的聚合物，在电流像及其截面图中，可以观察到当针尖从聚合物扫描到碳纤维时，电导率急剧增大，在截面轮廓曲线中表现为一陡峭的变化。这一变化的区间约为 3.2nm。观察同一区域的力调制截面轮廓曲线，可以看到在到达纤维边缘之前，有一段几十纳米的局部刚性增大区域。这一区域可以认为是界面聚合物区域的一部分，在该区域复合材料的两种组成成分发生相互作用。

上述测试过程没有获得刚性的定量值，但给出了界面刚性的变化趋势。

应用 AFM 压痕技术能够定量地测定局部区域刚性并给出刚性二维分布图。图 2.47 显示了一种碳纤维/环氧树脂复合材料抛光横截面的压痕刚性像和相应的形貌像[47]。在各个图示位置做悬臂偏移和压痕值的系列测量（测量时使用相同的不变外负载）。测量时记录了针尖逼近和返回时悬臂的 z 位移 $h_{z\text{-pos}}$ 和偏移 h_{defl}。力 F 相对针尖与表面之间距离的函数曲线可用于计算表面刚性。接触刚性 K 等于弹性卸载曲线起始阶段的斜率 $\mathrm{d}F/\mathrm{d}h$：

$$K = \frac{\mathrm{d}F}{\mathrm{d}(h_{z\text{-pos}} - h_{\text{defl}})} \tag{2-13}$$

$$h_{\text{defl}} = \frac{F}{k_{\text{c}}} \tag{2-14}$$

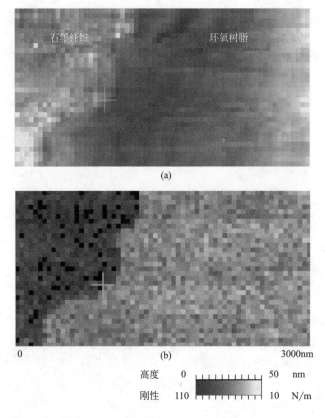

图 2.47　碳纤维/环氧树脂复合材料抛光横截面的 AFM 像

（a）形貌像；（b）压痕刚性像

式中，k_c 是悬臂的弹性常数。

刚性分布图并没有发现碳纤维附近树脂区域的衬度随着离开纤维表面的距离而发生变化。这可能是由于所用碳纤维预先经过上浆处理，表面的有机物层有一屏蔽作用，在复合材料制备过程中限制了树脂分子链与纤维的直接接触。此外，湿的有机层也不利于界面的化学相互作用。实际上，微观力学试验也指出这种复合材料有较弱的界面结合。AFM 观察在一定程度上解释了对这类复合材料界面力学性质的测定结果。

2.4.5
聚合物纤维增强复合材料的界面

用纤维（例如 Kevlar 或碳纤维）增强聚丙烯（PP）树脂，常常会在界面形成穿晶层，对复合材料界面性质有直接影响。PP 纤维/PP 复合材料的界面区也发现了穿晶结构。图 2.48 是这种复合材料包含界面的截面 AFM 像，显示了界面区的穿晶结构[22]。仪器操作于常力模式。图中三幅 AFM 像来自不同温度下成型的复合材料。可以看到，在 150℃成型温度时出现了穿晶层，而在更高温度 163℃成型时，穿晶层向基体方向发展得更远。上述 AFM 观察的结果与 TEM 研究得到的结果（图 2.27）相吻合。

 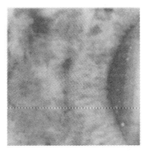 

(a) T_m:150℃　　　　　　(b) T_m:160℃　　　　　　(c) T_m:163℃

图 2.48　PP 纤维/PP 复合材料横截面的 AFM 像，显示了穿晶结构

　　界面附近的穿晶结构也发生在其它聚合物基复合材料中，例如 PE 纤维/PE 复合材料[48]。AFM 是探索这类穿晶结构的强有力工具。

　　与碳纤维增强复合材料一样，从复合材料基体中拉出增强聚合物纤维，用 AFM 观测其表面结构，并与原始纤维表面相比较，从它们粗糙度和形态结构的变化可以推测复合材料的界面结合情景。下面一个实例是关于芳纶纤维表面的黏结活化处理对复合材料界面结合所起作用的 AFM 分析。

　　将未经处理的芳纶纤维（HM）和经过黏结活化表面处理的纤维（HMA）分别制成模型单纤维环氧树脂复合材料，用 AFM 观察拉出前和拉出后纤维的表面，并定量测定它们的粗糙度。测试发现，表面处理对纤维表面粗糙度影响不大，平均粗糙度 Ra 没有什么变化，极大粗糙度 R_{max} 则有所增大[49]。然而，它们从复合材料中拉出的表面，即破坏了的界面的结构却有着显著不同的变化。未处理纤维 HM 从复合材料中拉出后表面变得十分光滑，从截面轮廓曲线得出的 Ra 和 R_{max} 值显著减小。这表明拉出时发生了界面（或黏结）破坏，而且黏结强度低。然而，将拉出的 HMA 纤维表面 AFM 像（图 2.49）与原始纤维（图 2.50）相比[49]，显示了界面紧密黏结的破坏，表面凹凸不平显著增加，如

图 2.51 所示。粗糙度参数值列于表 2.1。这些表面结构情景的 AFM 观察，在一定程度上解释了表面黏结活化处理使纤维与环氧树脂之间有更强的界面结合。

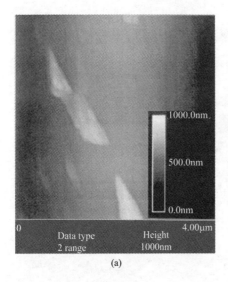 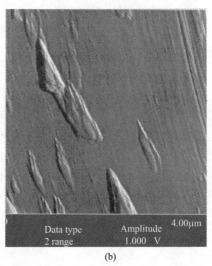

(a)　　　　　　　　　　　　　　　　(b)

图 2.49　从复合材料中拉出的 HMA 纤维的 AFM 像
（a）高度像；（b）振幅像

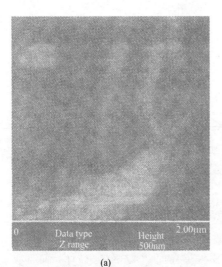

(a)　　　　　　　　　　　　　　　　(b)

图 2.50　原始 HMA 纤维的 AFM 像
（a）高度像；（b）振幅像

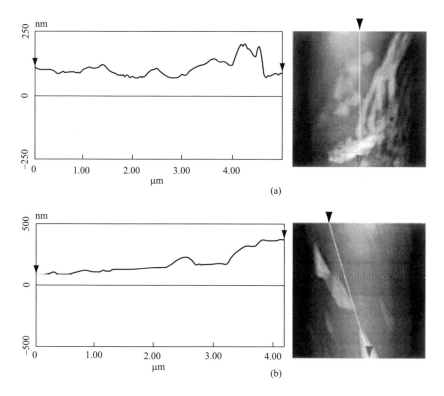

图 2.51 原始 HMA 纤维和拉出纤维表面形貌的截面分析图
(a) 原始纤维；(b) 拉出纤维

⊡ 表 2.1 芳纶纤维拉出前后的表面粗糙度

纤维	Ra/nm		R_{max}/nm	
	原始纤维	拉出纤维	原始纤维	拉出纤维
HM	22	6	105	35
HMA	22	32	138	159

　　除了纤维表面处理外，基体材料配制的不同也强烈影响复合材料界面的性能。断裂界面的 AFM 分析是描述这种影响的有效途径。图 2.52 显示了芳纶纤维表面官能化处理和环氧树脂的不同配制对界面影响的 AFM 分析结果[50]。所有观察试样都是单纤维拉出表面亦即界面的断裂面。与图 2.52(a) 和 (b) 对应的试样由相同的环氧树脂配制（A）。前者，纤维表面未经处理，可以看到断裂界面表现为单纯的纤维表面形貌，在三种试样中有最低的粗糙度参数。这种形貌意味着纤维与基体间的弱界面结合和薄的界面层。因而在纤维拉出过程中界

面首先破坏，导致低界面剪切强度。与图2.52(b)对应的试样其纤维经过表面官能化处理，拉出纤维表面显示明显的两相结构，除了纤维表面本身外，有一些小的树脂块黏附在纤维表面上。从AFM测得的表面粗糙度参数Ra和R_{max}也明显更大，表明纤维与基体之间有强的相互作用。图2.52(c)的试样使用了表面处理纤维和另一环氧树脂（B）。断裂界面凹凸不平，有大量树脂基体覆盖在纤维表面上。与前两种试样相比，有最大的粗糙度参数。这些形态学结果表明，这种复合材料有厚的界面层厚度，纤维与基体间的界面结合显著较强，因而有较高的界面剪切强度。上述结论与力学测定获得的各种复合材料试样的力学性质是相一致的。力学性质的增强来源于纤维官能团与树脂基体之间的强界面结合和纤维与基体之间适当的粗糙度匹配。

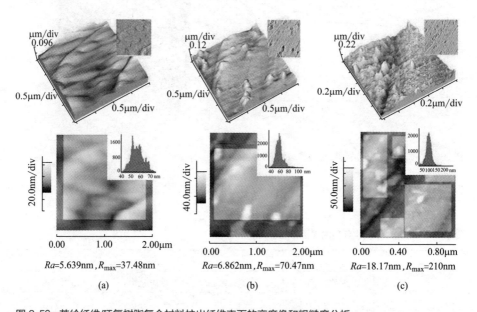

Ra=5.639nm, R_{max}=37.48nm　　Ra=6.862nm, R_{max}=70.47nm　　Ra=18.17nm, R_{max}=210nm

(a)　　　　　　　　(b)　　　　　　　　(c)

图2.52　芳纶纤维/环氧树脂复合材料拉出纤维表面的高度像和粗糙度分析
(a)未做表面处理纤维/环氧树脂A；(b)表面处理纤维/环氧树脂A；(c)表面处理纤维/环氧树脂B

纤维素类这种天然纤维常常有比人造纤维更复杂、更不均匀的形态结构和不同的表面性质，因而在界面形成过程中往往有不同的表现。为了改善界面结合性能，纤维表面改性也是常用的方法，改变基体的化学反应性则是另一种方法。与其它纤维增强复合材料一样，改性对界面产生的效果可从力学试验得到检测，而对界面的AFM分析常常能从微观角度对这种效果提供解释，指出增强机理。

将马来酸酐接枝聚丙烯（MAH-g-PP）交联剂加入基体材料 PP 中能显著改善黄麻/聚丙烯复合材料的界面性质[51]。图 2.53 显示了原始黄麻纤维表面和拉出纤维表面（亦即破坏界面）的 AFM 形貌像，可见两种纤维表面的形貌明显不同。原始纤维粗糙表面［图 2.53(a)］的主要形貌特征是遍布细小的条纹状结构单元。这些条纹是被木质素和半纤维素基质束缚在一起的纤维素原纤束。从聚丙烯基体拉出的破坏界面［图 2.53(b)］中则不能观察到这种细小的条纹状结构单元，纤维表面（界面）被基体材料完全覆盖。换言之，纤维拉出过程中发生了纤维与基体之间紧密结合的破坏，纤维附近的聚合物遭受到广泛的拉长伸延而破坏。显然，基体材料由于 MAH-g-PP 的加入改善了纤维与基体之间的相互作用。交联剂在极性的天然纤维与非极性的聚合物之间起了增容剂的作用。以上述 AFM 分析为主要依据，推测建立下述界面结合模型应该是合理的。

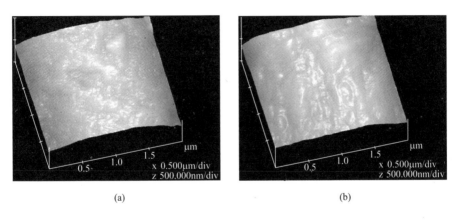

(a)　　　　　　　　　　　　　　　　　(b)

图 2.53　原始黄麻纤维和拉出纤维表面的 AFM 形貌像
(a) 原始黄麻纤维表面；(b) 从复合材料中拉出纤维表面

图 2.54 所示的模型能解释纤维与 MAH-g-PP 处理的 PP 基体之间的强界面结合。纤维素纤维与交联剂之间形成了化学（酯键）和物理（氢键）两类相互作用。交联剂的 PP 链则通过链间缠结扩散进入 PP 基体。另外，马来酸酐基团与纤维的氢氧基团形成了共价键和氢键。上述反应导致了纤维与基体之间的较强结合。

2.4.6
玻璃纤维增强复合材料的界面

AFM 能以纳米尺度分辨玻璃纤维增强复合材料界面的结构细节。对这种材

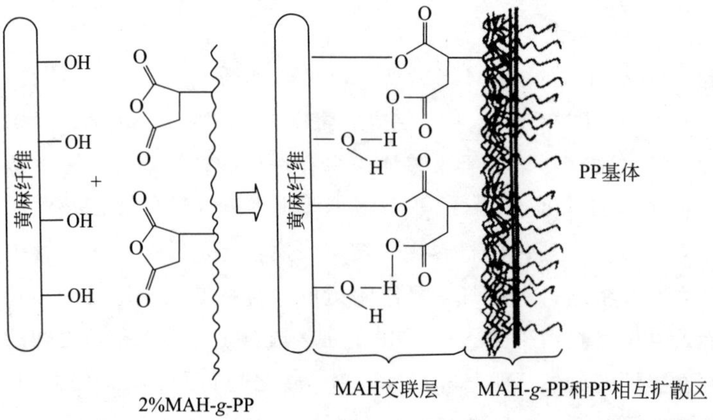

图 2.54 界面区交联剂与基体和纤维之间的相互作用

料，可以使用多种成像模式，例如高度像、轻敲模式的相位成像和力调制模式成像等，能给出丰富的界面结构和性质的信息。

最常用的方法是检测包含有界面区的磨平抛光的横截面。图 2.55(a) 和(b) 分别是一种玻璃纤维增强复合材料横截面的 AFM 强轻敲模式形貌像和相位像[28]。试样截面经过细致的抛光处理，因而形貌像中没有出现明显的高度差异，其衬度无法辨别组成试样的不同材料成分。相位像则有足够的衬度以区别纤维、界面区和基体三个区域，表明了它们有不同的材料性质。图 2.55(c) 所示的截面分析曲线（截面位置对应于相位像中的黑色直线）清楚地指出了纤维-界面区-基体边界线的位置。增强纤维在用于制备复合材料前经过 γ-APS/PU 上浆处理。相位像中所见附着在纤维表面的那层物质对应于富含浆料的区域。上浆层在三维尺度的不规则分布，使得界面层厚薄不均匀，范围在 10～150nm，甚至更厚。PP 基体与浆料之间的界线模糊，可能来源于抛光过程的机械作用、部分混溶性、相互扩散和某种程度的聚合链缠结。界面区的主要形态学特征是十分均匀的，而且与基体和纤维的相位角相比有最小的相位角（表现为较暗的衬度）。这表明界面是结构均匀的低刚性区。界面区将基体 PP 与纤维表面分隔开，因而基体的结晶行为不应该受到玻璃纤维存在的影响。

界面层结构受到上浆材料的类别和其它工艺因素的强烈影响，例如以 γ-APS/PP 浆料上浆玻璃纤维增强的 PP 复合材料，其界面厚度大都在 100～200nm 范围，也出现厚度达到 2μm 的界面，如图 2.56 所示。图像显示界面结构粗糙，分布着直径约 200nm 的小颗粒。这些小颗粒显然是低分子量 PP 浆料的球晶。球晶间界线明晰，意味着这些球晶之间的弱结合，所以，破坏常常会

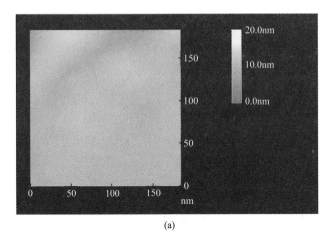

(a)

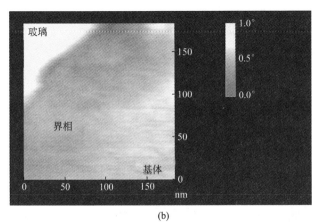

(b)

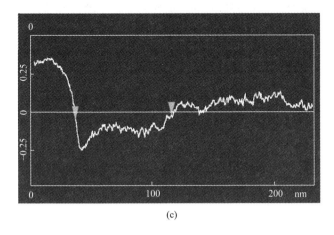

(c)

图2.55 玻璃纤维复合材料横截面的 AFM 轻敲模式像

（a）形貌像；（b）相位像；（c）截面分析曲线

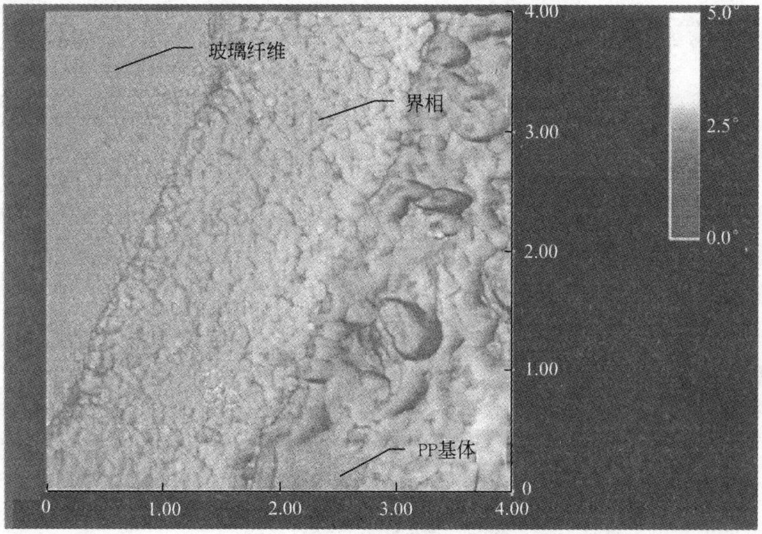

图 2.56　上浆玻璃纤维/PP 复合材料中厚度达到 2 μm 的界面

在厚界面层发生。上述 AFM 观察导致这样一个设想：界面厚度的变化会影响界面破坏机理。一般而言，对于半结晶浆料的最佳界面厚度不应大于球晶直径。

　　除了复合材料横截面外，对纤维拉出表面（亦即破坏界面）的 AFM 观察也能有效地给出玻璃纤维增强复合材料界面性质的信息。图 2.57 显示了从几种复合材料中拉出的玻璃纤维表面 AFM 三维形貌像[28]。这些复合材料有不同的纤维表面处理方式或不同的基体材料。所显示的表面实际上是纤维拉出时形成的界面断裂面。从断裂面的形态结构可以推测出界面性质。可以看到，四种界面断裂面有显著不同的形态，反映了界面区材料在拉出外力作用下抵抗形变和破坏的不同表现，据此可推测它们不相同的界面结构。

　　一种可用于纤维表面和纤维拉出表面断裂面（界面）形貌 AFM 观察的试样安置方法如图 2.58 所示[52]。纤维的两端用环氧树脂黏结固定在一玻片上。

　　除了常用的轻敲模式外，也使用 AFM 力调制模式对界面截面成像。这时，微悬臂偏移反映的是试样表面的刚性，如图 2.37 所示。

　　玻璃纤维表面改性对复合材料界面结构和性质影响的 AFM 研究，文献[53] 做了详细的报道。

　　基体材料的改性对玻璃纤维增强复合材料界面产生怎样的影响，AFM 分析同样能给出丰富的信息。例如，成核添加剂的加入可能对玻璃纤维复合材料界面产生影响，包括结构和性质。在玻璃纤维/聚酰胺 6 的 AFM 图像中，可以看

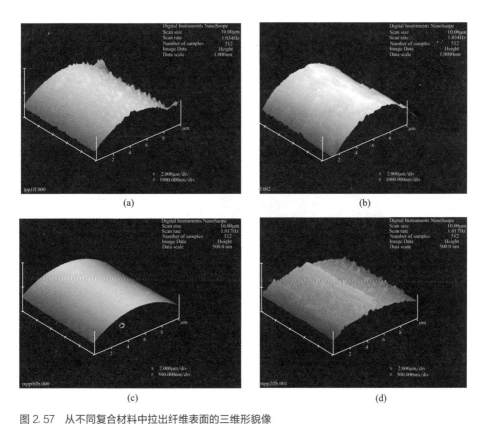

图 2.57 从不同复合材料中拉出纤维表面的三维形貌像
（a）γ-APS/PU 玻纤/PP；（b）γ-APS/PP 玻纤/PP；（c）未上浆玻纤/环氧树脂；（d）γ-APS/PU 玻纤/
环氧树脂

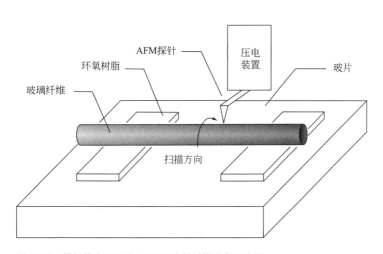

图 2.58 单纤维表面形貌 AFM 观察的试样准备示意图

到，加入成核添加剂的复合材料在玻璃纤维表面附近显示了结构不同于基体球晶的界面层[54]。这种界面相也在无成核剂和成核剂加入量不同的各种复合材料中观察到。界面层的厚度在 $1.4\sim2.9\mu m$ 范围内，与加入成核添加剂的数量无确定的关系。成核添加剂的加入显著地减小了球晶的大小，从 $15\sim20\ \mu m$ 减小到小于 $5\mu m$，从而增大了纤维对基体材料的接触面积，有利于界面结合的形成。

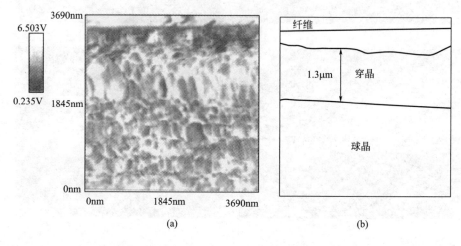

(a)　　　　　　　　　　　　　　　　(b)

图 2.59　玻璃纤维/聚酰胺 6 复合材料截面的 AFM 像
(a) 黏结力像；(b) 界面层示意图

图 2.59 是加有成核添加剂的玻璃纤维/聚酰胺 6 复合材料截面的 AFM 像[54]。这种像有很高的衬度，而且包含比形貌像更多的信息。黏结力像显示界面层由浆料层以外的穿晶层所组成。研究已经指出，如若纤维表面的核密度超过聚合物基体，在界面区会发生横结晶现象。

2.4.7
纳米复合材料的界面

本节讨论的纳米复合材料局限于纳米尺度的增强体增强聚合物基体复合材料。纳米增强体主要有层状硅酸盐、石墨烯、碳纳米管和其它纳米颗粒或纳米纤维等。AFM 这种高分辨的多功能测试技术在纳米复合材料界面表征方面能发挥重要作用。

一个实例是关于纳米黏土/橡胶复合材料的 AFM 研究[55]。AFM 分析除了

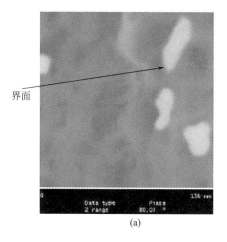

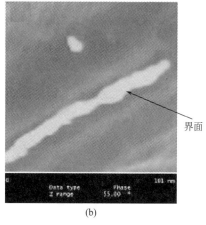

(a)   (b)

图 2.60　纳米黏土/橡胶复合材料的界面区 AFM 像
(a) 未改性黏土；(b) 改性黏土

能给出这种复合材料中纳米颗粒分散性的定量描述外，也能显示其界面形态，并对界面的像衬度做出解释。图 2.60 显示了两种试样的界面区。纳米黏土与橡胶之间的相互作用使得橡胶链固定于增强体周围，未改性黏土增强试样的界面区较大。使用截面分析可测量纳米颗粒周围橡胶壳层的厚度，对两种试样分别为 (6 ± 2)nm 和 (2 ± 1)nm。

从上述 AFM 分析得出，两种试样的纳米颗粒大小、它们在基体中的分布以及界面区厚度的不同都来源于聚合物-黏土的相互作用。可以从改性处理使黏土表面性质发生的变化得到解释。

使用 AFM 的接触模式可测得力曲线，据此能计算出黏结力和接触力。结果表明，不论黏结力还是接触力，在基体橡胶区、界面区和纳米黏土区之间都有显著差异[56]。

另一个实例是关于石墨烯增强复合材料界面的 AFM 分析。图 2.61 显示了石墨烯/环氧树脂复合材料的 AFM 相位像，插图为相应区域的高度像[57]。图像显示包埋于基体中的石墨烯片，高相位角的明亮区域对应于石墨烯，而低相位角的较暗区域为基体环氧树脂。界相区的 AFM 相位像如图 2.62 所示。从高刚性的石墨烯向低刚性的环氧树脂的转变并非都急剧变化，在许多区域刚性的逐步变化清晰可见。这是因为聚合物链固定于石墨烯表面使得界面区的聚合物刚性得到增强。图 2.63 是高分辨扫描相位轮廓曲线，显示在 30～40nm 范围内相位角发生明显变化。可见存在宽度为几十纳米的界相区。在该区域刚性明显高于基体区。在界相区，聚合物基团与石墨烯边缘和表面普遍存在的缺陷点发生化学键合。这种相互作用强烈地限制了石墨烯附近环氧树脂分子链的流动性，增强了刚性，也提高了玻璃化转变温度。

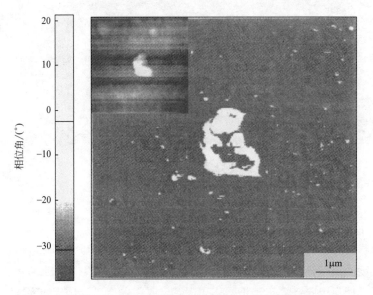

图 2.61　石墨烯/环氧树脂复合材料的 AFM 相位像，左上角插图为高度像

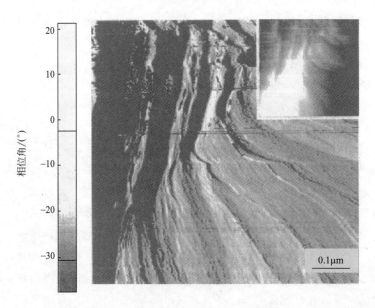

图 2.62　石墨烯/环氧树脂复合材料界面区的 AFM 相位像，右上角插图为高度像

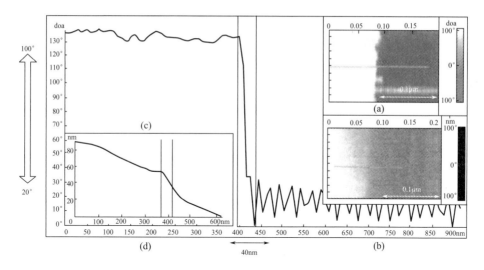

图 2.63　石墨烯/环氧树脂复合材料界面区的 AFM 相位角扫描
（a）相位像；（b）高度像；（c）沿图（a）中直线的相位角轮廓；（d）沿图（b）中直线的高度轮廓

2.5
界面微观结构的拉曼光谱表征

　　近二十年来，拉曼光谱术获得了长足进步，成为物质结构研究的强有力手段之一。在探索各种材料微观结构方面，其主要功能包括组成材料的化合物的鉴定、组成物的定性和定量分析、分子结构和结晶学结构分析以及分子取向的确定等。显微拉曼光谱术的进步，使得有可能对材料进行微区分析。结合扫描技术，可沿一给定直线逐点测定其拉曼光谱，观察各个拉曼峰或某一个特征峰沿直线的变化，推测试样微观结构的变化。如果进行逐行扫描就能获得整个扫描面积的拉曼信号，将微观结构分析从点分析扩展到一维直线分布，以至二维的面分布。

　　近年来，近场光学被成功地应用于显微拉曼光谱术，将空间分辨率从原有的微米级提高到纳米级[44]，这是分析技术的一个重大进步。

　　显微拉曼光谱术在复合材料界面结构研究中能起强有力的作用。拉曼光谱术的仪器操作十分简便，无特殊的试样准备要求，能快速获得结果。它还是一种无损检测技术，试样准备时不必破坏试样原材料。而且，往往能获得其它测试技术难以得到的试样结构信息[14]。

拉曼光谱术的基本原理和相关技术将在本书第 4 章阐述，本节仅以几个实例说明显微拉曼光谱术在复合材料界面微结构研究中能给出什么样的资料和相关技术。

2.5.1
界面碳晶粒的大小和有序度

图 2.64 显示了用显微拉曼光谱仪将激光穿透基体聚焦于纤维表面测得的三种 SiC 纤维（Nicalon）增强复合材料纤维表面（界面）的拉曼光谱。前两种复合材料（相应于图 2.64 中的 a 和 b）的基体为玻璃，分别为 JG6 和 Pyrex，而第三种复合材料（相应于图 2.64 中的 c）的基体为环氧树脂，系在常温下固化制得。三条光谱线有相似的形状，都显示出三个确定的拉曼峰。其中位于 $1350cm^{-1}$ 和 $1600cm^{-1}$ 的两个峰来源于界面的自由碳，而界面中的 SiC 则引起位于 $830cm^{-1}$ 附近的第三个峰。$1600cm^{-1}$ 峰由结构完善的石墨单晶所引起，对应于 E_{2g} 模，亦称 G 峰，而位于 $1350cm^{-1}$ 的 D 峰则来源于多晶石墨，对应于 A_{1g} 模，是在晶体边界处获得拉曼活性的石墨晶格振动模。后者与石墨的无序结构相关。D 峰强度 I_D 与 G 峰强度 I_G 之比值 R 直接与试样中晶体边界的总量（晶粒大小）有关，R 值反比于石墨晶粒的大小 L_a。下列经验方程式适用于计算低结晶度石墨碳的微晶粒大小 L_a：

$$L_a = 44(I_D/I_G)^{-1} \tag{2-15}$$

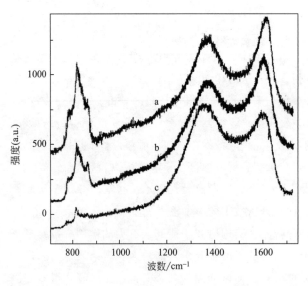

图 2.64 SiC/JG6、 SiC/Pyrex 和 SiC/环氧树脂复合材料中纤维表面（界面）的拉曼光谱

也可由 Tuinstra 和 Koenig 给出的 L_a 与 I_D/I_G 相关曲线求得 L_a 值[58]。必须注意，式(2-15) 并不完全适用于不同类型石墨的比较。将上述对碳纤维研究得到的相关曲线应用于 SiC 纤维中自由碳石墨晶粒大小的测定，结果列于表 2.2[59]。表中还同时列出了对前三种复合材料和 SiC/SiC 复合材料中 SiC 纤维内部测得的石墨晶粒的大小。测定时需将复合材料截断，将截面抛光，暴露出纤维内部，随后将拉曼光谱仪的激光束聚焦于纤维内部。由表中数据可见，两种玻璃基复合材料界面的石墨晶粒大小比树脂基复合材料界面要大得多，而陶瓷基复合材料纤维内部的石墨晶粒大小也大于树脂内纤维。这表明复合材料的高温制作过程引起纤维内部和界面石墨晶粒的大小增大，而以 SiC/Pyrex 复合材料的界面尤为显著。据此，并考虑其它研究者的研究结果，可以做出下述推断：复合材料制作过程中纤维与基体之间的界面反应伴随着在纤维表面缺陷和受污染处碳的成核过程[59]。

⊡ 表 2.2　几种复合材料碳化硅纤维中自由碳晶粒的大小　　　　　　　单位：nm

位置	SiC/SiC	SiC/JG6	SiC/Pyrex	SiC/环氧树脂
表面（界面）	—	4.9±0.4	5.9±0.4	3.3±0.3
内部	4.2±0.4	4.2±0.4	4.4±0.3	3.6±0.3

碳材料的拉曼光谱研究指出，来自碳的 G 峰和 D 峰的半高宽与碳结构的结晶完善性有关[60,61]。两个峰的半高宽都随碳结构无序性的增大而增大，而且 G 峰的半高宽比 D 峰的半高宽更为敏感。这种关系可用于表征复合材料界面和纤维内部自由碳的结构无序（structure disorder）。表 2.3 和表 2.4 分别列出了复合材料纤维内部和表面两个峰的半高宽大小[59]。从表 2.3 可见，四种不同复合材料纤维内部的拉曼峰半高宽相互间没有什么差异，表明复合材料制作过程对纤维内部自由碳的结构无序没有什么影响。然而表 2.4 的数据指出，不同复合材料界面的拉曼峰半高宽大小有着显著不同。玻璃基复合材料界面的峰宽明显小于树脂基复合材料。复合材料的高温制作过程使峰宽变窄，意味着纤维表面（界面）碳结构的有序化。对 D 峰，半高宽变窄仅发生在 SiC/Pyrex，而 SiC/JG6 几乎与 SiC/环氧树脂有相同的半高宽。这可能与 D 峰对结构无序的敏感性较低有关；也可能是因为 SiC/JG6 仅仅是预压制材料，未经历高温热处理，缺少界面碳结构的有序化过程。

⊡ 表 2.3　几种复合材料碳化硅纤维内部自由碳拉曼峰的半高宽　　　　单位：cm⁻¹

复合材料	1350cm⁻¹ 峰	1600cm⁻¹ 峰
SiC/SiC	70.3±6.8	50.0±4.1

复合材料	$1350cm^{-1}$ 峰	$1600cm^{-1}$ 峰
SiC/JG6	73.8 ± 7.0	48.2 ± 4.0
SiC/Pyrex	70.2 ± 7.2	47.1 ± 6.0
SiC/环氧树脂	72.5 ± 6.5	47.5 ± 4.5

⊡ 表2.4　几种复合材料碳化硅纤维表面自由碳拉曼峰的半高宽　　　　　　单位：cm^{-1}

复合材料	$1350cm^{-1}$ 峰	$1600cm^{-1}$ 峰
SiC/SiC	—	—
SiC/JG6	85.8 ± 8.8	49.5 ± 5.5
SiC/Pyrex	66.3 ± 7.2	46.5 ± 4.9
SiC/环氧树脂	85.7 ± 7.1	61.1 ± 5.1

2.5.2
界面组成物的形成

　　界面的拉曼光谱也可反映纤维表面（界面）化合物组成在材料制作过程中的变化[62]。现考察图 2.64 中三条拉曼光谱位于 $830cm^{-1}$ 附近，来源于界面中 SiC 的拉曼峰强度。纤维内部的拉曼光谱也出现类似的峰。测试发现，两种玻璃基复合材料界面的 $830cm^{-1}$ 峰与其纤维内部以及树脂基复合材料纤维内部的 SiC 拉曼峰都有相近的强度，但是都显著大于树脂基复合材料纤维表面该峰的强度。考虑到 SiC 纤维优良的化学稳定性和复合材料的常温制备工艺，树脂基体与纤维表面间不应该发生任何化学反应，基体内纤维与原材料纤维的表面应有相同的化学组成。先前的工作已经指出[3]，$830cm^{-1}$ 峰的强度在很大程度上取决于 Nicalon 纤维中 SiC 的浓度。所以，上述发现可以解释为是因为两种玻璃基复合材料界面中 SiC 浓度显著大于树脂内纤维表面亦即原材料纤维表面的 SiC 浓度。Schreck 等[63] 用质谱术和 X 射线光电子谱术证明这类纤维在制作过程中表面形成一 SiO_2 外壳层，Maniettend 等[64] 则用 TEM 观测到这类纤维表面厚度约 20nm 的无定形 SiO_2 层。原材料纤维表面存在 SiO_2 壳层可能是其 $830cm^{-1}$ 拉曼峰强度低的原因。如此，从界面的拉曼光谱分析可以得出如下结论：制作两种玻璃基复合材料时的界面形成过程，伴随着基体玻璃与纤维表面的 SiO_2 外壳在高温下发生化学反应，使 SiO_2 外壳逐步消失并形成富含 SiC 界面层的过程。

2.5.3
界面组成物的分布

　　一些陶瓷基复合材料常有复杂的界面结构，包含多种组成物。这时，用光谱扫描（亦即沿一直线逐点测定）得到的系列拉曼光谱图常常能给出十分丰富的信息。扫描所沿直线一般从增强纤维开始，穿越界面到达基体区域。从拉曼光谱特征峰的变化可以判断组成物在界面区的分布和组成物的形态学结构及其沿扫描直线的变化。

　　图 2.65 显示了 SiC 纤维增强莫来石（mullite）（$3Al_2O_3-2SiO_2$）复合材料沿直线逐点测得的拉曼光谱[65]。材料由溶胶-凝胶（sol-gel）工艺制作，产生了包含二氧化锆、锗和硅酸铝的界面区。横截面经过抛光暴露出纤维截面。光谱扫描从一根纤维的边界开始横过横截面，经界面区和莫来石到达另一根纤维。空间间隔为 $2\mu m$。界面区存在用于保护纤维免受氧化的锗膜，因而可以用 $302cm^{-1}$ 峰和来自纤维中自由碳位于 $1300\sim1600cm^{-1}$ 范围的双峰（G 峰和 D 峰）的缺失来确定界面区。位于 $180\sim700cm^{-1}$ 范围的许多峰归属于单斜二氧化锆晶体增强的硅酸铝相，而 $1007cm^{-1}$ 这个孤立的峰的出现表明二氧化锆与莫来石之间的反应形成了 $ZrSO_4$ 第二相。在界面区仍然可以观察到碳双峰，只是强度很弱。这是由溶胶-凝胶工艺过程中形成的纳米碳沉积物引起的。这种碳沉积物与界面中的锗共同保护了纤维表面免受氧化。

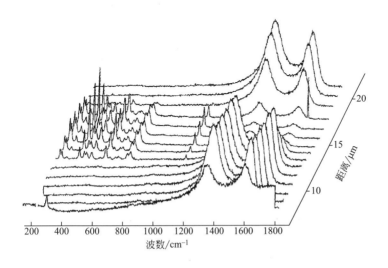

图 2.65　SiC/$3Al_2O_3-2SiO_2$ 复合材料线扫描的系列拉曼光谱

单晶氧化铝纤维增强氧化铝基体复合材料抛光横截面的系列拉曼光谱如图 2.66 所示。扫描所沿直线从纤维中央开始，垂直界面延续到氧化铝基体。测定各条光谱的间隔也为 $2\mu m$。纤维与基体之间存在二氧化锆中间相。位于 $750cm^{-1}$ 附近的强峰来源于纤维的 α-Al_2O_3。在界面区各个峰相对强度的变化表明在纤维/基体界面单晶氧化铝的消失，而 $200cm^{-1}$ 附近双峰的出现表明在界面区单斜二氧化锆晶体的形成。

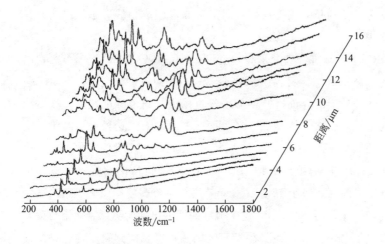

图 2.66　单晶 Al_2O_3/Al_2O_3 复合材料线扫描的系列拉曼光谱

扫描拉曼光谱术同样也可用于探索金属基复合材料的界面结构。图 2.67 是一种碳化硅单丝（SCS-6™）增强钛合金 Ti6242（6Al-2Sn-4Zr-2Mo）复合材料横截面的拉曼像。图像的衬度来源于与 sp^2 杂化碳相应的拉曼峰（$1600cm^{-1}$ 峰）的面积，亦即图像像素的亮度正比于 $1600cm^{-1}$ 峰的强度（面积）。图像显示了 sp^2 碳的分布。SCS-6™ 是用 CVD 方法将 SiC 和 C 沉积于碳芯（碳纤维）而制得，本身也是一种复合材料，也存在界面区。沿钛合金基体中碳化硅单丝半径扫描，逐点测定拉曼光谱中 $1100\sim1800cm^{-1}$ 碳峰和 $640\sim1030cm^{-1}$ SiC 峰相对强度，结果显示于图 2.68 中。可以看到在 $4\mu m$ 和 $30\mu m$ 附近成分发生急剧变化的详情。

图 2.67　SCS-6™/Ti6242 复合材料横截面的拉曼像

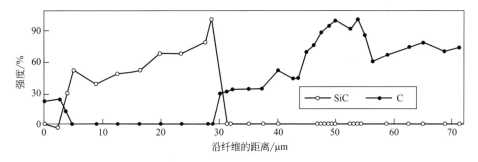

图 2.68　SCS-6™/Ti6242 复合材料中自由碳和碳化硅峰相对强度的比较

2.6
界面的成分分析

　　界面的成分分析是指确定界面区域的物质由哪些化学元素和哪些化合物所组成，以及各个组成物所占质量百分比和空间分布情况，做出定性的或者定量的表征。成分分析方法可分为化学分析法和物理分析法。前者一般是破坏性方法，分析过程中试样外形被破坏，显然不适用于界面的分析。本节仅涉及成分分析的物理方法。

　　物理方法大都是利用微细高能粒子束或光子束入射到物体表面，或者利用探针针尖的力学作用，激发出各种不同物理信号，检测并分析这些信号，测定出试样的元素组成或者化合物组分。所用的高能粒子可以是电子、离子和原子，而光子可以是 X 射线、可见光、红外光和紫外光等。最常用的方法是在装备有能谱仪的电子显微镜（TEM 或 SEM）下检测试样的特征 X 射线能谱（EDX）和电子显微镜中的电子能量损失谱（EELS），在观测试样形貌或组织结构的同时获得化学元素组成的信息。SEM 中的背散射电子像也能提供试样化学成分的资料。其它可用于界面成分分析的方法还有二次离子质谱术（SIMS）、俄歇电子谱术（AES）和 X 射线光电子能谱术（XPS）等。近代发展迅速的激光拉曼光谱术和原子力显微术也用于材料的成分分析，尤其是化合物鉴别。

2.6.1
特征 X 射线和荧光 X 射线分析

当试样原子低能级的内层电子如 K 层电子受到高速入射电子的轰击而逸出时，外层高能级电子如 L 层或 M 层电子将前来填补空位。这时，发生能级跃迁而发射 X 射线，其波长取决于内外层两个能级的能量差（图 2.69）。因为原子各壳层能级的能量大小对给定的元素有确定的值，所以，所发射的 X 射线的能量（或者是 X 射线的波长）是完全由元素本身来确定的。每种元素都有独一无二的 X 射线谱（所以称为特征 X 射线），据此能用来做物质的成分分析。

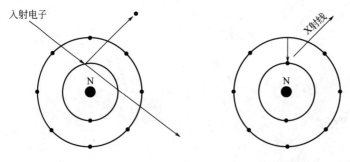

入射电子

X射线

图 2.69　特征 X 射线发射示意图

显然，特征 X 射线的波长或频率不随入射电子的能量不同而有所不同，而是由构成物质的元素种类或原子序数所决定。特征 X 射线的频率 ν 与元素原子序数 Z 的关系遵循 Moseley 定律：

$$\sqrt{\nu} = c_1(Z - \sigma) \tag{2-16}$$

式中，c_1 和 σ 为常数。

特征 X 射线的强度与物质中所含相关元素的浓度成正比，这使得有可能应用特征 X 射线对组成元素做定量分析。

特征 X 射线的检测有两种方法：波长分光（色散）光谱法（WDS）和能量色散谱法（EDS）。前者是将 X 射线按波长展开，形成波谱；而后者则是将 X 射线按能量展开，形成能谱。它们有不同的检测装置。原则上，波谱法和能谱法都可用于检测特征 X 射线，进行微区元素的定量或定性分析。但是，这两种方法的检测性能在许多方面相差较大，应根据试样性质、检测目标和要求确定何种方法更为合适。分辨率是最重要的性能指标。波谱的峰背比高，谱峰分离性能好，因而其分辨率明显优于能谱。然而，波谱检测的立体角小，需要大束流，探测效率低，因而其灵敏度低于能谱检测（尤其是对超薄试样）。对常用的电子显微镜，扫描电镜束流小，而透射电镜又只适用于薄试样，所以，通常装备能谱仪做特征 X 射线分析。探测轻元素的能力也是使用者关心的重要性能。波谱法能探测到的最轻元素为铍（$Z=4$），而能谱法因谱线重叠，仅能探测到 $Z=11$ 的钠元素。谱线假象也是人们所关心的问题，波谱极少出现假象，而能谱则会出现诸如逃逸峰、脉冲堆积、电子束散射、峰重叠和窗口吸收效应等引起的假象，分析谱线时应注意鉴别。

在电子显微镜或电子探针中对试样做特征 X 射线分析，通常都可做点分析、线分析或面分析。

做点分析时，将电子束聚焦于试样给定的待分析点上，激发该点各组成元素的特征 X 射线，分析谱线，可确定该局部区域的元素种类和含量。可以在电子显微镜图像中确定欲分析点的位置，便于在观察该点和其附近区域形貌或结构的同时获得其成分组成的资料。

图 2.70(a) 是一纤维表面的扫描二次电子像，可以看到表面的滞留物。将电子束聚焦于其中的一个微粒上，接收其特征 X 射线的整个波谱，获得如图 2.70(b) 所示的 X 射线谱。经过对谱图的分析，可以确定微粒的主要成分是铝、硅、钾、钛和铁，这是一粒污染于纤维表面的黏土。

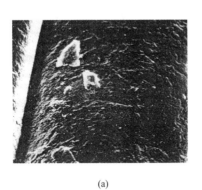
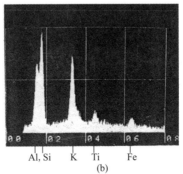

Al, Si　K　Ti　　Fe

(a)　　　　　　　　　　　　(b)

图 2.70　纤维表面的特征 X 射线分析
(a) 二次电子像；(b) 表面滞留物的 X 射线谱

在透射电子显微镜中，可对复合材料截面图像显示的界面各次级层和与界面相邻的基体或纤维各区域给定点作出定点元素组成分析。图 2.71 是一种 SiC/SiC 复合材料中纤维（a）、界面（b）和基体（c）的能谱图，检测点分别位于

图 2.17 中的 F、I 和 M 区域。可以看到，界面区有丰富的碳元素。

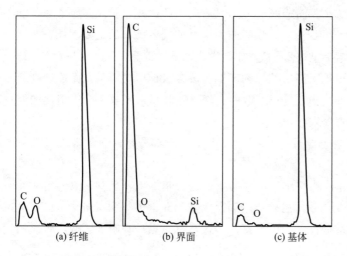

(a) 纤维　　　　　　　(b) 界面　　　　　　　(c) 基体

图 2.71　SiC/SiC 复合材料的特征 X 射线能谱图

通常可在微米级体积范围内做出成分元素的定量分析，确定各成分的质量百分比，据此，可推测检测点的化学分子式。

将电子束在试样上沿一直线扫描，检测某一指定元素的特征 X 射线，测得其强度沿直线的分布。据此可分析该元素沿此直线的浓度分布。多种元素则需多次检测，这就是线分析。

面分析是指将电子束对一指定区域做逐行扫描，检测某指定元素特征 X 射线强度在该区域的分布。元素浓度的分布是以扫描图像各点的亮度来显示的。改变探测器的方位角可得到各种元素的面分布图，面分析的实例可参阅图 2.25。

特征 X 射线可以分析从铍（Be，$Z=4$）到铀（U，$Z=92$）的所有元素，分析精度为万分之一到万分之五。因为所分析的体积小，所以分析的绝对灵敏度高。例如，假设分析的体积为 $10\mu m^3$，试样密度为 $10g/cm^3$，如若分析精度为 0.01%，则该体积含 $10^{-14}g$ 的微量物质也能得到确定。

除了高速电子流能激发出试样物质的特征 X 射线外，用高能 X 射线照射试样物质，同样能激发出特征 X 射线，称为荧光 X 射线，其波长同样取决于被照射物质的元素种类。利用荧光 X 射线的波长或能量分析物质成分的方法称为荧光 X 射线分析法，相应的仪器称为 X 射线谱仪或 X 射线荧光分析仪。荧光 X 射线分析法的原理与前文所述电子束引起的特征 X 射线分析术相似，依据荧光 X 射线的波长或能量鉴定试样的成分（定性分析），而射线的强度则用于确定成分的含量（定量分析）。荧光 X 射线分析能测定试样成分的最小含量为 $10^{-5}\sim$ $10^{-8}g/g$ 试样，较好的仪器可达到 $10^{-7}\sim 10^{-9}g/g$ 试样。由于 X 射线的穿透能力比电子束强，因而测量深度较深，一般为 $2\sim 100\mu m$。能够分析元素的范围为周期表中 $Z\geqslant 12$（Mg）的所有元素。荧光 X 射线分析不适用于测量轻元素，这是因为轻元素的荧光 X 射线产额低，波长长，易被空气和探测器的窗口吸收。如果将试样和探测器置于真空室内，可测量到氧元素（$Z=9$）。

2.6.2
背散射电子分析

背散射电子也能用于试样的成分分析。

高能电子与试样物质相互作用，与试样元素发生弹性或非弹性碰撞后又逸出试样表面的一次电子，它们的能量大都和入射电子相近，位于逸出电子能谱曲线中的高能区域，这些电子称为背散射电子。在扫描电子显微镜中，二次电子检测器往往也用于检测背散射电子，只需将收集栅加以负电位。

与二次电子不同，位于能谱曲线高能区域的电子，它们的发射强度与试样的原子序数有关。图 2.72 显示了背散射电子产生率与元素原子序数的关系曲线。可以看到，背散射电子产生率随组成试样物质元素原子序数的增大而增大。这意味着在背散射电子像中与亮度较强区域对应的试样区域存在较高原子序数的元素。可见，背散射电子的强度除了受试样表面形态影响外，还取决于试样组成元素的原子序数。在解释这种图像衬度时必须足够谨慎。这是因为决定图像某区域亮度的因素除了该区域中试样元素的原子序数外，还有诸多

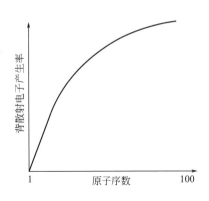

图 2.72　背散射电子产生率与元素原子序数的关系曲线

其它因素。例如，背散射电子的能量分布很宽，其中许多电子的能量与入射电子相近，与二次电子相比，是高能电子，它们的运动轨迹呈直线形，因而会受到试样表面凸起形貌的阻挡而不能到达检测器。

利用背散射电子既可获得试样表面形态衬度，又可获得试样元素原子序数衬度。应用扫描电子显微镜可同时获得给定区域背散射电子像的成分像和形貌像。图 2.73 显示了抛光大理石表面同一区域的二次电子像和背散射电子形成的成分像。

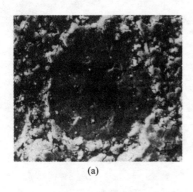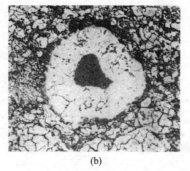

(a)　　　　　　　　　　　　　　(b)

图 2.73　抛光大理石表面的 SEM 像
（a）二次电子像；（b）成分像

背散射电子来源于试样表面以下几十微米深度的试样物质。因此，与二次电子相比较，它反映的像是试样表面较深处的情况。

背散射电子能量高，基本上不受电场的约束而直接进入检测器，所以有明显的阴影照明效应。成像时产生强对比度，会因此失去许多图像细节。

能量较高的电子信号有较大的激发区，所以据此信号获得的图像，其空间分辨率比二次电子图像低，一般情况下仅可达到 50～200nm。

需要指出，显示成分的背散射电子像只是定性地反映试样表面不同元素的分布情况，而不能确切地判定是什么元素，更不能确定它们的含量。

2.6.3
俄歇电子分析

俄歇电子谱术是表面科学研究的重要方法，其中一个功能是做表面成分分析。

图 2.74 是俄歇电子发射能级示意图。一能量为 E_0 的入射电子激发试样原子逸出一 K 层电子，需要能量 E_K，该入射电子被非弹性散射。这时 K 层的空位将由高能级的电子，例如，L_2 层电子来填充。高能级电子向低能级跃迁时将释放能量。这有两种方式：一种是发射特征 X 射线，另一种就是发射俄歇电子。当 L_2 层电子跃迁向 K 层时，可以利用的能量为（$E_K - E_{L_2}$）。这个能量用于引起另一个电子，如 L_1 层电子的发射。这个电子将从原子逸出，能量为（$E_K - E_{L_2} - E_{L_1}$），这就是俄歇电子。尽管俄歇电子的能量不能仅考虑孤立原子做简单计算，必须做出适当的修正，但是可以确定，它取决于原子壳层的能级，表征了原子的特性。每一种原子都具有自己的特征俄歇能量谱，所以，可以用于材料的成分分析。

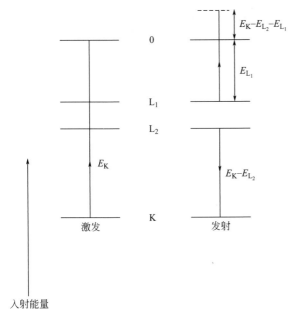

入射能量

图 2.74 俄歇电子发射能级示意图

俄歇电子能量极低，只有表层约 1nm 亦即一个到几个原子层范围内产生的俄歇电子逸出表面后，才能对电子谱的俄歇峰有贡献。所以俄歇电子适用于试样表面分析。

俄歇电子和特征 X 射线的产生概率都随试样原子序数而变化。但两者的变化趋势正好相反。特征 X 射线的产生概率随试样原子序数的增大而增大，而俄歇电子的产生概率则随试样原子序数的增大而减小。所以，俄歇电子谱特别适用于超轻元素的分析。实际上，利用俄歇电子谱可以鉴别除氢和氦之外的所有元素。

俄歇电子能谱可在专用的俄歇电子能谱仪中获得，也可在扫描电子显微镜中由专用的俄歇电子检测器收集俄歇电子，经后续处理后得到。分析谱线位置可用于成分鉴别，谱线强度可用于确定元素的含量，而谱线形状可用于分析电子能带的状态。

必须指出，使用油扩散泵抽真空的扫描电镜不适用于检测俄歇电子。这是因为油扩散泵难以使镜筒达到优于 10^{-7} 的高真空度。只有离子泵能够达到的超高真空才能避免试样表面的过度污染（镜筒中残余气体在试样表面的沉积）。

与特征 X 射线术一样，俄歇电子谱术也能获得化学元素在复合材料界面区域的分布。图 2.75 显示了从一种碳纤维增强铝基体复合材料抛光横断面 AES 线扫描获得的结果[66]。纵坐标给出的是原子浓度百分比。界面区域可以明显地区分出三种元素（C、Al 和 O）浓度不同的部分。图中左边部分是基体铝，右边部分是碳纤维，而中间部分是界相区，包含碳、铝和氧。定义碳浓度曲线中 20% 原子浓度与 80% 原子浓度之间的范围为碳反应区的厚度，该厚度约为 $0.6\mu m$。

上述材料经高温热处理后从界面区域 AES 线扫描获得的结果如图 2.76 所示。可以看到，与图 2.75 相比较，Al 和 C 的原子浓度曲线发生明显变化，中间部分的界相区显著变宽。

AES 测定和数据处理的详情可参阅文献 [67]。

与特征 X 射线分析相类似，利用俄歇电子信号也可获得在试样表面二维区域的元素分布。

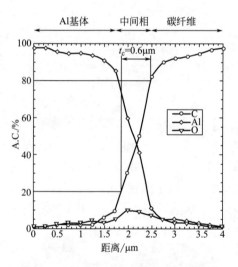

图 2.75 C/Al 复合材料横断面横越界面区的 AES 线扫描

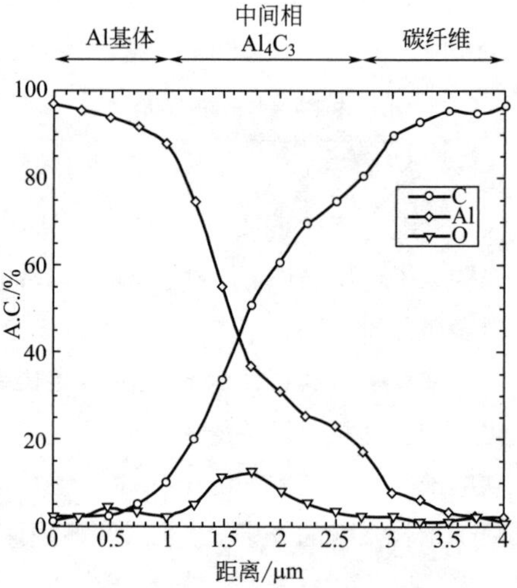

图 2.76 经高温处理后 C/Al 复合材料横断面横越界面区的 AES 线扫描

2.6.4
X 射线光电子能谱分析

与高速电子流类似，X 射线照射固体物质时，物质原子某一能级的电子也会从试样表面逸出，这类逸出电子称为光电子。这种物理现象称为光电效应。

图 2.77 为光电子逸出过程示意图。设 X 射线光子的能量为 $h\nu$，电子在该能级的结合能为 E_b，逸出试样后的光电子动能为 E_k，根据爱因斯坦光电定律有下式成立：

$$E_k = h\nu - E_b - \varphi \tag{2-17}$$

式中，φ 为功函数，也称逸出功。上式表明物质中某能级的电子（束缚电子）逸出物体表面，除了克服原子核对它的吸引力（对应于结合能 E_b）外，还必须克服整个晶体对它的吸引力，亦即电子逸出表面所做的功（逸出功）。X 射线光子能量 $h\nu$ 由 X 射线管靶的性质所决定，是已知值。所以，如果测定了功函数和电子的动能，就可求出电子的结合能。光电子能谱分析能测得的最基本数据正是电子的结

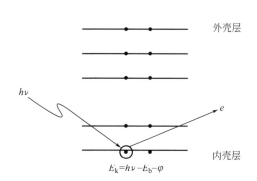

图 2.77　光电子逸出过程示意图

合能，它对每个元素具有特征值，因而光电子能谱可用于试样表面的成分元素分析。

功函数不仅与物质的性质有关，还与仪器有关，可使用标准试样对所用仪器做标定，求出功函数值。所以式(2-17) 中的功函数可视为已知值。

X 射线光电子谱仪的基本结构和工作路径如下：由 X 射线源（Alk$_a$ 或 Mgk$_a$）发出的 X 射线入射于试样，从试样逸出的光电子经电子能量分析器按能量大小展开成谱，然后进入探测器，最终将信号输入数据记录和处理系统。仪器各部件除了数据记录和处理设备外，都安置于真空度优于 10^{-9} 的超高真空环境中。从结合能谱的特征峰位置可以确定元素种类，而从峰强度则可计算出元素的含量，做出定量分析。

X 射线光电子能谱可分析除氢和氦以外，原子序数为 3～92 的所有元素。测量深度随试样物质的性质而不同，取决于光电子在该试样物质中的平均自由程，一般为几纳米。例如，光电子的平均自由程在金属中为 0.5～1.0nm，在氧化物中为 2～4nm，而在有机聚合物中则达到 4～10nm。测量极限约为 20ppm。

图 2.78 显示了一典型的光电子能谱。从该谱图中可以确定试样中包含氧、碳和硅等元素。

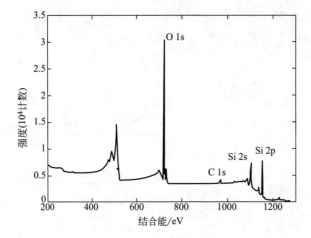

图 2.78 试样中含有氧、碳和硅等元素的光电子能谱

参考文献

［1］杨序纲. 聚合物电子显微术. 北京：化学工业出版社，2015.

［2］Postek M T，Howard K S，Johnson A H，McMichael K L. Scanning electron microscopy. Williston：Ladd Research Industries Inc，1980.

［3］Yang X，Young R J. The microstructure of a Nicalon/SiC composite and fibre deformation in the composite. J Mater Sci，1993，28：2536.

［4］Manocha L M，Warrier A，Manocha S，Edie D D，et al. Microstructure of carbon/carbon composites reinforced with pitch-based ribbon-shape carbon fibers. Carbon，2003，41：1425.

［5］杨序纲，潘鼎. 高摩擦性能碳/碳复合材料的微观结构. 宇航材料工艺，1997，27（5）：38.

［6］Fu Y C，Shi N L，Zhang D Z，Yang R. Effect of coating on the interfacial microstructure and properties of SiC fiber-reinforced Ti matrix composites. Mater Sci Eng A，2006，426：278.

［7］Michler G H. Electron micriscopy of polymers. Berlin：Springer-Verlag，2008.

［8］Srivastava I，Mehta R J，YU Z Z，Schadler L，et al. Raman study of interfacial load transfer in nanocomposites. Appl Phys Lett，2011，98：063102.

［9］朱祖福，等. 电子显微镜. 北京：机械工业出版社，1984.

［10］汪昆华，罗传秋，周啸. 聚合物近代仪器分析. 北京：清华大学出版社，2000.

［11］Beeston B E P. An introduction of electron diffraction. //Glauert A M. Practical methods in electron microscopy. London：North-Holland Publishing，1972.

［12］刘文西，黄孝瑛，陈玉如. 材料结构电子显微分析. 天津：天津大学出版社，1988.

［13］Goodhew P J. Specimen preparation in materials science. //Glauert A M. Practical methods in electron microscopy. London：North-Holland Publishing，1972.

［14］杨序纲，吴琪琳. 拉曼光谱的分析与应用. 北京：国防工业出版社，2008.

［15］Yang X，Young R J. Fibre deformation and residual strain in silicon carbide fibre reinforced glass composites. British Ceramic Transaction，1994，93：1.

［16］Le Strat E，Lancin M，Fourches-Coulon N，Marhic C. SiC Nicalon fiber glass matrix composites：interphase and their mechanism of formation. Phil Mag，1998，A79：189.

［17］Lancin M，Ponthien C，Marhic C，Milochi M. SIMS，EDX，EELS，AES，XPS study of interphases in Nicalon fiber-LAS glass matrix composites. Part 1. Composition of interphases. J Mater Sci，1994，29：3759.

［18］Vicens J，Farizy G，Chermant J. Microstructures of ceramic composites with glass-ceramic matrices reinforced by SiC-based fibers. Aerospace Sci Tech，2003，7：135.

[19] Bartolome J F，Beltran J I，Gutierrez-Gonzalez C F，Pecharroman C，Munoz M C，Moya J S. Influence of ceramic-metal interface adhesive on crack growth resistance of ZrO_2-Nb ceramic matrix composites. Acta Materialia，2008，56：3358.

[20] Hu W，Weirich T，Hallstedt B，Chen H，Zhong Y，Gottstein G. Interfacial structure，chemistry and properties of NiAl composites fabricated from matrix-coated single-crystalline Al_2O_3 fibers（sapphire）with and without h-BN interlayer. Acta Materialia，2006，54：2473.

[21] Li W，Liao N M，Jiang Y D，Shan B L. Interface study of short mullite fiber reinforced Al-Cu-Mg alloy composites. Mater Sci Tech，2007，23：229.

[22] Kitayama T，Utsumi S，Hamada H，Nishino T，Kikutani T，Ito H. Interfacial properties of PP/PP composites. J Appl Phys Sci，2003，88：2875.

[23] 杨序纲，杨潇. 原子力显微术及其应用. 北京：化学工业出版社，2012.

[24] Snetivy D，Vancso G J. Atomic force microscopy of polymer crystals：chain packing，disorder and imaging of methyl groups in oriental isotactic polypropylene. Polymer，1992，35：461.

[25] Jandt K D，McMaster T J，Miles M J，Petermann J. Scanning force microscopy of melt-crystallized，metal-evaporated poly（butene-1）ultrathin film. Macromolecules，1993，26：6552.

[26] Yan J，Yang X G. AFM investigation of PMMA/PAN core-shell particals. Beijing-TEDA 2004 Scanning Probe Microscopy，Sensors and Microstructure Conference Proceedings. May 2004：197.

[27] 黄英硕. 扫描探针显微术的理论与应用. 科仪新知，1994，26（4）：7.

[28] Gao S L，Mader E. Characterization of interphase nanoscale properties variations in glass rienforced polypropylene and epoxy resin composites. Composites Part A，2002，33：559.

[29] 彭昌盛，宋少先，谷庆宝. 扫描探针显微技术理论与应用. 北京：化学工业出版社，2007.

[30] Paiva A，Sheller N，Foster M D. Study of the surface adhesion of pressure-sensitive adhesives by atomic force microscopy and spherical indentertests. Macromolecules，2000，33：1878.

[31] Beake B D，Legget G J，Shipway P H. Frictional，adhesive and mechanical properties of polyester films probed by scanning force microscopy. Surface and Interface Analysis，1999，27：1084.

[32] Eaton P T，Graham P，Smith J R，et al. Mapping the surface heterogeneity of a polymer blend：an adhesion-force-distribution study using the atomic force microscope. Langmuir，2000，16：7887.

[33] Mai K，Mader E，Muhle M. Interphase characterization in composites with new non-destructive methods. Composites Part A，1998，29：1111.

[34] Galuska A A，Pouter R R，McElrath K O. Force modulation AFM of elastomer blends：morphology，fillers and cross-linking. Surface and Interface Analysis，1997，25：418.

[35] Aime J P，Elkaakoor C，Odin C，et al. Comments on the use of the force mode in atomic force microscopy for polymer films. Journal of Applied Physics，1994，76：754.

[36] Ratner B D，Tsukruk V V. Scanning probe microscopy of polymers. Washington：ACS，1998.

[37] A-Hassan E，Heinz W F，Antonik M D，et al. Relative microelastic mapping of living cells by atomic force microscopy. Biophysical Journal，1998，74：1564.

[38] Van Landingham M R，McKnight S H，Palmese G R，et al. Nanoscale indentation of polymer system using the atomic force microscope. Journal of Adhesion，1997，64：31.

[39] Sun Y，Akhremitchev B，Walker G C. Using the adhesive interaction between atomic force microscopy tips and polymer surface to measure the elastic modulus of compliant samples. Langmuir，2004，20：5837.

[40] Lee S H，Wang S，Pharr G M，et al. Evaluation of interphase properties in a cellulose fiber-reinforced polypropylene composite by nanoindentation and finite element analysis. Composites Part A，2007，38：1517.

[41] Schonherr H，Hruska Z，Vancso G J. Toward high resolution mapping of functional group distributions at surface-treated polymers by AFM using modified tips. Macromolecules，2000，33：4532.

[42] Leelere P，Lazzaroni R，Tielemans M，et al. Nano mechanical properties of materials：a

noval scanning probe microscopy technique. Imaging & Microscopy, 2012, 14: 46.

[43] Sahin O, Erina N. High-resolution and large dynamic range nanomechanical mapping in tapping-mode atomic force microscopy. Nanotechnology, 2008, 19: 445717.

[44] 杨序纲, 吴琪琳. 材料表征的近代物理方法. 北京: 科学出版社, 2013.

[45] Ying Wang, Thomas H H. AFM characterization of the interfacial properties of carbon fiber reinforced polymer composites subjected to hydrothermal treatments. Comp Sci Tech, 2007, 67: 92.

[46] Gao S L, Mader E, Zhandarov S F. Carbon fibers and composites with epoxy resin: topography, fractography and interphases. Carbon, 2004, 42: 515.

[47] Munz M, Sturm H, Hinrichsen G. The scanning force microscope as a tool for the detection of local mechanical properties within the interface of fibre reinforced polymers. Composites Part A, 1998, 29A: 1251.

[48] Devaux E, Caze C. Composites of UHMW polyethylene fibres in a LD polyethylene matrix 1. Processing conditions. Comp Sci Tech, 1999, 59: 459.

[49] De lange P J. Madder E, Mai K, Young R J, et al. Characterization and mechanical test of the interphase of aramid-reinforced composites. Composites Part A, 2001, 32: 331.

[50] Li G, Zhang C, Ryu S, et al. Interface correlation and toughness matching of phosphonic acid functionalized Kevlar fiber and epoxy matrix for filament winding composites. Comp Sci Tech, 2008, 68: 3208.

[51] Doan T, Gao S, Mader E. Jute/prolypropylene composites 1. effect of matrix modification. Comp Sci Tech, 2006, 66: 952.

[52] Mader E, Gao S. Plonka R, Wang J. Investigation on adhesion, interphase, and failure behaviour of cyclic butylene terephthalate (CBT) / glass fiber composites. Comp Sci Tech, 2007, 67: 3140.

[53] Olmos D, Gonzalez-Benito J. Visualization of the morphology at the interphase of glass fibre reinforced epoxy-thermoplastic polymer composites. European Polym J, 2007, 43: 1487.

[54] Goschel U, Lutz W, Davidson N C. The influence of polymeric nucleating additive on the crystallization in glass fibre reinforced polyam-

ide 6 composites. Comp Sci Tech, 2007, 67: 2606.

[55] Maiti M, Bhowmick A K. New insights into rubber-clay nanocomposites by AFM imaging. Polymer, 2006, 47: 6156.

[56] Liu T X, Liu Z H, Mw K X, Shen L, Zeng K Y, He C B. Morphology, thermal and mechanical behavior of polyamide-6/layered-silicate nanocomposites. Comp Sci Tech, 2003, 63:331.

[57] Koratka N A. Graphene in composite materials. Lancaster Pennsylvania: DES Tech, 2013.

[58] Tuinstra F, Koenig J L. Characterization of graphite fiber surface with Raman spectrascopy. J Comp Mater, 1970, 4: 492.

[59] Yang X, Wang Y M, Yuan X K. An investigation of microstructure of SiC/ceramic composites using Raman spectroscopy. J Mater Sci Lett, 2000, 19: 1599.

[60] Lewis M H, Murthy S R. Microstructural characterization of interfaces in fiber-rienforced ceramics. Comp Sci Tech, 1991, 42: 221.

[61] Bleay S M, Scott V D. Microstructure property relationship in Pyrex glass composites reinforced with Nicalon fibers. J Mater Sci, 1991, 26: 2229.

[62] 杨序纲, 袁象恺, 王依民, 王鸿华. SiC 纤维增强复合材料界面微观结构的 Raman 光谱研究. 宇航材料工艺, 1999, 29 (5): 60.

[63] Schreck P H, Vix-Guter C, Ehrburger P. Reactivity and molecular structure of silicon carbide fibers derived from polycarbosilanes. Part 1 Thermal behaviour and reactivity and Part 2 XPS analysis. J Mater Sci, 1992, 27: 4237, 4243.

[64] Maniettend Y, Berlin O. TEM characterization of some crude or air heat-treated SiC Nicalon fibres. J Mater Sci, 1989, 24: 3361.

[65] Gouadec G, Karlin S, Wu J, Parlier M, Colomban Ph. Physical chemistry and mechanical study of ceramic-fiber-reinforced ceramic or metal matrix composites. Comp Sci Tech, 2001, 61: 383.

[66] Silvain J F, Proul A, Lahaye M, Douin J. Microstructure and chemical analysis of C/Cu/Al interface zones. Composites Part A, 2003, 34: 1143.

[67] Davis L E, MacDonald N C, Palmberg P W, Riach G E, Weber R E. Handbook of Auger electron spectroscopy. Eden Prairie: Physical Electronic Publishiher, 1979.

第3章

Chapter 3

复合材料界面微观力学的传统实验方法

3.1
概述

　　发展一种有效而又方便的实验方法，用以检测复合材料中增强体与界面之间的结合程度和外负载下的力学行为，始终是许多复合材料研究工作者追求的目标。有了对界面性质的充分了解，人们可以在复合材料设计时获得某些依据，并且可以合理地评估复合材料在加工和使用过程中可能发生的问题，例如温度、湿度、溶液吸收和疲劳等环境因素对增强体与基体间界面和复合材料性能的影响。

　　在真实的纤维增强复合材料中，由于纤维的高体积比，存在复杂的纤维间相互作用，界面性质也不可能均匀一致，同时也存在实验程序上的困难，通常大都使用单纤维模型复合材料模拟真实复合材料进行界面性质的研究。对其它形状的增强体，也使用类似的模型复合材料，例如碳纳米管/树脂模型复合材料[1-3]。

　　有许多实验方法可用于复合材料界面力学行为的研究，其中纤维拉出试验是最早出现的，也是较为直观的方法，在复合材料发展的初期就获得了应用。这种方法实验程序简单，只需将纤维一端的一定长度包埋入基体，随后在纤维另一端加一负载，将纤维从基体中拉出。拉出纤维可以是束纤维，也可以是单纤维。束纤维拉出试验因为实验参数误差大，数据的可比性差，几乎已被弃用；目前大多使用单纤维拉出试验。

　　若将纤维拉出试验中的基体形状由块状改变为微滴状，可进行微滴包埋纤维拉出试验。这种方法在试样制备方面与前述单纤维拉出试验相比更为方便。

　　单纤维断裂试验也是人们感兴趣的方法之一。其程序是将一根纤维完全包埋于基体之内，随后对试样施加拉力。拉应力通过界面传递给纤维。当纤维应力大于其拉伸强度时，基体内纤维发生断裂。逐步加大拉力，纤维断裂段的数量逐步增多，长度则越来越短，直到获得最短的纤维断裂段。

　　纤维压出试验是一种可对真实复合材料在原位测定界面剪切强度的实验方法。将复合材料沿垂直于纤维轴向的方向切成薄片，随后用探头对纤维施以压负载，测定压力和位移，直到纤维与基体脱结合被压出基体之外。

　　本章将扼要阐述各种主要实验方法的主要理论依据、实验程序和适用范围。

3.2
单纤维拉出试验

半个世纪以前就有人进行单纤维拉出（pull-out）试验。将单纤维或单丝包埋于纯净的树脂中，随后将其拉出，用以模拟复合材料的破坏过程。这种模拟提供了一种实验方法，用于比较各种表面处理方法和不同包埋基体材料对复合材料性能的影响。纤维拉出试验能给出界面结合情况的最直接测量。这种直观表征的特点使其得到广泛应用。对于高熔点而又有脆性的玻璃或玻璃-陶瓷基体复合材料，拉出试验更具吸引力。这是因为：首先，纤维与基体的脱结合（debonding）和纤维从基体中拉出这两个过程都是控制这类材料韧性的重要机制，而单纤维拉出试验恰恰能直观地予以表征；其次，对这类基体材料，除弯曲试验外，用其它方法在实验设计和操作技术上都比较困难。

尽管已经出现了许多其它试验方法，单纤维拉出试验仍然受到人们的偏爱，尤其是用于树脂基复合材料。

除纤维外，这种方法也适用于其它增强体复合材料，例如碳纳米管/聚乙烯-丁烯复合材料，其界面行为研究详情将在第 6 章阐述。

3.2.1
试验装置和试样制备

图 3.1 为单纤维拉出试验示意图。试样在纤维轴向被施以拉伸负载，同时

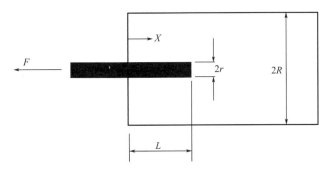

图 3.1 单纤维拉出试验示意图

记录负载与位移的关系，该关系反映了该纤维-基体系统在外负载下的界面力学行为。试验可在通常使用的小型万用材料试验机中实施。如果在适当位置安装显微镜系统，对透明基体材料，可同时观察拉出过程中界面发生脱结合的情景。试样制备工艺随基体材料性能的不同而异。对热固性材料，常在室温下使用适当的模具浇铸成型，随后加温固化制得；而对热塑性材料，例如玻璃，可以用高温加压，随后冷却硬化制得。人们发展了多种试样制备方法，可参阅相关文献[4-7]。

作为实例，下文简述一种方便而有效的适用于制备热固性基体单纤维拉出试样的程序。参见图 3.2[7]，首先将一尼龙薄膜对折并用刀片刻划出一长条形的开口，其宽度控制了包埋纤维的长度；随后展平薄膜，将单纤维黏结在薄膜上；重新对折薄膜，除了开口处的纤维暴露于外之外，纤维的其余部分被薄膜遮盖；将上述薄膜-纤维组合体以热固性基体包埋并加热固化（例如用高密度聚乙烯包埋并在 180℃下热压 10min）即得单纤维拉出试样。用于拉出试验的试样几何如图 3.3 所示[7]。

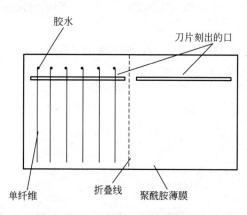

图 3.2 单纤维拉出试样制备示意图

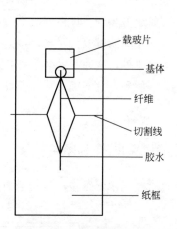

图 3.3 单纤维拉出试验试样几何示意图

图 3.4 显示了典型的单纤维拉出试验负载-位移曲线。负载初期，位移随负载增大而增大，呈线性关系。当纤维与基体间发生脱结合或者基体材料发生屈服时，负载从最大值急剧下降。此后，负载依靠界面摩擦力在纤维与基体之间传递。从该图可直接获得如下界面力学行为参数：起始脱结合应力 σ_d^o；部分脱结合应力 σ_d^p；完全脱结合应力 σ_d^*；纤维与基体间的摩擦应力 σ_{fr}。这是一种理想的负载-位移曲线，实际测得的曲线形状与该理想曲线相比常有较大的偏移。曲

线形状受到多种因素的影响，例如：纤维直径和埋入长度，纤维直径随拉伸负载大小的变化，基体和纤维的物理性质，纤维的表面形态学结构，界面的结合情况，以及试样制备过程中的热学和力学经历等。一般情况下，拉出的起始阶段常常不是严格的直线，而达到最大负载以后与摩擦力相关的直线通常呈锯齿状。

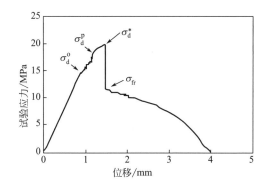

图 3.4　典型的单纤维拉出试验负载-位移曲线

σ_d^o—起始脱结合应力；σ_d^p—部分脱结合应力；σ_d^*—完全脱结合应力；σ_{fr}—纤维与基体间的摩擦应力

图 3.5 显示了实验测得的单纤维拉出试验负载-位移曲线[7]。所用纤维是一种天然纤维（剑麻纤维），基体材料为高密度聚乙烯（HDPE）。试验除了使用原始纤维外，还使用了经过不同表面处理的纤维，包括氧化处理（高锰酸钾或过氧化二异丙苯处理）和偶联剂处理（偶联剂1或偶联剂2）。表面处理改变了纤维的表面化学和形态学结构，而且不同处理工艺有着大不相同的改变，强烈影响纤维与基体的界面结合情景和脱结合后纤维与基体的摩擦行为，从而产生了形状不同的负载-位移曲线。

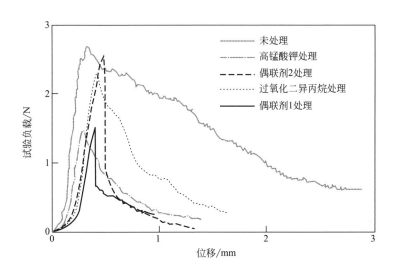

图 3.5　剑麻纤维/HDPE 复合材料单纤维拉出试验负载-位移曲线

3.2.2
数据分析和处理

有多种单纤维拉出试验的数据分析和处理方法。不同研究人员对数据的解释常常有较大差异，详情可参阅相关评论[4,8]。

最简单也是最早被使用的方法，假定了界面剪切应力 τ 沿整个界面近似不变。这样，就有下式成立：

$$F = 2\pi r l_e \tau \tag{3-1}$$

式中，F 为纤维与基体之间发生脱结合或相互滑移所需的拉力；r 为纤维半径；l_e 为纤维被包埋的长度。据此方程式可从负载-位移曲线计算得到界面脱结合剪切应力 τ_d（debonding shear stress）和界面摩擦剪切应力（frictional shear stress）。然而，进一步的理论研究[9]和拉曼光谱术实验测定[5]都表明在界面脱结合或基体材料屈服之前，界面剪切应力沿界面是不均匀分布的。显然，这种处理方法得出的结果与实际情况可能有较大的偏离。

剪切-滞后分析（shear-lag analysis）是一种常用的处理方法。最近发展起来的拉曼光谱术和荧光光谱术对界面应力传递的实验测定结果指出[5,10]，剪切-滞后分析能获得与实验测定较为接近的结果。假设基体和纤维都具有弹性行为，而且在从基体向纤维进行应力传递时，不发生屈服或滑移（亦即界面有完善的结合），也不考虑纤维端面可能受到的应力，则包埋于基体内纤维段任意一点的拉伸应力 σ_f 由下式确定：

$$\sigma_f = \sigma_{fe} \frac{\sinh[n(L-x)/r]}{\sinh(ns)} \tag{3-2}$$

式中，$s = L/r$；L 是被包埋纤维的长度；r 是纤维半径；σ_{fe} 是基体外纤维的应力。各个几何参数参见图 3.1。n 对给定的复合材料是个常数，由下式表示：

$$n^2 = \frac{E_m}{E_f(1+\nu_m)\ln(R/r)} \tag{3-3}$$

式中，E_f 和 E_m 分别为纤维和基体的杨氏模量；ν_m 为基体的泊松常数；R 是有效界面半径。根据力平衡原理，界面剪切应力 τ_i 可表示为：

$$\tau_i = \frac{r}{2} \times \frac{d\sigma_f}{dx} \tag{3-4}$$

应用式(3-2)，即得：

$$\tau_i = n\sigma_{fe} \frac{\cosh[n(L-x)/r]}{2\sinh(ns)} \tag{3-5}$$

实验表明，存在几种可能的界面破坏模式。

一种模式是界面剪切应力达到界面强度 τ_{iu} 引起的破坏。已知在 $x=0$ 处，界面剪切应力达到最大值。界面脱结合力 F_{d} 可由下式表示：

$$F_{\text{d}} = \pi r^2 \sigma_{\text{fe}} \tag{3-6}$$

联合式（3-5）和式（3-6），即得：

$$F_{\text{d}} = \frac{2\pi r^2 \tau_{\text{iu}} \tanh(ns)}{n} \tag{3-7}$$

另一种破坏模式是界面剪切应力达到界面屈服强度 τ_{iy} 时引起的破坏。在这种情况下，可以假定界面剪切应力沿包埋纤维长度的分布是个不变量，则有：

$$F_{\text{d}} = 2\pi r L \tau_{\text{iy}} \tag{3-8}$$

还有一种破坏模式是瞬间破坏（突然失效）。与最大应力失效准则相比，这种模式更多地发生在脆性破坏的情况。在纤维进入基体处（即纤维与基体表面相交处）常常存在应力集中，这里最可能成为破坏的起始点，并迅速传播遍及整个界面。这时，用断裂能概念来处理界面行为更为合适。

设储藏在长度为 L 的包埋纤维的伸长应变能为 U_{L}，紧邻纤维的基体的剪切应变能为 U_{m}，则有下式成立[11]：

$$U_{\text{L}} + U_{\text{m}} = \frac{\pi r^3 \sigma_{\text{fe}}^2 \coth(ns)}{2nE_{\text{f}}} \tag{3-9}$$

总应变能也可表示为 $2\pi L G_{\text{e}}$，其中 G_{e} 为界面的单位断裂能，将其与式（3-9）相等，即得界面脱结合负载：

$$F_{\text{d}} = 2\pi r \sqrt{E_{\text{f}} G_{\text{e}} r (ns) \tanh(ns)} \tag{3-10}$$

G_{e} 的大小取决于材料性质、试样准备过程、残余应力和试样几何。

界面脱结合以后，必须克服摩擦力才能使纤维的拉出得以继续。界面摩擦是由基体作用于纤维的正压力引起的。这种压力来源于基体固化时的收缩和基体与纤维热膨胀系数的差异。此外，由于泊松效应，拉伸过程中纤维直径将减小从而导致界面垂直应力的减小。

典型的负载-位移曲线中，第一个峰归属于界面脱结合和对开始滑移的摩擦阻抗，而随后的许多小峰则来源于界面摩擦。曲线的外形通常呈锯齿状，可用黏结-滑移机理解释。由于纤维自由段和包埋段的松弛，从负载-位移曲线斜率求得的界面剪切应力实验值 τ_{exp} 只是实际值 τ_{i} 的近似值，应使用下式予以修正：

$$\tau_{\text{i}} = \frac{\tau_{\text{exp}}}{1 + \dfrac{2\tau_{\text{exp}}(1+2L)}{E_{\text{f}} r}} \tag{3-11}$$

部分脱结合模型（partial-debonding model）的数据处理安排在第9章9.4.1节。

对单纤维拉出试验结果数据处理的详细情况，断裂能分析可参阅文献［12，13］，剪切-滞后分析可参阅文献［9，14］。

3.3
微滴包埋拉出试验

微滴包埋拉出（microdroplet，microbonding）试验是单纤维拉出试验的方式之一，只是将试样呈块状的基体改变成微滴状的基体，而且用阻挡或推移微滴的方式替代对基体的夹持。这种方法避免了单纤维拉出试验试样制备的困难。在单纤维拉出试验中，如果纤维包埋长度超过临界长度，纤维将在拉出之前发生断裂，而制备很短包埋长度的试样要求工作人员有丰富的经验和操作技巧。

3.3.1
试验装置和试样制备

图 3.6 是用于微滴包埋拉出试验的试样光学显微图。所用纤维为碳纤维，而基体材料为环氧树脂。可以看到，在微滴的两端都有向外凸出的弯月形区域，其形状受树脂固化时固体纤维与液态树脂的表面张力影响。凸出区域沿纤维轴向的长度与被包埋纤维的长度有关。较长的包埋长度通常有较短的弯月区长度。这表明大包埋纤维长度的微滴可能更近似于准球状。弯月区域

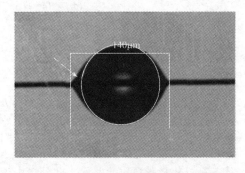

图 3.6　用于微滴包埋拉出试验的试样光学显微图

的大小对微滴结合拉出试验的测定结果会产生某些影响[15]。

试样制备简便易行。首先，将一定长度的纤维两端固定于纸板框或薄铝板框上。随后用注射器或尖针或细钢丝的端头，将一滴液态基体材料转移到纤维上，待其固化即可获得用于试验的试样。对于热塑性基体固体材料，可用合适的溶剂将其溶解，随后，用上述方法将溶液转移到纤维上。如若溶液过于稀薄，可待溶剂部分蒸发，得到合适黏滞性的较浓溶液。也可多次转移，获得合格形状的微滴。

图 3.7 显示的一种试样制备方法可用于多种热塑性基体材料和不同纤维的组合[16]，例如碳纤维或芳纶纤维包埋于 PEEK、PPS、PC 或 PBT 等聚合物中。首先将聚合物薄膜剪成如图所示的长条状，在中央剪开但不剪断；将两边分开如倒 V 字形；将 V 字形薄膜跨置于水平悬空的纤维上；最后将其加热使热塑性聚合物熔融，获得合适形状的微滴。通常微滴的大小在 $80\sim200\mu m$ 范围内，可用薄膜厚度控制。

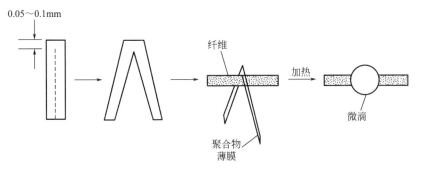

图 3.7 微滴包埋拉出试验试样制备的一种方法示意图

一种微滴包埋拉出试验装置如图 3.8 所示。使用 10N 左右的传感器，微滴阻挡板（也可用刀片）固定于可三维移动的 xyz 试样台上。两个阻挡板之间的

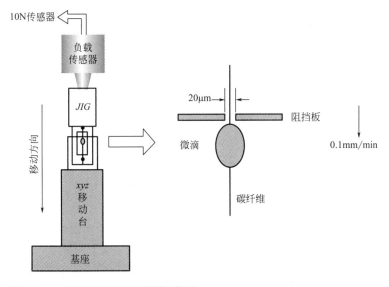

图 3.8 一种微滴包埋拉出试验装置简图

间隙可以调节，根据弯月形区域的大小和纤维直径确定。例如，对 $7.5\mu m$ 的碳纤维，可取为 $20\mu m$ 左右。通常认为两阻挡板应尽可能靠近，以至几乎接触到纤维但尚未触及。但是过分靠近会引起纤维非正常的频繁断裂。调节 xyz 试样台使纤维位于阻挡板间隙的中央。移动阻挡板使负载施加于微滴上。移动速度可选取在 $0.1mm/min$ 左右。计算机将自动记录负载和位移。试验前精确测定纤维直径和被包埋的长度。

3.3.2
数据分析和处理

图 3.9 显示了一种碳纤维/环氧树脂微滴包埋拉出试验的典型负载-位移曲线。负载开始阶段，负载随位移线性增大，直至最大值（F_d），随后急剧下降至克服摩擦力负载（F_s）。负载最大值时发生纤维与基体之间的界面破坏，亦即脱结合。在脱结合的微滴沿纤维移动的过程中，纤维与树脂间的摩擦力基本维持不变。

最大负载 F_d 与纤维包埋长度有关。F_d 有一个随包埋长度增大而增大的趋势（相关数据并不在一条直线上，而是较为分散的分布，如图 3.10 所示）。不过，包埋长度增大到某个值后，将发生纤维断裂而不是界面破坏。这个值可称为临界长度。用于计算界面剪切强度的 F_d 必须是包埋长度在临界长度以下测得的值。

假设界面剪切应力沿整个界面均匀分布，而且纤维是圆柱形的，则界面剪切强度 τ_d 可以用下式计算：

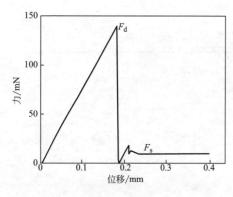

图 3.9 微滴包埋拉出试验试样的负载-位移曲线

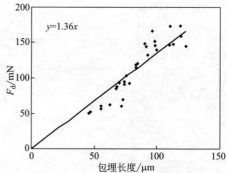

图 3.10 微滴包埋拉出试验试样最大负载与纤维包埋长度的关系

$$\tau_d = \frac{F_d}{\pi d_f x} \tag{3-12}$$

式中，F_d 为最大负载；d_f 为纤维直径；x 为纤维包埋长度。显然，上式是对应力分析的一种简化近似处理的结果，它不是剪切应力沿界面真实状态的完整反映。

从试验结果获得界面剪切强度的最简单方法是应用式(3-12)测得各个不同微滴包埋长度时的 F_d 值，随后计算这些值的平均值，也可对脱结合负载-纤维包埋长度关系图的各个数据点进行直线拟合，获得界面剪切强度，如图3.10所示。

通常，有两种方法可用于分析界面剪切应力沿界面的分布：光弹性分析法和有限元分析法[17]。

从光弹性分析获得的应力值实际上是一种平均效应的结果。这是因为实验测得的光弹性条纹是二维图像，而应力沿试样的深度并非恒定不变。光弹性分析的详情可参阅文献 [17,18]。

作为一个例子，图3.11显示了一个包含弯月区的有限元分析模型。对较小尺寸的微滴，弯月区的影响至关重要，因为与微滴直径相比，它的大小不可忽略不计。对大尺寸微滴，因弯月区尺寸大致不变，与微滴直径相比较，

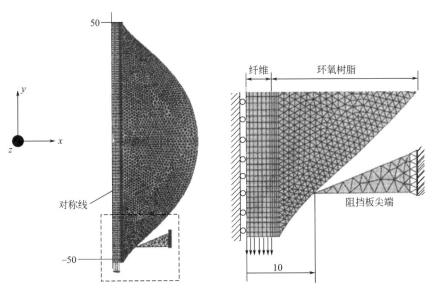

图3.11 微滴包埋拉出试验的有限元分析

影响较小。由图中可见，模型由 4 节点的方形和 6 节点的三角形所组成。在邻近纤维-基体间界面的基体部分，有较密集的网目。这是考虑到在横越过界面时，应力分布可能发生急剧的变化，需要有较高的分析灵敏度。一般地讲，较密的单元有较高的灵敏度。然而，达到一定数目后，对提高灵敏度几乎不再有作用。

对不同阻挡板接触方式微滴包埋拉出试验的有限元分析结果显示在图 3.12[19] 中。图中纵坐标是界面剪切应力相对施加于纤维自由段应力的比值，横坐标是距离相对于纤维直径的归一化数值。三条曲线都在相同的自由端纤维外加负载下分析得到。可以看到，剪切应力的极大值大小和位置与阻挡板和微

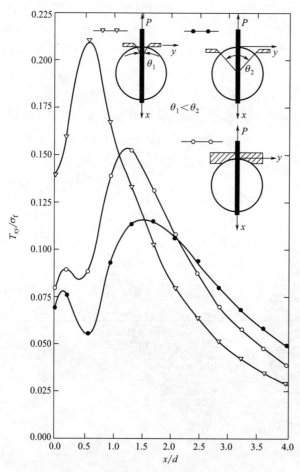

图 3.12 微滴包埋拉出试验有限元分析得出的界面剪切应力沿界面的分布

滴的接触状态密切相关。较小的阻挡板间隙有较大的剪切应力峰值。阻挡板间隙变宽，峰应力位置向微滴中心偏移。在接近微滴表面附近，剪切应力曲线有一小的脉动，这可能来源于在界面区从纤维过渡到基体时材料性质的突然改变而发生的应力畸变。

从微滴包埋拉出试验获得的结果大都显示出所测得数据的高度分散。这是这种试验获得更广泛应用的主要障碍。数据分散可能来源于剪切应力的峰值和位置对两阻挡板与微滴接触点位置的敏感（参阅图 3.12，图中以两接触点对微滴中心的张角 θ 来表示接触点的位置）。测试时，对每个微滴试样都必须调节阻挡板的位置使纤维刚刚得以通过。所以，每次测试都有不相同的阻挡板与微滴的接触位置，因而有不相同的纤维/基体界面的应力状态。在微滴试验中，脱结合力的大小是唯一测定的量，它与阻挡板接触点直接相关。即便对相同大小的微滴，也是在不同的外加负载下界面剪切应力达到界面强度，因而对各次测试计算出不相同的界面强度值。

微滴包埋试样制备过程中弯月区的形成也是引起数据分散的根源。首先，弯月区使纤维长度的测定存在不确定性，而纤维长度的大小直接反映在计算结果上。其次，阻挡板与弯月区的接触会使弯月区的形状对测试结果产生更复杂的影响。

3.3.3
适用范围

微滴包埋拉出试验能方便地测定脱结合瞬间力的大小，而且能用于几乎任何纤维/聚合物基体组合，这是这种技术的突出优点。这种技术的应用所受到的限制也是明显的，主要有下列几项。

① 脱结合力是包埋长度的函数。当应用直径在 $5\sim50\mu m$ 范围的很细的增强纤维时，相应的最大纤维包埋长度范围为 $0.05\sim1.0mm$，更长的包埋长度会引起纤维断裂。

② 由于实验参数的多变性而引起的问题复杂性。例如，弯月区的存在使纤维长度测定值的不确定性，并且引起界面应力状态的复杂化，微滴内的应力状态随阻挡板与微滴接触点位置的变化而变化，以及微滴力学性质有时随其大小不同而不同（因为固化剂浓度的变化）等。即便对同一种纤维/基体组合，测试获得的数据常有大的分散，实验参数影响的详情可参阅文献 [20]。

③ 由于试样制备的困难，这种试验方法难以应用于高熔点的陶瓷和金属基体。

3.4
单纤维断裂试验

单纤维断裂（fragmentation）试验最早用于金属丝/金属基体复合材料界面性能的研究。目前已广泛应用于各种纤维，尤其是碳纤维和玻璃纤维，探索纤维表面处理对复合材料界面剪切强度的影响。这是因为这种试验方法试样易于制备，试验简便易行，而且能获得破坏过程界面行为的丰富资料。

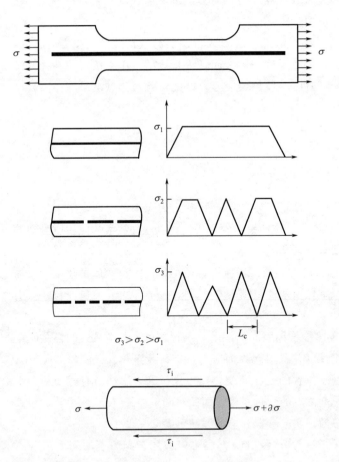

图 3.13　单纤维断裂试验中纤维的断裂过程和应力分布示意图

将一根纤维伸直包埋于基体材料中，制得合适形状的试样，随后沿纤维轴向拉伸试样，观察纤维一次或多次断裂现象，这就是单纤维断裂试验。显然，随着拉伸应变的增大，只有纤维中所受应力达到纤维强度的点才发生断裂。继续加大应变，只要纤维有足够长度，这种断裂就会多次出现。一直到余下的各纤维段，其长度变得如此之短，以致界面剪切应力沿着其长度传递到纤维引起的拉伸应力不足以使纤维再次发生断裂。这种情况通常称为纤维断裂过程的饱和。图3.13是受拉试样和纤维的断裂过程示意图。由于纤维强度的统计性质和界面性质的不均匀，单纤维断裂后各段的长度并不相同，而有着某种程度的分布范围。各个断裂纤维段中最长的那段纤维的长度称为临界长度 l_c。

3.4.1
试样制备和试验装置

单纤维断裂试验的试样通常制成狗骨形。可使用 ASTM 标准模具制得合适形状和尺寸的试样。对热固性聚合物基体材料，采用浇铸后加温固化法；而对热塑性聚合物，包括玻璃基体材料，采用真空环境下加热加压法，制得包含伸直单纤维的预制试验用板，随后切割成合适尺寸的狗骨形试样。对金属基体材料，扩散结合（diffusion bonding）法是一种可供选择的试样制备技术[21]。每个试样都应预先仔细检查。对透明基体材料可应用光学显微术观察是否存在气泡（尤其是在纤维/基体的界面上），纤维是否伸直或受到损伤，在众多试样中选取合格的试样。参考文献［19］对试样制备的方法和程序做了十分详细的阐述。

用一拉伸装置夹持试样并施加拉伸负载。该装置必须能够固定于光学显微镜试样台上并且能施加足够大的拉伸力。试样台能做 x-y 方向移动，以便物镜能聚焦于纤维的整个计量长度上，观察拉伸过程的情景。由于纤维包埋于试样的中央，距离表面有相当的深度，在高放大倍数时用标准物镜聚焦将很困难，所以通常选用长工作距离的物镜。图3.14是一种符合上述使用要求的加力装置（minimat）的照片。

断裂纤维段临界长度 l_c 的测定，对透明基体材料可用光学显微术获得，而对非透明基体材料，如金属和陶瓷基体，则可采用声发射（AE）法[22,23]。

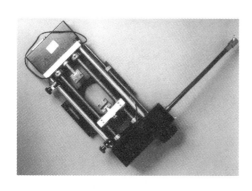

图3.14　小型负载装置

3.4.2
数据分析和处理

假设界面剪切应力沿临界纤维长度是一个不变的值，则界面剪切强度 τ 可用下式表示：

$$\tau = \frac{\sigma_{fu}d}{2l_c}$$ (3-13)

式中，d 为纤维直径；σ_{fu} 为临界纤维长度下的纤维强度值。临界纤维长度 l_c 除由实验测定外，也可由下式计算：

$$l_c = \frac{4}{3}\bar{l}$$ (3-14)

式中，$\bar{l}$ 为各个纤维断裂段长度的平均值。

式(3-13)中的 σ_{fu} 是指在纤维临界长度下的纤维强度，通常使用空气中测得的临界长度下的值来替代。在断裂试验中纤维处于基体包埋状态下，力学环境更复杂，这种替代是一种近似处理。纤维强度是计量长度（gauge length）的函数，而且依赖于纤维内缺陷大小的分布。所以，从计量长度外推到临界纤维长度获得的纤维强度值需要做某些统计处理。许多工作者已经建立了纤维断裂试验中计算纤维强度的模型[24,25]。

实验发现，单纤维断裂试验不只单纯地发生纤维断裂，还可能出现基体的剪切屈服、界面脱结合和横向基体开裂等现象。显然，在这些情况下不变剪切应力模型已经无效。

用不变剪切应力模型计算界面剪切强度要求断裂过程发生饱和。为了达到饱和，通常要求试样（基体）应变至少能达到纤维断裂应变的三倍。这意味着断裂试验不能应用于低断裂应变的基体。克服这个限制的方法是应用双基体断裂试验[26,27]。准备试样时首先在纤维表面涂覆一薄层脆性基体材料，随后将其包埋于韧性树脂中。

不变剪切应力假设这种数据处理方法获得的试验结果的不确定性，限制了它的广泛应用。为了对断裂过程有一个更清晰的认识，要求建立单纤维复合材料正确的应力传递模型，但必须考虑到材料的各种性质和断裂过程中发生的各种破坏行为。

最早建立的是剪切-滞后模型。该模型后来被修正，包含了纤维-基体界面的脱结合现象（包括部分脱结合模型和完全脱结合模型，参阅第5章）。这种一维剪切-滞后应力传递模型的主要局限性，在于设定界面剪切应力在纤维段的端头达到最大值及对基体非线性行为的某些不合适限定条件。

　　光测弹性学分析和有限元分析似乎是能得出与实际情况更相符结果的数据处理方法，而激光显微拉曼光谱术通过逐点应变的直接测量，能得到更好的结果。后者将在本书随后各章中阐述。

　　单纤维断裂试验的光测弹性分析和有限元分析方法的详情和应用实例可参阅相关文献[17,28-31]。图3.15和图3.16分别显示了一种碳纤维/环氧树脂单纤维复合材料断裂试验，使用光测弹性分析和有限元分析获得的界面剪切应力沿界面长度方向的分布[19]。纵坐标和横坐标都做了归一化处理。可以看到，两种分析方法得出相似轮廓的剪切应力分布曲线，界面剪切应力的峰值都不位于断裂段端头，而位于稍稍离开纤维端面的位置。

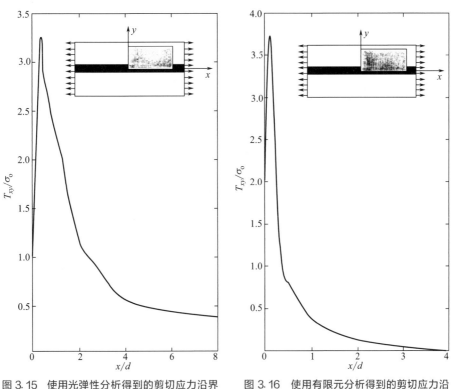

图3.15　使用光弹性分析得到的剪切应力沿界面长度方向的分布

图3.16　使用有限元分析得到的剪切应力沿界面长度方向的分布

3.4.3
适用范围

　　单纤维断裂试验便于获得大量试验数据以做统计处理。这对于探索环境条件对复合材料界面力学性能的影响特别有利。这是因为环境因素众多，变化多端，常要求做大量试验。这种情况下，通常不要求对界面剪切应力分布做精确分析，而是只计算平均剪切应力，以简化数据处理程序。

若基体材料是透明的，如环氧树脂或乙烯基酯树脂，则可在光学显微镜下观察到应力引起的双折射花样。图 3.17 为纤维断裂后未发生脱结合（a）和发生脱结合（b）两种情况下断裂段周围剪切应力引起的光弹性双折射花样示意图，而图 3.18 显示了一单纤维断裂试样发生纤维断裂并出现部分脱结合的光弹性花样[32]。图中标出脱结合长度 L_d，可见双折射花样可用于确定纤维断裂端位置和每个断裂段的脱结合区域，并据此测定断裂段长度和脱结合长度。基于断裂段长度的确定，应用下式可以计算得到平均界面剪切应力[33]：

$$\bar{\tau} = \frac{\sigma_f}{2\beta^2} \Gamma\left(1 - \frac{1}{\alpha}\right) \tag{3-15}$$

式中，α 和 β 是两个维泊尔（Weiball）参数；Γ 是伽马（Gamma）函数；σ_f 为从单纤维拉伸试验外推得到的临界长度下的纤维应力。

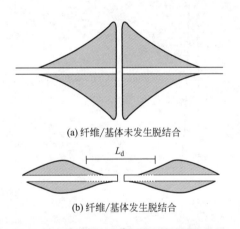

(a) 纤维/基体未发生脱结合

(b) 纤维/基体发生脱结合

图 3.17　纤维断裂段周围应力引起的光弹性花样

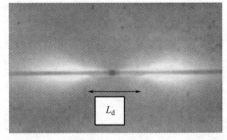

图 3.18　纤维发生断裂和界面部分脱结合试样的光弹性花样

这种试验方法的应用受到的限制也是显而易见的。首先，对基体材料有一定限制，如前所述，通常要求其断裂应变至少比纤维大两倍，基体材料有足够的韧性才可避免由于基体破坏而引起纤维断裂。其次，由于泊松效应，如果有高的横向垂直应力，将引起不可忽略的附加的界面剪切应力，使测试结果的数据分析和处理复杂化。

3.5
纤维压出试验

与前述几种模型复合材料试验不同，在压出（push-out，push-in，micro-debonding）试验中，试样使用真实复合材料制作，是一种可对真实复合材料在原位测定界面力学性能的试验方法。将高纤维体积百分比的真实复合材料沿与纤维轴向垂直的方向切割成片状，将截面抛光，选定合适形状的压头，在纤维端面沿纤维轴向施压，直至发生界面脱结合和纤维滑移。记录纤维压出过程中的负载与位移的函数关系，据此可计算出表征界面力学性能的各项参数。图 3.19 为压出试验示意图。

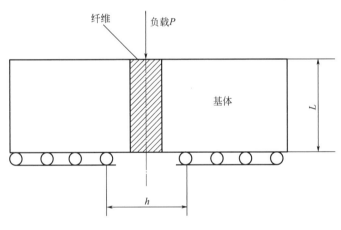

图 3.19 纤维压出试验示意图

3.5.1
数据处理

图 3.20 显示了一典型的纤维压出试验负载-位移曲线[34]。纤维压出过程中，界面脱结合随负载增大逐步发展。脱结合的过程可用图 3.21(a) 来表示，可将其分为 4 个阶段。图的右边部分表示出了各阶段界面剪切应力的分布。当压负

载施加于纤维端面时，起始是纤维发生弹性形变，对应于图 3.20 中的曲线中起始阶段的直线段（OA）。此时，界面剪切应力也随压负载增大而增大，其最大值位于靠近纤维端面处。当压负载达到 P_i 时，剪切应力达到临界值 τ_f。脱结合开始发生，导致图 3.20 中曲线斜率发生变化。这相当于图 3.21 中的第（1）阶段。一旦脱结合发生，脱结合区的剪切应力急剧下降。随着压负载的加大，剪切应力最大值的位置向远离纤维端面的方向偏移，引起脱结合发展的第（2）阶段。图中 P_d 代表 P_i 与 P_{max} 之间的压负载值。在这一阶段，纤维与基体之间相接触的整个长度可分为三个区域，如图 3.21(b) 所示。区域 Ⅰ 为长度为 L_d 的脱结合区域，该区域发生摩擦滑动，以 τ_{fr} 表示摩擦剪切应力。外加应力引起的该区域纤维的泊松膨胀增大了接触压力，导致为克服摩擦而附加额外的功。这增大了为裂缝延伸所要求的临界应变能释放率，从而引起脱结合的逐步发展。区域 Ⅱ 为接近裂缝尖端的界面结合区部分，该区域有大的界面剪切应力。区域 Ⅲ 为区域 Ⅱ 前方的界面结合区部分，界面剪切应力可以忽略。当负载达到 P_{max} 时，最大剪切应力在试样低端面达到临界值，此为第（3）阶段。该阶段的结果是引起纤维沿整个长度脱结合，纤维从基体中压出，为第（4）阶段。此时，负载急剧减小，因为对纤维进一步移动的阻抗主要来源于纤维与基体间的摩擦力。

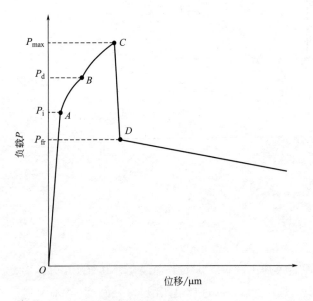

图 3.20　典型的纤维压出试验负载-位移曲线

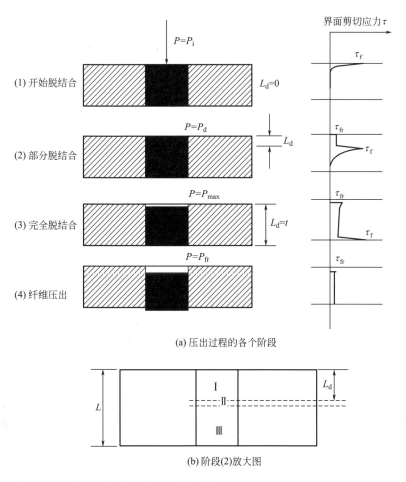

(a) 压出过程的各个阶段

(b) 阶段(2)放大图

图 3.21　纤维压出试验典型的界面脱结合过程

　　有许多因素影响负载-位移曲线的形状，图 3.20 只是一个较厚的 CMC 复合材料试样的典型曲线。如若厚度较薄，曲线常常不能明确显示出界面脱结合的起始点 P_i。这表明在这种情况下裂缝快速发展。界面结合的性质和强弱程度显然直接影响曲线的形状。图 3.22 是一种 C/C 复合材料纤维压出试验的负载-位移曲线[35]，显示出与图 3.20 显著不同的形状。起始阶段曲线呈线性，对应于纤维弹性形变。其后是非线性阶段，归因于逐步发展中的纤维/基体脱结合。与图 3.20 不同，这两阶段间未见明显的转变点。随后，由于脱结合完成，曲线出现一平台。最后阶段，压头触及基体，负载继续增大，这里没有出现脱结合完成后的负载急剧减小。

　　设界面剪切应力沿界面均匀分布，则界面剪切应力 τ 可用下式表示：

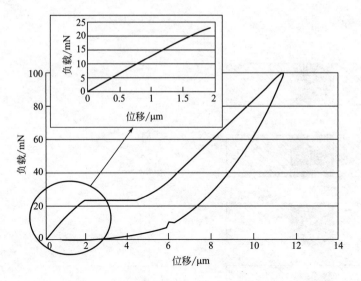

图 3.22　C/C 复合材料纤维压出试验的负载-位移曲线

$$\tau = \frac{F}{\pi dL} \tag{3-16}$$

式中，F 为施加的负载；d 为纤维直径；L 为纤维长度，亦即试样厚度。显然，这是一个平均值。

任何表征界面的试验，其目标是获得有关界面性质的某些定性和定量资料。从纤维压出试验方程式(3-16)计算得到的界面剪切应力是平均值，与真实界面剪切强度相比可能会有很大差别。例如，纤维与基体之间残余应变的失配会引起试样两端面附近界面很大的剪切应力。这种应力的大小有时会大到足以在施加压出负载之前就使试样发生界面脱结合。显然，这会显著影响压出试验的结果，尤其是对厚度较薄的试样。此外，对韧性材料和薄试样，压出负载可能使试样弯曲，引起试样两端头出现垂直应力，导致界面应力的不均匀状态。

显然，使用上述数据处理方法获得的界面性质定量结果是不确切的。光测弹性分析实验并不适用于这类试样，这是因为试样的高纤维体积比。在没有建立新的精确测试方法之前，需要用某种分析或数字方法模拟纤维压出过程，探索各个不同变量的影响，更合理地解释实验结果。

通常用分析法和有限元法模拟压出过程的界面行为，方法的详情可参阅相关文献[34,36-38]。

3.5.2
适用范围

压出试验的测试对象不是前述几种方法所用的模型复合材料，而是真实材料，因而能反映复合材料实际制备和加工工艺对材料界面性能的影响，也能用于测定材料使用过程中疲劳或环境因素（如温度、湿度和化学物质）作用下的界面剪切强度，监测界面性质的变化。

由于试样制备上的限制，单纤维拉出试验和微滴包埋拉出试验一般只用于聚合物基复合材料。压出试验为金属基复合材料和陶瓷基复合材料提供了一种合适且能快速获得资料的试验方法。

这种方法受到的限制也是明显的。它不适用于聚合物纤维这类低模量的韧性纤维增强复合材料，而对脆性材料，施压过程中常发生纤维崩碎的情况，因而对适用的纤维有所限制。此外，如欲观察界面的破坏情景或脱结合的位置，在压出试验中是难以实现的。

3.6
弯曲试验、剪切试验和Broutman试验

3.6.1
横向弯曲试验

这是一种三点弯曲试验。纤维排列方向与试样长度方向相垂直，所以称为横向弯曲试验。纤维排列方向有两种方式，如图 3.23（a）和（b）所示[39]。这两种方式的试验，破坏都发生在试样的最外层表面。负载下，这层材料受到拉伸应力，使得纤维与基体之间的界面处于横向（亦即与纤维轴向相垂直的方向）拉伸受力状态。因此，测量得出的结果是界面承受横向拉伸能力的表征。界面横向强度可由下式计算：

$$\sigma = \frac{3PS}{2bh^2} \tag{3-17}$$

式中，P 是施加负载；S 是支点间距；b 是试样宽度；h 是试样高度。

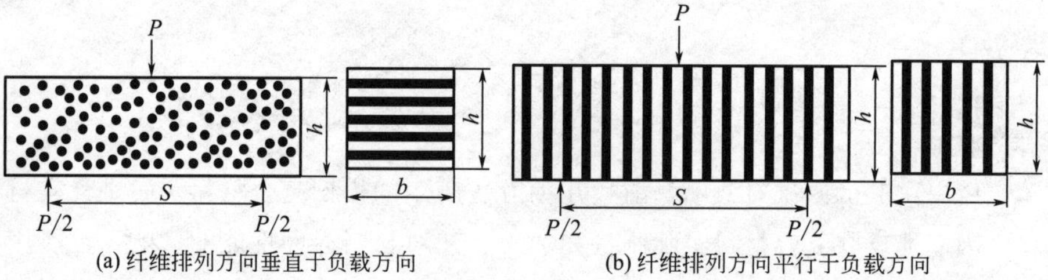

（a）纤维排列方向垂直于负载方向　　　　　（b）纤维排列方向平行于负载方向

图 3.23　横向支点弯曲试验示意图

3.6.2
层间剪切试验

这种试验也是一种三点弯曲试验，只是改变了纤维相对支点的排列方向。此时，纤维排列方向与试样长度方向相平行，如图 3.24 所示。最大剪切应力 τ 发生在试样的中间平面，可用下式表示：

$$\tau = \frac{3P}{4bh} \tag{3-18}$$

最大张应力则出现在试样的最外层表面，也可用式（3-17）计算。联合式（3-17）和式（3-18），可得下式：

$$\frac{\tau}{\sigma} = \frac{h}{2S} \tag{3-19}$$

该式意味着，如果跨距 S 非常小，可使剪切应力 τ 达到最大值，以致试样在剪切力作用下，裂缝在中间层伸延，并最终导致试样破坏。

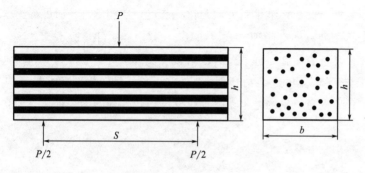

图 3.24　层间剪切强度试验示意图

应该注意到，如若在剪切引起的破坏发生之前发生了纤维由于拉伸力而引起的破坏，上述试验无效。如若剪切和拉伸破坏同时发生，上述试验也同样无效。因此，在试验之后必须对断裂面做仔细考察，以确定裂缝是沿着界面而不是沿着基体延伸。

必须指出，与前述几种微观力学试验方法不同，上述两种试验测得的值不是界面强度的真实测量。然而，这类试验可用于对界面结合程度的粗略估计和比较研究。

3.6.3
Broutman 试验

弯颈试样压缩（Broutman）试验可用于测定复合材料界面的横向（纤维径向）强度。测试原理和数据处理的详情参阅第 9 章 9.5.3 节。

3.7
传统试验方法的缺陷

毫无疑问，上述几种试验方法为探索复合材料的力学性质做出了巨大贡献，迄今仍然得到广泛应用。几十年来，试验技术和数据处理方法都在不断得到改善，使得试验操作更为简便，影响试验结果的可变因素更少，对试验结果的解释更趋合理。例如，使用微小的类似圆盘形试样替代微滴试样的微滴包埋拉伸试验，能获得更为可靠的界面剪切强度数据[40]。然而，一个明显的事实是不同研究者对同一种纤维/基体复合材料系统的测试，即便使用同一种试验方法，结果也往往相差甚远。作为一个例子，表 3.1 列出了碳化硅/硼硅玻璃（SiC/boro-silicate）复合材料用单纤维拉出试验测得的界面力学性能[5]。由表 3.1 可见，不论脱结合剪切应力 τ_d 还是摩擦剪切应力 τ_i，不同工作者得出的数据十分分散，尤其是 τ_d 值，相差达到 2 个数量级。引起这种分散的原因是多方面的。τ_d 值的分散可能主要来源于确定脱结合起始点的困难。其它引起测试结果不一致的可能来源有各研究组所用材料、试样准备方法、试验程序和试样几何的差异。还有一个重要的可能来源是数据处理时所作的理论模型，关于应力沿纤维轴向分布与真实情况的偏差。

⊡ 表 3.1 不同研究人员得出的界面脱结合剪切应力 τ_d 和摩擦剪切应力 τ_i

脱结合剪切应力 τ_d/MPa	摩擦剪切应力 τ_i/MPa	分析模型	纤维/基体
6.4	4.7	Shear-lag	SiC/borosilicate
4.9	3.6	Kelly-Tyson	
149	3.3	Kelly-Tyson	SiC/borosilicate
285	5.5	Kelly-Tyson	(Fiber acid-washed)
	6~14	Kelly-Tyson	SiC/borosilicate
16~65	24~42	Shear-lag	SiC/soda borosilicate
14~38	18~33	Kelly-Tyson	
	3.09	Shear-lag	SiC/borosilicate
	2.59	Kelly-Tyson	
60±12	23±4	Partial debonding	Nicalon/Pyrex

　　所有前述试验方法都没有涉及应力分布的测定。因而数据分析时或者假定界面有均匀的剪切应力，或者应用剪切-滞后分析或有限元分析进行计算。光测弹性分析获得的也只是平均值。

　　为了对界面力学行为有一个完整的真实的认识，人们迫切希望建立一种直接测量应力分布的技术和相应的数据处理方法，拉曼光谱术和荧光发射光谱术提供了一种强有力的技术和方法[5,10,41,42]。

参考文献

[1] Barber A H，Cohen S R，Kenig S，Wagner H D. Interfacial fracture energy measurements for multi-walled carbon nanotebes pulled from a polymer matrix. Comp Sci Tech，2004，64：2283.

[2] Strus M C，Cano C I，Pipes R B，Vgayen C V，Raman A. Interfacial energy between carbon nanotubes an polymers measure from nanoscale peel tests in the atomic force microscope. Comp Sci Tech，2009，69：1580-1586.

[3] Strus M C，Zalamea L，Raman A，Pipes R B，Nguyen C V，Stach E A. Peering force spectroscopy：exposing the adhesive nanomechanics of one-dimensional nanostructures. Nano Lett，2008，8：544.

[4] Di Francia C，Ward T C，Claus R O. The single-fibre pull-out test. 1 review and interpretation. Comp Part A，1996，27A：597.

[5] Yang X，Bannister D J，Young R J. Analysis of the single-fiber pull out test using Raman spectroscopy：Part 3. Pull out of Nicalon fibers from a pyrex matrix. J Am Ceram Soc，1996，79：1868.

[6] Li Y，Hu C，Yu Y. Interfacial studies of sisal fiber reinforced high density polyethylene (HDPE) composites. Composites Part A，2008，39：570.

[7] Li Y，Mai Y-W. Interfacial characteristics of sisal fiber and polymeric matrices. J Adhes，2006，82：527.

[8] Desarmot G，Favre J-P. Advances in pull-out

testing and data analysis. Comp Sci Tech，1991，42：151.

［9］ Chua P S，Piggott M R. The glass fibre-polymer interface：1 Theoretical considerations for single fibre pull-out tests. Comp Sci Tech，1985，22：33.

［10］ Hsueh C H，Young R J，Yang X，Becher P F. Stress transfer in a model composite containing a single embedded fibre. Acta Materialia，1997，45：1469.

［11］ Piggott M R. Debonding and friction at fibre-polymer interfaces. 1 Criteria for failure and sliding. Comp Sci Tech，1987，30：295.

［12］ Morrison J K，Shah S P，Jeng Y S. Analysis of fiber debonding and pull-out in composites. J Eng Mach，1988，114：277.

［13］ Jiang K R，Penn L S. Improved analysis and experimental evaluation of the single filament pull-out test. Comp Sci Tech，1992，45：89.

［14］ Greszczuk L B. Theoretical studies of the mechanics of the fiber-matrix interface in composites//Interfaces in Composites，ASTM STP 542，Am Soc for Testing and Materials. Philadelphia PA，1969：42.

［15］ Ash J T，Cross W M，Vatstad D S，Kellar J J，Kjerentroen L. Finite element evaluation of the microbond test：meniscus effect ，interphase region，and vise angle. Comp Sci Tech，2003，63：641.

［16］ Gaur U，Besio G，Miller B. Measuring fibre/matrix adhesive in thermoplastic composites. Plast Engng，1989，8：43.

［17］ Herrera-Franco P J，Chiang M，Drzal L T. Bond strength measurement in composites：analysis and experimental techniques. Comp Engng，1992，2：31.

［18］ Zhao F M，Hayes S A，Young R J，Jones F R. Photoelastic study of the stress transfer in the single fibre composites. Composite Interfaces，2006，13：757.

［19］ Herrera-Franco P J，Drzai L T. Cpmparison of methods for the measurements of fibre/matrix adhesive in composites. Composites，1992，23：2.

［20］ Gaur U，Miller B. Microbond method for determination of shear strength of fibre/resin interface：evaluation of experimental parameters. Comp Sci tech，1989，34：35.

［21］ Theodore E. Influence of material processing and interface on the fiber fragmentation process in titanium matrix composites. Composite Interfaces，2008，15：363.

［22］ Netravali A N，Topoleski L T T，Sachse W H，Phoenix S L. An acoustic emission technique for measuring fiber fragment length distribution in the single fiber composites. Comp Sci Tech，1989，35：13.

［23］ 朱祖铭，石南林，王中光，梁勇. SiC 纤维表面改性对 SiC-W/Al 复合材料界面强度的影响. 金属学报，1996，32：1003.

［24］ Yavin B，Gallis H E，Scherf S，Eitan A，Wagner H D. Continuous monitoring of the fragmentation phenomenon in single fiber composite material. Polym Comp，1991，12：436.

［25］ Anderson J，Tamuzs V. Fiber and interface strength distribution studies with the single-fiber tests. Comp Sci Tech，1993，48：57.

［26］ Chen F，Dripath D，Jones F R. Determination of the interfacial shear strength of glass-fiber-reinforced phenolic composites by a bimatrix fragmentation technique. Comp Sci Tech，1996，56：609.

［27］ Favre J P，Jacqueo D. Stress transfer by shear in carbon fibre model composites. J Mater Sci，1990，25：1773.

［28］ Ashbee K H G，Ashbee E. Photoelectric study of epoxy/graphic fiber load transfer. J Comp Mater，1988，22：602.

［29］ Tripath D，Chen F，Jones F R. The effect of matrix plasticity on the stress fields in a single filament composite and the value of interfacial shear strength obtained from the fragmentation test. Proc Roy Soc A：Math Phys Sci，1996，452：621.

［30］ Johnson A C，zhao F M，Hayes S A，Jones F R. Influence of a matrix on stress transfer to an α-alumina fibre in epoxy resin using FEA and photoelasticity. Comp Sci Tech，2006，66：2023.

［31］ Carrara A S，McGarry F J. Matrix and interface stresses in a discintinuous fiber composite model. J Comp Mater，1968，2：222.

［32］ Ramirez F A，Carlsson L A，Acha B A. Evaluation of water degradation of vinylester and epoxy matrix composites by single fiber and composite tests. J Mater Sci，2008，43：5230.

［33］ Drzal L T，Rich M J，Lloyd P F. Adhesion of graphite fibers to epoxy matrices：1 The role of fiber surface treatment. J Adhesion，1982，16：1.

［34］ Chandra N，Ananth C R. Analysis of interfacial behavior in MMCs and IMCs by the use of thin slice push-out tests. Comp Sci Tech，1995，54：87.

［35］ Rollin M，Jouannigot S，Lamon J，Pailler R. Characterization of fibre/matrix interface in carbon/carbon composites. Comp Sci Tech，2009，69：1442-1446.

［36］ Marshall B D. Analysis of fiber debonding and sliding experiments in brittle matrix composites. Acta Matall Mater，1992，40：427.

［37］ Kallas M N，Koss D A，Hahn H P，Hellman J R. Interfacial stress state present in a thin-slice fibre push-out test. J Mater Sci，1992，27：3821.

［38］ Mital S K，Chamis C C. Fiber pushout test：a three dimensional finite element computational simulation. J Comp Tech Res，1991，13：14.

［39］ Chawla K K. Ceramic matrix composites. Boston：Kluwer Academic Publishers，2003.

［40］ Choi N-K，Park J-E. Fiber/matrix interfacial shear strength measured by a quasi-disk microbond specimen. Comp Sci Tech，2009，69：1615.

［41］ 杨序纲，袁象恺，潘鼎. 复合材料界面的微观力学行为研究——单纤维拉出试验. 宇航材料工艺，1999，19（1）：56.

［42］ 杨序纲，吴琪琳. 拉曼光谱的分析与应用. 北京：国防工业出版社，2008.

第4章
Chapter 4

界面研究的拉曼光谱术和荧光光谱术

当光束照射到物体上时，光电磁波的电矢量会与被照射物体的分子或原子发生相互作用，引起被照射物体内分子运动状态发生变化，并产生特征能态之间的跃迁。与跃迁相关的能量取决于分子本身的特性和所处的环境，据此可以分析物体的分子结构（包括成分和聚集态结构）和其所处的环境状况（例如应力状态），光谱分析术就是与之相关的一种分析技术。

显微拉曼光谱术和荧光光谱术是诸多光谱分析术中的两类，可应用于探索复合材料的界面行为。前文已经指出，显微拉曼光谱术能给出复合材料界面微观结构的许多信息，而有些信息往往是其它测试技术难以获得的。可在同一种仪器（显微拉曼光谱仪）中完成的拉曼光谱和荧光光谱检测，还能在复合材料界面微观力学研究上发挥重要作用。近十余年来，这两种技术在界面研究领域获得了快速发展，对复合材料界面行为，尤其是界面微观力学的探索做出了令人瞩目的贡献。

本章首先扼要阐述拉曼光谱和荧光（发射）光谱的发光原理和基本性质；随后是本章的重点部分，应力与光谱参数之间的关系，这是拉曼和荧光光谱应用于复合材料界面微观力学研究的理论基础；最后简要叙述仪器结构和相关的实验技术。

拉曼光谱和荧光光谱原理和技术的详情可参阅相关文献[1,2]。

4.2
拉曼光谱和荧光光谱

4.2.1
拉曼效应和拉曼光谱

当光束与物质相互作用时，组成光束的光子可能被吸收或散射，也可能不与物质发生任何相互作用而穿过它。若入射光子的能量相当于一个分子基态与激发态之间的差值，光子就可能被吸收，并使分子跃入较高能级的激发态。与该物理现象相应，人们发展了吸收光谱术。然而，也存在另一种可能，光子与分子相互作用时受到散射。这种情况不要求光子的能量与分子两能级之间的能量差值相匹配。散射光子的能量与入射光子的能量相近似。应用该物理现象，人们发展了散射光谱术。

　　拉曼效应是一种光的非弹性散射效应。早在 20 世纪 20 年代，拉曼就发现了这一物理现象。然而，主要由于拉曼信号强度微弱，只有在 80 年代后，激光技术、计算机技术和半导体技术达到相对成熟，这一效应的应用才得以获得迅速发展。在复合材料界面微观力学领域的应用，迄今也只有三十余年的历史。

　　拉曼效应的产生过程可用能级图来说明，如图 4.1 所示。在室温下，大多数分子（不是所有分子）处于最低振动能级状态。入射光子会使分子从基态 m 跃迁到更高能量状态——虚态。这是一种不稳定能态，其能量取决于入射光的频率。分子将从虚态回到原始能态，并发射一个光子。

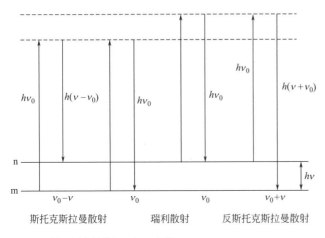

图 4.1　拉曼效应的能级跃迁示意图

　　如若分子回到它原来的振动能级 m，那么它发射的光子就具有入射光子相同的能量。此时，没有任何能量传递给分子，这就是瑞利（Rayleigh）散射。显然，这是一种弹性散射，入射光与分子相互作用后没有改变其频率。大多数光子以这种方式散射，所以是一种强散射。如若分子从虚态返回不是到达 m 能级，而是到达较高的 n 能级，此时分子也发射一个光子，但其能量较入射光子为小，亦即有较长的波长。分子的振动能量增大了。这个过程称为斯托克斯

（Stokes）拉曼散射。由于热能，有些分子可能并不处于基态 m，而是处于激发态 n。处于 n 能级的分子吸收一个光子的能量到达虚态，随后回到基态 m 时，也发射一个光子，其能量大于入射光子的能量，亦即有较短的波长。分子的振动能量减小。这个过程称为反斯托克斯拉曼散射。

拉曼散射光的强度与入射光照射的分子数成正比。所以，斯托克斯拉曼散射强度正比于处于最低能级的分子数，而反斯托克斯拉曼散射强度正比于处于次高振动能级的分子数。

在热平衡时，处于一振动能级的分子数与处于另一能级的分子数之比服从波尔兹曼（Boltzman）分布：

$$\frac{N_1}{N_0} = \frac{g_1}{g_0} \exp\left(\frac{-\Delta E}{KT}\right) \tag{4-1}$$

式中，N_1 和 N_0 分别为处于较高和较低振动能级的分子数；g_1 和 g_0 分别为较高和较低振动能级的简并度（亦称退化度）；K 为波尔兹曼常数；T 为温度。在热平衡时，处于低振动能级的分子数总是大于处于次高振动能级的分子数。所以，斯托克斯拉曼散射强度总是大于反斯托克斯拉曼散射强度。在低温下，相对于前者，后者几乎小到接近于零。

通常，人们在拉曼散射检测中仅关注能量较低的斯托克斯散射。然而，有些情况下反斯托克斯散射是一种更好的选择。例如，若在斯托克斯散射能量附近存在荧光干扰，这会妨碍信号的检测，此时，可检测反斯托克斯散射以避开干扰。

与瑞利散射相比，拉曼散射本身是个很微弱的过程，每 $10^6 \sim 10^8$ 个光子中仅有一个光子可能遭遇拉曼散射。然而，由于近代成熟的激光光源能提供很强的功率和 CCD 半导体检测器的高检测灵敏度，拉曼散射的检测能轻易地获得足够高的灵敏度。

图 4.1 只是描述了产生拉曼散射的许多振动能级变化过程的一个。众多过程叠加的结果可以用拉曼光谱图来表达。拉曼光谱图是拉曼散射强度相对波长的函数图。通常，其 x 轴的单位不用拉曼散射光的波长，而是使用它相对激发光波长偏移的波数，简称为拉曼频移。若波长以厘米计，波数就是波长的倒数，单位为 cm^{-1}。换言之，波数是每厘米长度完整波的数目。波数与光子能量 E 的关系如下式所示：

$$E = h\nu = \frac{hc}{\lambda} = hc\omega \tag{4-2}$$

式中，h 为普朗克常数；ν 为光的频率；c 为光速；ω 为光的波数。如此，拉曼光谱的 x 轴是激发光波长和拉曼光波长以波数计的差值。给定振动的拉曼

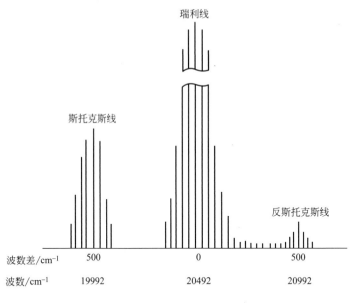

图 4.2 以波数计量的光散射示意图

频移是该振动能量的量度，它与所用激发光的波长无关。图 4.2 是以波数计量的光散射示意图。图中中央谱线（瑞利线）的波数等同于激发光的波数。波数差 $\Delta\omega$ 与 hc 的乘积以 ΔE 表示如下：

$$hc\,\Delta\omega = \Delta E \qquad (4\text{-}3)$$

这个值等于图 4.1 中能级 m 和能级 n 的能量差值。

4.2.2
拉曼峰特性与材料微观结构的关系

有许多参数用于描述拉曼光谱的性质，主要有拉曼峰的频移、强度（峰高或峰积分面积）、峰宽度以及偏振特性。它们从不同角度反映了试样物质的结构、性质以及所处的环境。例如，所有这些参数都与分子结构及其聚集态有关，因而可用于探索复合材料界面的微结构，而频移则往往与试样的应力状态相关，它们之间的关系可用于复合材料界面微观力学的研究。

拉曼散射光的发射原理（图 4.1）指出拉曼光谱线或峰的频移取决于分子或基团的能级差。这是分子或基团本身所固有的特性，所以又称为特征拉曼峰频移。然而，任何分子或基团都不是孤立存在的，它们的能量状态必定会受到其化学环境的影响而发生微小的变化，从而使频移发生微小的位移，也影响峰宽和峰强度。对固体物质,所谓化学环境主要是指物质的聚集态结构,包括结晶状态(结晶完善性和结晶度)或无定形态和大分子或聚集态的取向性等。这些微观结构情景都可能在拉曼光谱中得到反映。所以,从原则上讲,拉曼光谱可用于探测包括成分在内的表征复合材料界面微观结构的各个参数。

成分测定的依据是给定的物质有其确定的特征拉曼峰,峰频移是成分鉴别时最主要考虑的参数。人们已经制作了包含各种物质和基团的拉曼光谱数据库。参照光谱法是最为常用的方法,将测得的拉曼光谱与数据库中的标准光谱相比照,可确定待测物质包含何种成分。比照程序可由人工进行,也可由计算机自动完成。对包含多种组成物的混合物,可应用光谱剥离法[1]。

拉曼峰的强度可从经典理论推算。考虑到量子力学修正,拉曼散射强度 I_R 可用下式表达:

$$I_R = \frac{2^4 \pi^3}{45 \times 3^2 c^4} \times \frac{h I_L N (\nu_0 - \nu)^4}{\mu \nu (1 - e^{-h\nu/KT})} \left[45(\alpha'_a)^2 + 7(\gamma'_a)^2 \right] \tag{4-4}$$

式中,c 为光速;h 为普朗克常数;I_L 为激发光强度;N 为散射分子数;ν 为分子振动频率,Hz;ν_0 为激光频率,Hz;μ 为振动原子的折合质量;K 为玻尔兹曼常数;T 为热力学温度;α'_a 为极化率张量的平均值不变量;γ'_a 为极化率张量的有向性不变量。

式(4-4)指出,拉曼散射强度正比于被激发光照明的分子数。这是应用拉曼光谱术进行定量分析的基础。拉曼散射强度也正比于入射光强度 I_L 和(ν_0 − ν)[4]。所以,增强入射光强度或使用较高频率(即较短波长)的入射光能增强拉曼散射强度。

有许多因素影响拉曼峰的强度,最主要的是与分子结构和分子振动有关的各种因素。聚集态结构对某些特定拉曼峰有显著影响,例如,结晶材料比非结晶材料往往有更强更多的拉曼峰。据此,可对材料结晶度做定性或定量测定。测定时的最重要工作是在材料的拉曼光谱中找到特定的结晶峰。随后,找到某种方式将结晶度与结晶峰的强度相联系。例如,间同立构聚苯乙烯 SPS 拉曼光谱的 774cm^{-1} 峰是与该材料结晶度相关的特定峰(图 4.3)[3]。结晶度的相对值可由该峰面积与位于 1000cm^{-1} 附近很强的环"呼吸"模的峰面积之比来表征。这种定性处理方式加上使用扫描显微拉曼光谱术能直观地表征在材料断面上结晶度的变化情况。

对于碳或含碳材料,例如石墨碳,它的拉曼光谱通常显示两个特征峰:位于 1600cm^{-1} 附近的 G 峰和位于 1350cm^{-1} 附近的 D 峰。根据这两个峰的强度比,可以计算出其石墨晶粒的大小。这种方法已用于含碳纤维增强复合材料界面微结构的研究[4]。

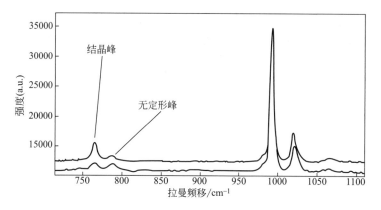

图4.3 间同立构聚苯乙烯（SPS）拉曼光谱的结晶和无定形聚集体的特征峰

　　拉曼峰的峰宽是描写峰形状的重要参数，通常用半高宽来表示，它也反映了材料的某些微结构特征。例如，碳材料的G峰峰宽与材料结晶结构的完善程度相关，尖锐狭窄的G峰表示材料具有完善的结晶有序结构。

　　拉曼散射光的偏振性质是描述拉曼光谱的又一个重要参数。对于一个特定的分子振动，其拉曼散射光的偏振方向就是该振动引起的电子云极化率变化的方向。若入射光引起的电子云位移方向与入射光偏振方向相同，则拉曼散射光就有与入射光相同的偏振方向。然而，若入射光引起电子云在与其偏振不相同的方向发生位移，则散射光就有与入射光不相同的偏振方向。材料是大量分子的集合体，分子可以是高度有序的，例如单晶体。所以，晶体的拉曼光谱一般与晶轴相对于入射光偏振方向的取向和所测拉曼散射光的偏振方向有关。这种关系的测量能提供结晶结构和分子结构的信息。拉曼光谱仪中通常安置有偏振器，能限定入射光和所检测拉曼散射光的偏振方向。图4.4显示了PE纤维不同

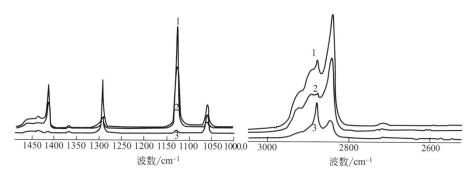

图4.4 PE纤维不同散射光偏振方向的三条拉曼光谱

散射光偏振方向的三条拉曼光谱[5]。三条光谱的测定都设置激发光偏振方向平行于纤维轴向，而对拉曼散射光测定的偏振方向却互不相同。光谱 1 的测定未设置偏振片和 1/2 波片，设置偏振片后测得光谱 2，而光谱 3 的测定既设置了偏振片又插入 1/2 波片。可以看到，不同偏振方向的拉曼散射强度发生变化，表明试样的大分子有择优取向的性质。光谱中的 1131cm^{-1} 峰是个强峰，而且其强度对偏振方向的设定十分敏感，可用该峰相对 1064cm^{-1} 峰的强度比表征分子沿纤维轴向的取向程度。原则上讲，组成复合材料界面的分子或其聚集态的取向性质也可使用与上述类似的方法检测。

4.2.3
荧光的发射和荧光光谱

与拉曼光谱不同，荧光光谱是一种发射光谱，其发射机制可用图 4.5 所示的能级图说明。

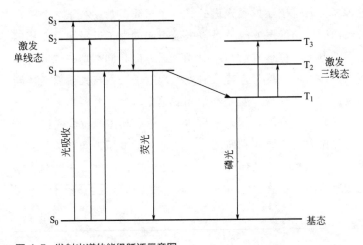

图 4.5　发射光谱的能级跃迁示意图

当试样受到光源发出的光照射时，其分子和原子的电子由基态 S_0 跃迁到激发态。激发态有两种电子能量状态：激发单线态和激发三线态。当电子从最低激发单线态 S_1 跃回到单线基态 S_0 时，发射出光子，称为荧光。当电子从最低激发单线态进行系间窜跃到最低激发三线态 T_1，再从 T_1 跃回到单线基态 S_0 时，发射出光子，称为磷光。

用高速电子流代替入射光照射也能获得类似的光发射。

有两种形式的荧光谱图：荧光激发（excitation）光谱和荧光发射（emis-sim）光谱。荧光激发光谱是指固定发射光的波长和狭缝宽度，使激发光的波长连续变化获得的荧光激发扫描图谱。这种图谱的纵坐标为相对荧光强度，横坐标为激发光的波长。荧光发射光谱即通常所称的荧光光谱，它是指固定激发光的波长和狭缝宽度，检测整个波段范围的发射光而获得的荧光发射扫描图谱。其纵坐标为相对荧光强度，横坐标为发射光波长，有时也用波数表示。

某些包含稀土掺杂物的材料在光照射下会发射尖锐的荧光峰，而且其波长对材料的应力敏感。作为例子，图 4.6 显示了一种含有铒掺杂物（Er^{3+}）的光导玻璃纤维内芯由于光照射而发射的荧光光谱[6]。图中所示波段范围内有两个分别位于 548nm 和 550nm 的荧光峰，它们是由于 Er^{3+} 的存在而产生的。这两个峰可能来源于 Er^{3+} 掺杂物的 $^4S_{3/2}$ 电子跃迁。它们不是 Er^{3+} 掺杂二氧化硅最强的荧光峰。但是，在可见光波段范围内，这两个峰高度尖锐，最适合做压谱分析，研究纤维的应力状态。用高速电子流轰击光学纤维外壳产生的荧光光谱如图 4.7 所示。图中显示了位于 460nm 和 630nm 的两个分离的峰。这两个峰分别来源于二氧化硅结构中氧的缺失和超量。

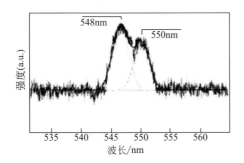

图 4.6 含有铒掺杂物（Er^{3+}）的光导玻璃纤维内芯激光照射下的荧光光谱

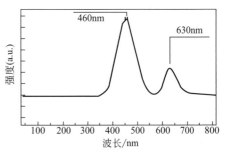

图 4.7 光导玻璃纤维外壳电子束照射下的荧光光谱

荧光发射的条件比较严格，只有占很小百分比的分子满足这种条件。已经发现，某些掺杂有金属离子的化合物能发射尖锐而强的荧光峰，而且其峰波长与应力有确定的函数关系。这种关系已经成功地应用于材料残余应力和复合材料界面应力传递的研究。具有这种性质的化合物，除了上述含 Er^{3+}（Er_2O_3）或掺 Ge（GeO_2）的光学玻璃纤维外，还有含有氟化钐（SmF_3）的玻璃纤维。含 Cr^{3+} 的单晶或多晶氧化铝纤维能发射尖锐的荧光 R_1 线和 R_2 线，R 线波数与纤维应变有拟合系数很高的直线函数关系，已经更早地广泛应用于这类纤维增强复合材料界面微观力学的研究。

这些化合物荧光发射的微观机制可参阅相关文献[7,8]。

4.3
纤维应变对拉曼峰频移的影响

4.3.1
压力和温度对拉曼峰参数的影响

试样所处环境的压力和温度对拉曼峰特性的各个参数，如频移、高度、宽度、退偏振比和累计面积等都有明显影响，压力或温度的变化都有可能引起拉曼峰这些特性表征值的变化。这是由于压力或温度的变化将引起试样与结构甚至成分有关的因素的变化，如晶格扭曲、相变、密度的变化和化学平衡的偏离，也有与结构和成分无关的因素的变化，如折射率的变化、振动和转动激发态分布的变化、振动非谐性的变化，以及振动和转动持续时间的变化等。分析从拉曼测量获得的数据，必须对上述因素对拉曼峰的影响有充分估计。

4.3.2
拉曼峰频移与纤维应变的关系

许多用于复合材料的增强纤维，其拉曼峰频移随纤维应变（压缩应变或拉伸应变）而变化，而且存在某种确切的函数关系。对于高模量纤维，这些函数关系通常呈直线关系。即便不呈直线关系，其函数曲线往往与纤维的宏观应力-应变曲线相一致。这种一致性表明外力作用下纤维的拉曼行为（如峰频移的偏移）可能是纤维宏观形变在其分子行为上的反映。由于物质分子结构的复杂性，尤其是聚合物材料，分子行为对拉曼峰变化的定量关系并不清楚（某些定性关系将在随后各章节有关纤维形变微观力学中阐述）。然而，纤维宏观形变与拉曼峰参数（如频移和宽度）变化的定量关系，能够方便地用显微拉曼光谱术做实验测定。这种关系可用于测定复合材料中纤维应变的分布，尺度精确度达到微米级（近场光学显微拉曼光谱术可达纳米级），在复合材料界面微观力学研究中正在发挥重要作用。拉曼峰的其它参数，如峰半高宽，也对纤维应变敏感。然而，迄今为止还没有发现其敏感程度和函数关系的简明程度能方便地应用于复合材料微观力学研究。

为了对纤维拉曼峰频移相对于纤维应变的敏感程度做定量描述，定义一个物理量——峰频移偏移率，简称偏移率，为单位纤维应变百分率（％应变）的峰频移偏移量（cm^{-1}）。

$$偏移率 = \frac{\mathrm{d}\Delta\nu}{\mathrm{d}e} \tag{4-5}$$

式中，$\Delta\nu$ 为频移偏移量；e 为应变量。偏移率的单位为 cm^{-1}/％应变。

作为实例，图 4.8 显示了五种芳纶（PPTA）纤维 1610cm^{-1} 拉曼峰频移与纤维应变间的函数关系[9]。五种芳纶纤维有不同的杨氏模量。可以看到，随着纤维拉伸应变的增大，拉曼峰频移都向低波数方向偏移，并且都有近似的线性关系。拟合直线的斜率 $\mathrm{d}\Delta\nu/\mathrm{d}e$（即偏移率）是个十分有用的参数，可用于复合材料中纤维应变的直接测量。

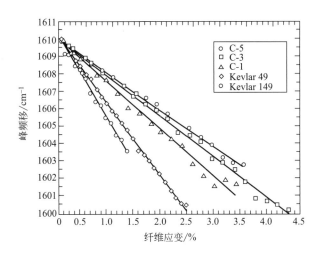

图 4.8　芳纶纤维 1610cm^{-1} 拉曼峰频移与纤维应变间的函数关系

并不是所有拉曼峰的频移都对纤维应变有相同的敏感性，也不是所有拉曼峰频移都随纤维应变增大向低波数方向偏移。事实上，有的拉曼峰频移随纤维应变的变化在现有拉曼仪的测量精度下并无任何反映，有的拉曼峰频移则随拉伸应变的增大向高波数方向偏移。

为了将峰频移与纤维应变的函数关系有效地应用于复合材料界面行为的研究，通常需要对空气中纤维测定所有各个拉曼峰频移与纤维应变的函数关系，从中选用 $\mathrm{d}\Delta\nu/\mathrm{d}e$ 值大、拟合性好（即拟合系数 R 值大）、峰高大而尖锐的拉曼峰作为拉曼测量的对象，以获得尽可能高的应变测量精度和效率。

4.4
荧光峰波数与应力的关系

4.4.1
荧光光谱的压谱效应

在常用拉曼光谱系统中，不需任何改装或附件，能很方便地获得某些材料，例如掺铬氧化铝和掺铒或铈的玻璃纤维，具有强而尖锐的荧光峰的荧光光谱，而且荧光峰的位置（波数或波长）与材料应变间有良好的线性关系。过去二十余年来，这一物理现象已经成功地应用于复合材料界面微观力学的研究，并且获得了令人关注的成果。

某些发射荧光谱的晶体在压力作用下，其荧光峰波数会发生偏移，称为压谱效应。应力与峰偏移有下列张量关系：

$$\Delta\nu = \Pi_{ij}\sigma_{ij} \tag{4-6}$$

式中，$\Delta\nu$ 为由于施加应力引起的谱线位置偏移，cm^{-1}；σ_{ij} 为晶体所受压力；Π_{ij} 为晶体的压谱系数张量。

对纤维形状的单晶体，例如氧化铝单晶纤维，式(4-6)可以有简单得多的形式[8]。设坐标轴 z 为纤维轴向，则有下式成立：

$$\Delta\nu = \Pi_{11}(\sigma_{rr} + \sigma_{\theta\theta}) + \Pi_{33}\sigma_{zz} \tag{4-7}$$

式中，$\sigma_{rr} = \sigma_{\theta\theta}$；$\Pi_{11}$ 和 Π_{33} 为压谱系数张量的两个组元。

4.4.2
单晶氧化铝的压谱系数及其测定

含三价铬离子的氧化铝单晶体（红宝石）在光束照射下能发射荧光，其光谱中的 R_1 峰和 R_2 峰（统称 R 峰）强而尖锐。早期，它们的压谱效应用于超高压压强测定的传感器设计。式(4-6)是计算压强大小的一般表达式。

为了精确测定应力，首先必须获得压谱系数的值。不同研究人员测得的压谱系数值互有差异。其中 He 等[10] 所做的测定考虑到各项校正因素，获得的结果有较高的精度。

实验表明，荧光 R 谱线的位置对温度十分敏感，因而首先必须测定谱线位

置与温度间的定量关系，以便需要时做必要的校正。图 4.9 显示了在室温
±20℃范围内测得的单晶氧化铝荧光峰波数与温度间的关系。可以看到，这是
一种线性函数关系。R_1 峰和 R_2 峰的直线拟合斜率 α 分别为 $-0.144\mathrm{cm}^{-1}/℃$ 和
$-0.134\mathrm{cm}^{-1}/℃$。温度为 T 时的谱线波数可用下式计算：

$$\nu(T) = \nu(T_0) + \alpha(T - T_0) \tag{4-8}$$

式中，T 为试样温度；T_0 为室温。

温度升高还引起荧光峰峰宽的增大，R_1 峰和 R_2 峰峰宽与温度的关系也呈
近似线性关系。

在压谱系数测定实验中，应使用足够小的激光功率，以保证激光的加热效
应不会引起可测得出的峰位置波数偏移。同时密切监视温度的变化，并以
图 4.9 和式(4-8) 的函数关系予以校正。也要注意到温度变化由于热膨胀可能
引起的光谱仪元件尺寸的变化而导致的荧光峰偏移。此外，光谱仪光栅马达齿
轮的齿隙也可能引起误差。为此，可使用位于 $14431\mathrm{cm}^{-1}$ 的氖特征谱线作为波
数标准，在必要时予以校正。

压缩试验的光路与压负载方向如图 4.10 所示。被测试晶体呈长方形，其三
个正交晶轴（a、m 和 c）中的一个轴与负载 P 的方向平行。激发光聚焦于晶体
内部中央位置。

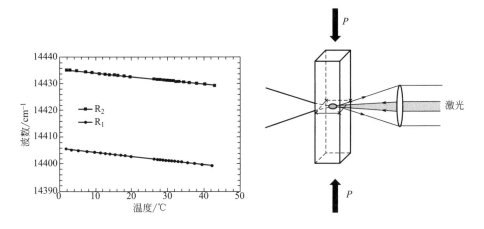

图 4.9　单晶氧化铝荧光峰波数与温度间的关系　　　图 4.10　单晶氧化铝压缩试验示意图

单晶 $\alpha\text{-}Al_2O_3$ 的荧光光谱如图 4.11 所示。图中同时显示了自由状态（未承
受应力）和压应力为 0.84GPa 时的荧光峰以及作为波数校正标准的氖的特征
峰。可以看到，压应力使 R 峰向低波数方向偏移。

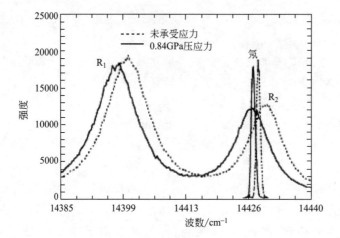

图 4.11　单晶 α-Al$_2$O$_3$ 在自由状态和压负载下的荧光光谱（氖谱线的偏移是由于室温从 25.0℃变化到 25.9℃所致）

　　R$_1$ 峰和 R$_2$ 峰波数偏移与沿三个晶轴压应力间的函数关系分别如图 4.12 和图 4.13 所示。对数据点的最小二乘法拟合系数都大于 0.999。除了压负载沿晶轴 a 时测定的 R$_1$ 峰，其它情况下荧光峰的偏移与单轴应力间都有很好的线性关系。图中直线斜率 dν/dσ 即为压谱系数张量对角线各组元的值，列于表 4.1。

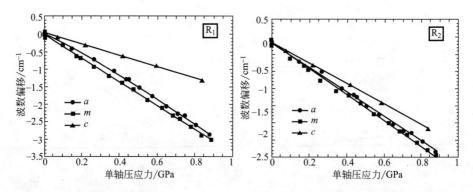

图 4.12　R$_1$ 谱线波数偏移与沿三个晶轴（a、m 和 c）压应力的关系

图 4.13　R$_2$ 谱线波数偏移与沿三个晶轴（a、m 和 c）压应力的关系

▫ 表 4-1　单晶氧化铝的压谱系数　　　　　　　　　　　　　　　　　　　单位：cm^{-1}/GPa

荧光峰	Π_{11}	Π_{22}	Π_{33}	$\Pi_{11}+\Pi_{22}+\Pi_{33}$
R$_1$	2.56	3.50	1.53	7.59
R$_2$	2.65	2.80	2.16	7.61

为了测得压谱系数张量非对角线的组元的值，需对试样做剪切试验。反对称四点弯曲试验能确保产生最纯的剪切应力场，而且在两开口之间是一个不变的剪切应力区域。测试结果得出压谱系数张量非对角线组元的值比对角线组元值的 10% 还要小。所以，对陶瓷和复合材料，剪切应力的影响通常可忽略不计。

上述测定结果并没有从应力下结晶学微观结构的变化来解释。然而，据此测试结果获得的下列关于 R_1 峰和 R_2 峰位置偏移的方程在复合材料微观力学研究中是十分有用的：

$$\Delta\nu_{R_1} = 2.56\sigma_{11} + 3.50\sigma_{22} + 1.53\sigma_{33}$$

$$\Delta\nu_{R_2} = 2.65\sigma_{11} + 2.80\sigma_{22} + 2.16\sigma_{33} \tag{4-9}$$

式中，$\Delta\nu$ 为波数偏移，cm^{-1}；σ_{ij} 为应力，GPa；式中的压谱系数值取自表 4.1。由于 R_1 和 R_2 的压谱系数值不同，这是两个相互独立的方程，有助于从波数偏移求解应力。

单晶 Al_2O_3 的荧光 R 线是强烈偏振的，但在基面内没有择优偏振方向。R_1 和 R_2 的偏振度（P）并不相同，$P_{R_1} = 87\%$，而 $P_{R_2} = 62\%$。应用 R_2 线对 R_1 线强度比的角函数关系，可以测定铬掺杂 Al_2O_3 晶体的 c 轴，而且可以有很高的空间分辨率，对单晶体和多晶体都适用。这在复合材料微观力学分析中很有价值。不过，在多晶 Al_2O_3 的应力测量中，这个荧光强度的角依赖关系一般可以忽略不计。

4.4.3
多晶氧化铝纤维荧光峰波数与应变的关系

多晶氧化铝纤维都含有 Cr^{3+}，与单晶氧化铝红宝石一样，能发射荧光，而且光谱有确定的荧光 R 峰，强而尖锐。用于复合材料增强的典型氧化铝纤维有 PRD-166 纤维和 Nextel 610 纤维。前者的主要成分为 α-Al_2O_3 和 ZrO_2 晶粒，后者则为纯氧化铝纤维，包含 99% 以上的 α-Al_2O_3 晶粒。与前者相比，后者的晶粒要小得多，约为 $0.05\sim0.2\mu m$，纤维的力学性质，包括杨氏模量、强度和断裂应变都要高得多。

图 4.14 是纯多晶氧化铝纤维的荧光光谱，显示了两个峰 R_1 和 R_2，它们有很高的信噪比。测量时使用低功率的 He-Ne 激光作激发光源，曝光时间短于 2s。作为对比，在同一台仪器上使用较高功率的 Ar 离子激光光源和 100s 以上的曝光时间，测得的同一纤维的拉曼光谱显示于图 4.15 中。可以看到，它有高得多的背景噪声，而且其峰强度比荧光 R 峰要低几个数量级。通常，很弱强度

的激发光就能引起荧光发射，对多晶氧化铝纤维甚至使用照明用电池手电筒光源也能获得满意的荧光光谱。

多晶氧化铝纤维的 R_1 峰和 R_2 峰位置都对纤维应变/应力敏感，图 4.16 显示了 PRD-166 纤维未形变（应变 0.00%），随后拉伸应变为 0.21%、0.42% 和 0.64% 的荧光光谱。可以看到，R_1 峰和 R_2 峰的位置都随应变增大向较高波数偏移。Nextel 610 也有类似现象。显然，这是由于纤维的宏观形变过程引起 $\alpha\text{-}Al_2O_3$ 晶格的微观形变而导致的。这里不涉及该物理现象微观机理的详细解释，我们更感兴趣的是纤维应变与 R 谱线偏移的函数关系。

图 4.17 显示了 Nextel 610 纤维 R_1 谱线和 R_2 谱线波数与纤维应变间的函数关系。图中实线是对实验测得数据的最小二乘拟合直线。拟合系数都在 0.995 以上，表明实验数据与直线有很好的拟合，亦即应变与谱线偏移有很好的线性函数关系。对两种纤维测得的拟合直线斜率 $d\Delta\nu/de$ 列于表 4.2。由于多晶氧化铝纤维微观结构的复杂性，要运用谱线偏移与应变状态间的基本关系方程（4-6）做理论分析，预测这种函数关系是十分困难的。然而，无论如何，上述测得的线性函数关系可用于对材料做精确的微观应变测量和复合材料界面微观力学研究。

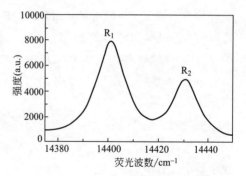

图 4.14　使用 He-Ne 激光作激发光源测得的纯多晶氧化铝纤维的荧光光谱

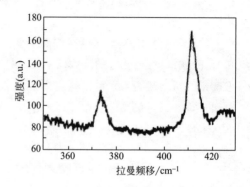

图 4.15　使用 Ar 离子激光作激发光源测得的纯多晶氧化铝纤维的拉曼光谱

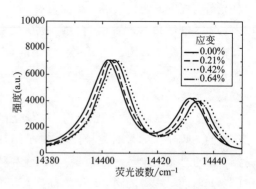

图 4.16　PRD-166 纤维不同应变下的荧光光谱

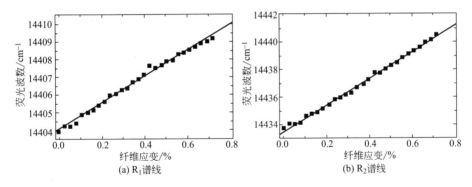

图 4.17 Nextel 610 纤维 R_1 谱线和 R_2 谱线波数与纤维应变间的函数关系

⊡ 表 4.2 波数的偏移和峰宽的宽化

项目	Nextel 610		PRD-166	
	谱线偏移 / (cm^{-1}/%应变)	谱线宽化 / (cm^{-1}/%应变)	谱线偏移 / (cm^{-1}/%应变)	谱线宽化 / (cm^{-1}/%应变)
R_1 线	+7.69	+1.35	+6.11	+1.03
R_2 线	+9.86	+4.11	+7.80	+1.40

　　拉伸应变下纤维 R 谱线行为另一个值得注意的现象是显著的谱线宽化，宽化率也列于表 4.2。这种现象可从多晶氧化铝的微观结构得到合理的解释[11]。

　　与单晶体一样，多晶氧化铝纤维荧光峰的位置对温度敏感。随着温度升高，R 谱线向低波数方向急剧偏移。实验测得 PRD-166 纤维两条谱线在室温到 100℃范围内，谱线偏移与温度有近似线性关系。两条谱线都有相同大小的波数-温度系数（$-0.14cm^{-1}$/℃）。荧光 R 线的测量必须注意对室温稳定的控制。测量数据的处理应该考虑环境温度的影响，必要时需做温度影响的修正。此外，试样表面的污染或局部附着物，可能会由于激发光照射的热效应引起表面温度升高，导致测量数据的异常。

⊡ 表 4-3 不同偏振方向下氧化铝纤维 R 谱线的波数　　　　　单位：cm^{-1}

激光偏振方向	Nextel 610		PRD-166	
	R_1	R_2	R_1	R_2
平行于纤维轴	14403.50±0.05	14433.30±0.04	14401.54±0.04	14431.38±0.05
垂直于纤维轴	14403.69±0.04	14433.48±0.05	14402.00±0.06	14431.89±0.08
偏移	0.19	0.18	0.46	0.51

实验表明，多晶氧化铝纤维荧光 R 峰的位置与激发光的偏振方向有关。表 4.3 列出了对两种多晶氧化铝纤维，激发光平行于或垂直于纤维轴向时测得的 R 峰波数。这种现象可能来源于氧化铝晶粒在纤维中的择优取向。TEM 观察已经发现了这种取向现象[12]，而荧光峰位置的波数与晶体的取向相关。

多晶氧化纤维荧光峰特性的详情可参阅文献 [11,13]。

4.4.4
玻璃纤维荧光峰波长与应变/应力的关系

使用常规的显微拉曼光谱系统可以获得单根玻璃纤维的荧光光谱，显示强而尖锐的荧光峰。荧光峰的位置常常与纤维的应力/应变有关，这种函数关系可用于测定玻璃纤维的应力状态和探索玻璃纤维增强复合材料的界面应力传递行为。

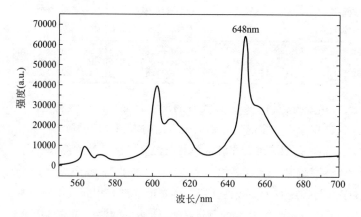

图 4.18　Sm^{3+} 掺杂玻璃纤维的荧光光谱

一种实验室制得的玻璃纤维含有约 0.5％的 SmF$_3$，所含 Sm^{3+} 的浓度足以使纤维发射的相关荧光光谱在拉曼光谱仪中得到检测。图 4.18 是其典型的荧光光谱，在波长 550～700nm 范围内有几个确定的荧光峰[14]。这些峰的波长对施加于纤维的应变敏感，其中，648nm 峰强而尖锐，其波长随纤维应变增大向短波长方向偏移，而且有良好的线性关系和数据复验性。所以，该峰的行为适合用来检测纤维的应变和复合材料微观力学研究。来源于 Sm^{3+} 的 648nm 峰归属于从激发态（^{4}G 和 ^{4}F）向基态（^{6}H）的电子跃迁。

纤维应变引起 648nm 峰位置的偏移如图 4.19 所示，0.6％的应变使峰位置向短波长方向偏移，同时也发生峰的宽化。纤维应变与峰波长的函数关系显示在图 4.20 中，实线为数据点的拟合直线，这是一种近似线性关系。

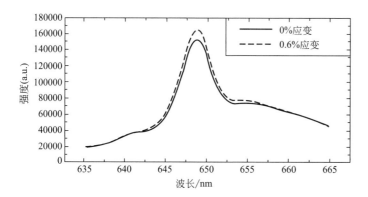

图 4.19　应变引起的玻璃纤维 648nm 荧光峰位置的偏移

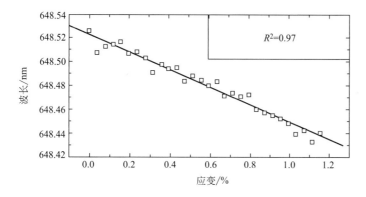

图 4.20　纤维应变与峰位置的关系

前文（4.2.3 节）指出光导玻璃纤维中掺杂 Er^{3+} 的芯部和二氧化硅类的玻璃外壳，在光束照射或高速电子流轰击下会发射荧光，其荧光光谱有确切的荧光峰（见图 4.6 和图 4.7）。许多峰的波长对纤维应力（应变）敏感。在单轴应力状态下，荧光峰波长偏移 $\Delta\lambda$ 与应力 σ_u 之间有如下线性关系：

$$\sigma_u = \frac{\Delta\lambda}{\Pi_u} \tag{4-10}$$

式中，$\Delta\lambda$ 为相对无应力状态下材料荧光峰波长 λ_0 的偏移；Π_u 为单轴应力的压谱系数。已经测得几个荧光峰的 Π_u 值，列于表 4.4[6,15]。由光子激发的光纤芯部发射的两个峰中，548nm 峰对应力不敏感，而波长较长的 550nm 峰则随应力增大向短波长方向偏移。与 Sm^{3+} 引起的荧光峰行为相似，可选择用于在拉曼光谱仪中测定纤维的应力状态。从光纤芯部发射，起源于 Ge 掺杂和二氧化硅缺陷，由电子束激发的四个荧光峰相互重叠，需要对光谱做分峰处理。可选用 410nm 峰测定芯部应力。从光纤外壳发射的二个荧光峰相互不重叠，选用强度较强的 460nm 峰是合适的。

▣ 表 4.4　光导玻璃纤维荧光峰的压谱系数

荧光峰/cm^{-1}	激发源	$\pi_u/$ (nm/GPa)	$\Delta\pi_u/$ (nm/GPa)	归属
410	电子束	6.744	5.5×10^{-3}	Ge
460	电子束	-6.529	1.37×10^{-3}	二氧化硅氧缺失
548	光束	$<10^{-7}$	—	$^4S_{3/2}$ Er^{3+} 跃迁
550	光束	-0.689	2.716×10^{-4}	$^4S_{3/2}$ Er^{3+} 跃迁
630	电子束	-8.137	3.122×10^{-3}	二氧化硅氧过量

4.5
显微拉曼光谱术

4.5.1
拉曼光谱仪

　　拉曼光谱仪中适用于复合材料界面研究的是显微拉曼光谱仪，又简称为拉曼探针（micro Raman）或拉曼显微镜（Raman microscope）。

　　这种设备可以在实验室自行配置，用一个通常的拉曼光谱系统附加上一个显微镜装置就能获得显微拉曼光谱仪的主要功能。市场上可购得多功能、性能优良、结构紧凑、操作和维护都十分方便的显微拉曼光谱仪。图 4.21 显示了一种近代显微拉曼光谱仪的外观，其光学系统光路如图 4.22 所示[16]。从光源发射的激光通过一准直光学装置进入显微镜光学系统，入射于试样。从试样激发出的拉曼散射光或荧光由同一物镜收集，通过显微镜光学系

图 4.21　雷尼绍（Renishaw）显微拉曼光谱仪外观

统和滤光系统及狭缝进入单色仪。经单色器分光后入射于 CCD（charged-coupled device）检测器，放大后的信号进入记录系统，最终在显示器上显示相应的光谱。

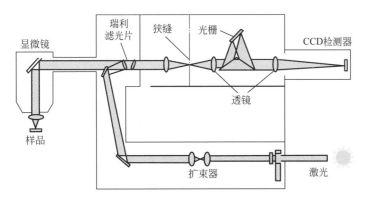

图 4.22 雷尼绍（Renishaw）显微拉曼光谱仪光学系统光路简图

　　分光仪是拉曼光谱仪的主要部件之一，其作用是将收集到的拉曼散射光按波长分散开来，决定了仪器的谱线分辨率。按照将拉曼光分散开的方式不同，可将拉曼光谱仪分为三种类型：滤光器型、分光仪型和迈克尔逊干涉仪型。

　　滤光器型的拉曼光谱仪仅能检测到拉曼光谱的一个波长（实际上是一个很窄的波段）或几个波长（多滤光器）。若使用可变波长滤光器，则可检测到更多个波长。这种类型的仪器结构简单，价格低廉。对给定波长的拉曼光波的光通量，它与其它任何类型的光谱仪一样高，甚至更高。然而，它的检测效率是很低的，因为滤光器阻挡了来自试样的绝大部分拉曼散射光，而只有很狭窄光谱段的光进入检测器。

　　分光仪型的拉曼光谱仪能将不同波长的光分散开，并将它们成像于像平面的不同位置上。通常是将来自狭缝的光照射于衍射光栅，然后将衍射光聚焦在光谱仪输出平面上。在该平面上安置多元件探测器（CCD），能够同时测得不同波长光束的强度。这种所谓多通道功能使仪器检测效率显著提高。图 4.21 和图 4.22 所示拉曼探针就属于该类型的光谱仪。

　　应用傅里叶变换的干涉仪型光谱仪是拉曼光谱仪中很重要的一类。在这类仪器中，来自试样的拉曼散射光通过干涉仪进入探测器，获得一干涉图，随后进行傅里叶变换得到拉曼光谱。

　　能显著降低拉曼光谱的荧光背景是傅里叶变换拉曼光谱仪的最重要优点。这类仪器通常使用波长为 1064nm 的近红外钕-钇铝石榴石（Nd∶YAG）激光作激发光源。这种波长范围的激发光得到的拉曼光谱一般只有很弱的荧光，甚至完全没有背景荧光。然而必须注意到，对 1070～1700nm 波长范围的激发光，探测器有很强的杂波。此外，因为拉曼散射效率正比于被散射光频率的四次方，当激发光从通常使用的可见光改变为 1064nm 的近红外光时，散射光强度将降低几十倍。因此，如果荧光背景不严重，使用可见光激发和 CCD 探测器的分光光谱仪比使用傅里叶变换光谱仪更合适，前者能获得高得多的灵敏度。

4.5.2
显微系统

　　装备有显微镜光学系统的拉曼光谱仪具有微区分析的功能。借助于显微镜系统，光谱仪既能显示试样很小区域的形貌，又能同时收集到该区域的拉曼散射光。目前，平面上的空间分辨率（横向分辨率）可达到微米级（应用近场光学系统可达纳米级）。更高的分辨率主要受限于光的衍射。显微镜载物台能使试样相对物镜做精确的三维移动，也可加装标准的旋转载物台，使试样既可做移动又可做旋转。

　　装有显微镜的最大好处是能观察到试样的放大像，能从中选定激发出拉曼散射光的试样微区。这使得对试样给定区域的聚焦（对光）既容易又快捷，也有助于确保获得的光谱是来自材料感兴趣的区域，而不是污染物质或者不具代表性的区域。

　　装有显微镜的另一个好处是试样上的激光斑点很小，便于探测很小的试样区域。然而激光功率密度受制于试样的热敏感性，小斑点加上受限制的功率密度意味着低拉曼散射强度，因而拉曼散射测量的灵敏度受到显著限制。所以，在不需要高空间分辨率的情况下，应该使用大激光斑点，以便可以增大试样上总的激光功率。散焦是加大激光斑点的较方便方法。

　　使用共焦光阑能显著提高轴向（深度）分辨率，此即为共焦显微术。图 4.23 说明了共焦光阑能获得高轴向分辨率的原理。图 4.23(a) 显示了一点光源（即聚焦的激光束）被透镜聚焦于透明试样上的一点。来自该点的拉曼散射光又由该透镜成像于共焦光阑上的一点。图 4.23(b) 表示试样移出聚焦点后的情况。此时照射在试样上的激光不再是一个点。由于激光束经聚焦后的发散，一个点变成了一个圆斑，试样的拉曼散射光来自整个被照明的圆斑。圆斑成像于共焦光阑的前面。来自圆斑像的光发散到达共焦光阑，形成一个更大的圆斑。

　　在图 4.23(a) 和 (b) 中，激发光入射于试样不同的区域，受光面积也不同，但总光量是相同的。假定试样材料完全均匀，则发出的拉曼散射光强度相同，到达共焦光阑的拉曼光强度也相同。如果不安放共焦光阑，则探测器收集

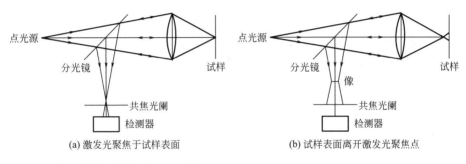

(a) 激发光聚焦于试样表面　　　　　　　(b) 试样表面离开激发光聚焦点

图4.23　获得高轴向分辨率的原理示意图

到的光强度也相同，这就不存在轴向（深度）分辨了。

　　共焦光阑通常有一针孔，其大小正好足以通过来自在焦试样的全部拉曼光，如图4.23（a）所示。这时不论有没有安放共焦光阑，探测器测量到的光强是相同的。然而，若安放有针孔光阑，则测到的来自离焦试样的光强就会显著降低[图4.23（b）]。有两个原因导致探测器上光强的降低：一是试样的像大于光阑针孔的大小；一是像不聚焦在光阑上，从而进一步发散了来自试样的光。如此，由于试样离焦引起的强度损失而产生了轴向分辨的能力。通常，用分辨率是向描述这种能力，它定义为拉曼强度比在焦时降低50％的那一点到焦平面的距离。轴向分辨率正比于物镜数值孔径的平方。点光源、在焦试样点和试样点的聚焦像称为共焦点。共焦显微拉曼光谱术通常能达到$1\sim2\mu m$的轴向分辨率。

　　对于不透明基体复合材料，激发光难以被聚焦到纤维表面，用拉曼光谱术逐点测定纤维应力将发生困难。然而，如若增强纤维是透明的，如单晶氧化铝纤维或玻璃纤维，则可用共焦显微拉曼光谱术测得纤维的应力分布。此时，测量从纤维端面开始，沿纤维轴向深入逐点聚焦，从而获得沿纤维轴向各点的拉曼光谱。

　　成像拉曼光谱术又称拉曼成像，在复合材料界面微结构研究中有潜在的应用价值。光谱成像是指制作一张试样图像，其每个像素都含有试样中相应点的光谱信息。光谱成像提供了一种全新的观察试样微结构的方式，它能给出十分丰富的来自试样的信息。

　　拉曼光谱像有三种成像方式——点成像、线成像和面或立体成像，分别对应于激发光的照明方式为点、线和面。拉曼成像的实例可参阅文献［1］。

4.5.3
试样准备和安置

　　对复合材料这类固体试样，其拉曼测试的试样准备十分简便。不管其体积大小或形状如何，只要求能安置固定于仪器的载物台上。对绝大部分材料，不要求预先对试样做任何处理。试样准备的简便是拉曼测试与其它测试手段相比十分突出的优点。

为了对复合材料的界面微观结构做拉曼测试，可用切割或断裂方法将界面暴露于试样表面。如果基体是透明的，则不必做上述处理，只需将激发光透过基体聚焦于界面（纤维表面）。

为进行纤维形变微观力学的拉曼测试，可自行制作一结构简单的微拉伸装置，如图 4.24 所示。旋转螺旋测微器旋钮，测杆推动滑块移动，使一端固定于金属框架上，另一端固定于滑块上的纤维受到拉伸。滑块移动的距离即为纤维受拉伸长度。如此，可从测微器旋转刻度读出纤维的

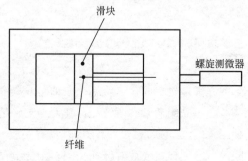

滑块

螺旋测微器

纤维

图 4.24　微拉伸装置的结构简图

应变值。该微拉伸装置借助于适当的夹具固定于显微镜载物台上，可做相对物镜的三维移动，便于对纤维对焦。

对复合材料试样的拉伸或压缩试验，要求有相当大的负载，上述微拉伸装置已不适用。可使用市场可购的"minimat"（图 3.14），或其它合适的、可固定于显微镜载物台的力学装置。

4.6 近场光学拉曼显微术

通常的拉曼光谱术在微观结构和微区性能研究中的一个重大限制是其有限的空间分辨率。由于光的衍射性质，常用拉曼光谱术的空间分辨率只能达到微米级（最优可达 $0.5\mu m$）。近来发展起来的针尖增强拉曼光谱术（TERS）突破了光衍射对拉曼光谱术空间分辨率的限制，理论上没有最高分辨率的限制，实用上已达到纳米级。

当直径十分微小的针尖接近试样表面时，针尖附近近场区域的拉曼效应将得到极大的增强，检测来自近场的拉曼信号可获得相应的拉曼光谱。TERS 包

含了针尖作用效应和近场光学显微术。

拉曼散射效应的信号很弱，是拉曼散射本身固有的特性。这成为传统拉曼光谱术固有的一个主要弱点。由于能接收到的散射信号强度弱，检测灵敏度就相应较低。因而有时候低浓度分析难以得到检测，尤其在微量和痕量分析时更加困难。

增强拉曼光谱术能有效地克服这个弱点，常用的有两类增强方式：表面增强和共振增强。它们能使试样的拉曼散射强度增强几个数量级。这种方法的运用使拉曼光谱术的应用扩大到更为广泛的领域。

TERS 是表面增强拉曼光谱术（surface enhanced Raman scattering，SERS）的衍生物。研究发现，当某些金属（如银、金、铜和铝）小粒子接近物质分子时，拉曼散射信号有很大的增强，能被放大几个数量级[17]。这种现象后来被发展成表面增强拉曼光谱术，其确切机理目前仍然是讨论中的问题。一般接受的观点认为其是由金属小颗粒的表面离子态引起的。入射光的电场导致金属颗粒的表面离子态，引起金属表面及其附近电场振幅的显著增强。离子态引起的入射光和散射光两者的增强使得拉曼信号的总增强达到几个数量级。

这种发现后来被用于产生近场拉曼散射[18]。探针的针尖制成具有表面离子态的孤立纳米颗粒。当针尖被外光场照射并被引导逼近表面时，来自表面的拉曼信号强度将显著地增强。这时检测的信号来自离子态增强场所在位置十分微小的区域，通常约为几纳米。

信息强度微弱是限制拉曼光谱术应用范围的重要因素，因而，TERS 的出现受到了广泛的重视。与通常的 SERS 相比，TERS 克服了 SERS 的两个障碍：试样表面必须是非平面（亦即粗糙表面）和限制于某些特定的吸附物。另外，TERS 能在试样的任何区域探测拉曼增强。理论计算指出，在最佳针尖-表面几何和激发频率的条件下，可获得 1000 倍的场强，从而导致拉曼强度增强 12 个数量级。实验得出，有针尖与没有针尖的拉曼强度相对变化（$q = I_{TERS}/I_{RS}$）在 1.4～40 不等。目前 TERS 在材料科学和生命科学研究中已获得显著进展。

金属覆盖针尖的增强作用从对亚甲蓝的测试中可以得到说明[19]。测试采用侧向照明的方式。图 4.25(a) 是针尖接触试样表面和从试样表面回撤的示意图，注意针尖接触时引起的对入射光照明的阴影，该区域将不能激发出拉曼信号。图 4.25(b) 的两条拉曼谱线分别对应于未覆盖金属针尖接触和回撤时测得的结果，由于阴影的影响，在针尖接触时，拉曼强度减弱了。图 4.25(c) 的两条拉曼谱则分别对应于金属覆盖针尖接触和回撤时测得的结果，由于针尖与亚甲蓝试样的接触，拉曼强度增大了 5 倍。

测试表明，金覆盖针尖对聚合物材料、半导体材料和碳材料的拉曼信号都有着显著增强作用[17]。图 4.26 显示了对单壁碳纳米管的测定结果，针尖的接触

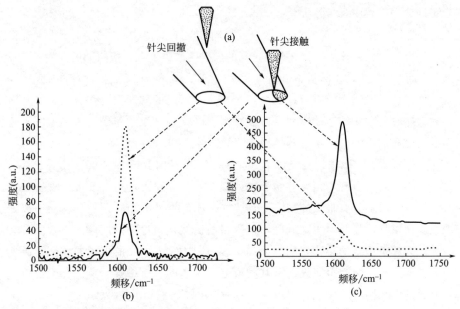

图 4.25 金属覆盖针尖对亚甲蓝拉曼散射的增强作用

（a）针尖接触试样表面和从试样表面回撤的示意图；（b）未覆盖金属针尖接触试样表面和从试样表面回撤后的拉曼光谱；（c）覆盖金属针尖接触试样表面和从试样表面回撤后的拉曼光谱

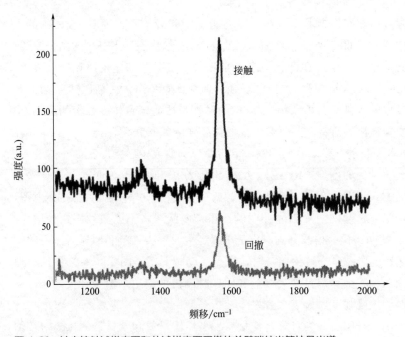

图 4.26 针尖接触试样表面和从试样表面回撤的单壁碳纳米管拉曼光谱

使信号有 3 倍的增强。实验指出，金覆盖针尖对 C_{60} 的拉曼信号也有十分显著的增强作用[20]。

所谓近场光学是相对于远场光学而言，传统的光学理论如几何光学和物理光学，通常只涉及远离光源或者远离物体的光场分布，一般通称为远场光学。远场光学在原理上存在一个远场衍射极限，限制了利用远场光学原理进行显微和其它光学应用时的最小分辨尺寸和最小标记尺寸。近场光学则研究距离光源或物体一个波长范围内的光场分布。在近场光学领域，远场衍射极限被突破，分辨率极限在原理上已不再存在，可以无限地小。因而，基于近场光学理论可以提高显微成像和其它光学应用时的光学分辨率。

基于近场光学技术的光学分辨率可以达到纳米量级，突破了传统光学的分辨率衍射极限（约为波长的 1/2，$\lambda/2$）。据此发展起来的高分辨近场拉曼显微术极大地提高了拉曼光谱术和拉曼成像术的空间分辨率。实验研究表明，它们的实际分辨率已经达到纳米量级。

对单壁碳纳米管的近场拉曼测试能够说明这种空间分辨率前所未有的提高。对化学气相沉积法（CVD）制得的单壁碳纳米管做共焦拉曼成像只能获得微米级的空间分辨率。图 4.27(a) 表明，在安放尖锐银针尖于激光聚焦点附近后，试样拉曼像的衬度和分辨率得到极大的增强和提高。图 4.27(b) 是同时获得的形貌像。与图 4.27(a) 和 (b) 中虚线相对应的轮廓曲线分别显示在图 4.27(c) 和 (d) 中[21]。拉曼信号由 633nm 激光激发。检测碳纳米管的 G' 峰（2615cm^{-1}）获得拉曼像 [图 4.27(a)]。AFM 形貌像中显现的高度约为 2nm 的大量小圆形物是凝结水，将试样加热至 70℃ 可以去除。纳米管的垂直高度约为 1.4nm。图 4.27 除了表明测试的高分辨能力外，也表明了拉曼信号的近场起源。

图 4.28 显示了对弧光放电产生的单壁碳纳米管近场拉曼光谱测试的结果，进一步表明了这种方法的高分辨光谱能力。纳米管的直径约为 1.7nm。图 4.28(a) 是纳米管接近端头附近的三维形貌像。在纳米管的上方有三个明显高约 5nm 的凸起物，从其大小可判断为 Ni/Y 催化剂颗粒，是纳米管生长的起始点。图中 1～4 各点表示金属针尖存在下的拉曼光谱检测位置，测得的相应各点的拉曼光谱显示在图 4.28(b) 中。沿着纳米管各点拉曼光谱的变化清晰可见。在位置 1 和 2，G 峰（1596cm^{-1}）的振幅显著大于 G' 峰（2619cm^{-1}），它们的振幅比 G/G' 约为 1.3。而在位置 3 和 4，G 峰振幅相对 G' 峰减小了，G/G' 约为 0.7。同时，G' 峰的形状发生变化，中心位置也发生偏移，从 2619cm^{-1} 偏移到 2610cm^{-1}，而 G 峰则保持不变。各点的间隔距离约为 35nm。上述测试证明在这个空间范围不同点拉曼光谱的细节能得到分辨。

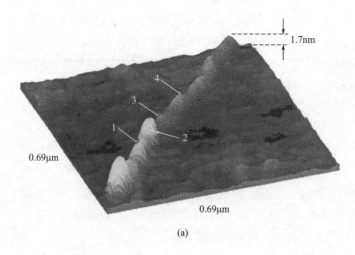

(a) 近场拉曼像；(b) AFM 形貌像（扫描尺寸为 $1\mu m \times 1\mu m$）

图 4.27　单壁碳纳米管的近场拉曼像和 AFM 形貌像

(a) 近场拉曼像；(b) AFM 形貌像（扫描尺寸为 $1\mu m \times 1\mu m$）；

(c) 和（d）分别是沿（a）和（b）图中虚线测得的轮廓曲线

(a)

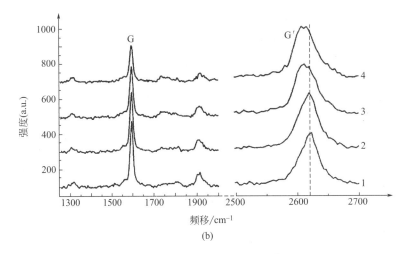

(b)

图 4.28 单壁碳纳米管的三维形貌像和像中各点相应的近场拉曼光谱

(a) 单壁碳纳米管的三维形貌像;(b) 与(a)图中各点相应的近场拉曼光谱

对试样表层以下物质也能做近场拉曼成像,如图 4.29 所示[22]。试样为覆盖均匀 SiO_2 薄层的碳纳米管,SiO_2 的厚度约为 7nm。图 4.29(a) 为 AFM 形貌像,显示了由弯曲的碳纳米管引起的 SiO_2 层的凸起外貌,凸起的高度约为 1~2nm,

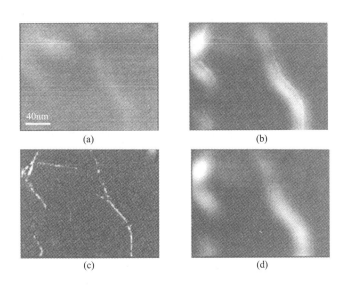

图 4.29 表层以下单壁碳纳米管的近场拉曼成像

(a) AFM 形貌像;(b) 针尖增强拉曼像;(c) 从图(b)中分离出的近场贡献;
(d) 从图(b)中分离出的共焦背景

宽度则达到几百纳米。以 $1590cm^{-1}$ 拉曼峰测得的针尖增强拉曼像如图 4.29(b) 所示，显示了包埋在 SiO_2 层下的碳纳米管。使用傅里叶过滤（Fourier filtering）从图 4.29(b) 中分离出近场贡献和共焦背景，分别显示在图 4.29(c) 和（d）中。试样近场像表明，分辨率达到约 30nm。

4.7
拉曼力学传感器

对大多数用于复合材料增强或增韧的增强体，人们发现它们都存在对力学作用敏感的拉曼峰或荧光峰。这些峰对力学作用的敏感程度和所处的光谱环境，适合应用显微拉曼光谱术测定复合材料界面的应变或应力分布。然而，也有少数增强体，如金属纤维和工业上广泛使用的玻璃纤维，迄今没有发现它们存在适合的拉曼峰或荧光峰可用于界面行为研究（近期发现，含 Sm^{3+} 或 Er^{3+} 的玻璃纤维显示对应力敏感的荧光峰[6,14]）。这使得显微拉曼光谱术在界面应力场测定的应用范围受到限制。拉曼力学传感器的使用能克服这个困难。

拉曼力学传感器是指某些物质，它们存在既尖锐又有高强度而且对力学作用足够敏感的拉曼峰或荧光峰。将很少量这类物质涂布在增强体表面或混合在基体材料中，利用这些拉曼峰或荧光峰在光谱中位置的力学敏感性，测定复合材料界面的应力场。这种物质的使用量足够少，以致基本上不影响界面的原有性质。迄今获得成功使用的拉曼力学传感物质有碳纳米管、二乙炔-聚氨酯共聚物和近年获得使用的更有前途的石墨烯。

4.7.1
碳纳米管拉曼力学传感器

将单壁碳纳米管均匀地分散在聚合物内，应用显微拉曼光谱术可以测定聚合物材料的局部应变分布，其分辨率可达到微米级。这时，单壁碳纳米管相当于一种力学传感器。最近，这种方法已应用于测定复合材料界面及其附近区域的应变场，其基本原理是碳纳米管的拉曼峰频移对应力敏感，而且，峰频移与应力之间有确定的线性函数关系。据此，可以测定从聚合物材料传递给碳纳米管的应变或应力。

单壁碳纳米管显示四个主要的拉曼峰：G 峰（$1600cm^{-1}$ 附近）、D 峰

（1300cm^{-1} 附近）、D*（G′）峰（2600cm^{-1} 附近）和 180cm^{-1} 附近的径向呼吸
模峰。前三个峰的频移都对应变敏感，而后一个峰（实际上是一组峰）则是它
的强度对应变敏感[23]。选用哪一个峰作为测量对象，考虑的主要因素有：峰的
强弱和尖锐程度，峰频移或强度对应变的敏感程度，峰频移或强度与应变之间
函数关系的简单或复杂程度，以及峰在光谱中所处位置是否存在基体材料拉曼
峰的干扰。通常，人们选用 G′ 峰作为应变校正的测量对象。

环氧树脂是一种常用的高性能复合材料基体材料。应用超声波处理方法，
单壁碳纳米管能均匀地分散在环氧树脂中（浓度约为 0.1%），随后，以此含有
单壁碳纳米管的环氧树脂作为基体材料，制得纤维增强环氧树脂复合材料。测
试证实，单壁碳纳米管 G′ 峰的频移与环氧树脂的应变之间有近似线性关系，如
图 4.30 所示[24]。应用此校正曲线可测定复合材料界面附近的应变分布。各个研
究组测得的频移随环氧树脂应变的偏移率并不相同[25,26]。偏移率的大小与环氧
树脂的牌号、固化方式和环境条件以及碳纳米管的分散程度有关。

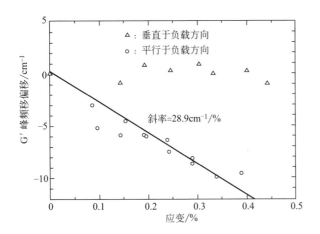

图 4.30　单壁碳纳米管 G′ 峰的频移与复合材料应变间的关系

最近报道，将单臂碳纳米管做酸化处理，使其表面连接上合适的功能基团，
随后将其均匀地分散在液态环氧树脂中，制得的玻璃纤维增强环氧树脂复合材
料具有高得多的 G′ 峰频移随应变的偏移率[27]。

碳纳米管也能均匀地分散于聚氨酯丙烯酸酯树脂（PUA）中，并作为拉曼
应力传感器测定玻璃纤维断裂端和碳纤维断裂端界面附近区域的应力分布[28]。

将碳纳米管分散在玻璃纤维的浆料中，随后制得玻璃纤维/聚丙烯（PP）
复合材料，利用碳纳米管为拉曼应变传感器可测得复合材料的界面强度[29]。

除了用于复合材料界面行为研究外，实际上，碳纳米管也用于监测材料或构件应变场/应力场的拉曼力学传感器[30]。

4.7.2
二乙炔-聚氨酯共聚物拉曼力学传感器

二乙炔-聚氨酯共聚物的拉曼光谱有几个确定的尖锐的拉曼峰。涂布一薄层该物质于表面的玻璃纤维的拉曼光谱如图 4.31 所示，显示了四个主要的强峰，分别位于光谱的 2090cm^{-1}、1480cm^{-1}、1200cm^{-1} 和 940cm^{-1} 处。它们分别归属于碳碳三键伸缩模、双键伸缩模、双键弯曲模和三键弯曲模。未涂布共聚物的玻璃纤维表面在该光谱范围内未见任何确定的拉曼峰。用显微拉曼光谱术测得，涂布共聚物的玻璃纤维在拉伸应变下，来自碳碳三键伸缩模的 2090cm^{-1} 峰频移向低波数方向偏移，而且有良好的线性关系，如图 4.32 所示[31]。拟合直线的斜率为 -6.4cm/％应变。应用这个值可测定复合材料内纤维的应变分布。

拉曼力学传感器在复合材料界面微观力学研究中的应用实例可参阅第 6 章。

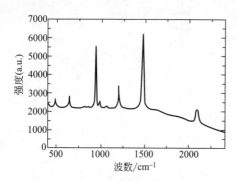

图 4.31　表面覆盖二乙炔-聚氨酯共聚物玻璃纤维的拉曼光谱

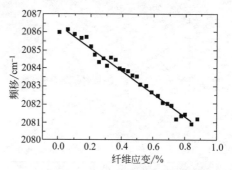

图 4.32　表面覆盖二乙炔-聚氨酯共聚物玻璃纤维的拉曼光谱 2090cm^{-1} 峰与纤维应变的关系

4.7.3
石墨烯拉曼力学传感器

石墨烯具有单原子层的结构形式，每个原子都有两个表面与外环境相接触。这种特殊的形态学结构使得它对环境因素特别敏感，因而在传感器的应用上有着特别高的价值。

　　石墨烯作为传感器的应用遍及许多领域[32-35]，本节仅涉及石墨烯应变/应力传感器，它能应用于复合材料界面行为的研究，也能用于材料或构件应变场/应力场的定量测定。

　　研究表明，石墨烯是一种理想的拉曼活性材料，尤其是制成涂层状传感器时，在许多方面优于碳纳米管[36-42]。这主要是因为石墨烯有下列几个特性：石墨烯的二维形态学结构使得其更适合制成涂层；石墨烯的 2D 峰有更高的单位应变偏移率；对应变最敏感的石墨烯拉曼峰（2D 峰）有高强度，便于检测。

　　石墨烯用于拉曼力学传感器的基本依据在于石墨烯的拉曼峰（G 峰和 G′峰）频移对应变敏感[36-45]。图 4.33（a）显示了包埋在聚合物中的石墨烯在应变为

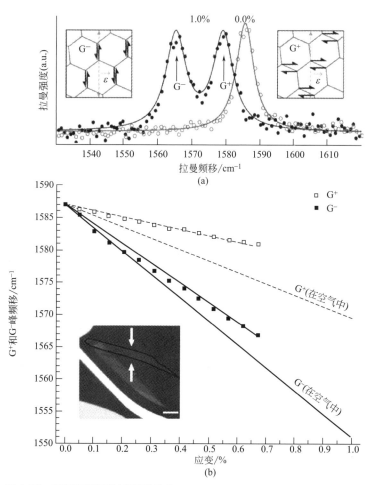

(a)

(b)

图 4.33　应变下石墨烯拉曼峰的响应

（a）不同应变下的拉曼 G 峰；（b）G$^+$峰和 G$^-$峰频移与应变的关系

0.0%和1.0%时的拉曼光谱[40]。外加应变使G峰分裂为两个次级峰——G$^+$峰和G$^-$峰，而且这两个次级峰的频移都发生了红移，它们的频移与应变的函数关系如图4.33(b)所示。对数据点的拟合直线表明，两个次级峰的频移与应变有良好的线性关系。数据是多次测量的平均值，图中每个数据点都标出了误差棒。去除聚合物基体对石墨烯应变/应力状态影响的各种可能因素，推算出悬空石墨烯的应变-峰频移关系也显示在图中（标示为在空气中）。频移相对应变的偏移率分别为-17.5cm^{-1}/％应变（G$^+$峰）和-36.4cm^{-1}/％应变（G$^-$峰）。进一步的测试得出，石墨烯的2D峰（G'峰）频移对应变更为敏感，而且，偏移率与石墨烯的层数有关，对单层石墨烯，偏移率高达-52cm^{-1}/％应变[41]。显见，石墨烯的拉曼峰对应变的响应更为敏感，比起碳纳米管和二乙炔-聚氨酯共聚物，是更理想的拉曼力学传感器材料。

4.8
弯曲试验

对小断裂应变的增强体或复合材料，使用直接拉伸或压缩负载使其发生相应的应变，常常遇到实验操作和应变测量精度等方面的困难。对纤维状材料则无法直接施加压缩应变。这时，可以使用弯曲试验法，包括四点弯曲、三点弯曲和悬臂梁弯曲。这类方法通常适用于小应变试验。

4.8.1
四点弯曲

图4.34是四点弯曲试验示意图。两个上支杆和两个下支杆相向移动，使平板发生弯曲。如图所示的情况，平板上表面发生拉伸应变，而下表面则处于压缩状态。两内支点之间各点的应变值相等。平板可以是待测试的复合材料，也可以是其它承载材料，例如，将待测的纤维或薄片复合材料用强力胶粘贴于平板上表面（拉伸）或下表面（压缩）。平板表面粘贴一高灵敏应变片，以便精确测定试样的应变值。应该注意应变片与测试对象可能并不在同一平面，因而应变片显示的应变值与待测对象的应变值可能存在一差值。如果该差值超出了测量误差值，应做适当修正。

一典型的PMMA平板尺寸为3mm×10mm×75mm。复合材料薄片试样，如模型 SiC 纤维/玻璃复合材料的尺寸为 $0.4\mathrm{mm} \times 9\mathrm{mm} \times 18\mathrm{mm}$。

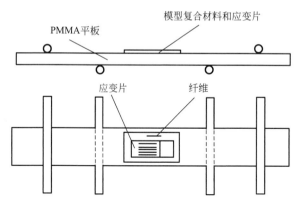

图 4.34　四点弯曲试验示意图

4.8.2
三点弯曲

　　如果将四点弯曲装置中的两个内支杆变换成安置于平板中央的一个支杆，则成为三点弯曲装置，如图 4.35 所示。此时，平板上表面处于压缩状态。三点弯曲不能应用应变片测定应变值。因为应变大小随离开中央支点的距离而有不同值，应变片面积内包含多个不同的应变值。应变大小及其随距离的变化可用计算方法获得。

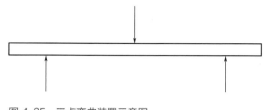

图 4.35　三点弯曲装置示意图

4.8.3
悬臂梁弯曲

　　悬臂梁弯曲装置如图 4.36 所示。薄片试样或承载试样的平板一端固定，另一端悬空。一螺旋测微器固定于平板上，其触头的位移使试样发生弯曲。在如图所示的情况下，试样上表面处于压缩状态，下表面则处于拉伸状态。根据力学原理，受拉伸表面上某点拉伸应力的大小与上表面相应位置压缩力的大小相等。

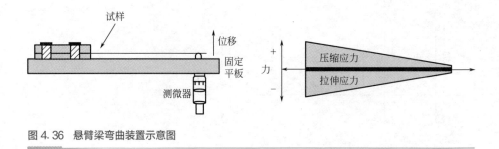

图 4.36 悬臂梁弯曲装置示意图

　　对于所有三种弯曲方式，拉曼探针都能方便地用于监测增强体或基体的应力/应变状态。在拉伸或压缩状态下的试样可以直接应用光学显微镜物镜聚焦，也可使用光导纤维探针聚焦。测试时应注意将激光聚焦于试样宽度的中央区域，以避免边缘效应的影响。

参考文献

[1] 杨序纲，吴琪琳. 拉曼光谱的分析与应用. 北京：国防工业出版社，2008.

[2] Smith E，Dent G. Modern Raman Spectroscopy：A Practical Approach. New York：John Wiley & Sons，2005.

[3] Lipp E D，Leugers M A. Applications of Raman spectroscopy in the chemistry industry//Pelletier M J. Analytical Application of Raman Spectroscopy. New York：Blackwell Science，1999.

[4] Yang X，Wang Y M，Yuan X K. An investigation of microstructure of SiC/ceramic Composites using Raman spectroscopy. J Mater Sci Lett，2000，19：1599.

[5] Lu S，Rusell A E，Hendra P I. The Raman spectra of high modulus polyethylene fibres by Raman spectroscopy. J Mater Sci，1998，33：4721.

[6] Leto A，Pezzotti G. Probing nanoscale stress fields in Er^{3+} -doped optical fibres using their native luminescence. J Phys：Condens Matter，2004，16：4907.

[7] Pezzotti G. Probing nanoscopic stresses in glass using luminescent atoms. Micros Anal，2003 (5)：13.

[8] Hough H，Demas J，Williams T O，et al. Luminescence sensing of stress in Ti/Al_2O_3 fibre reinforced composites. Acta Metall Mater，1995，43：821.

[9] Andrews M C，Young R J. Analysis of the deformation of aramid fibres and composites using Raman spectroscopy. J Raman Spectroscopy，1993，24：539.

[10] He J，Clarke D R. Determination of the piezospectroscopic coefficients for chromium-doped sapphire. J Am Ceram Sic，1995，78：1347.

[11] Yang X，Young R J. Determination of residual strains in ceramic fiber reinforced composites using fluorescence spectroscopy. Acta Metall Mater，1995，43：2407.

[12] Yang X，Hu X，Day R J，et al. Structure and deformation of high-modulus alumina-zirconia fibres. J Mater Sci，1992，27：1409.

[13] 阎捷，杨潇，卞昂，等. 形变多晶氧化铝纤维的荧光 R 谱线. 光散射学报，2007，19：242.

[14] Hejda M，Kong K，Young R J，et al. Deformation micromechanics of model glass fibres composites. Comp Sci Tech，2008，68：848.

[15] Pezzotti G，Leto A，Tanaka K，et al. Piezo-spectroscopic assessment of nanoscopic residual stresses in Er^{3+} -dopped optical fibres. J Phys：Condens Matter，2003，15：7687.

[16] Renishaw 公司提供的资料.

[17] Chang R K，Furtak T E. Surface enhanced Raman scattering. New York：Plenum Press,1982.

[18] Wesswl J. Surface-enhanced optical microscopy. Journal of Optical Society of America，1985，B2 (9)：1538.

[19] Mehtani D，Lee N，Hartschuh R D，et al. Nano-Raman spectroscopy with side-illumination optics. Journal of Raman Spectroscopy，2005，36：1068.

[20] Stockle R M，Suh Y D，Deckert V，et al. Nano-scale chemical analysis by tip-enhanced Raman spectroscopy. Chemical Physics Letters，2000，318：131.

[21] Hartschuh A，Sanchez E J，Xie X S，et al. High-resolution near-field Ramn microscopy of single-walled carbon nanotubes. Physical Review Letters，2003，90：095503.

[22] Anderson N，Anger P，Hartschuh A，et al. Subsurface Raman imaging with nanoscale resolution. Nano Letters，2006，6：744.

[23] Lucas M，Young R J. Effect of uniaxial strain deformation upon the Raman radial breathing modes of single-wall carbon nanotubes in composites. Phys Rew B，2004，69：085405.

[24] Imanaka M，Ishikawa R，Sakurai Y. Measurement of strain distribution near the steel/epoxy interface by micro-Raman spectroscopy under tensile load condition. J Mater Sci，2009，44：976.

[25] Zhao Q，Frogley M D，Wagner H D. The use of carbon nanotube to sense matrix stresses around a single glass fibre. Comp Sci Tech，2001，61：2139.

[26] Kao C C，Young R J. A Raman spectroscopic investigation of heating effects and the deformation behaviour of epoxy/SWCNT composites. Comp Sci Tech，2004，64：2291.

[27] Sureeyatanapas P，young R J. AWNT composite coating as a strain sensor on glass fobres in model epoxy composites. Comp Sci Tech，2009，69：1547.

[28] Zhao Q，Wagner H D. Two-dimensional strain mapping in model fiber-polymer composites using nanotube Raman sensing. Comp Part A，2003，34：1219.

[29] Barber A H，Zhao Q，Wagner H D，Baillie C A. Characterization of E-glass-polypropylene interfaces using carbon nanotubes as strain sensors. Comp Sci Tech，2004，64：1915.

[30] De la Vega A，Kinloch I A，Young R J，Bauhofer W，Schulte，K. Simultaneous global and local strain sensing in SWCNT-epoxy composites by Raman and impedance spectroscopy. Comp Sci Tech，2011，71：160.

[31] Young R J，Thongpin C，Stanford J L，Lovell P A. Fragmentation analysis of glass fibres in model composites through the use of Raman spectroscopy. Comp Part A，2001，32：253.

[32] Schedin F，Geim a，Morozov S，Hill E，et al. Detection of individual gas molecules adsorbed on graphene. Nat Mater，2007，6：652.

[33] Mueller T，Xia F，Avouris P N. Graphene photodetectors for high-speed optical communications. Nat Photonics，2010，4：297.

[34] Xia F，Mueller T，Lin Y，Valdes-Garcia A，et al. Utrafast graphene photodector. Nat Nanotechnol，2009，4：839.

[35] Chen C，Rosenblantt S，Bolotin K I，Kalb W，et al. Performance of monolayer graphene nanomechanical resonators with electrical readout. Nat Nanotechnol，2009，4：861.

[36] Raju A P A，Lewis A，Derby B，Young R J，et al. Wide-area strain sensors based upon graphene-polymer composite coatings probed by Raman spectroscopy. Adv Funct Mater，2014，24：2865.

[37] Gong L，Kinloch I A，Young R J，Roaz I，et al. Interfacial stress transfer in a graphene monolayer nanocomposite. Adv Mater，2010，22：2694.

[38] Young R J，kinloch I A，Gong L，Novoselov K S. The mechanics of graphene nanocomposites：a review. Comp Sci Tech，2012，72：1459.

[39] Tsoukleri G，Parthenios J，Papagelis K，Jalil R，et al. Subjection a graphene monolayer to tension and compression. Small，2009，5：2397.

[40] Frank O, Tsoukleri G, Riaz I, Papagelis K, et al. Development of a universal stress sensor for graphene and carbon fibers. Nat Comm, 2011, 2: 255.

[41] Gong L, Young R J, Kinloch I A, Riaz I et al. Optimizing the reinforcement of polymer-based nanocomposites by graphene. ACS Nano, 2012, 6: 2086.

[42] Reserbat-Plantey A, Marty L, Arctzet O, Bendiab N, et al. A local optical probe for measuring motion and stress in a nanoelectro-mechanical system. Nat Nanotechnol, 2012, 7: 151.

[43] Mohiuddin T M, Lombardo A, Nair R, Bonetti A, et al. Uniaxial strain in grapheme by Raman spectroscopy: G peak splitting, grunei-sen parameters, and sample orientation. Phys Rev B, 2009, 79: 205433.

[44] Ferralis N. Probing mechanical properties of graphene with Raman spectroscopy. J Mater Sci, 2010, 45: 5135.

[45] Huang M Y, Yan H, Heinz T F, Hone J. Probing strain-induced electronic structure change in graphene by Raman spectroscopy. Nano Lett, 2010, 10: 4074.

第5章
Chapter 5

碳纤维增强复合材料

碳纤维具有高强度和高模量的力学性能，同时还具有耐高温、低密度、抗化学腐蚀、低电阻、高导热和低热膨胀等优良物理性能。此外，纤维的柔曲性和可编织性有利于复合材料的加工。碳纤维是目前先进复合材料最常用也是最重要的增强体之一，广泛应用于宇航、航空和国防工业中。

碳纤维由石墨的不完全结晶体沿纤维轴向排列的多晶体所组成。经石墨化处理后，原来乱层类石墨结构的碳纤维将转变成高均匀和高取向度结晶的石墨纤维。

有许多方法可用于表征碳纤维的微观结构。电子显微术和 X 射线衍射术是最为广泛使用的研究形态学结构的两类。最近得到快速发展的显微拉曼光谱术则从分子振动的角度探测碳纤维的微观结构，特别适用于表面结构的研究。

单根碳纤维的拉曼光谱可使用显微拉曼光谱术获得。通过仪器附有的显微光学系统，将激发光束在纤维表面上聚焦成一个直径约为 $1\sim 2\mu m$ 的光斑。移动载物台可使激发光聚焦于纤维表面的不同位置，获得纤维表面不同区域的拉曼光谱，探测碳纤维表面的结构不均匀性和缺陷。

图 5.1 是一种碳纤维在 $1000\sim 3000\mathrm{cm}^{-1}$ 范围内的典型拉曼光谱图。

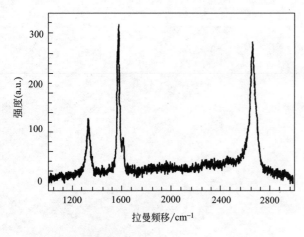

图 5.1　碳纤维的典型拉曼光谱图

碳纤维在其一级拉曼散射中通常显示两个拉曼峰，对应于原子的两个不同振动模式：一个峰位于光谱的约 $1580cm^{-1}$ 处，来源于石墨的结晶体，对应于 E_{2g} 振动模，称为 G 峰；另一个峰位于光谱的约 $1360cm^{-1}$ 处，归属于 A_{1g} 振动模，对应于石墨结晶体边界区域的拉曼活性，来自结晶体大小效应的贡献，称为 D 峰。所以，G 峰的存在是纤维具有石墨结晶结构的证据，而 D 峰则能反映石墨晶粒的大小，亦即结构的无序程度。晶粒尺寸减小，意味着无序程度增大，D 峰强度增强。

结构无序引起的 D 峰与石墨结晶体引起的 G 峰的强度比 $R=I_D/I_G$ 是对碳纤维结构无序很敏感的表征值。Tuinstra 和 Koenig[1] 将 R 值与从 X 射线衍射测得的结果相比较得出，晶面内晶粒大小 L_a 与 I_D/I_G 值呈反比关系，如图 5.2 所示（适用于 488nm 和 514.5nm 激光的激发）。从碳纤维的拉曼光谱测得 R 值，可以从该图所示校正曲线获得碳纤维晶粒尺寸 L_a。由于 E_{2g} 模是面内振动，所以 R 值主要只对 L_a 敏感。石墨碳不存在拉曼活性的 c 轴向模，因而拉曼光谱术不能

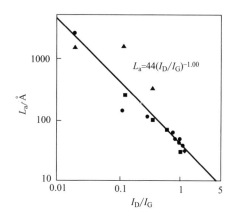

图 5.2　粒尺寸 L_a 与 I_D/I_G 的关系

提供 c 轴向晶粒尺寸 L_c 的直接数据。在应用图 5.2 的校正曲线时应该注意以下两点：①在 $L_a \leqslant 25$Å 时，碳纤维的拉曼光谱对 L_a 的变化不再敏感，注意慎用；②碳纤维的拉曼光谱峰强度并非只取决于晶粒大小，还受到其它因素的影响。因此，上述校正曲线仅适用于试样的定性评估。欲做定量测量，必须对给定的碳纤维和所用激光波长以 X 射线衍射直接测量的结果做校正。

L_a 可用经验公式(2-15)估算，式中 L_a 的单位为 Å（1Å＝0.1nm）。

最近的研究考虑到激发光能量 E_l 对 R 值的影响[2,3]，对 PAN 基碳纤维的测试结果得出如下关系式：

$$L_a = \frac{82.56}{E_l^4}\left(\frac{I_D}{I_G}\right)^{-1} \tag{5-1}$$

式中，L_a 和 E_l 的单位分别是 nm 和 eV。该式不适用于 $L_a \leqslant 20$Å 的情况，对很大的 L_a 值则会产生大的偏差。

碳纤维拉曼光谱的这种特性使其在检测碳纤维制造过程中微观结构的变化十分成功，例如，碳纤维聚丙烯腈（PAN）前驱体预氧化过程各不同阶段纤维表面

结构的变化[4] 和在炭化后进行的高温热处理时碳纤维石墨结构有序化的过程[5]。

显微拉曼光谱术能将激发光聚集成微米级的小斑点，使得有可能对直径大于 $100\mu m$ 的碳纤维横截面做微观结构面分析。图 5.3 显示了一种用化学气相沉积制得的碳纤维横截面不同区域和纤维表面的拉曼光谱[6]。中心区域（半径 $r=1\mu m$）的光谱有很强的 G 峰和很弱的 D 峰。两个峰的强度比 $R=I_D/I_G=0.05$，表明中心区域的石墨材料近似于单晶石墨。应用式(2-15)，计算得出晶粒大小约为 82.7nm。在纤维边缘区域（$r=46\mu m$），D 峰的强度比 G 峰稍强，$R=1.12$，对应的 $L_a=3.9nm$。从纤维的中心指向边缘方向，D 峰和 G 峰的强度发生变化，R 值显著增大，两个峰的峰宽也明显变宽。这些变化意味着纤维的微观结构从中心区域的近似单晶石墨结构演变为在纤维边缘区域的较为无序的湍层样碳结构。在 a 方向的晶粒尺寸为微米级，从中心区域到边缘区域逐渐减小。在纤维表面，其拉曼光谱的 D 峰和 G 峰峰宽更宽，R 值达到 1.44，表明纤维结构的无序程度更高。

除了 R 值外，峰宽也是碳纤维结构有序/无序程度的表征。D 峰和 G 峰的峰宽（半高宽）都随结构无序程度的增强而变宽。

高模量、结晶结构较完善的碳纤维常常能显示拉曼光谱的二级拉曼峰——位于 2730cm^{-1} 附近的强峰和 3250cm^{-1} 附近弱而尖锐的峰，如图 5.1 和图 5.3 所示。二级拉曼峰对碳纤维晶格无序敏感。而且，与一级拉曼峰相比，二级拉曼峰对石墨晶格中的少量无序区域更为敏感。结构无序在二级拉曼峰中表现为大的峰宽。图 5.4 显示了一种碳纤维的二级拉曼峰半高宽与纤维热处理温度之间的关系。在 2000℃以下，随着热处理温度升高，结晶结构逐渐完善，表现为

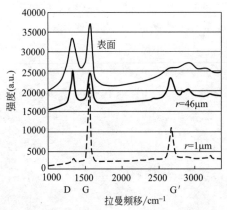

图 5.3 碳丝表面和横截面不同半径处的拉曼光谱

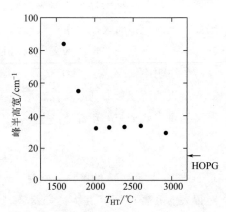

图 5.4 碳纤维 G′ 拉曼峰半高宽与纤维热处理温度的关系

峰宽逐渐变窄。更高的热处理温度对结晶结构的完善影响不大，峰半高宽几乎不变。实际上，2000℃以上的热处理，碳纤维二级拉曼峰的形状已不再有大的变化，而且，已与单晶石墨的拉曼峰相似。

东华大学吴琪琳课题组通过把拉曼光谱仪和一个自制旋转装置相结合，实现了对材料的 360°旋转，获得了碳纤维全表面上的微观结构不均匀性分布情况。碳纤维圆柱形外表面上的 L_a 的计算结果如图 5.5 中的等高线图所示。根据此等高线图，L_a 值在整个外表面上的各个点之间都是各不相同的，总体来说位于 0.7～2.9nm。这个结果表明，单根碳纤维表面上的结构是存在明显的不均匀的。大多数区域的 L_a 值在 2.5nm 左右，尤其是在 B 区域，波动较小。也就是说，在碳纤维表面上大多数的区域结构还是相对均匀的。但是，不难注意到在区域 A 和区域 C 存在一些 L_a 值特别小的地方（比如 $L_a < 2nm$），这就说明了 PAN 碳纤维不仅有十分有序排列的区域，也有一些无规的无定形区域。

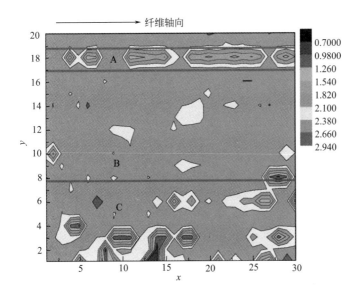

图 5.5 PAN 基碳纤维圆柱形外表面上的 L_a 分布图

拉曼光谱提供的有关纤维结构的信息主要来源于试样表层。这是因为入射激发光仅仅深入试样表面约 50nm 的深度。这个物理特性使得拉曼光谱术在测定复合材料基体与纤维表面区之间的结合类型时是一个宝贵的有价值的工具。我们知道，X 射线衍射术仅能给出纤维或基体整体的平均结构信息。拉曼光谱术已经成为表征碳纤维表面的基本方法，可用于定量确定纤维的化学均匀性和结构特性随纤维制备参数的变化而发生的变化；原则上讲，也可用于定量测定界面区域碳纤维与基体之间的相互扩散。

通常使用氩离子激光作为激发光获得碳纤维的拉曼散射。光源功率的大小是人们关心的一个参数。对聚合物纤维，过高的功率时由于聚焦于试样表面上光的热效应，可能导致试样损伤，破坏原有结构。碳纤维具有高耐热性能，通常不会发生这种情况，但过高的激光功率也会导致碳材料的烧蚀。

最近的研究还表明，碳纤维拉曼峰的频移与激发光的功率密切相关，大都随激发光功率的增大向更高频移方向偏移。各个峰对激发光能量变化的响应程度不同。图 5.6 显示了不同温度热处理 PAN 基碳纤维 D 峰、G 峰、D′峰和 G′峰的频移随激发光功率的变化。G′峰频移对激发光功率最为敏感，其次为 D峰，D′峰则稍有响应，而 G 峰则基本上不受影响。

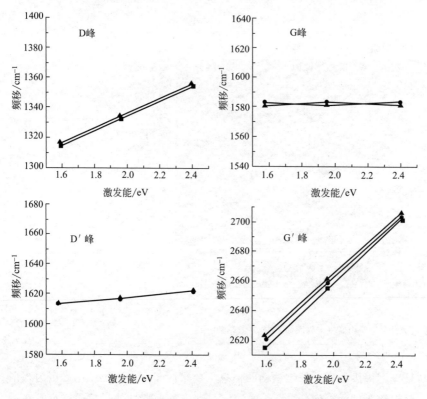

图 5.6　不同温度热处理 PAN 基碳纤维拉曼峰频移随激发光功率的变化

激发光功率大小引起的最重要影响是拉曼峰的强度随功率增大而显著增强。有关碳纤维拉曼测试的实验技术可参阅相关文献[7]。

5.2
碳纤维形变微观力学

碳纤维受力形变下的拉曼光谱行为是拉曼光谱术用于研究复合材料界面微观力学的依据。

碳纤维的三个主要拉曼峰——D 峰、G 峰和 D* （或 G′）峰都对纤维应变敏感。在拉伸或压缩应变下的拉曼光谱行为，主要表现为峰位置和峰宽度发生变化。三个峰的频移都会随应变发生偏移，而且偏移的大小与应变之间有近似线性关系。这种函数关系可以用于测定复合材料中纤维的应变分布。

图 5.7 显示了一种沥青基碳纤维 P100 在未受应变和在拉伸（0.6%）和压缩（-0.2%）下的 G′拉曼峰[8]。在拉伸应变下，峰位置向低频移方向偏移，而在压缩应变下则有相反响应，峰位置向高频移方向偏移。D 峰和 G 峰也显示类似现象。应变不仅使峰位置发生偏移，而且峰形状，如峰宽也发生变化。

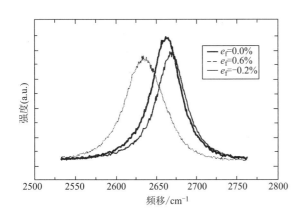

图 5.7 P100 碳纤维在未受形变和受拉伸或压缩时的 G′拉曼峰

为了在拉曼光谱仪中测定拉曼峰频移与纤维应变的关系，需要一施力装置，使单纤维发生逐步应变。对于单纯的拉伸应变，可使用如图 4.24 所示的结构简单的微拉伸装置。然而，碳纤维及其复合材料在压缩状态下的力学行为与拉伸状态时的行为同样重要。此时，可使用悬臂梁弯曲装置（图 4.36）、四点弯曲装置（图 4.34）或三点弯曲装置（图 4.35），它们既能对单碳纤维施加拉伸应变，也能施加压缩应变。操作时只需将纤维用强力黏结剂固定于由 PMMA 制成的平板表面上，纤维与平板表面有等同的应变值。

图 5.8 显示了一种碳纤维 G 峰和 G′ 峰频移的偏移与纤维应变的函数关系（拉伸和压缩时的数据分别从两根纤维测得）[9]。可以看到，不论是在拉伸应变还是压缩应变下，在纤维破坏之前，两个峰频移的变化量都与纤维应变呈近似线性关系。碳纤维在拉伸和压缩下通常有不同的破坏方式，在压缩状态下以剪切方式破坏，而在拉伸状态下则是脆性断裂方式。然而，不管何种方式，一旦纤维破坏，其拉曼峰位置的频移都迅速回到零应时的频移。

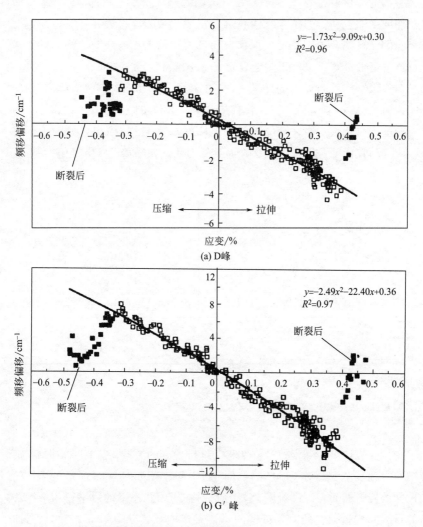

图 5.8 P75 碳纤维拉曼峰频移的偏移与应变的关系

从图 5.8 中测得，G 峰和 G′ 峰的频移偏移率 $d\Delta\nu/de$ 分别为 $9.09\text{cm}^{-1}/\%$ 应变和 $22.40\text{cm}^{-1}/\%$ 应变。二级峰的偏移率比一级峰要大得多，亦即前者比后者对纤维应变更为敏感。所以，人们更偏爱于应用 G′ 峰的频移偏移特性，以利于在测量复合材料基体内纤维的应变状态时有更高的灵敏度和测量精度。

并不是所有碳纤维都能显示确定的 G′ 峰，这与纤维的石墨化程度有关。只有石墨化程度高的纤维才易于检测到尖锐而强的 G′ 峰。G′ 峰频移随应变的偏移率随不同型号的纤维常有很大差异，例如沥青基碳纤维 P120，这个值高达 $-38\text{cm}^{-1}/\%$ 应变[8,10]。

一些型号碳纤维拉曼峰频率的应变偏移率列于表 5.1[11-14]。

▫ 表 5.1　碳纤维拉曼频移随应变的偏移率

纤维	D 峰	G 峰	G′ 峰	数据来源
T50			−32.5	[8,10]
P100			−39.4	
P120			−38.6	
P75		−9.09	−22.4	[9]
M40B		−10.6±0.4	−25.1（拉伸）	[12,13]
HM		−9.1±0.3	+20.0（压缩）	
T800		−7.2±0.5		
P55			−24.2（拉伸）	[14]
			+22.0（压缩）	
IM7	−4.6±0.3	−5.1±0.3		[15]

从微观角度考虑，宏观形变引起的拉曼峰特性表征量的变化，是碳纤维石墨结晶结构中碳碳键形变对宏观形变的响应。例如，宏观形变引起晶体结构中键长度的变化，从而引起拉曼活性振动频率的变化。可见，这种拉曼形变技术也可用于研究原子间势的行为。本书不涉及这一领域的讨论，也不从碳物质的原子行为解释宏观形变下拉曼光谱的变化。

关于碳纤维形变行为的详情可参阅文献 [15]。

5.3
碳纤维／聚合物复合材料的界面

从聚合物基体的不同固化方式考虑，碳纤维/聚合物复合材料可以分为两类：热固性基体复合材料和热塑性基体复合材料。前者是最早也是获得最广泛研究的碳纤维复合材料。应用显微拉曼光谱术能有效地观测到这类复合材料的界面行为，并据此分析材料破坏机理，探索碳纤维类型（如聚丙烯腈基或沥青基碳纤维）、纤维表面处理（如等离子处理或表面涂层）、基体材料的配方、固化方式及程序，以及增强纤维在基体中的排列方式（如单向或交织排列、长纤维的有序排列或短纤维的杂乱排列）等因素对复合材料微观力学行为的影响。热固性和热塑性基体复合材料通常有显著不同的界面行为。

在几种微观力学试验方法中，一般而言，以单纤维拉伸断裂法最为适用于碳纤维/聚合物复合材料。这主要是因为碳纤维的小断裂应变和小直径。对试样施力形变的方法可以使用四点弯曲法（第4章4.8.1节），也可用小型负载装置（minimat）对试样直接施加拉伸。试验使用模型单纤维复合材料试样。试样的制备方法随不同基体材料而异。

传统微观力学试验没有对被包埋纤维的应力或应变分布做直接测定，仅做出一种估计或理论预测。这使得传统的单纤维拉伸断裂试验存在两个重大缺陷：①传统方式假定在断裂饱和时，所有断裂段都发生脱结合或者界面屈服，因而在界面上有不变的剪切应力。这种情况可能并不是真实应力状态的反映。②传统方法要求从实测各种纤维长度下的强度外推到断裂段纤维长度的强度，纤维长度相差一个数量级。

应用拉曼光谱术能直接测定应变沿纤维的分布，从而有效地克服了上述两个缺陷。

5.3.1
热固性聚合物基复合材料

环氧树脂是典型的用于碳纤维增强热固性聚合物基复合材料的基体用材。模型单纤维碳纤维/环氧树脂复合材料试样通常用浇铸法制备，使用加热或 γ 射线辐照使基体固化。为了免除残余热应力的影响，有时也在常温下固化。

图 5.9 是一种哑铃状试样示意图。图中短线为被环氧树脂包埋的碳纤维。

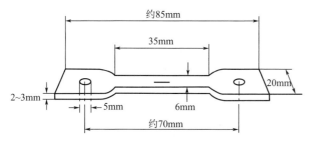

图 5.9 一种哑铃状试样示意图

应用拉曼光谱术测定单纤拉伸断裂时复合材料界面行为的程序大致如下。

① 测定所用碳纤维预先选定的拉曼特征峰随应变变化的频移偏移率 $d\Delta\nu/de$。

② 在复合材料试样静态时（应变为 0.00%），沿纤维长度方向逐点（间隔 $10\mu m$ 或 $20\mu m$）测定纤维的拉曼光谱，获得某个选定的特征峰，例如 G' 峰的频移沿纤维轴向的分布。

③ 对试样施加拉伸应变，使纤维发生断裂。对每段断裂纤维重复步骤②。继续加大拉伸应变，使纤维再次发生断裂，直到加大应变后纤维不再发生断裂，断裂段长度达到临界值。测定各纤维段 G' 峰的频移沿纤维轴向的分布。

④ 应用从步骤①测得的偏移率 $d\Delta\nu/de$ 值，将峰频移沿纤维的分布转换成纤维应变沿纤维轴向的分布。

⑤ 考虑到力平衡原理，界面剪切应力 $\tau(x)$ 可用下式表示：

$$\tau(x) = \frac{E_f r_f}{2}\left(\frac{de}{dx}\right) \tag{5-2}$$

式中，x 为横坐标（与纤维轴向平行）；E_f 和 r_f 分别是纤维的杨氏模量和半径；e 是纤维的应变。如此，根据步骤④测得的应变分布，应用式(5-2)可获得界面剪切应力沿纤维轴向的分布。当然，应用该式的条件是应变 e 必须是连续函数 $e = f(x)$。如若发生界面部分脱结合，则沿整段纤维的 e 就不是连续函数，界面剪切应力的计算必须分段处理。

为了改善碳纤维/环氧树脂复合材料的界面结合状态，常常对纤维表面预先做某种处理，等离子体表面轰击是其中的一种。单纤维拉伸断裂试验能十分有效地揭露基体通过界面向纤维传递负载的行为，并从微观力学角度解释这种表面处理的有效程度。

图 5.10 显示了由未处理的碳纤维（T50）和等离子处理纤维（T50-O）制得的单纤维/环氧树脂试样在不同基体应变下测得的纤维应变分布。在复合材料形变之前（$e_m=0.0\%$），两种纤维的应变都为 0.0%，不存在残余应变。在施加基体应变为 0.35% 时，两种纤维的应变都从端头开始逐渐增大，在纤维中央部分达到不变化的最大值，形成平台形状。它们有相似的应变变化轮廓。在纤维中央的平台区域，纤维的应变都近似等于施加于基体的应变。这种类型的应变分布意味着界面的强结合和沿着整个纤维长度（$-l/2<x<l/2$）的弹性应力传递。它与 Cox 的剪切-滞后分析所预测的应变分布相一致，可以用下式表示：

$$e(x)=e_m\left[1-\frac{\cosh(nx/r_f)}{\cosh(ns)}\right] \tag{5-3}$$

式中，$n^2=\dfrac{E_m}{E_f(1+\nu_m)\ln(R/r_f)}$，与式(3-3) 相同；$E_m$ 和 E_f 分别是基体和纤维的杨氏模量；ν_m 是基体的泊松比；e_m 是基体应变；s 是纤维长径比 $\dfrac{l}{2r_f}$；R 是围绕纤维的一个基体圆柱体的半径，在该圆柱体内的基体局部应变与整体基体的应变不同。参数 R 代表基体受到包埋纤维影响的范围。取适当的 R 值，可使式(5-3) 对实测数据获得最佳拟合。图 5.10 中的曲线即以此方式得到。对基体应变为 0.35% 的拉曼应变分布拟合，纤维 T50 和纤维 T50-O 的 R/r_f 值分别取 40 和 100。两种纤维的直径基本相同，因此，它们 R/r_f 值的不同表明了等离子处理后的碳纤维对基体的影响范围比未处理碳纤维扩大了一倍。换句话说，表面处理后，R/r_f 值增大，界面应力传递获得了改善。

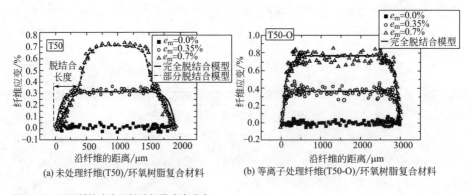

(a) 未处理纤维(T50)/环氧树脂复合材料   (b) 等离子处理纤维(T50-O)/环氧树脂复合材料

图 5.10 不同基体应变下的碳纤维应变分布

当基体应变增大至 0.7% 时，两种纤维复合材料的纤维应变分布出现了明显的不同。对等离子处理纤维，Cox 模型的完全结合假设基本上仍然适用〔见

图 5.10(b) 在 $e_m=0.7\%$ 时的拟合曲线]，然而，对未处理过的碳纤维已不再有效。图 5.10(a) 中相关的纤维应变分布曲线显示，由于界面脱结合，从纤维端头到约 $400\mu m$ 范围内纤维应变几乎呈线性增大。这种应变分布曲线的形状与 Piggott 部分脱结合模型的预测相似。该模型假定脱结合发生在从纤维端头至距离 $m(l/2)$ 处（$0<m<1$）。在脱结合区，负载通过摩擦力传递。界面剪切应力 τ 相等于界面摩擦应力 τ_f。纤维应变分布可用下列方程式描述：

$$e(x)=\frac{2\tau_f}{E_f r_f}\left(\frac{l}{2}-x\right) \tag{5-4}$$

而在纤维中央区，界面保持完全结合，仍然遵循如下式所表达的剪切-滞后行为：

$$e(x)=e_m-\left(e_m-\frac{2\tau_f sm}{E_f r_f}\right)\frac{\cosh(nx/r_f)}{\cosh[ns(1-m)]} \tag{5-5}$$

由于不同型号碳纤维有不相同的物理性质，基体材料的配方和固化程序也可能不同，有的碳纤维/环氧树脂系统在基体零应变时会出现残余应变。

进一步增大基体应变，纤维发生断裂，应变分布情景如图 5.11 所示。这时基体应变已经达到"饱和"，亦即更大的基体应变也不会使碳纤维发生再次断裂。比较图 5.11(a) 和 (b)，可以看到等离子处理碳纤维复合材料与未处理纤维复合材料相比，每单位长度有更多的断裂段，亦即平均断裂长度更短。这个参数（平均断裂长度）的估算是传统单纤维断裂试验的主要目标，它反比于界面剪切强度，因而也反比于纤维与基体间的结合程度。通常等离子处理不会对纤维力学性质产生大的改变，因而可以认为等离子处理纤维复合材料的界面结合程度显著优于未处理纤维复合材料。应变分布图还显示，有的纤维断裂段只是部分脱结合，而不是完全脱结合。因此，在传统断裂试验的数据简化处理中，习惯上假定各纤维段完全脱结合是不完善的。

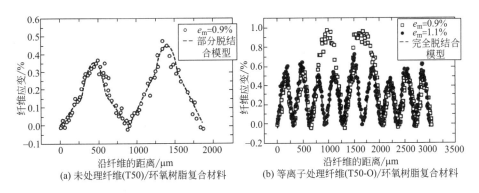

(a) 未处理纤维(T50)/环氧树脂复合材料　(b) 等离子处理纤维(T50-O)/环氧树脂复合材料

图 5.11　纤维断裂后的应变分布

应用式(5-2)对图 5.10 和图 5.11 中各模型拟合曲线相对 x 求导,可得到各基体应变下界面剪切应力沿纤维轴向的分布 $\tau(x)$。图 5.12(a) 从图 5.10(b)获得,而图 5.12(b) 则与图 5.11(b) 横坐标中央一段区间的拟合曲线相对应。

在基体应变较小时 [图 5.12(a)],最大界面剪切应力 τ_{max} 出现在纤维端头,而沿纤维中央一段降为零。这是经典剪切-滞后模型 [式(5-3)] 的特征行为。当基体应变增大到 0.9% 时 [图 5.12(b) 中的虚线],τ_{max} 位于离开纤维断裂段端头一段距离(约 130μm)处,沿纤维段中央区域和端头则有较小的 τ 值。靠近端头段 $\tau(x)$ 的减小与部分脱结合模型相一致 [式(5-4) 和式(5-5)],界面剪切应力为常数,负载通过摩擦应力 τ_f 传递。进一步增大基体应变到 1.1%,达到饱和,四段断裂纤维都显示,沿着整个纤维段 $\tau(x)$ 的绝对值为常数。这时发生界面的完全脱结合,界面剪切应力的绝对值 $|\tau(x)|$ 等于摩擦应力。

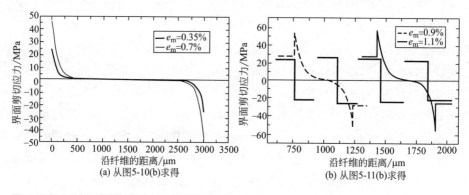

图 5.12　T50-O/环氧树脂复合材料的界面剪切应力分布

τ_f 和 $\tau(x)$ 的大小与界面性质密切相关。因为推导出 $\tau(x)$ 的连续函数 $e = f(x)$ 并不确定是唯一的 [式(5-3) 中的 n 与 R 值的选取有关],R 值的选取可能影响 τ_f 和 τ_{max} 的绝对值。另一种对实测应变数据拟合的方式是另行选用一个适当的数学式进行微观力学模拟,也能得到满意的结果。

一种单纤维模型复合材料的 τ_f 和 τ_{max} 与基体应变的关系如图 5.13 所示。在基体应变增大的起始阶段,τ_{max} 随应变增大而增大,在某一应变值(0.9%)达到最大值 τ_{max}^{max}(约 45MPa),而 τ_f 则随着 e_m 的增大几乎保持不变。τ_{max} 的最大值 τ_{max}^{max} 与界面破坏过程密切相关。纤维增强复合材料基本上有两种可能的界面破坏方式:①当 τ_{max} 达到界面剪切强度(IFSS)时,界面发生破坏。IFSS 就是通常用来定量描述纤维与基体之间结合程度的参数。②当 τ_{max} 达到界面屈服应力 τ_{iy} 时,界面也发生破坏。τ_{iy} 通常接近等于基体的屈服应力 τ_{my}。所以,对两种

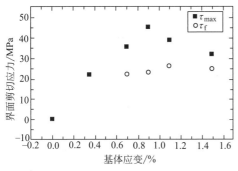

图 5.13　T50-O/环氧树脂复合材料最大界面剪切应力 τ_{max} 和界面摩擦应力 τ_f 随基体应变的变化

界面破坏模式都可以将 τ_{max}^{max} 假设为它们的 IFSS 值。表 5.2 列出了几种纤维复合材料系统的界面剪切强度 IFSS 和界面摩擦剪切应力 τ_f。纤维标记 T 和 P 分别表示是 PAN 基和沥青基碳纤维，而符号 O 表示纤维经过等离子体处理。表中数据清楚地表明表面处理显著地增强了纤维与基体之间的界面结合。这种增强不仅反映在 IFSS 值的成倍增大，也反映在界面剪切摩擦应力上。

⊡ 表 5.2　碳纤维/环氧树脂复合材料的界面剪切强度与摩擦剪切应力

纤维	IFSS/MPa	τ_f/MPa	纤维	IFSS/MPa	τ_f/MPa
T50	20±2	8±2	P100-O	39±3	25±2
T50-O	45±4	25±3	P120	6±2	6±2
P100	17±3	8±1	P120-O	38±4	22±3

界面结合程度的增强可以从两方面获得解释：表面微观结构和表面化学结合性能。

研究指出碳纤维表面的石墨结构对其与基体的结合性能有显著影响。前文已经指出，从拉曼光谱测定的 D 峰和 G 峰的相对强度参数 $I_D/(I_D+I_G)$ 可用来描述表面的结构无序（或有序）程度。对几种碳纤维测得的参数值如图 5.14 所示[16]。可以看到，不论哪种型号的碳纤维，表面处理后其参数 $I_D/(I_D+I_G)$ 都有显著增大。这意味着，表面处理使纤维表面无序程度增大。结合表 5.2 中所列各种纤维复合材料的界面剪切强度 IFSS，可制得图 5.15，该图表示了碳纤维表面无序参数与 IFSS 的关系，显示了由实验测定得出的一个趋势：碳纤维复合材料的

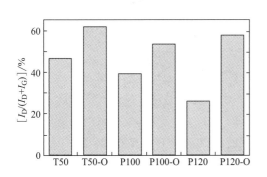

图 5.14　几种碳纤维的表面结构无序参数 $I_D/(I_D+I_G)$

界面剪切强度随纤维表面无序程度的增大而增大。

纤维表面与基体间界面的化学结合情况对界面剪切强度的影响是显而易见的。表面处理能使碳纤维表面化学官能团的数量显著增加。纤维表面化学活性的增大，增强了在润湿的热力学过程中起重要作用的酸-碱相互作用。官能团数量的增加也可能影响与纤维紧密接触树脂的固化过程。

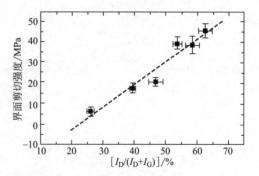

图 5.15　碳纤维表面结构无序参数 $I_D/(I_D+I_G)$ 与界面剪切强度的关系

界面的形成包含了由化学反应产生的强烈的纤维与基体间相互作用。当然，这种化学结合过程与官能团的类型和数量密切相关。

纤维表面的官能团和石墨结构都对界面结合有重要影响。事实上，它们对纤维与基体间结合的贡献对界面最终性质产生影响的方式是相同的。表面处理使碳结构无序程度增大，相当于创造了新的结晶边界，亦即产生了新的活性位置，使含氧官能团易于加入纤维表面。

5.3.2
热塑性聚合物基复合材料

近年来，人们对碳纤维增强热塑性基复合材料的兴趣日益增长，这主要是因为与热固性材料相比，热塑性材料有更好的韧性和抗冲击性能，同时易于加工和修复，还可以回收循环使用，有利于环境保护。

已经有许多关于碳纤维/热塑性材料系统界面微观力学研究的报道，例如使用 PEEK、PMMA、PC、PP、Nylon、PPS 和 PES 等作为基体的复合材料。使用的主要研究方法是几种传统的微观力学试验，例如单纤维断裂、微滴包埋拉出和单纤维拉出试验。与其它复合材料系统相似，这些方法测出的界面剪切强度，各研究组给出的值之间有大的差异。将上述试验结合拉曼光谱能获得更切合实际的结果。现以碳纤维 P55/PMMA 和 P55/PC 模型复合材料为例[14]，并结合对其它系统的研究结果，阐明热塑性材料基复合材料界面行为的特性。

用于单纤维断裂试验的复合材料试样制备，通常用熔液（或溶液）浇铸法或加热模压法（微滴包埋拉出试验的试样制备可参阅图 3.7）。为避免加热制作时引入残余热应力使数据分析复杂化，可用合适的溶剂将材料溶解制成溶液，浇铸成型，溶剂蒸发后材料固化。这种方法产生的残余应力很小，通常可忽略不计。

图 5.16 显示了碳纤维 P55、基体 PMMA 和复合材料 P55/PMMA 的拉曼光谱[14]。可以看到，基体 PMMA 对碳纤维的拉曼峰几乎没有干扰，可以选用碳纤维位于 2670cm^{-1} 附近的 G$'$峰作为将频移偏移转换成纤维应变的参考峰。

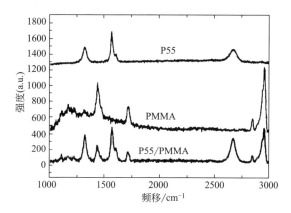

图 5.16　碳纤维 P55、基体 PMMA 和包埋于 PMMA 中的 P55 的拉曼光谱

图 5.17 是单纤维断裂试验不同基体应变下 P55/PMMA 中纤维的应变分布图。在基体应变为零时，纤维应变也几乎为零，表明试样制备时溶剂蒸发过程中基体的收缩没有在纤维中产生大的残余应变。基体应变增大至 0.3％时，纤维应变从端头的零值沿纤维轴向近乎线性地增大，到一定距离后形成平台，随后线性降低到另一端头的零应变。基体应变达到 0.6％时，纤维应变以同样的

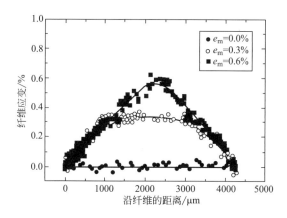

图 5.17　P55/PMMA 复合材料不同基体应变时的纤维应变

斜率线性增大，直至纤维中央达到最大值。这个复合材料系统纤维应变的特征是纤维应变分布呈四边形或三角形，与 Kelly-Tyson 模型的预测相一致，在给定的纤维长度（4mm）下没有发生纤维断裂。

P55/PC 复合材料不同基体应变下纤维的应变分布如图 5.18 所示。基体应变为零时也未见残余应变。在小基体应变（如 0.2%）时，纤维应变分布轮廓与弹性剪切-滞后理论预测相一致。基体应变增大到 0.4% 时，在纤维端头附近发生界面脱结合现象，出现线性应变分布。进一步增大基体应变，纤维发生断裂，直到断裂饱和。此时，纤维应变分布外形呈三角形，与 Kelly-Tyson 的假设相一致。

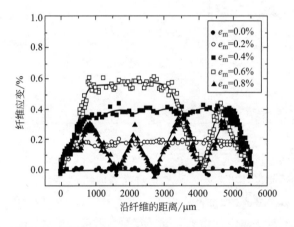

图 5.18　P55/PC 复合材料不同基体应变时的纤维应变

应用式（5-2）将如图 5.17 和图 5.18 所示的纤维应变分布转换成界面剪切应力分布。结果指出，对 PMMA 基体，界面剪切应力沿整个纤维段几乎为常数。而且，随着基体应变的增大其大小也不发生什么变化。此外，界面剪切应力的大小比基体 PMMA 的剪切屈服应力要小得多。在基体为 PC 时，界面行为则有所不同。在基体小应变时，纤维端头出现界面剪切应力极大值，而在纤维中央则近乎为零。应力传递基本上是弹性剪切-滞后模式。加大基体应变，例如达到 0.4%，由于纤维端头附近发生界面脱结合，界面剪切应力极大值出现在离纤维端头某一距离处。此时，可以用部分脱结合模型拟合数据点。更大的基体应变将引起纤维断裂饱和，断裂段几乎完全脱结合，界面剪切应力在某一给定值上下脉动。

从上述微观力学测试和数据分析可以认定下列结论。

① 对 P55/PMMA 系统，界面应力纯粹通过摩擦剪切应力传递。而对 P55/PC 系统，在小基体应变时是弹性应力传递，随着基体应变增大而改变为通过摩擦剪切应力传递。与上述热塑性基体不同，对同类纤维的热固性基体复合材料，例如 P55/环氧树脂系统，类似的测试表明，界面应力传递基本上是弹性剪切形式。这可能是热固性基体与热塑性基体复合材料界面力学行为的一个重要差异。

② 也注意到热塑性基体系统 P55/PMMA 和 P55/PC 复合材料的最大界面剪切应力显著小于热固性基体系统 P55/环氧树脂复合材料的值。我们知道，热塑性材料通常不含有化学功能基团，而通过这种基团纤维和基体间才能形成共价键。缺少这种基团，界面强度的主要来源就只有物理结合和机械锁合。PMMA、PC 和环氧树脂都有相近的表面自由能，所以它们对碳纤维的润湿性能也相似。如此，可以认定热塑性基体（PMMA 和 PC）与热固性基体（环氧树脂）复合材料之间界面剪切应力行为的不同，反映了在界面形成的化学键对提高复合材料系统界面剪切强度的重要性。

③ 与热固性基体复合材料相比，碳纤维/热塑性基体复合材料有一个非常值得注意的现象：存在不可忽视的热残余应力（应变）。它是由于碳纤维与基体材料热膨胀系数的失配，当系统从基体材料的熔融温度下降到常温时产生的。通常，这种热残余应力使碳纤维处于受压缩状态，它也将叠加于外加负载。热残余应力常常如此之大，以致可能导致基体材料发生微裂缝，也可能由于碳纤维的弱抗压性能导致碳纤维的扭折条纹（kink band）损伤和断裂。

有关复合材料的热残余应力和相关的界面行为将在第 9 章 9.6 节阐述。

5.4 C/C复合材料的界面

C/C 复合材料具有优良的力学性能（在石墨平面上的高杨氏模量），并且高温下在惰性环境中能保持其强度和尺寸的稳定，因而是高温领域最重要的材料之一。石墨碳所具有的结构特性也使它成为某些场合制作磨损摩擦部件必不可缺的材料[17]。C/C 复合材料的宏观力学已有广泛研究，然而对其微观力学方面的认识仍然十分欠缺。C/C 复合材料的典型特征是很弱的纤维/基体间的结合和对缺陷的敏感性。这使得它在热学和力学负载条件下的性能难以预测。微观力学的研究或许对这种预测有所帮助。然而，由于这类材料织构的复杂性，完整地探测这类复合材料系统的界面应力传递行为是困难的。目前，人们能够做的工作之一是应用显微拉曼光谱术，探测外加负载下 C/C 复合材料各组成成分的局部应变，并与材料结构（包括织构）、组成成分的性质、复合材料加工方法和工艺参数以及宏观力学性质相联系。

C/C 复合材料的界面微观力学试验通常不使用模型单纤维试样，而是使用真实复合材料。这主要是因为：首先，制备模型 C/C 单纤维复合材料试样十分困难；其次，由于 C/C 复合材料织构的复杂性，对模型试样的测试结果在多大程度上能反映真实材料的行为是有疑问的。

试样准备方法很简便，只需用手术刀对单取向纤维复合材料沿纤维排列方向割取一薄片，并切成合适的形状和尺寸。用于拉伸试验的试样尺寸可取为 150mm×1mm×5mm。使用小型应变装置，例如 minimat，可做拉伸试验，而弯曲试验则可对试样施加压缩负载和拉伸负载（参阅第 4 章 4.8 节）。

在压缩外力作用下，C/C 复合材料纤维或基体随试样应变变化的微观力学表现多种多样，不同区域纤维或基体的表现各不相同[18]。图 5.19 显示了纤维和基体的 G 峰频移随试样压缩应变增大的变化。这是一种较为典型的情景，频移都向正方向偏移，表明纤维和基体都发生压缩应变，承受了负载。然而，对不同区域纤维或基体测得的数据点拟合直线的斜率可能相差几倍。更有甚者，一些纤维或基体区域在宏观应变下并不发生拉曼峰频移的偏移，亦即应变为零。这种拉曼行为表明，C/C 复合材料的微观应变有严重的区域不均匀性，不同区域承受负载的程度相差悬殊。

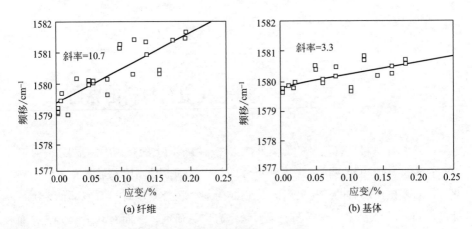

图 5.19　压缩负载下 C/C 复合材料拉曼峰频移的偏移

在某些情况下，纤维 G 峰频移随压缩应变的增大出现如图 5.20 所示的偏移。在宏观应变较小时，频移向高波数方向近似线性增大，表示纤维承受负载。而在宏观压缩应变达到 0.05% 后，峰频移不再随宏观应变的增大而继续偏移，纤维应变保持不变，停止承受负载的增大。这可能是由于发生了纤维和基体间界面的脱结合。

另一种拉曼峰行为如图 5.21 所示。在宏观应变达到 C/C 复合材料的宏观屈服点（约 −0.05% 应变）时，随着宏观应变增大，峰频移开始回复，达到 0.1% 时，峰频移回复到原始位置，亦即纤维完全卸去负载。这意味着 C/C 系统界面十分脆弱，纤维承载只在宏观应变小于 0.1% 时才是有效的。

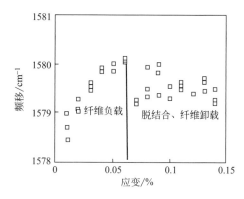

图 5.20　压缩负载下 C/C 复合材料发生脱结合时拉曼频移的偏移　　图 5.21　C/C 复合材料在宏观压缩应变达到材料屈服点时纤维拉曼峰的响应

在拉伸负载下，纤维和基体有更多样的拉曼峰行为[18,19]，表明其微观力学行为更为复杂。在宏观拉伸应变下，有的纤维或纤维的某一段和基体的某些区域处于拉伸应变状态，承受负载。在宏观应变较大时发生界面脱结合，继续承受负载，或者完全卸载。然而，有些纤维和基体区域在宏观拉伸应变下，G 峰频移向正方向偏移。

由于碳纤维和碳基体热膨胀系数的差异，C/C 复合材料中也存在热残余应力。通常纤维承受压缩残余应力，而基体则承受拉伸应力。

对 C/C 复合材料测试数据点的分散也是一个令人注意的现象。这可能有两个来源：①复合材料中的热残余应变使拉曼峰位置发生偏移；②石墨化程度的多变也会使峰位置发生变化。

C/C 复合材料外负载下微观力学行为的多样性和严重不均匀性是由这种复

合材料系统的织构和微观结构所决定的。C/C复合材料复杂的制备和热处理过程会在材料内部形成许多孔穴，界面出现开裂或脱结合导致纤维和基体界面较小的结合面积。同时也发生纤维和基体断裂情况。这些都使复合材料内部有很不均匀的结构。图5.22将宏观力学行为与材料织构以及纤维和基体的拉曼峰行为相联系，解释了单取向C/C复合材料压缩负载下的微观力学行为。在孔穴较少、强界面结合和纤维长度较长的情况下（图5.22的上方一行），在压缩负载时，纤维和基体都承受负载，引起拉曼峰频移的正偏移，与图5.19的情况相当。若界面结合较弱，或者还存在多孔穴的情况（图5.22的下方一行），基体不承受负载，其拉曼响应表现为平坦的数据变化。这时，纤维则承受负载。即使负载过程中纤维发生压缩破坏，纤维仍然承受负载，出现如图5.20所示的微观力学行为。实际上，已经观察到，碳纤维断裂后，只要两个端头相互对接，纤维仍然能够承受负载。如若材料的界面结合良好，在负载下发生了脱结合，那么其拉曼响应的表现为：开始阶段拉曼峰频移增大，而后由于界面脱结合峰频移减小，对应于图5.21的情况。

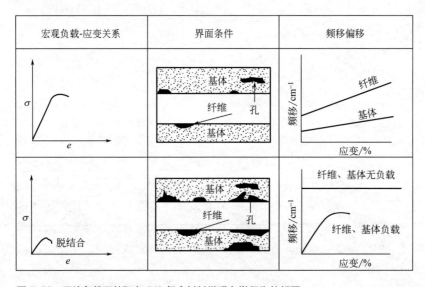

图5.22　压缩负载下单取向C/C复合材料微观力学行为的解释

有人曾经成功地制备了供单纤维拉出试验的模型C/C（复合材料）试样（试样包含七根纤维），并测定了界面剪切强度[20]。然而，由于试样的织构与真实复合材料相差甚远，测定结果能在多大程度上代表真实材料的情况并不清楚。

传统微观力学试验也用于 C/C 复合材料界面行为的研究。束纤维压出和单纤维压出试验已成功地用于测定 C/C 复合材料的界面脱结合强度和界面滑移强度[21]。强度的绝对值似乎仅有参考意义，但这种方法用于比较研究是有价值的。

虽然对 C/C 复合材料界面微观力学的研究是不充分的，基于有限的研究报道，以下几个结果似乎可以确认。

① 不论在压缩还是拉伸负载下，C/C 复合材料的微观形变很不均匀，但是仍存在有效的负载传递。

② 在宏观压缩状态下，碳纤维承受了主要负载，而基体碳则几乎不承受负载。

③ 在宏观拉伸状态下，纤维和基体都承受负载，但是从它们的负载效率考虑，微观力学行为是不均匀的。

④ C/C 复合材料显示弱界面行为。这是由材料的多孔性、加工温度和纤维与基体热膨胀失配引起的。

⑤ 纤维和基体中存在残余应力。通常，纤维承受残余压缩应力，而基体则承受残余拉伸应力。这种残余应力的存在使材料局部应力状态高度多样化。

5.5
碳纤维复合材料的应力集中

5.5.1
应力集中和应力集中因子

纤维增强复合材料的破坏是诸多微观行为如纤维破坏、基体开裂和纤维与基体之间界面的脱结合共同作用的结果。这些微观行为的每一个都影响复合材料的应力状态，因而也影响材料的破坏过程。为了充分理解复合材料的强度问题，需要对每个微观行为有充分的了解。由于问题的复杂性，迄今这仍然是颇为困难的工作。例如，碳纤维的拉伸强度随其长度不同有很大变化，这是由于缺陷的位置和强度沿纤维长度而变化。这种情况使得负载复合材料在其拉伸应力远低于复合材料断裂应力的时候就能观察到纤维断裂（有报道称，负载应力仅达到材料断裂应力的 1/10 时就出现纤维断裂）。当负载增大时，纤维断裂不断增多，直到复合材料不再能承受负载，随之发生复合材料的宏观破坏。破坏过程中，有些纤维的断裂是由施加于复合材料的负载作用直接引起的，另一些纤维的断裂则来源于周围已经断裂纤维引起的过载（over load）。纤维断口周围材料的这种过载，是因为断裂纤维从断口起始的某个长度范围内的纤维不再承受全负载，因而额外的负载就分配在断口的周围区域。不再承受全负载的纤维长度称为失效长度（ineffective length）。由于纤维与基体间刚性的差别，这种过载大都由纤维承担，从而导致纤维的应力集中。纤维承受过载的那段长度称为实际影响长度（positively affected length）。显然，额外负载并非平均分配于各根纤维，最靠近断口的纤维承受大部分额外负载，亦即过载最大；而远离断口的纤维只承受小部分过载，甚至完全不承受过载。过载随离开断口纵向与横向距离的局部分布和过载的大小取决于纤维和基体的力学性质、纤维与基体间的界面以及纤维之间的距离。为了便于描述断裂纤维的断口引起的完整纤维（即未断裂纤维）的过载，引入参数应力集中因子（stress concentration factor，SCF）。SCF 定义为完整纤维的最大应力 σ_{max} 与完整纤维未受影响部分的应力 σ_u 之比值，常以 K 表示：

$$K = \frac{\sigma_{max}}{\sigma_u} \tag{5-6}$$

应力集中区域的尺度大小常用影响半径（effective radius）来表达。影响半径是指围绕纤维断口，过载能传递到达完整纤维的区域半径，亦即 $K=1$ 的最小纤维间距，标记为 r_∞。这个区域就是受到纤维断裂影响的区域。该区域的大小（影响半径）是决定临界纤维体积比的决定性参数。在复合材料的纤维体积比小于该临界值时，个别纤维的断裂可以忽略，复合材料的破坏由基体控制。有研究认为，影响半径仅取决于复合材料各组分的弹性常数，并用分析模型计算出 E 玻璃纤维和碳纤维增强环氧树脂复合材料的影响半径分别为 $3.3r_0$ 和 $5.2r_0$（r_0 为纤维半径）。

应力集中因子 SCF、影响半径 r_∞ 和影响长度是描述复合材料应力集中现象的最主要参数，它们都受材料界面行为的影响。

图 5.23 是一根断裂纤维和其邻近纤维的应力分布示意图，图中标出了断裂纤维的失效长度和完整纤维的实际影响长度[22]。

许多工作者建立了各自的分析模型[23]，试图计算出描述纤维复合材料中纤维与纤维间相互作用的各个参数（其中最重要的参数为应力集中因子），以便更好地了解复合材料断裂力学，并预测复合材料的强度。在后期提出的模型中，大都将界面性质作为控制应力集中现象的重要参数。

长期以来，由于缺乏合适的测试方法，除了早期用莫尔条纹（Moire

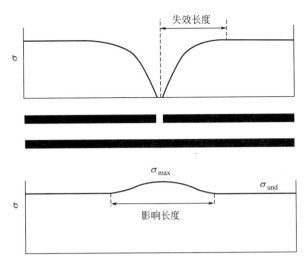

图 5.23 断裂纤维和其邻近纤维的应力分布示意图

fringe）技术做过尝试外，几乎没有做过什么实验工作证实分析模型得出的 SCF
值、r_∞ 和影响长度。近来，显微拉曼光谱术取得了迅速发展，提供了一种实验
研究复合材料应力集中现象的有效手段。

图 5.24 显示了用拉曼光谱术测得的宏观应变下复合材料中一根断裂纤维和
一根相邻完整纤维的应变分布[24]。据此，可以确定 SCF 值和影响长度（与
图 5.23 相比照）。测定与断裂纤维不同距离的完整纤维应变（应力）分布，可
以确定影响半径 r_∞。

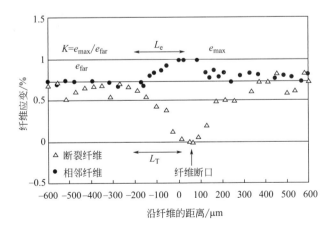

图 5.24 实验测得的断裂纤维和其邻近纤维的局部应变分布

5.5.2
碳纤维/环氧树脂复合材料的应力集中

对一种碳纤维/环氧树脂复合材料系统模型试样测定的 K 值与纤维间距的关系如图 5.25 所示。试样的拉伸试验使用小型拉伸装置负载，而压缩试验采用四点弯曲法，试样呈矩形薄片。

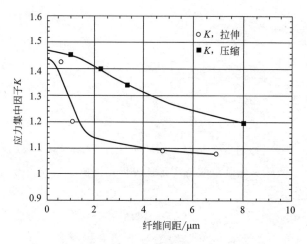

图 5.25　一种碳纤维/环氧树脂复合材料试样的 K 值与纤维间距的关系

当拉伸应变引起纤维断裂时，在 2 个纤维直径距离内应力集中因子 K 值随距离急剧减小，超过该距离以后，减小的速率明显减缓。K 的最大值约为 1.46。影响半径约为 20 个纤维直径的大小。

压缩应变引起纤维断裂的应力集中现象则有明显不同的表现。K 值随离开断口的距离而下降的速率与拉伸状态时相比要平缓得多。此外，其最大 K 值接近于 1.5，影响半径也要大得多。

上述同一复合材料系统的应力集中现象在拉伸和压缩时的不同表现表明，界面行为在控制应力集中现象的各个因数中起主要作用。这是基于下述研究结果：碳纤维复合材料系统的界面行为在拉伸和压缩时有明显差异（界面性质和行为对应力集中现象的影响详情可参阅相关文献[24]）。因此，在应用任何模型预测应力集中现象时都必须考虑到正确的界面行为。

从裂缝钝化（crack blunting）观点可以很清楚地解释上述测定结果。裂缝钝化机理考察了由于纤维断裂在基体中形成的一条垂直于纤维轴的横向裂缝的行为。在横向裂缝尖端的前面产生的应力集中导致与断裂纤维相邻的完整纤维的应力集中，如图 1.27(a) 所示。若在纤维断裂的同时伴随着发生沿着纤维的界面开裂（脱结合），则横向裂缝的尖锐将会钝化，其结果是减弱了相邻完整纤维的应力集中，如图 1.27(b) 所示。图 1.27(a) 和（b）中都标记了 K 值在 K-R 坐标中的变化曲线。R 表示离开断口的距离。对界面行为的实验观察指出，在拉伸负载下，该复合材料系统的界面开裂迅速发展，而在压缩应变下，则未出现界面裂缝。这个实验结果从裂缝钝化观点清楚地解释了压缩负载下复合材料有大得多的应力集中。

从能量角度也能解释应力集中现象。这是基于简单的能量守恒原理，考虑断裂纤维与其周围物质的能量平衡。

当复合材料中一根纤维断裂时，释放出储藏于纤维中的一部分能量。释放出的能量等于纤维断裂前后储藏于纤维中的能量差（$E_{\text{bef}}-E_{\text{aft}}$），$E_{\text{bef}}$ 和 E_{aft} 分别是纤维断裂前后储藏于纤维中的能量。这部分能量以不同方式储藏或消耗在系统中，可用下式表示：

$$释放能=E_{\text{bef}}-E_{\text{aft}}=E_{\text{f}}+E_{\text{m}}+E_{\text{i}}+E_{\text{c}} \tag{5-7}$$

式中，E_{f} 是消耗于纤维断裂的能量；E_{m} 是消散在基体中的能量；E_{i} 是消耗于产生界面裂缝的能量；E_{c} 是引起完整纤维应力集中的能量。图 5.26 是纤维断裂释放出的能量分布示意图。

计算各项能量的基本依据是力学中的基本关系：弹性储能＝$0.5×$应力×体积。各项能量计算方程式推导的详情可参阅相关文献[25]。从能量角度也可定性地对实验结果做出满意的解释。

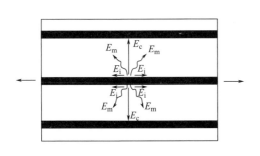

图 5.26　纤维断裂释放出的能量分布示意图

在拉伸负载下，界面的塑性形变和随后发生的界面开裂将增大能量项 E_{m} 和 E_{i}，相当于 E_{c} 减小。这降低了系统的应力集中。反之，若系统在压缩状态，界面呈现完全弹性行为而不发生界面裂缝，这减小了能量项 E_{m} 和 E_{i}，从而导致了应力集中现象的加剧。

裂缝钝化和能量模型都能很清晰地解释碳纤维/环氧树脂复合材料系统的应力集中现象。如果对能量模型做定量化处理，这种模型是个很有用的方法，可用来预先设定界面性质，设计出具有低应力集中的复合材料，亦即强而韧的复合材料。

最近有报道将有限元分析方法应用于单取向三维碳纤维/环氧树脂复合材料的应力集中现象研究[26]。研究得出，在纤维与基体之间有强结合时，周围纤维的数量比纤维间距对 SCF 有更强的影响。在界面弱结合时，界面脱结合长度和摩擦系数都对 SCF 有重要影响。一个值得注意的结论是界面脱结合将引起附加的应力集中，它位于脱结合向界面完好结合的转变处。这种附加应力集中的产生将使复合材料的断裂面发生偏移，形成与脆性断裂不同的断裂面形态。

许多研究组或者建立理论模型分析预测，或者用显微拉曼光谱术实验测定应力集中的各项参数和现象，结果不尽相同，然而，下列主要结论大体上是没有什么争议的。

① 复合材料的界面行为对应力集中现象有强烈影响。

② 纤维间距是决定复合材料应力集中引起的破坏方式的重要参数。复合材料中纤维体积比的增大（相当于纤维间距的减小）将引起应力集中因子的增大。

③ 对碳纤维/环氧树脂系统，压缩负载比起拉伸负载下的应力集中更为严重。这来源于两种负载情况下不同的界面微观力学行为。

5.6
裂缝与纤维相互作用引起的界面行为

裂缝的传播或扩展将最终导致复合材料的破坏。界面在裂缝的传播过程中起怎样的作用？与纤维和基体性能相关的各个参数在裂缝与纤维的相互作用时，对界面行为有怎样的影响？这些问题可以通过纤维搭桥试验进行定性和定量研究[27]。

5.6.1
纤维搭桥技术

纤维搭桥概念的提出是基于对裂纹传播与止裂过程的研究，美国 Battelle-Columbus 实验室的 Kanninen 提出了一种双悬臂梁试样[28]，此试样在负载过程中形成搭桥纤维。复合材料中裂纹扩展过程的断裂力学以及搭桥纤维的力学行为，许多学者都进行了宏观的研究。Gregory 等[29]利用断裂模型研究双悬臂梁试样层间黏结性，发现纤维增强脆性基体的裂缝扩展过程主要包括基体开裂、搭桥纤维和纤维拉出这三个过程，纤维的断裂是瞬间的，界面和基体的损伤是渐进的[30-32]。这些对界面性能的宏观研究为界面微观力学的研究提供了理论指导。在此基础上，研究者们开始利用搭桥纤维技术来研究界面微观力学，采用的搭桥纤维试样如图 5.27 所示。

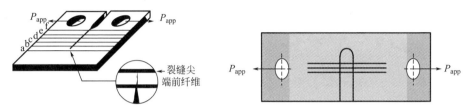

图 5.27　纤维搭桥试验示意图（P_{app} 为外加负载）

　　完整的纤维复合材料界面应力传递过程应该包含从界面黏结完好、部分界面脱黏到界面完全脱黏和纤维拉出等几个连续发展阶段。

　　Wagner 等[33]研究了各种纤维复合材料的静态变形和破坏，记录了裂缝扩展过程中的动态变化，证实搭桥纤维能够抑制裂缝的扩展。之后，Bennett 和 Young[34-36]利用纤维搭桥技术探讨了搭桥纤维/裂缝之间的微观机理，他们将芳纶纤维作为搭桥纤维为裂缝进行补强，建立了芳纶纤维与裂缝之间应力传递的部分脱黏模型，发现搭桥纤维上的应力分布不均匀，且纤维的搭桥区域和脱黏区域的受力保持独立。通过进一步研究发现，将一定韧性的芳纶纤维与脆性的环氧树脂复合能够改善基体的力学性能。综合考虑界面强度、纤维强度、复合材料的物理特性和键合以及脱黏界面的应力传递特征，可以证实在裂缝扩展过程中搭桥纤维可能形成稳定的搭桥[36]。

　　裂纹与纤维交互往往会出现两种情况[37,38]：一是搭桥纤维部分脱黏，裂纹沿着纤维基体界面传播且不发生纤维断裂；二是不发生脱黏，当负载超过纤维拉伸强度后发生纤维断裂。当界面裂纹传播足够远时，在纤维/基体界面脱黏之后接着就是裂纹搭桥纤维的断裂，这时同时出现以上两种情况。搭桥纤维的应力分布如图 5.28 所示，搭桥纤维部分脱黏的情况下，在脱黏区域存在反向滑移逐渐转变成正向滑移，纤维搭桥区域与脱黏区域是分开的两个区域，并且在搭桥纤维上不存在摩擦力，因此搭桥纤维应力是恒定的 [图 5.28(a)]；在无脱黏发生时，当负载超过纤维拉伸强度后发生纤维断裂 [图 5.28(b)]；当纤维断裂时，断裂纤维末端卡在基体材料外面，此时存在反向滑移 [图 5.28(c)]。

　　为了探索纤维的搭桥力，Vorechovsky 等[39]研究了短纤维复合材料，纤维两端包埋在基体中（图 5.29），中间开有裂缝。设置纤维的倾斜角度和包埋长

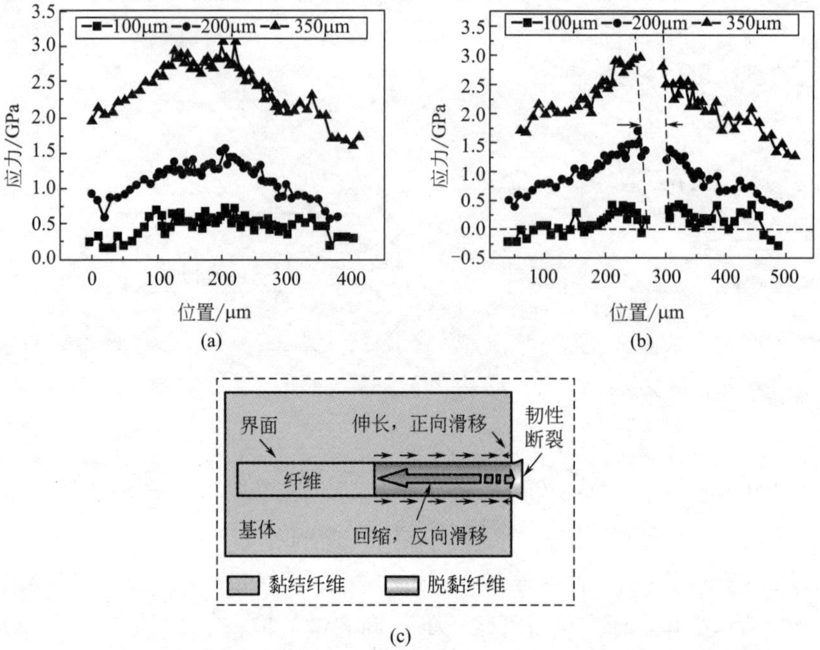

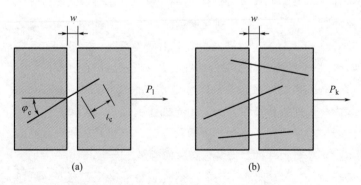

(c)

图 5.28 不同负载下裂纹两侧搭桥纤维未断裂（a）和纤维断裂（b）的应力分布，以及断裂纤维摩擦滑移示意图（c）

度两个变量，测试单纤维搭桥裂缝和多纤维搭桥裂缝中裂缝张开过程中的张开力，可用于估计短纤维复合材料中裂缝区域纤维的搭桥力。短纤维的增韧机理在于短纤维能够抑制裂缝的扩展。这是由于纤维界面脱黏、纤维断裂或从基体中脱出能够分散界面剪切应力。

图 5.29 单纤维搭桥（a）和多纤维搭桥（b）

实际应用中，经常会出现工作负载与增强纤维方向存在一定夹角的情况，纤维方位角也是影响复合材料力学性能的重要参数之一。无论是玻璃纤维增强复合材料还是碳纤维增强复合材料，纤维排布角度对材料杨氏模量、破坏机理和裂纹的扩展都有影响，从而影响了复合材料的最终性能[40-44]。

此外，有的学者[45]采用有限元分析方法研究平行排列的纤维复合材料的增韧机理，分别考虑了两种断裂机理：纤维搭桥和基体开裂。一种双边本构关系用于描述纤维基体脱黏和滑移摩擦过程，证实了只有通过最优化纤维-基体界面才能起到增韧的效果。Rauchs 等[46]则采用有限元的方法研究纤维复合材料制备过程中的残余应力和裂缝扩展过程中的摩擦力的作用，发现搭桥纤维能够有效地降低裂缝尖端的应力强度因子，起到止裂的作用。Almuhammadi 等[47]也对裂纹扩展过程中纤维的增韧止裂作用进行了研究，他们将多壁碳纳米管喷涂到复合材料层压板层间，用CCD照相机追踪裂纹扩展过程，发现功能化的多壁碳纳米管的引入成为裂缝扩展过程中的搭桥物质，起到增韧的效果，有效抑制了裂缝的扩展。

5.6.2
搭桥纤维与裂缝的交互微观力学

5.6.2.1 搭桥纤维的止裂作用

材料使用过程中，在应力的作用下常常会出现微裂纹，影响材料的使用。研究发现在材料中加入纤维能够有效地抑制裂纹的扩展，这种材料就是我们常说的高性能纤维增强复合材料。高性能纤维对裂缝的扩展起到怎样的抑制作用？东华大学吴琪琳课题组采用原位检测的方法[48]，得到裂缝扩展过程中的一系列显微照片（图5.30），通过裂缝传播距离/传播时间得到裂缝在扩展过程中的速度。图5.30(a) 显示了开始拍照时裂缝刚好经过一根搭桥纤维（UHMWPE），裂缝以 $3\mu m/min$ 的速度扩展，10min 后得到图5.30(b)，然后裂缝以 $5\mu m/min$ 的速度进一步扩展得到图5.30(c)，此时图中出现第二根搭桥纤维，位于裂缝尖端不远处。接着裂缝以 $5.5\mu m/min$ 的速度进一步扩展得到图5.30(d)，此时裂缝尖端刚好传播到第二根搭桥纤维，此后裂缝进一步向前扩展，穿过搭桥纤维，在穿越搭桥纤维的过程中裂缝的速度约为 $2.3\mu m/min$ [图5.30(e)]，明显小于裂缝在两条搭桥纤维之间的传播速度，说明搭桥纤维有效地抑制了裂缝的扩展。如图5.30(f) 所示，裂缝在穿过搭桥纤维后在基体树脂中的传播速度达到 $4\mu m/min$，最后在裂缝传播95min 后得到图5.30(i)。从图5.30(h) 到图5.30(i) 的过程中，裂缝的传播速度仅为 $2.5\mu m/min$。这说明复合材料在承受一定的外载应力下裂缝开始向前扩展，由于在传播过程中基体和搭桥纤维分散一部分力使得裂缝传播一定的距离后，速度明显减慢，然后停止传播。对于裂缝扩展过程中的传播速度的研究表明，裂缝在穿过搭桥纤维时传播速度明显减慢，表明搭桥纤维能够分散外载应力，抑制裂缝的扩展，起到补强的作用。

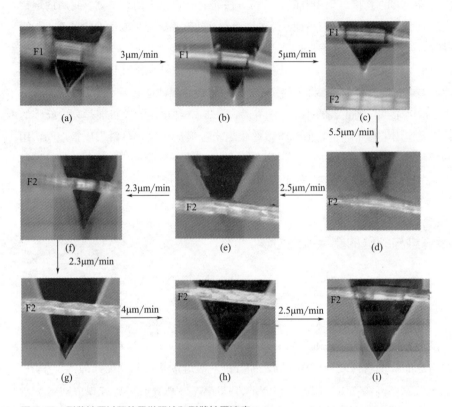

图 5.30　裂缝扩展过程的显微照片和裂缝扩展速度
（a）裂缝刚好经过 F1 搭桥纤维；（b）～（e）每间隔 10min 拍摄的裂纹发展照片；（e）、（f）间隔 24min；
（f）、（g）间隔 11min；（g）～（i）分别间隔 10min；照片间箭头上方为裂纹传播速度
F1--第一根纤维；F2--第二根纤维

　　纤维增强复合材料的力学性能取决于纤维和基体的性质，以及纤维/基体的界面性质，适当的界面结合能够有效地传递应力，高性能纤维能够以脱黏、断裂、拉出以及搭桥等方式阻滞基体裂纹的扩展。搭桥纤维形成之前的切口与纤维基本垂直，将纤维搭桥试样安置在拉伸装置上进行拉伸，会有裂缝在开口（玻璃刀割的口）处产生，如图 5.30 所示，随着拉伸应力的增大，裂缝尖端不断地向前扩展，依次会传播到不同的搭桥纤维，裂缝也会不断地张开，张开距

离越大处的搭桥纤维受到的应力越大。通过测量在一定的外载应力下搭桥纤维的受力情况，得到在裂缝扩展过程中整个纤维/树脂界面的应力分布。

外载应力作用于样品上，促使裂缝向前扩展，在裂缝穿过搭桥纤维时，一部分应力会分散于纤维/基体的界面，也就是搭桥纤维能够使促使裂缝向前扩展的应力减小，从而抑制裂缝的扩展。裂缝传播过程中，不同位置的搭桥纤维的应力分布如图 5.31 所示，搭桥纤维 1～3 分别距离裂缝尖端的距离大小为搭桥纤维 1>搭桥纤维 2>搭桥纤维 3。搭桥纤维上的应力大小表现为搭桥纤维 1>搭桥纤维 2>搭桥纤维 3，也就是距离裂缝尖端越近搭桥纤维上的应力越小。在裂缝扩展过程中，不同位置的搭桥纤维受到的应力不同，沿着裂缝的传播方向，搭桥纤维上的应力依次减小。作用在裂缝上的应力沿着裂缝的扩展方向不断减少，裂缝尖端所受应力最小，部分外载应力被搭桥纤维分散，搭桥纤维能够起到很好的止裂作用。

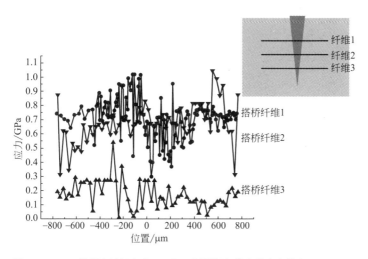

图 5.31　不同位置上的超高分子量聚乙烯搭桥纤维上的应力分布

5.6.2.2　脆/韧性搭桥纤维与裂缝的交互微作用对比

复合材料中适当的界面结合能够有效地在基体与增强体间传递应力，高性能纤维则能够以脱黏、断裂、拉出以及搭桥等方式阻滞基体裂纹的扩展。

以碳纤维为代表的脆性材料，在施加外载应力时，包埋在树脂中的纤维容易断裂。而以聚乙烯纤维为代表的韧性材料，在施加外载应力时，包埋在树脂中的纤维不太容易断裂。下面的对比实验可以明显看出脆韧性不同的纤维搭桥，其应力传递效果是不同的。

碳纤维的断裂伸长率为 1.2%（最大应变），聚乙烯纤维的断裂伸长率为

12％（最大应变）。现分别测量这两种纤维在承受约 1/4 最大应变、1/2 最大应变和 3/4 最大应变时搭桥纤维的应力分布情况，以作对比。

图 5.32(a) 中显示了碳纤维在裂缝附近所承受应力的变化情况，搭桥纤维（碳纤维）未断裂。曲线上线段之间的距离为裂缝宽度（<100μm），整个曲线呈 W 状。当应力达到 1.2％时，曲线呈拱形，这可能是由于界面脱黏导致搭桥部分的纤维产生的应变比黏结区域和脱黏区域的大，且脱黏区域存在的摩擦力会抵消一部分应力。

图 5.32(b) 显示了超高分子量聚乙烯搭桥纤维在裂缝附近所承受应力的变化情况，搭桥纤维未断裂。曲线上线段之间的距离为裂缝宽度（50～600μm），整个曲线呈桥形，搭桥纤维位于裂缝中心位置的部分所受的应力最大。

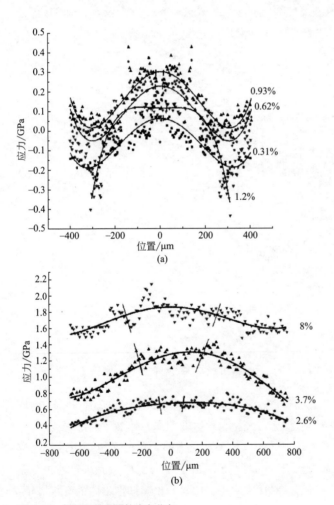

图 5.32　搭桥纤维承受的应力分布

(a) 碳纤维；(b) UHMWPE 纤维

搭桥纤维上应力分布可分为黏结区、脱黏区和搭桥区三个区域。韧性纤维和脆性纤维作为搭桥纤维在裂缝扩展过程中的应力分布情况不同。从整体上看，随着裂缝的扩展，搭桥纤维所受的应力都逐渐增大，但是在有效区域内，碳纤维搭桥纤维的应力分布两端较大，而聚乙烯搭桥纤维的应力分布两端较小。有关搭桥纤维的应力传递模型可参阅文献[49]。

通过研究搭桥纤维的应力分布可以得到纤维/裂缝相互作用的微观力学性能，结合理论分析可以得到搭桥纤维力学模型，为实际补强提供理论指导。未来，拉曼应力传感器、纤维搭桥技术和更多的微尺度表征技术的结合，将能更全面地提供复合材料界面微观力学的信息，为材料的设计和安全使用等提供理论指导。

5.7
变温拉曼光谱术

了解材料在受热过程中的应力/应变的变化行为对材料的合理使用十分重要，这方面的研究始终是研究者的关注热点和难点[50,51]。常规研究材料受热条件的方法主要局限于对热分解温度、玻璃化转变温度和热膨胀效应等的测定，简单得出材料在受热情况下的基本温度常数，而对于材料在受热环境下的结构和应力等诸多微观变化了解甚微。因此，对该方面的连续性研究需要借助新的仪器和技术，其中变温拉曼光谱技术具有无损、空间分辨率高、程序精确控温和可连续性操作等特点，在材料变温条件研究领域具有不可取代的优势。

研究表明，拉曼光谱术除了在常温下能够有效监测材料的结构和受力情况外，在受热条件下的研究也具有非常大的潜力，近年来，有越来越多的研究使用到变温拉曼光谱技术[52-56]。

5.7.1
碳材料的变温拉曼研究

碳材料由于具有良好的耐热性，在变热领域内应用广泛。在以往对于材料受热研究主要集中于材料在某个使用温度下的使用极限，包括使用寿命和热稳定性等，对材料在受热使用过程中其多变复杂的内部变化通常所知甚少。近年来逐渐有研究者开始关注这一现象，希望通过对内部微观变化的研究能够有效改进材料的性能。

早在 2001 年，Psarras 等[57] 采用热电偶外部梯度加热的方式结合拉曼光谱术研究了形状记忆合金线与芳纶纤维共同增强的环氧树脂基复合材料的残余热应力，并对形状记忆合金线启动时复合材料所产生的压缩负载进行了检测。研究发现芳纶纤维在 1611cm⁻¹ 处的拉曼特征峰对温度敏感，在 1648cm⁻¹ 处的拉曼特征峰对应力和温度都敏感，因此用这两处峰频移分别表征其复合材料内部由温度和应力引起的微观变化，结果表明在高温加热固化时产生明显的残余热应力。

随后，Li 等[58] 也采用外部通电加热方式，选用拉曼光谱术以不产生接触电阻的方式研究 CNT 内在的热传导性能，CNT 中部和末端两侧的温度差异通过 G 峰频移检测得出，从而测得 CNT 内部的热传递能力。但是，外部通电加热具有较大的热扩散，电路中的热与空气相互作用，大量的热量流失，引起较大的实验误差，该方法的实际应用较少。

Mialichi 等[59] 在之前外部加热的基础上做了改进，采用拉曼光谱激发光分别在空气、真空和氮气三种气氛中辐照热处理 CNT 薄膜，对薄膜的热扩散现象以及辐照对薄膜性能的影响进行了研究，结果显示薄膜的热扩散主要在于与周围空气的对流，在氮气下辐照对 CNT 没有产生特别显著的影响，真空下 CNT 表面温度更高，通过 I_D/I_G 峰值比得出其表面缺陷稍有增加，而在空气中其拉曼强度显著增加，伴随着一部分碳纳米粒子的氧化效应。

激光辐照加热的方法虽然比较便利，可以减少在空气中样品表面的热量流失，但是测试结果对辐照过程中的辐照时间和辐照面积等具有很大的依赖性，并且在辐照加热的过程中温度的测量随着面积区域的变化具有很大的差异。

由于上述外部通电加热装置搭建不便利，以及对温度控制的精确性有所欠缺，人们逐渐向新的加热方式迈进。采用拉曼光谱仪中的激发光加热处理虽然方便快捷，但是对温度的实时监控度还有难度。

通过多方研究[60-64]，一种新的可以与拉曼光谱术无缝联用的加热附件 THMS 600 热台得到了人们的喜爱。Hadjiev 等利用该种热台附件进行了 0～250℃范围的加热，结合拉曼光谱术研究了不同改性 CNT 增强环氧树脂基复合材料在该温度范围内材料的残余应变以及改性 CNT 在基体中的分布情况。图 5.33 是室温（23℃）和 180℃（高于环氧树脂的玻璃化转变温度）两个温度下，复合材料拉曼扫描区域的 G⁺ 峰强度分布和频移分布图，通过对强度和频率分布的研究，得出在 23℃下 CNT 在树脂中呈现明显的不均匀，而在 180℃下由于引起更强烈分子热运动，CNT 在树脂中的分布均匀性得到提高[60]。

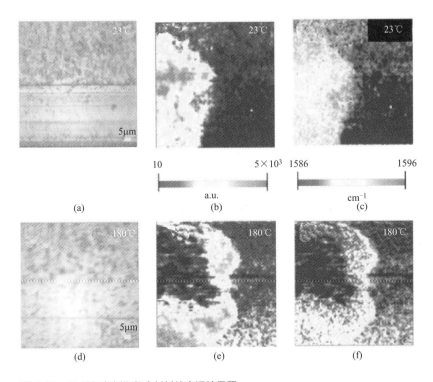

图 5.33 CNT/环氧树脂复合材料的变温拉曼图
(a) 在 23℃下光学显微图；(b) G$^+$ 峰强度分布；(c) G$^+$ 峰频移变化；(d)～(f) 在 180℃下相对应的光学显微图和拉曼图[60]

5.7.2
树脂基体的热运动

对于纤维增强树脂基复合材料而言，在受热过程中，树脂内部的热运动变化是不可忽视的问题。树脂在受热过程中，随着温度的升高基体内部伴随着特征基团和链段等运动的变化，自身就是一个相当复杂的过程[64,65]。拉曼光谱术在树脂方面的研究表明，树脂特征峰在受力过程的应力敏感性比较小，但是可以很好表征树脂中的聚合物结构特征[66]。目前，树脂在受热过程中聚合物结构的变化已经得到了较多的研究。结合拉曼光谱术能实时监测的功能，对于树脂在实际应用过程中的结晶、分子键断裂及构象等结构变化可以得到较清晰的判断[67,68]。

Kadiyala 等人采用变温拉曼技术研究了聚酰亚胺黏结剂，并且得出其在受热过程中各官能团的特征峰随温度的变化。图 5.34 显示了聚酰亚胺树脂的酰胺基团中的分子键振动峰，峰位分别位于 $1600cm^{-1}$、$1787cm^{-1}$ 和 $1380cm^{-1}$ 附近。随着温度的升高，可以明显观察到树脂特征峰发生较小的频移偏移，峰型也有所变化。这是由于树脂在受热过程中所产生的热应力诱导了特征峰频移和强度改变。该现象的产生可以从分子结构起源进行研究，主要是由于热应力诱导分子键伸展、取向以及树脂自身的热膨胀效应[69]。

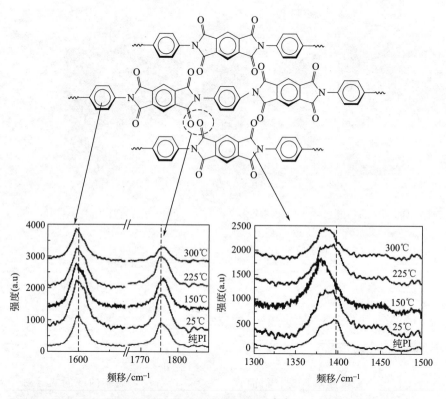

图 5.34　聚酰亚胺树脂在不同温度下的酰胺基团拉曼光谱[69]

对树脂基体应力下的拉曼光谱研究相对较少，这是由于树脂虽然具有明显的拉曼特征振动峰，但是其拉曼峰在应力作用下变化较小，不便于对其进行微观力学研究。随着树脂增强材料的优势凸显，越来越多树脂增强材料出现在人们的视野中。如今最为常用的增强碳材料根据不同形态可分为两种，分别是丝状的碳纤维和粉末状的碳纳米管。其中碳纳米管具有良好的应力敏感性，可以作为应力传感介质，从而可实现对树脂基复合材料内部的微观应力研究。

5.7.3
复合材料内部的微观应力变化

诸如 CNT/PI 复合薄膜，其良好的热稳定和力学性能也取决于 CNT 与 PI 之间良好的黏结性能，主要表现为 CNT 在基体中均匀分散[70]。在负载过程中，复合材料中的应力从基体传递到 CNT，从而形成基体与填料之间的相互作用[71-73]。然而由于 CNT 极易团聚以及其与 PI 树脂之间有较大的热膨胀系数差异，在复合薄膜固化期间的热收缩将形成较大的残余应力[74,75]，尤其是当冷却温度低于玻璃化转变温度时，其热残余应力急剧增加。过大的热残余应力可能在复合薄膜中引起缺陷以及拉伸强度降低[76]。因此对复合薄膜热残余应力的研究极其必要。

考虑到 CNT/PI 复合薄膜如今在热环境中使用的众多应用，对于该材料在受热过程中其残余应力的消除、CNT 的分散以及应力传递等研究具有较大的实际意义。下面的实例借助拉曼光谱研究 CNT/PI 复合薄膜在室温至 300℃ 范围内薄膜的热应力，并结合 CNT 作为应力传感介质研究其在受热过程中的分散情况[77]。

拉曼光谱测试包含微拉伸和热台升温两部分：①将复合薄膜样条固定在自制的小型微加载装置（位移加载精度为 $10\mu m$）上，通过手动旋转加载装置一侧的螺旋测微器来驱动移动端移动，实施对样条的加载，在加载过程中对样条进行图扫描（mapping）；②将样品安置在特定的热台附件（T96-HT，Linkam，UK）中进行加热，升温范围为室温到 300℃，升温速率 10℃/min，拉曼图扫描分别在 23℃、100℃、150℃、200℃、250℃ 和 300℃ 下进行，每一温度下维持 30min。图 5.35 显示了测试装置照片和图扫描区域示意图。图扫描的区域为薄膜表面，每个扫描面区域约 200 个点，点之间的间隔为 $3\mu m$。

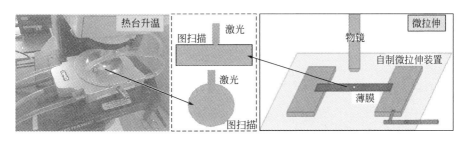

图 5.35　热台升温和微拉伸测试示意图

CNT/PI 复合薄膜的常规使用温度范围在 300℃ 以下。图 5.36 显示了在 0℃、

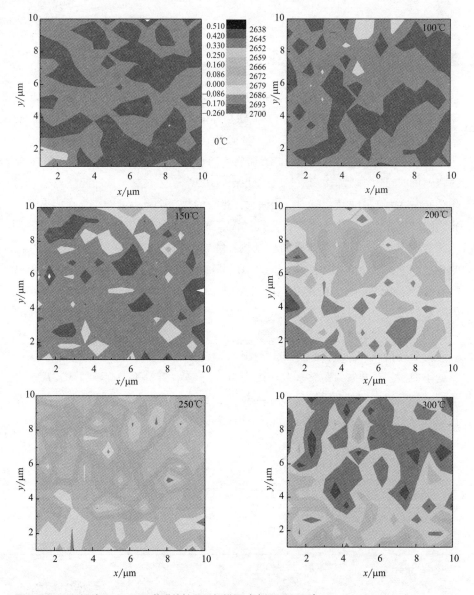

图 5.36　不同温度下 CNT/PI 薄膜的拉曼面扫描图（室温~300℃）

100℃、150℃、200℃、250℃和300℃温度下实时进行面扫描所得出的薄膜中
CNT 的 G′峰峰位图，同时计算得出在对应温度下薄膜扫描区域的内应力变化
（峰位和应力的换算见参考文献［77］）。在低温区域，复合薄膜内应力由残余
热应力主导，最大残余应力可高达−0.260GPa，随着温度增加，拉应力逐渐增
加并在200℃时基本抵消掉残余应力，内应力接近于 0GPa；在高温区域，频移

和拉应力均急剧增加；此外，低于150℃时，随着温度升高，CNT的分散性改善，在更高温度范围，升温对分散性变化不明显。该研究表明适当地升高温度可以有效去除薄膜中存在的热残余应力，但是过高的处理温度不仅不能去除热残余应力，反而易产生更大的拉应力，引起局部应力集中。

　　碳纤维加入后，与树脂之间也有一个复杂的相互作用。其中，最为直接的相互作用接触区域是复合材料界面区域。因此在受热过程中，碳纤维增强复合材料界面区域的行为备受研究人员的关注。采用热台附件与拉曼光谱联用的技术，在以上研究的基础上，研究者也探索了碳纤维/环氧树脂（CF/Epoxy）复合材料在0～100℃范围内纤维附近区域内的微观力学行为。研究发现在CF表面接枝碳纳米管（CNT），可以有效提高界面的黏结性能和界面周边应力分布的均匀性（图5.37）[78]。

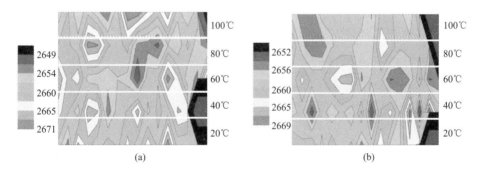

图5.37　复合材料中碳纤维附近区域内G′峰频移随温度的二维变化图
（a）CF；（b）CNT/CF纤维[78]

　　随着变温拉曼技术越来越成熟，人们利用该技术对复合材料受热行为的研究也越来越便利。但目前更多聚集于碳纤维、石墨烯和碳纳米管等碳增强材料，这些物质具有良好的热稳定性，在受热过程中发生的变化相对于树脂热运动而言更微弱，不会发生过大的形变及膨胀效应。

　　虽然先前的研究者已对碳纤维复合材料界面区域做了一些探索性的研究，但是对于复合材料界面区域内的热扩散过程以及树脂热运动对碳纤维的影响等方面，还需要进行深入研究。

参考文献

[1] Tuinstra F，Koenig J L. Charaterization of graphite fiber surface with Raman spectroscopy. J Comp Mater，1970，4：492.

[2] Cancado L G，Takai K，Enoki T，et al. General

equation for the determination of the crystallite size La of nanographite by Raman spectroscopy. Appl Phys Lett，2006，88（16）：163106.

［3］陈师，邓李慧，吴琪琳，等.不同激发功率下碳纤维的拉曼光谱研究.高科技纤维与应用，2014，39（03）：32.

［4］Zhu Y，Yang X G. Transformation of structure in polyacrylonitrile fibers during stabilization. J China Textile University，1993，10（4）：9.

［5］Fitzer E Gantner E，Rozploch F，Steinert D. Application of laser Raman spectroscopy for characterization of carbon fibers. High Temperature-High Pressure，1987，19：537.

［6］黄彬，邓海金，李明，等.石墨化处理对碳/碳复合材料激光拉曼特性的影响.材料热处理学报，2005，26（6）：20.

［7］Chaudhuri S N，Chaudhuri R A，Jenner R E，Penugonda M S. Raman spectroscopy for characterization of interfacial debonds between carbon fibers and matrices. Comp Struct，2006，76：375.

［8］Montes-Moran M A，Young R J. Raman spectroscopy study of high-modulus carbon fibers：effect of plasma treatment on the interfacial properties of single-fiber-epoxy composites. Part 2. characterazation of the fiber-matrix interface. Carbon，2002，40：857.

［9］Filiou C，Galiatis C. In situ monitoring of the fibre strain distribution in carbon fibre thermoplastie composites 1. Application of a tensile stress field. Comp Sci Tech，1999，59：2149.

［10］Montes-Moran M A，Martinez-Alonso A，Tascon J M D，Young R J. Effects of plasma oxidation on the surface and interfacial properties of ultra-high modulus carbon fibres. Composites Part A，2001，32：361.

［11］杨序纲，吴琪琳.拉曼光谱的分析与应用.北京：国防工业出版社，2008.

［12］Leveque D，Auvray M H. Study of carbon-fibre strain in model composites by Raman spectroscopy. Comp Sci Tech，1996，56：749.

［13］Amer M S，Schadler L S. Stress concentration phenomenon in graphite/epoxy composites：tension/compression effects. Comp Sci Tech，1997，57：1129.

［14］Huang Y L，Young R J. Interfacial micromechanics in thermoplastic and thermosetting matrix carbon ifbre composites. Comp Part A，1996，27A：973.

［15］Colomban Ph，Gouadec G，Mathez J，Tschiember J，Peres P. Raman stress measurement in o-paque industrial C/epoxy composites submitted to tensile strain. Comp Part A，2006，37：646.

［16］Montes-Moran M A. Raman spectroscopy study of HM carbon fibers：effect of plasma treatment on the interfacial properties of single-fiber-epoxy composites. Part 1. Fiber characterization. Carbon，2002，40：845.

［17］杨序纲，潘鼎.高摩擦性能 C/C 复合材料的微观结构.宇航材料工艺，1997，27（5）：38.

［18］Bucci D V，Koczak M J，Schadler L S. Micromechanical investigations of unidirectional carbon/carbon composites via micro-Raman spectroscopy. Carbon，1997，35：235.

［19］Chollon G，Takahashi J. Raman microspectroscopy study of C/C composite. Composites Part A，1999，30：507.

［20］Fujita K，Sakai H，Iwashita N，Sawada Y. Influence of heat treatment temperature on interfacial shear strength of C/C. Composites Part A，1999，30：497.

［21］Furahawa Y，Hatta H，Kogo Y. Interfacial shear strength of C/C composites. Carbon，2003，41：1819.

［22］Van den Heuvel P J W，Peijs T，Young R J. Failure phenomena in two-dimensional multi-fibre microcomposites：2. A Raman spectroscopic study of the influence of inter-fibre spacing on stress concentrations. Comp Sci tech，1997，57：899.

［23］Wagner H D，Amer M S，Schadler L S. Fibre interaction in two-dimensional composites by micro-Raman spectroscopy. J Mater Sci，1996，31：1165.

［24］Schadler L S，Amer M S，Iskandurani B. Experimental measurement of fiber/fiber interaction using mocro-Raman spectroscopy. Mech Mater，1996，23：205.

［25］Detassis M，Frydman E，Vrieling D，Zhou X F，Wagner H D. Interface toughness in fibre composites by the fragmentation test. Comp Part A，1996，27A：769.

［26］Van den Heuvel，Goutianos S，Young R J，Peijs T. Failure phenomena in fibre-reinforced composites. Part 6：a finite element study of stress concentration in unidirectional carbon fibre-reinforced epoxy composites. Comp Sci Tech，2004，64：645.

［27］邓李慧，陈淙洁，吴琪琳.纤维搭桥技术在界面微观力学研究中的应用.高分子通报，2015（1）：13-18.

［28］Kanninen M F. A dynamic analysis of unstable crack propagation and arrest in the DCB test specimen. International Journal of Fracture，1974，10：

415-430.

[29] Gregory J R, Spearing S M. A fiber bridging model for fatigue delamination in composite materials. Acta Materialia, 2004, 52: 5493-5502.

[30] Wilson E, Shir Mohammadi M, Nairn J A. Crack propagation fracture toughness of several wood species. Wood, 2013, 2 (1): 20120045.

[31] Agius S L, Magniez K J C, Fox B L. Fracture behaviour of a rapidly cured polyethersulfone toughened carbon fibre/epoxy composite. Composite Structures, 2010, 92 (9): 2119-2127.

[32] Zhang G, Suwatnodom P, Ju J W. Micromechanics of Crack Bridging Stress-Displacement and Fracture Energy In Steel Hooked-End Fiber Reinforced Cementitious Composites. International Journal of Damage Mechanics, 2013, 22 (6): 829-859.

[33] Wagner H, Steenbakkers L. Microdamage analysis of fibrous composite monolayers under tensile stress. Journal of Materials Science, 1989, 24 (11): 3956-3975.

[34] Bennett J A, Young R J. Micromechanical aspects of fiber/crack inieractions in an aramid/epoxy composits. Composites Science and Technology, 1997, 57: 945-956.

[35] Bennett J A, Young R J. The effect of fibre-matrix adhesion upon crack bridging in fibre reinforced composites. Composites Part A, 1998, 29A: 1071-1081.

[36] Bennett J A, Young R J. A strength based criterion for the prediction of stable fibre crack-bridging. Composites Science and Technology, 2008, 68: 1282-1296.

[37] Zhenkun L, Quan W, Wei Q. Micromechanics of fiber - crack interaction studied by micro-Raman spectroscopy: Bridging fiber. Optics and Lasers in Engineering, 2013, 51: 358-363.

[38] Zhou C H, Schadler L S, Beyerlein I J. Micromechanics in graphite fiber/epoxy composites during creep. ICF10, Honolulu (USA) 2001, 2000.

[39] Vorechovsky M, Sadilek V, Rypl R. Probabilistic evaluation of crack bridge performance in fiber reinforced composites. Engineering Mechanics, 2013, 20 (1): 3-11.

[40] Fei J, Wang W, Ren A, et al. Mechanical properties and densification of short carbon fiber-reinforced TiB_2/C composites produced by hot pressing. Journal of Alloys and Compounds, 2014, 584: 87-92.

[41] Wang H W, Zhou H W, Gui L L, et al. Analysis of effect of fiber orientation on Young's modulus for unidirectional fiber reinforced composites. Composites Part B: Engineering, 2014, 56: 733-739.

[42] 周宏伟, 易海洋, 薛东杰, 等. 纤维方位角对玻纤复合材料破坏机理的影响研究. 中国科学: 物理学 力学 天文学, 2013, 43 (2): 167.

[43] Sharma M, Rao I, Bijwe J. Influence of orientation of long fibers in carbon fiber - polyetherimide composites on mechanical and tribological properties. Wear, 2009, 267: 839.

[44] Zhou H, Mishnaevsky Jr L, Brøndsted P, et al. SEM in situ laboratory investigations on damage growth in GFRP composite under three-point bending tests. Chinese Science Bulletin, 2010, 55: 1199.

[45] Potter K, Guild F, Harvey H, et al. Understanding and control of adhesive crack propagation in bonded joints between carbon fibre composite adherends Ⅰ. Experimental. International journal of adhesion and adhesives, 2001, 21: 435.

[46] Rauchs G, Withers P, Thomason P. The influence of thermal residual stresses and friction on fatigue crack growth in fibre-reinforced intermetallic matrix composites. ICF10, Honolulu (USA) 2001, 2013.

[47] Almuhammadi K, Alfano M, Yang Y, et al. Analysis of interlaminar fracture toughness and damage mechanisms in composite laminates reinforced with sprayed multi-walled carbon nanotubes. Materials & Design, 2014, 53: 921-927.

[48] 邓李慧, 冉敏, 吴琪琳. 超高分子量聚乙烯搭桥纤维与裂缝的交互微观力学. 复合材料学报, 2017, 34: 1505.

[49] 邓李慧. 复合材料中架桥纤维的拉曼光谱研究: 以碳纤维和超高分子量聚乙烯纤维为例. 上海: 东华大学, 2015.

[50] 王东川, 刘启志, 柯枫. 碳纤维增强复合材料在汽车上的应用. 汽车工艺与材料, 2005 (4): 33.

[51] 沈尔明, 王志宏, 滕佰秋, 等. 连续纤维增强复合材料在民用航空发动机上的应用. 航空发动机, 2013, 39: 90.

[52] Du Y L, Deng Y, Zhang M S. Variable-temperature Raman scattering study on anatase titanium dioxide nanocrystals. Journal of Physics and Chemistry of Solids, 2006, 67: 2405.

[53] Lin S Y, Cheng W T. The use of hot-stage microscopy and thermal micro-Raman spectroscopy in the study of phase transformation of metoclo-

pramide HCl monohydrate. Journal of Raman Spectroscopy, 2012, 43: 1166.

[54] Kumar D, Sathe V G. Raman spectroscopic study of structural transformation in ordered double perovskites La$_2$CoMnO$_6$ bulk and epitaxial film. Solid State Communications, 2015, 224: 10.

[55] Nagarajan S, Deepthi K, Gowd E B. Structural evolution of poly (L-lactide) block upon heating of the glassy ABA triblock copolymers containing poly (L-lactide) A blocks. Polymer, 2016, 105: 422.

[56] Gangopadhyay D, Sharma P, Singh R K. Temperature dependent Raman and DFT study of creatine. Spectrochimica Acta Part A: Molecular and Biomolecular Spectroscopy, 2015, 150: 9.

[57] Psarras G C, Parthenios J, Galiotis C. Adaptive composites incorporating shape memory alloy wires Part Ⅰ. Probing the internal stress and temperature distributions with a laser Raman sensor. Journal of materials science, 2001, 36: 535.

[58] Li Q, Liu C, Wang X, et al. Measuring the thermal conductivity of individual carbon nanotubes by the Raman shift method. Nanotechnology, 2009, 20: 145702.

[59] Mialichi J R, Brasil M, Iikawa F, et al. Laser irradiation of carbon nanotube films: Effects and heat dissipation probed by Raman spectroscopy. Journal of Applied Physics, 2013, 114: 024904.

[60] Hadjiev V G, Warren G L, Sun L, et al. Raman microscopy of residual strains in carbon nanotube/epoxy composites. Carbon, 2010, 48: 1750.

[61] Huang F, Yue K T, Tan P, et al. Temperature dependence of the Raman spectra of carbon nanotubes. Journal of applied physics, 1998, 84: 4022.

[62] Deng L, Young R J, Kinloch I A, et al. Coefficient of thermal expansion of carbon nanotubes measured by Raman spectroscopy. Applied Physics Letters, 2014, 104: 051907.

[63] Calizo I, Balandin A A, Bao W, et al. Temperature dependence of the Raman spectra of graphene and graphene multilayers. Nano letters, 2007, 7: 2645.

[64] Liu X, Dong H, Li Y, et al. Thermal Conductivity and Raman Spectra of Carbon Fibers. International Journal of Thermophysics, 2017, 38: 150.

[65] 来育梅, 王伟, 王晓东, 等. 热塑性聚酰亚胺的热膨胀系数研究. 塑料工业, 2005, 33: 41.

[66] Ge J J, Xue G, Li F, et al. Surface studies of polyimide thin films via surface-enhanced Raman scattering and second harmonic generation. Macromolecular

rapid communications, 1998, 19: 619.

[67] Samyn P, De Baets P, Vancraenbroeck J, et al. Postmortem Raman spectroscopy explaining friction and wear behavior of sintered polyimide at high temperature. Journal of materials engineering and performance, 2006, 15: 750.

[68] Samyn P, Quintelier J, Schoukens G, et al. The sliding behaviour of sintered and thermoplastic polyimides investigated by thermal and Raman spectroscopic measurements. Wear, 2008, 264: 869.

[69] Kadiyala A K, Sharma M, Bijwe J. Exploration of thermoplastic polyimide as high temperature adhesive and understanding the interfacial chemistry using XPS, ToF-SIMS and Raman spectroscopy. Materials & Design, 2016, 109: 622.

[70] López-Lorente A I, Simonet B M, Valcárcel M. Raman spectroscopic characterization of single walled carbon nanotubes: influence of the sample aggregation state. Analyst, 2014, 139: 290.

[71] 高云, 李凌云, 谭平恒, 等. 拉曼光谱在碳纳米管聚合物复合材料中的应用. 科学通报, 2010, 22: 002.

[72] Young R J, Deng L, Wafy T Z, et al. Interfacial and internal stress transfer in carbon nanotube based nanocomposites. Journal of materials science, 2016, 51: 344.

[73] Mu M, Osswald S, Gogotsi Y, et al. An in situ Raman spectroscopy study of stress transfer between carbon nanotubes and polymer. Nanotechnology, 2009, 20: 335703.

[74] Deng L, Young R J, Kinloch I A, et al. Coefficient of thermal expansion of carbon nanotubes measured by Raman spectroscopy. Applied Physics Letters, 2014, 104: 051907.

[75] Huang F, Yue K T, Tan P, et al. Temperature dependence of the Raman spectra of carbon nanotubes. Journal of applied physics, 1998, 84: 4022.

[76] De la Vega A, Kovacs J Z, Bauhofer W, et al. Combined Raman and dielectric spectroscopy on the curing behaviour and stress build up of carbon nanotube-epoxy composites. Composites science and technology, 2009, 69: 1540.

[77] 冉敏, 程朝歌, 宋芸佳, 吴琪琳. 变温拉曼致力于 CNT/聚酰亚胺树脂基复合材料的微观热应力. 全国新型炭材料会议论文, 2017, 10月, 苏州.

[78] 陈师. 电泳沉积法制备 CNT/CF 及其复合材料界面微观力学行为的拉曼研究 [D]. 上海: 东华大学, 2016.

第6章

Chapter 6

碳纳米管增强
复合材料

6.1
概述

碳纳米管由于其不同寻常的优异的力学和电学性能以及其它物理性能已经受到人们的广泛关注。可能的潜在应用遍及许多领域，作为复合材料的增强体是其中最重要的领域之一。碳纳米管已经用于包括聚合物、陶瓷和金属在内的各种基体材料的增强体，其中得到广泛研究的是碳纳米管/聚合物复合材料，是以下各节涉及的主要对象。

碳纳米管可分为两类，单壁碳纳米管和多壁碳纳米管。单壁碳纳米管可看成由一张单层石墨烯卷曲而成的柱状物，如图 6.1 所示[1]。多壁碳纳米管则是若干个不同直径单壁管的同心套叠。碳纳米管的两端分别由两个球碳的一半封闭。所以碳纳米管的最小直径受球碳的最小直径所限制，为 7.1Å。

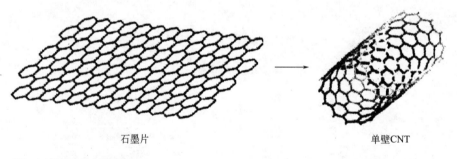

石墨片 单壁CNT

图 6.1 单壁碳纳米管的构成

碳纳米管具备作为复合材料理想增强体的主要条件：超强的各项力学性质、柔韧性和高比表面积。由于碳原子之间 sp^2-sp^2 共价键固有的高强度，碳纳米管具有罕见的力学性能，例如高达 $200\sim500GPa$ 甚至 $1TPa$ 的杨氏模量、$200GPa$ 的拉伸强度和高达 $10\%\sim30\%$ 的断裂应变。碳纳米管的比表面积达到 $1000\sim10000$。人们预言，碳纳米管应用于复合材料增强体预示着具有超轻重量但又有高弹性和很高强度的下一代先进复合材料的问世。

然而，仅仅是碳纳米管优异的力学性能并不足以保证碳纳米管增强复合材料获得相应的优异力学性质，因为碳纳米管与基体之间的界面强烈地控制了复合材料的性质。如果碳纳米管不能分散地与基体材料相融合，无法形成界面，就难以改善材料的性能。在碳纳米管复合材料实验研究的早期报道中，曾有一些研究组宣称他们的实验测定未发现碳纳米管的增强作用，或者增强作用不显著。一个可能的原因是，由于各种因素的影响，他们制备的试样未形成适当的界面。与纤维复合材料一样，碳纳米管复合材料的力学性能也强烈地有关于界面的结合性质、力学负载从基体向碳纳米管的传递方式以及界面屈服。从负载（应力）的传递考虑，如若复合材料承受拉伸负载，而碳纳米管与基体之间有着完善的结合或者强界面，则负载会通过界面传递到碳纳米管。由于碳纳米管和界面有很高的拉伸强度，复合材料能够承受高负载。然而，如若界面是弱结合或者结合不完善（或不完整），则可能发生界面破坏或者负载不能传递到碳纳米管，由于基体材料的低拉伸强度，材料将在低负载下发生破坏。

另外，还需考虑引起材料破坏的横向裂缝传播过程。当裂缝到达界面时，裂缝将偏向于沿着界面传播，这是因为与碳纳米管相比，一般而言，界面相对较弱。如果是弱界面，将引起界面开裂，导致复合材料破坏。在裂缝传播方面，碳纳米管优于传统使用的纤维（如碳纤维和玻璃纤维），因为碳纳米管具有抑制纳米尺度和微米尺度裂缝的功能。可见，不论从应力的传递还是裂缝发展过程考虑，为了制备力学性能得到增强的碳纳米管/聚合物复合材料，必须充分了解界面的性能、纳米管与基体之间的负载传递过程和相关力学行为。据此，也使得有可能设计适当的界面以获得具有特殊力学性能的复合材料，以适用于有特殊要求的场合。

碳纳米管/聚合物复合材料的界面微观力学对不同学科角度（力学、化学和物理学）面临着不同的感兴趣的问题。

从力学角度考虑，重要的问题有下列几项：

① 复合材料各组成成分（碳纳米管和聚合物）的力学性质和界面性质与复合材料宏观性质之间的关系。

② 碳纳米管的结构与独特的小尺寸对界面行为和性质的影响。

③ 建立力学模型预测复合材料的性质。

从化学和物理学角度考虑，最感兴趣的主要有如下几项：

① 聚合物与碳纳米管的化学结合，尤其是界面结合的性质；

② 复合材料制备条件与最终得到的界面化学之间的关系；

③ 聚合物的功能化处理对界面结合强度和性质的影响；

④ 碳纳米管小尺寸对界面的影响；

⑤ 大尺度与小尺度力学现象之间的差异等。

与纤维增强复合材料相似，对碳纳米管/聚合物复合材料界面微观力学的研究方法也有两类：建立模型的理论研究和实验研究。目前，应用于碳纳米管增强复合材料界面微观力学的实验研究方法主要有以下几种：

① 显微拉曼光谱术，这是目前得到广泛应用又富有成果的实验技术。其基本依据是形变碳纳米管的拉曼峰行为、某些特征峰的频移或强度随形变发生有规律的变化[2,3]。

② 原子力显微术，主要方法是单根碳纳米管的拉出试验[4]。

③ 透射电子显微术，使用原位 TEM 应变技术探索界面力学，包括界面裂缝的产生和界面破坏过程。在该方法中，将碳纳米管/聚合物复合材料的超薄试样安置于 TEM 试样室内施加应变，观察实时图像，获得具有高空间分辨率（1nm）的相关信息[5]。这种方法得到的结果大都是定性的，在试样准备和图像伪迹的判别等方面都会遇到某些困难。

关于碳纳米管/聚合物复合材料界面力学的详细研究可参阅相关文献[6]。

6.2
碳纳米管形变行为的拉曼光谱响应

碳纳米管具有优良的力学性能，用什么方法表征碳纳米管的力学行为是首先关心的问题。原子力显微术能测量单壁碳纳米管的杨氏模量，而在透射电子显微镜中可测得多壁碳纳米管的弹性弯曲模量。拉曼光谱术则是探索碳纳米管受力形变行为的强有力工具，也是目前研究碳纳米管增强复合材料界面力学行为的主要手段。

图 6.2 显示了一种单壁碳纳米管在 $3500cm^{-1}$ 以下范围典型的拉曼光谱[7]。位于 $1500\sim1600cm^{-1}$ 范围的拉曼强峰（G峰）归属于 A_{1g}、E_{1g} 和 E_{2g} 振动模的联合作用。碳纳米管一级拉曼光谱中的 D 模应该是禁戒的，只是由于各种无序而被部分激活。因此，位于 $1250\sim1450cm^{-1}$ 范围的 D 峰来自无序激活的 A_{1g} 模。而且，与其它碳材料相似，D峰与G峰的强度比也可用来描述石墨结构中缺陷的密集程度。碳纳米管也在 $2500\sim2900cm^{-1}$ 范围出现与 G′模（也称 D* 模）对应的拉曼峰（G′峰），是 D 峰的二级峰，所以也称 2D 峰。试样中所有的碳纳米管都对 G′峰有贡献。图中还显示在低频移区域出现的与径向呼吸模（RBM）相应的一组拉曼峰。测试表明，各个峰的频移随碳纳米管不同的制造方式或浸入不同液体而有偏移。

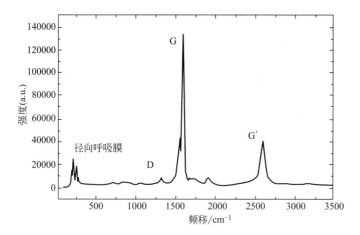

图 6.2　单壁碳纳米管典型的拉曼光谱

　　碳纳米管有不同寻常的物理性质，它们的拉曼光谱行为也不例外。一般物质的拉曼散射有两个基本特征：一是拉曼散射的频移不随入射激发光波长改变，二是斯托克斯散射的拉曼频移与反斯托克斯散射的拉曼频移绝对值相同。碳纳米管独特的纳米结构使其具有与一般物质拉曼散射截然不同的光谱行为：首先，随激发光波长的改变，拉曼散射的频移也发生变化，同时峰的强度也受到显著影响。其次，碳纳米管的斯托克斯和反斯托克斯散射频移的绝对值并不相等，此类现象称为反常的反斯托克斯拉曼光谱现象。碳纳米管在共振拉曼散射、表面增强拉曼散射、偏振拉曼散射以及不同环境因素（例如温度和压力）的影响等方面都有与其它材料不同的光谱行为。在处理碳纳米管形变的拉曼行为时，应充分注意到这些现象可能产生的影响。

　　将单壁纳米碳管置于金刚石测头测压器内，对试样施以不同压强，可测得 G' 拉曼峰频移随压强的偏移。压强大小由红宝石的荧光 R 线随压强的校正曲线来标定（参阅第 4 章 4.4 节）。图 6.3 显示了单壁碳纳米管 G' 拉曼峰频移与压强的关系曲线。G' 峰随着压强的增大向较高频移方向偏移，起始斜率为 $23cm^{-1}/$ $GPa^{[8]}$。若将单壁碳纳米管包埋于热固化环氧树脂中，冷却到室温后，G' 峰将偏移向较高的频移，这是由于树脂固化收缩使碳纳米管受到压力的原因。

　　由于碳纳米管的小尺寸，不能使用传统的拉伸装置对碳纳米管施加拉伸形变。四点弯曲装置可以解决这个问题。这种试验也可以对碳纳米管施加压缩应变（参阅第 4 章 4.8.1 节）。首先制得碳纳米管/环氧树脂复合材料（碳纳米管的含量小于 0.1%）。冷固化可避免出现热残余应力，简化数据处理。虽然试样中纳米管只有很低含量，仍然可以测得低噪声背景的碳纳米管拉曼光谱。将制

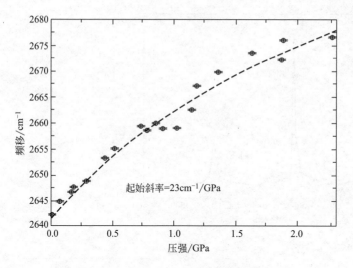

图 6.3　单壁碳纳米管 G′ 拉曼峰频移与压强的关系曲线

得的复合材料加工成适合四点弯曲试验形状的试样。随后安置于四点弯曲装置中，测定拉伸和压缩形变下碳纳米管 G′ 峰频移偏移的变化，结果如图 6.4 所示[7]。在小应变下，不论拉伸还是压缩形变，G′ 峰频移都随应变呈近似线性变化。注意到该试验测定的是复合材料的应变，而不是直接作用于碳纳米管的应变。然而，考虑到图 6.3 所示，在直接压缩负载下，碳纳米管的 G′ 峰在小压强下也有近似线性关系，可以认为图 6.4 间接地反映了碳纳米管负载下形变与其 G′ 峰频移的函数关系。这种关系可用于监测复合材料中碳纳米管的形变或负载。

图 6.4 还显示在大应变下，如大于 0.4%，数据点形成平台，G′ 峰频移近乎不随应变的增大而变化。这可能是由于碳纳米管与环氧树脂之间发生了脱结合。无论如何，这个试验反映了基体材料与碳纳米管之间存在应力传递。

在应用上述关系监测纳米管的形变时，应特别注意环境因素和实验参数的影响。例如，激发光的功率对碳纳米管 G′ 峰频移有显著影响。图 6.5 显示了不同激发光功率下测得的碳纳米管 G′ 峰的频移。

应变不仅使碳纳米管的二级拉曼峰频移发生有规律的偏移，也使峰明显宽化。碳纳米管在环氧树脂基体内是无规取向的，宽化现象表明在所检测的 $2\mu m$ 范围（激光斑点直径）内，所有对应变方向不同取向的碳纳米管都对拉曼峰有贡献。例如，相对拉伸应变方向成 90° 取向的碳纳米管，由于泊松效应，基体在垂直于拉伸应变的方向发生收缩而受到压缩应变。它们由此对 G′ 峰的贡献与拉伸应变的贡献相反，使其向较高频移方向偏移。

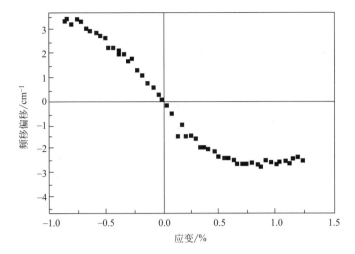

图 6.4 碳纳米管/环氧树脂复合材料中碳纳米管 G′ 峰频移偏移随复合材料应变的变化

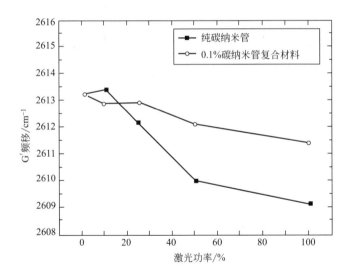

图 6.5 不同激发光功率下测得的碳纳米管 G′ 峰的频移

　　单壁碳纳米管的拉曼光谱出现在低频移区域的几个强拉曼峰很值得注意。它们与碳纳米管的径向呼吸模（RBM）相应，是单壁碳纳米管的特征峰。每组 RBM 模峰都对应于一种类型的纳米管。图 6.6 是某种生产工艺制得的单壁碳纳米管典型的低频移区拉曼光谱[9]，使用波长 784cm^{-1} 的激发光。洛伦兹函数拟合显示在 200～300cm^{-1} 范围内至少有五个峰，分别位于 210cm^{-1}、232cm^{-1}、238cm^{-1}、268cm^{-1} 和 272cm^{-1}。

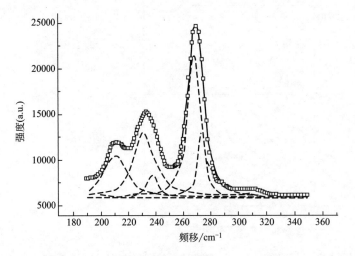

图 6.6　单壁碳纳米管低频移区的拉曼光谱

对碳纳米管的晶格振动模的对称性分类研究认为，将平面石墨卷曲成管子状时，碳原子垂直于平面移动的平移模转变为管子的呼吸振动模。此时，所有碳原子都在管子的径向移动。理论计算指出，一个孤立单壁碳纳米管完全对称径向呼吸模的频移与碳纳米管的直径呈简单的反比关系。但是实验中难以获得孤立的单壁碳纳米管，它们往往成束分布，管间的相互作用不能忽略。因而实际应用拉曼光谱测量单壁碳纳米管直径时，需对理论径向呼吸模频移与碳纳米管直径的关系做适当修正。每一给定激发能量优先激发相应直径的碳纳米管。所以，通过测量不同激发能量下的径向呼吸模，可以获得试样中单壁碳纳米管的直径分布信息。实际上，所有的拉曼活性低频模的频移对碳纳米管直径都有强的相关性。

应变对 RBM 模峰有什么样的影响是人们所关心的问题之一。实验指出，单壁碳纳米管 RBM 峰的强度对应变敏感。

将单壁碳纳米管分散于环氧树脂中制得试样，在拉伸和压缩应变下的拉曼光谱如图 6.7 所示。应变使各个峰的强度发生明显变化，而且变化的规律各不相同。RBM 峰的强度随试样表面应变的变化如图 6.8 所示[10]。图中纵坐标已相对零应变时的强度归一化（即取零应变时峰强度为 1）。五个峰对应变的响应并不相同。在拉伸过程中，位于 $210cm^{-1}$、$232cm^{-1}$ 和 $238cm^{-1}$ 三个峰的强度随应变增大而增大，而位于 $268cm^{-1}$ 和 $272cm^{-1}$ 两个峰的强度则随应变增大而减小。在压缩过程中，RBM 峰的强度则向相反方向变化。前三个峰随应变增大强度减小，而后二个峰随应变增大强度也增大。而且，在相同应变范围下，强度的变化值也不相同，强度变化范围为 30％（$210cm^{-1}$ 峰）～100％（$238cm^{-1}$ 峰）。

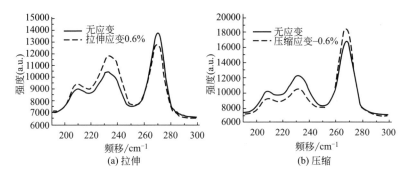

(a) 拉伸　　　　　　　　　　　　　(b) 压缩

图 6.7　单壁碳纳米管在拉伸和压缩应变下的低频移区拉曼光谱

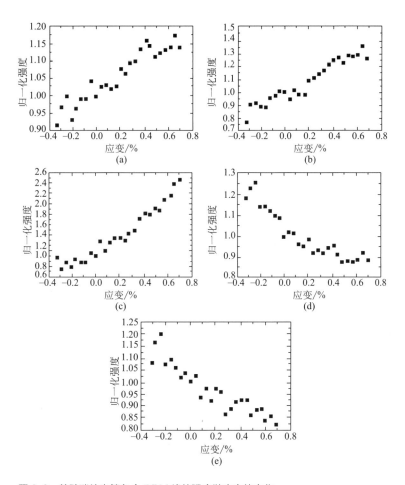

图 6.8　单壁碳纳米管各个 RBM 峰的强度随应变的变化

(a) 210cm^{-1} 峰；(b) 232cm^{-1} 峰；(c) 238cm^{-1} 峰；(d) 268cm^{-1} 峰；(e) 272cm^{-1} 峰

单壁碳纳米管 RBM 模几个峰的强度对应变的不同响应表明峰强度变化不仅与应变有关，也与纳米管的结构有关。强度随应变是增大还是减小取决于纳米管的直径和手性。

多壁碳纳米管的拉曼光谱与单壁碳纳米管有显著不同。图 6.9 是多壁碳纳米管在 $1000\sim3000cm^{-1}$ 范围的拉曼光谱。光谱与碳纤维的拉曼光谱十分相似，显示三个强峰，位于 $1580cm^{-1}$ 附近的尖锐峰归属于 E_{2g} 模，位于 $1340cm^{-1}$ 附近的峰是 D 峰，是由微晶结构引起的。D 峰的谐波峰 G' 峰则位于 $2660cm^{-1}$ 附近。应用类似的试验方法，可以从多壁碳纳米管/环氧树脂复合材料测得应变下多壁碳纳米管 G' 峰的行为。与单壁碳纳米管相似，其 G' 峰频移随复合材料拉伸应变的增大向较低频移方向偏移，但有不同的偏移率。多壁碳纳米管的形变行为将在随后的一节中详细阐述。

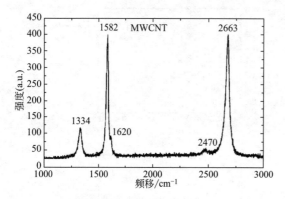

图 6.9　多壁碳纳米管典型的拉曼光谱

6.3
碳纳米管/聚合物复合材料的
界面结合和应力传递

6.3.1
界面应力传递

碳纳米管作为增强剂改善聚合物基体材料的力学性能或赋予基体新的特性的研究工作已经取得显著进展，显示了发展碳纳米管/聚合物复合材料的光明前景。例如，据报道，少量碳纳米管的掺入，可使环氧树脂的拉伸和压缩模量增大 20%～30%[11]，使 PMMA 的拉伸强度增大约 30%，韧性增大约 10%，而刚性则能增大约 43%[12]。一种碳纳米管增强超高分子量聚乙烯（UHMWPE）纤维的比拉伸强度和断裂能显著高于目前所有商业高性能纤维[13]，其它增强系统也有广泛报道[14-16]。

宏观力学性能的改善并不能有效地表明，如同传统的纤维增强复合材料那样，复合材料的增强是来源于增强体（碳纳米管）与基体（聚合物）之间发生了应力传递。电子显微术能从形态学角度定性地探索是否发生碳纳米管与聚合物之间的界面应力传递，而显微拉曼光谱术则能提供界面负载传递的直接证据，而且是探索增强机理的最有效工具之一。

首先给出碳纳米管/聚合物复合材料存在界面负载传递证据的是透射电子显微图。图 6.10 显示了碳纳米管/环氧树脂复合材料在压缩负载下相邻碳纳米管出现的成对裂缝[17]。压缩负载出基体材料的聚合收缩和电子显微镜中电子束的热效应所产生。由图 6.10(a) 可见，碳纳米管的断口引起了相邻纳米管（相距约 1 个纳米管直径）的断裂，如下方箭头所示，而上方箭头则指示了一纳米管端头与相邻碳纳米管的裂缝。图 6.10(b) 显示了由两根紧密接触排列的碳纳米管形成的成对裂缝。这种外负载下相邻碳纳米管成对裂缝的形成，与传统纤维增强复合材料中由于应力集中引起相邻纤维断裂并进一步传播形成断裂纤维簇的情景（参阅第 5 章）相类似。传统的应力集中行为似乎在某种程度上可以延伸到碳纳米管复合材料。当然，如图 6.10(b) 所示，碳纳米管相互紧密接触的情况还必须考虑由范德华力引起的纳米管-纳米管之间额外的相互作用，问题的处理更为复杂一些。

图 6.11 是碳纳米管/环氧树脂复合材料拉伸断裂面的 SEM 像[18]。从图中可见，碳纳米管与基体紧密结合。材料的拉伸破坏引起碳纳米管与环氧树脂之间的脱结合，纳米管将会被拉出基体。显然，负载下复合材料存在基体与纳米管之间界面的应力传递。

将一种多壁碳纳米管（MWCNT）均匀地混合于超高分子量聚乙烯（UHMWPE）溶液中，溶剂蒸发，可获得 MWCNT/UHMWPE 复合材料薄膜[2]。宏观力学测试得出，1%碳纳米管的加入使基体聚乙烯的力学性质发生显著变化。多壁碳纳米管的加入使材料的杨氏模量增大约 25%，屈服应力增大约 48%，而断裂应变的增大则超过 100%。图 6.12 是经 25 倍热拉伸后的复合材料和纯净聚乙烯薄膜的应力-应变曲线，明显可见复合材料有比基体材料大得多的拉伸强度、屈服应力和断裂伸长率。复合材料内碳纳米管的拉曼光谱行为能解释碳纳米管的增强作用。

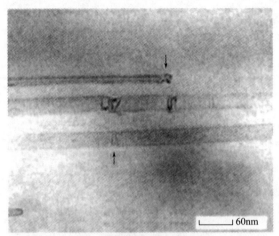

(a) 相邻碳纳米管出现的断裂

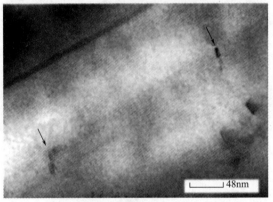

(b) 紧密接触碳纳米管出现的断裂

图 6.10 碳纳米管/环氧树脂复合材料中碳纳米管的断裂口对相邻碳纳米管的影响

图 6.11 碳纳米管/环氧树脂复合材料拉伸断裂面的 SEM 像

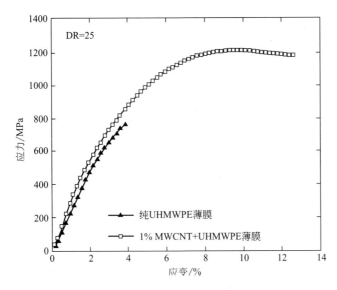

图 6.12 MWCNT/UHMWPE 复合材料和纯 UHMWPE 薄膜的应力-应变曲线

图 6.13(a) 显示了 1‰MWCNT/UHMWPE 复合材料的拉曼光谱。为比较起见，同时显示了酸处理纯净碳纳米管和纯聚乙烯的拉曼光谱。可以看到，聚乙烯基体中碳纳米管的拉曼峰与纯净碳纳米管相比发生了蓝移（即移向较高频移）。已知单壁和多壁碳纳米管在受压缩形变时特征拉曼峰向高频移方向偏移，在受拉伸形变时向低频移偏移。所以这种蓝移可以认为是多壁碳纳米管在聚乙烯基体中受到压应力。这是由于聚乙烯基体在溶剂蒸发和热拉伸冷却时收缩而引起的。注意到聚乙烯和多壁碳纳米管的拉曼光谱在 $1350cm^{-1}$ 和 $2700cm^{-1}$ 附近有所交叠，而在高拉伸倍数下聚乙烯在 $2700cm^{-1}$ 处的峰消失了［图 6.13(b)］，所以用多壁碳纳米管在该高频移处的峰来分析包埋于基体中的碳纳米管的力学拉曼行为是较为合适的。

复合材料中碳纳米管 G′峰的频移与薄膜拉伸应变的函数关系如图 6.14 所示。碳纳米管的整个形变过程可以分为形变行为明显不同的四个阶段：第Ⅰ阶段，应变小于 1%，拉曼峰随应变发生红移，而且有近似线性关系。1%～10%应变为第Ⅱ阶段，数据较为分散，既有红移也有蓝移。第Ⅲ阶段，应变 10%～15%，拉曼峰发生明显的红移。而最后的第Ⅳ阶段，应变大于 15%，拉曼峰发生蓝移。总的来讲，在整个拉伸过程中，聚合物中的碳纳米管 G′峰有约 $6cm^{-1}$ 的红移。

G′峰频移的偏移情况表明，在复合材料低应变和高应变（分别对应于第Ⅰ和第Ⅲ阶段）下，包埋于聚乙烯的多壁碳纳米管受到拉伸负载，外加负载通过碳

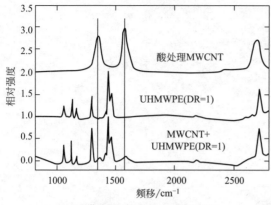

(a) 酸处理MWCNT、1%MWCNT+
UHMWPE、纯UHMWPE薄膜

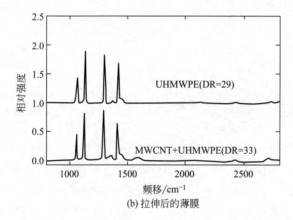

(b) 拉伸后的薄膜

图 6.13　MWCNT/UHMWPE 复合材料薄膜的拉曼光谱

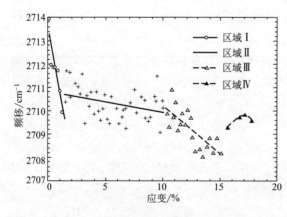

图 6.14　MWCNT/UHMWPE 复合材料中碳纳米管 G′峰频移与薄膜拉伸应变的关系

纳米管/聚合物界面传递给碳纳米管。应变中间阶段（第Ⅱ阶段）的数据振荡变化则表明存在复合材料界面的粘吸和滑移。从基体光谱的分析可以证明，在基体材料屈服时，这种情况是可能发生的。在很高应变区域（第Ⅳ阶段），碳纳米管受到压缩应力，这可能是由于基体内局部微观尺度的破坏而引起的。一旦基体弯折或皱缩，就会有大的压缩应力传递给多壁碳纳米管。

将复合材料中多壁碳纳米管拉伸应变下的拉曼光谱行为与复合材料中聚乙烯和纯净聚乙烯的拉曼行为相比较，同时考虑到复合材料的微观结构以及宏观力学性能，可以认定，碳纳米管增强复合材料中，多壁碳纳米管和聚乙烯基体之间能通过其界面进行良好的负载传递。韧性的增大是由于多壁碳纳米管的加入发生了二次结晶（图6.15）。拉伸强度的增大来源于碳纳米管在基体中起了类似于聚乙烯中连接分子（taut-tie molecules）承受负载的作用。上述结论的详细分析可参阅相关文献[2]。

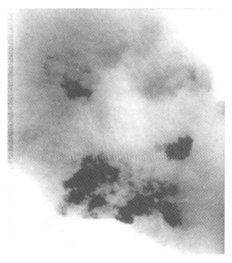

图6.15　MWCNT/UHMWPE复合材料的TEM像（显示了碳纳米管聚集区周围基体的条纹结构）

对单壁碳纳米管/聚合物复合材料增强机理的研究可使用类似方法，测定和分析复合材料受力作用下碳纳米管的拉曼行为，推断其增强机理。通常考察碳纳米管的G'峰频移随应变的变化，因为单壁碳纳米管的这个峰同样对应变较为敏感。测试表明，单壁碳纳米管与聚合物之间也能通过界面传递负载。对环氧树脂基体复合材料系统，单壁碳纳米管作为增强剂的应力传递行为似乎与传统的纤维增强复合材料相似。在复合材料遭受拉伸形变时，拉伸负载不仅提供使纳米管伸长的力，也在纳米管和基体间界面产生剪切应力。若碳纳米管与基体间有强结合，碳纳米管与环氧树脂就有同样的应变。这与图6.4中小应变时（<0.2%）应变值与G'峰频移偏移呈近似线性关系相一致。若纳米管与基体发生脱结合，应力传递就会发生困难。这时，碳纳米管的拉曼行为表现为G'峰频移随拉伸应变增大的变化率变小。另外，考虑到复合材料中的各根碳纳米管并非均匀分散分布，而往往是呈束状或绳状分布，应力传递也发生在束中的相邻纳米管之间。因而，所测出的拉曼光谱行为也可能来源于束中碳纳米管之间界面的破坏。这些都可能引起图6.4中的非线性变化。在复合材料遭受压缩形变

时碳纳米管的拉曼光谱行为也可做类似的解释。

可以认定,如若界面结合良好,碳纳米管与基体聚合物之间将存在应力传递。然而,应力传递的详情是不清楚的,需做进一步探索。

6.3.2
界面结合物理

依靠什么模式的相互作用使碳纳米管与聚合物之间产生良好的界面结合?物理作用还是化学作用或者兼而有之?对一些碳纳米管/聚合物复合材料的研究指出,纳米管与聚合物基体之间可能存在也可能不存在化学键合,然而仍然显示很强的界面结合。例如,在碳纳米管/聚吡咯复合材料中,聚合物紧密地覆盖了纳米管,而 X 射线术和拉曼光谱术测试都表明纳米管与聚吡咯之间并没有发生任何化学反应。对许多复合材料系统从力学角度考虑的实验和理论研究都指出,负载下碳纳米管与聚合物之间存在应力传递,亦即有着良好的界面结合,然而大都欠缺对界面结合方式的探索。

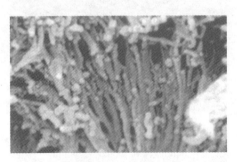

图 6.16　碳纳米管/聚苯乙烯复合材料杆状试样拉伸断裂面的 SEM 像

对界面形态学的研究有助于了解界面物理结合的机理。图 6.16 是碳纳米管/聚苯乙烯复合材料杆状试样拉伸断裂面的 SEM 像[19],显示了从基体中被拉出的一束碳纳米管。可以看到,碳纳米管表面仍然覆盖着聚苯乙烯,这表明聚苯乙烯良好地润湿了碳纳米管,表面能促使纳米管与聚苯乙烯之间的紧密接触。试样断裂时,破坏只发生在聚苯乙烯内部,而不发生在纳米管与聚苯乙烯覆盖物之间,说明增强体与基体之间有强结合。透射电子显微镜对超薄切片的观察能显示界面结构的细节,如图 1.8 所示。图中显示包埋于聚合物基体中的碳纳米管横切面 [图 1.8(a) 的中央],可以看到,碳纳米管的周边与基体紧密接触,在纳米级尺度没有观察到明显的间隙,碳纳米管与聚苯乙烯之间有极佳的黏结。图 1.8(b)~(d) 是基体内包含纵向排列碳纳米管的切片显微图,可见纳米管与基体的紧密结合。同时还观察到由原子排列缺陷引起的碳纳米管直径变化和碳纳米管的局部弯曲或扭结轮廓。可以认为,由此产生的增强体与基体之间的机械锁合是界面物理结合的来源。

从界面形态学观察发现,由于组成碳纳米管石墨的非六角形排列缺陷造成的碳纳米管局部不均匀，如直径的变化和在某些区域的弯曲或扭结，将产生增强体与基体之间的机械锁合，导致碳纳米管与聚合物之间的黏结。碳纳米管被拉出时，与碳纳米管光滑表面相比较，不平滑表面的纳米管与聚合物在粗糙接触的情况下发生相互滑移，必须提供额外的使聚合物形变的能量。

图 6.17 是一分子模型示意图，显示了一根包埋于线型聚乙烯分子束中直径变化的碳纳米管的拉出过程。纳米管小直径的一端正从聚合物"刷"中拉出，如图 6.17（a）所示，而大直径一端即将拉出的情景显示在图 6.17（b）中。纳米管的大直径使基体分子束发生大的形变，这就需要提供额外的能量。分子模型的下方是系统位能变化示意图［图 6.17（c）］。纳米管大直径部分的拉出相当于克服纳米管与基体间的机械锁合。

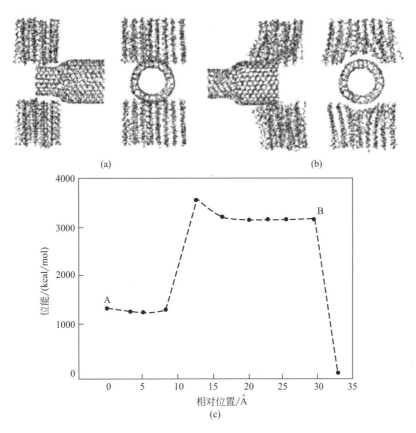

图 6.17　碳纳米管拉出过程的分子模型［(a) 和 (b)］和系统位能变化示意图 (c)

碳纳米管与聚合物的紧密接触和碳纳米管的不均匀形态结构使得机械锁合

对碳纳米管与聚合物的界面结合产生重要贡献。

热效应对界面物理结合的影响是另一个需要考虑的因素。由于碳纳米管与聚合物热膨胀系数的失配，当聚合物从熔融温度（对热塑性聚合物）或固化温度（对热固性聚合物）冷却时，系统将产生热残余径向应力和沿管径方向的形变。压缩径向应力使碳纳米管与基体有更紧密的接触，增强了纳米管与聚合物的非键合相互作用，同时局部碳纳米管形变促进了界面的机械锁合。理论计算得出碳纳米管/聚苯乙烯和碳纳米管/环氧树脂系统都存在不可忽视的热残余径向应力。热膨胀系数的失配对复合材料的界面物理结合有着重要贡献。

应该指出，上述机械锁合所起的作用与宏观的齿轮啮合相似。但是碳纳米管与聚合物之间的界面相互作用是指纳米尺度上的锁合，界面结合来源于静电力和范德华力，而不是宏观作用力。

碳纳米管由于其小尺寸和大比表面积，常常对基体聚合物的微观结构产生重大影响。这必定影响碳纳米管与基体聚合物之间物理结合的模式。例如，很少量多壁碳纳米管的加入将引起超高分子量聚乙烯的二次结晶（参见图 6.15 中多壁碳纳米管周围基体的条纹结构）。单壁碳纳米管同样也会引起聚合物微观结构的变化。例如，通过拉曼光谱术结合电子显微术等其它测试方法测定得出：单壁碳纳米管对等规聚丙烯（IPP）的结晶行为有明显影响，而且与纳米管含量密切相关。单壁碳纳米管的加入加速了聚丙烯的晶核生成和结晶成长，这种作用在低含量加入时更为显著。在纳米管含量较低时，聚合物能渗入纳米管束（聚集体）内部，进入各个单个纳米管之间的区域，而在含量较高时，则难以渗入大量的聚合物。

某些类型碳纳米管的掺入将使聚合物 PVA 的结晶度随碳纳米管含量的增加呈线性增大[20]。这是由于碳纳米管表面对有序聚合物的成核作用。显然，这种有序聚合物界面区对复合材料力学性质的改善有重要作用，例如杨氏模量明显增大。

碳纳米管的掺入引起的基体聚合物微观结构的变化对界面物理结合产生怎样的影响并不清楚，有待进一步研究。

6.3.3
界面结合化学

如果将碳纳米管做某种化学处理，将某种特定的化学基团连接于碳纳米管表面，随后与基体材料原位聚合，则可使碳纳米管在聚合物中获得高度分散，并使材料的力学性能得到大幅度的提高。这时，纳米管与基体聚合物之间的界面常常具有化学结合的形式。

例如，将碳纳米管用硫酸和硝酸的混合液进行酸化处理，使纳米管表面连接上酸性基团，随后使其与 DA10（1,10-癸二胺）反应，使纳米管表面连接上二胺基团。图 6.18 是其反应过程示意图。这种处理常称为碳纳米管表面的功能化处理，结果是使纳米管表面连接上某种特定的功能基团。红外光谱术可用于确认处理的结果，如图 6.19 所示。光谱中 1721cm^{-1} 峰和 1176cm^{-1} 峰分别归属于 C＝O 和 C—O 伸缩模，表明在酸化处理后的碳纳米管中存在羧基。在二胺化碳纳米管的光谱中，1176cm^{-1} 峰（C＝O 伸缩）消失，而 1721cm^{-1} 峰（C—O 伸缩）仍然出现，与示意图相一致。光谱中与—CH$_2$—伸缩模对应的 2853～2926cm^{-1} 特征峰和与 N—H 弯曲模对应的 1550～1640cm^{-1} 特征峰的出现进一步证实了碳纳米管的二胺化。

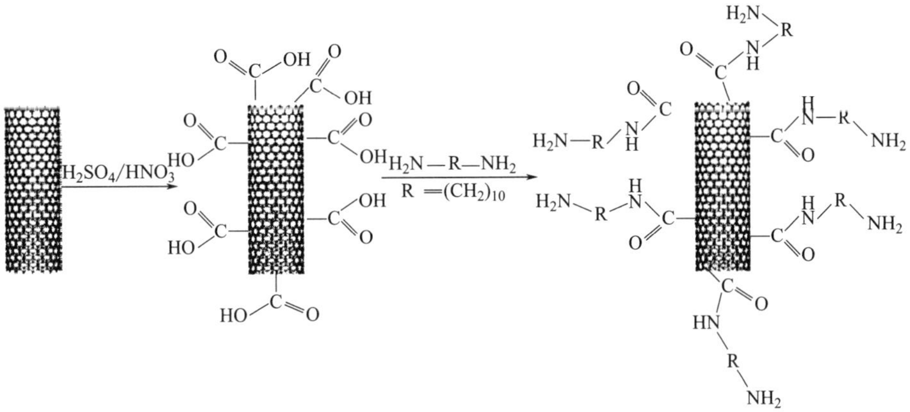

图 6.18　碳纳米管酸处理和二胺化处理的反应过程示意图

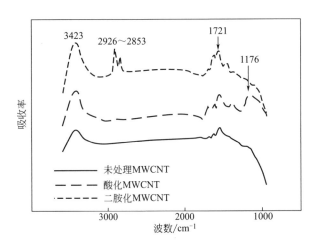

图 6.19　原料碳纳米管、酸处理碳纳米管和二胺化碳纳米管的红外光谱

功能化后的碳纳米管可与聚合物 PET 进行原位聚合，获得碳纳米管/PET 复合材料。二胺化碳纳米管与 PET 之间的界面反应可由拉曼光谱和材料流变性质的改变得到证实。图 6.20 显示了原材料碳纳米管、酸处理碳纳米管和二胺化碳纳米管增强 PET 复合材料的拉曼光谱。三条光谱都有尖锐的 D 峰（位于 $1286cm^{-1}$ 附近）和 G 峰（位于 $1608cm^{-1}$ 附近）。与酸处理碳纳米管复合材料相比较，二胺化碳纳米管复合材料的 G 峰向高频移方向偏移了约 $10cm^{-1}$。这是由于二胺化使得在原位聚合时，聚合物分子能够渗入原来缠结成团簇的各个碳纳米管之间的空间中，使碳纳米管在 PET 基体中获得良好的分散。这种良好的分散可在扫描电子显微镜中直接观察到。

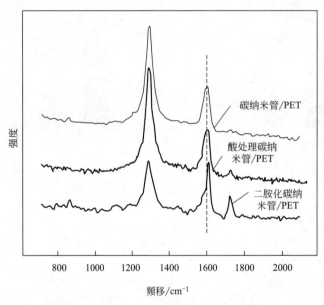

图 6.20　碳纳米管/PET 复合材料的拉曼光谱

界面化学结合对复合材料力学性能的增强作用十分显著。图 6.21 显示了各种表面处理碳纳米管和不同碳纳米管含量复合材料的强度和杨氏模量，为比较起见，也列出了基体 PET 的值[21]。

界面化学反应通常是发生在碳纳米管的外壁和两端的半球形表面。

对不同的基体材料，应该使用不同的碳纳米管预处理方法，在碳纳米管表面连接上与基体材料分子结构相应的功能基团，以便在原位聚合时与基体分子发生化学反应。功能化碳纳米管对其它聚合物基体的影响和它们之间的界面化学相互作用已有许多报道，例如聚碳酸酯（PC）[22]、聚甲基丙烯酸甲酯（PMMA）[23]、环氧树脂[24]、聚酰胺-6[25] 和聚丙烯腈[26] 等聚合物基体。

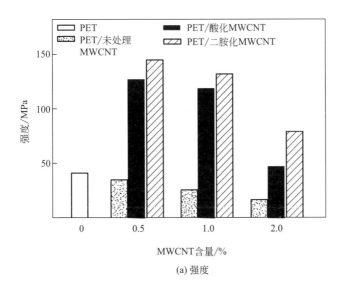

(a) 强度

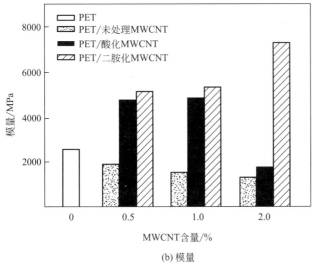

(b) 模量

图 6.21 碳纳米管/PET 复合材料的强度和模量

6.4

碳纳米管/聚合物复合材料的界面能

界面能是研究碳纳米管/聚合物复合材料界面行为的一个重要参数。界面断裂能常常作为复合材料界面韧性的量度，也可从界面能推算出界面剪切强度。

由于碳纳米管的小尺寸，碳纳米管复合材料界面能的直接测量是个困难的问题。早先有人使用类似于传统的纤维拉出试验方法成功地测定了碳纳米管/聚乙烯-丁烯复合材料的界面断裂能[4]。最近报道了将碳纳米管从表面剥离的方法（剥离力谱术，peeling force spoctscopy）测量界面能[27,28]。这两种方法都在原子力显微镜（AFM）下操作。

拉出试验的程序大致如下：首先在扫描电子显微镜中操作，使一根碳纳米管的一端黏附在 AFM 的硅针尖上，随后在 AFM 中将碳纳米管自由的一端"插入"熔融的聚合物中，聚合物冷却固化后即得碳纳米管包埋于聚合物基体中的拉出试样，最后在 AFM 中拉出碳纳米管，记录相关数据。

图 6.22 显示了包埋于聚乙烯-丁烯基体中的一根多壁碳纳米管的拉出力曲线。曲线形状与传统的纤维/聚合物拉出试验的曲线相似。在起始阶段，碳纳米管保持与基体聚合物的完全接触，拉出力随时间逐渐增大。这意味着碳纳米管与聚合物之间界面剪切应力的逐渐增大。随后碳纳米管相对聚合物的位移引起界面脱结合的发生和发展，直到达到临界最大力时，碳纳米管与聚合物基体完全脱结合。与此同时，由于界面破坏，力的大小急剧减小。此后，纳米管移动时作用于纳米管上的力仅仅是聚合物与纳米管之间的摩擦力。对传统的纤维增强复合材料，界面完全脱结合后的拉出力曲线通常是锯齿状，是纤维与基体相互摩擦状态的反映。与之不同，对碳纳米管/聚合物复合材料，这段拉出力曲线（图 6.22）并不出现"锯齿"。这是因为碳纳米管在很小尺度上是光滑的，在界面完全脱结合后，比较容易从聚合物基体中滑移出来。

使用与纤维增强复合材料拉出试验数据处理相类似的方法，可以计算出碳纳米管从聚合物中拉出时的界面断裂能 G_c，如图 6.23 所示。图中横坐标 R/r 是应力传递参数，描述增强体在基体中的分布空间。图中可见，界面断裂能的大小在 $4\sim70J/m^2$ 范围内。而且，小直径组（$10\sim20nm$）的界面断裂能显著大于其它各组。这可能是碳纳米管的小尺寸效应在界面断裂能中的反映。与大直径碳纳米管相比，小直径的碳纳米管形成与聚合物基体较强的界面结合。图 6.24 显示了对不同直径组碳纳米管计算得到的界面剪切强度。可以看到，小直径组具有较大的界面剪切强度。

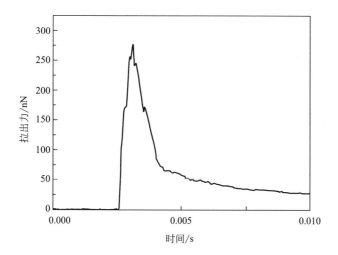

图 6.22 包埋于聚乙烯-丁烯基体中的一根多壁碳纳米管的拉出力曲线

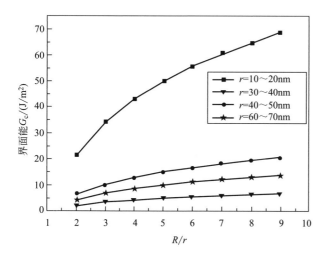

图 6.23 不同直径碳纳米管/聚乙烯-丁烯复合材料的界面断裂能

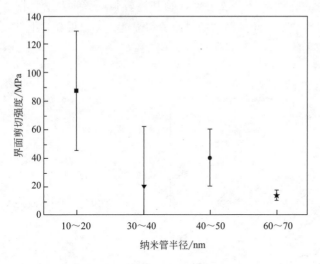

图 6.24　界面剪切强度与碳纳米管直径的关系

剥离力谱术也能定量地测定碳纳米管复合材料的界面断裂能[28]。对石墨、热塑性聚合物聚酰亚胺和热固性聚合物环氧树脂三种不同基体测得的界面断裂能如图 6.25 所示。这种方法尚有许多有待改进和完善之处，但是用于不同基体材料的比较研究似乎是有效的。

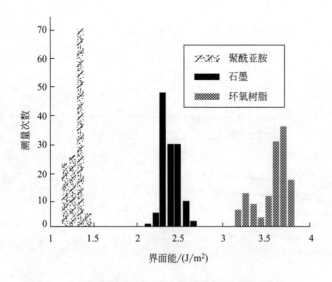

图 6.25　不同基体/碳纳米管复合材料的界面断裂能直方图

参考文献

[1] Odom T W, Huang J L, Kim P, Lieber C M. Structure an electronics properties of carbon nanotubes. J Phys Chem, 2000, 104: 2794.

[2] Ruan S L, Gao P, Yang X G, Yu T X. Toughening high performance ultrahigh molecular weight polyethylene using multiwalled carbon nanotubes. Polymer, 2003, 44: 5643.

[3] 杨序纲, 吴琪琳. 拉曼光谱的分析与应用. 北京: 国防工业出版社, 2008.

[4] Barber A H, Cohen S R, Kenig S, Wagner H D. Interfacial fracture energy measurements for multi-walled carbon nanotebes pulled from a polymer matrix. Comp Sci Tech, 2004, 64: 2283.

[5] McCarthy B, Coleman J N, Czerw R, alton A B, et al. A microscopic and spectroscopic study of interactions between carbon nanotubes and conjugated polymer. J Phys Chem B, 2000, 106, 2210.

[6] Desai A V, Haque M A. Mechanics of the interface for carbon nanotube-polymer composites. Thin-Walled Structure, 2005, 43: 1787.

[7] Kao C C, Young R J. A Raman spectroscopic investigation of heating effects and the deformation behavior of epoxy/SWNT composites. Comp Sci Tech, 2004, 64: 2291.

[8] Cooper C A, Young R J, Halsall M. Investigation into the deformation of carbon nanotubes and their composites through the use of Raman spectroscopy. Composites Part A, 2001, 32: 401.

[9] Lucas M, Young R J. Raman spectroscopic study of the effect of strain on the radial breathing modes of carbon nanotubes in epoxy/SWNT composites. Comp Sci Tech, 2004, 64: 2297.

[10] Lucas M, Young R J. Unique identification of single-walled carbon nanotubes in composites. Comp Sci Tech, 2007, 67: 2135.

[11] Schadler L S, Giannaris S C, Ajayan P M. Laod transfer in carbon nanotube epoxy composites. Appl Phys Lett, 1998, 73: 3842.

[12] Jia Z, Wang Z, Xu C. Study on poly (methyl methacrylate) /carbon nanotube composites. Mater Sci Engng A, 1999, 271: 395.

[13] Ruan S, Gao P, Yu T X. Ultra-strong gel-spun UHMWPE fibers reinforced multiwalled carbon nanotubes. Polymer, 2006, 47: 1604.

[14] Munoz E, Suh D S, Collins S, Selvidge M, et al. Highly conducting carbon nanotube/polyethyleneimine composite fibers. Adv Mater, 2005, 17: 1064.

[15] Chae H C, Choi Y H, Minus M L, Kumar S. Carbon nanotube reinforced small diameter polyacrylonitrile based carbon fiber. Comp Sci Tech, 2009, 69: 406.

[16] Mora R J, Vilatela J J, Windle A H. Properties of composites of carbon nanotube fibres. Comp Sci Tech, 2009, 69: 1558.

[17] Lourie O, Wagner H D. Evidence of stress transfer and formation of fracture clusters in carbon nanotube-based composites. Comp Sci Tech, 1999, 59: 975.

[18] Ci L, Bai J. The reinforcement role of carbon nanotubes in epoxy composites with different matrix stiffness. Comp Sci Tech, 2006, 66: 599.

[19] Wong M, Paramsothy M, Xu X J, Ren Y, et al. Physical interactions at carbon nanotube-polymer interface. Polymer, 2003, 44: 7757.

[20] Coleman J N, Cadek M, Ryan K P, Fonseca A, Nagy J B, Blau W J, Ferreira M S. Reinforcement of polymers with carbon nanotubes. The role of an ordered polymer interfacial region. Experiment and modeling. Polymer, 2006, 47: 8556.

[21] Jin S H, Park Y B, Yoon K H. Rheological and mechanical properties of surface modified multi-walled carbon nanotube-filled PET composite. Comp Sci Tech, 2007, 67: 3434.

[22] Eitan A, Fisher F T, Andrews R, Brinson L C, Schadler L S. reinforcement mechanisms in MWCNT-filled polycarbonate. Comp Sci Tech, 2006, 66: 1162.

[23] Wang M, Pramoda K P, Goh S H. Enhancement of interfacial adhesive and dynamic mechanical properties of poly (methyl mathyacrylate) /multi-walled carbon nanotube composites with amine-terminated poly (ethylene oxide). Carbon, 2006,

44: 613.

[24] Gojny F H, Nastalczyk J, Roslaniec Z, Schulte K. Surface modified multi-walled carbon nanotubes in CNT/epoxy-composites. Chem Phys Lett, 2003, 370: 820.

[25] Zhao D, Hu G, Justice R, Schaefer D W, Zhang S, Yang M, et al. Synthesis and characterization of multi-walled carbon nanitubes reinforced polyamide 6 via in situ polymerization. Polymer, 2005, 46: 5125.

[26] Vaisman L, Larin B, Davidi I, Wachtel E, Marom G, Wagner H D. Processing and characterization of extruded drawn MWNT-PAN composite filaments. Comp Part A, 2007, 38: 1354.

[27] Strus M C, Cano C I, Pipes R B, Vgayen C V, Raman A. Interfacial energy between carbon nanotubes an polymers measure from nanoscale peel tests in the atomic force microscope. Comp Sci Tech, 2009, 69: 1580-1586.

[28] Strus M C, Zalamea L, Raman A, Pipes R B, Nguyen C V, Stach E A. Peeling force spectroscopy: exposing the adhesive nanomechanics of one-dimensional nanostructures. Nano Lett, 2008, 8: 544.

第7章
Chapter 7

石墨烯增强复合材料

7.1
概述

石墨烯由于优异的力学、热学、电学以及其它物理和化学性质，加上它具有的二维平面形态学结构和相对较低的制备成本，使得它成为复合材料的理想增强体。对聚合物基、陶瓷基和金属基石墨烯纳米复合材料的研究表明，比起其它增强体，石墨烯在对材料的增强和功能化以及经济成本的降低等方面都具有更强的优势[1]。尽管研究历史仅仅只有短短的 10 余年，但石墨烯复合材料已经成为材料研究领域的热点。

纤维是长期以来改善材料性能的主要增强体。目前，纤维增强复合材料已在各个领域得到广泛应用。近代，科学家们在使用纳米颗粒作为增强剂改善各种材料（包括聚合物、陶瓷和金属）性能的研究已取得了很大进展。碳纳米管和蒙脱土（MMT）是典型的一类纳米颗粒添加剂，能显著增强许多材料的力学和其它物理性能。研究表明，在许多方面纳米颗粒优于常用的纤维，而石墨烯的出现使得纳米颗粒增强剂有了一个强有力的竞争者。

碳纳米管具有与石墨烯相近的力学性能和某些物理性质，然而，迄今为止的研究表明，在许多性能的增强效果上，石墨烯更为有效。例如，一般而言，石墨烯的添加能显著增强聚合物的力学性能，其效果明显高于碳纳米管，包括单壁和多壁碳纳米管[2,3]。现以典型的聚合物材料环氧树脂作为基体材料，比较这些增强体的增强效果。图 7.1 显示了石墨烯/环氧树脂、碳纳米管/环氧树脂和纯净环氧树脂拉伸试验结果的统计资料，比较了这几种纳米复合材料的断裂强度和杨氏模量[3]。可以看到，石墨烯/环氧树脂比起单壁碳纳米管/环氧树脂、多壁碳纳米管/环氧树脂和纯净环氧树脂，在拉伸强度和杨氏模量上都要高出很多。例如，石墨烯/环氧树脂复合材料的拉伸强度比起基体材料环氧树脂高40％，而相同增强剂添加量（0.1％）的单壁碳纳米管/环氧树脂和多壁碳纳米管/环氧树脂仅比基体材料分别增大 11％ 和 14％［图 7.1(a)］。0.1％石墨烯的添加量使得杨氏模量增大 31％，而相同添加量的单壁碳纳米管或多壁碳纳米管则只有小于 3％ 的增大［图 7.1(b)］。图中杨氏模量的理论值由 Halpin-Tsai 方程计算得到[4]。石墨烯的添加还显著增强环氧树脂的抗压和抗疲劳性能，而且比起添加碳纳米管有更佳的效果。图 7.2 显示了几种纳米复合材料和纯净环氧树脂抗压试验的结果[2]。从图中可见，石墨烯的增强作用显著优于一维纳米材

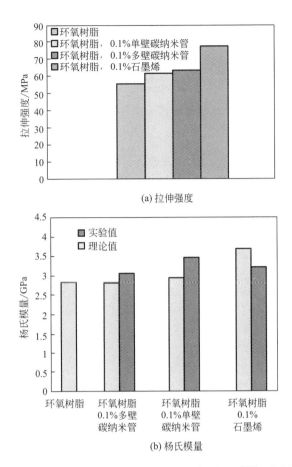

(a) 拉伸强度

(b) 杨氏模量

图 7.1 石墨烯/环氧树脂、碳纳米管/环氧树脂和基体环氧树脂拉伸力学性质的比较

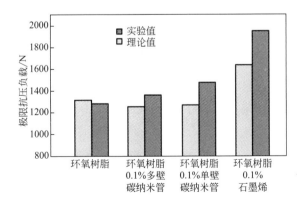

图 7.2 石墨烯/环氧树脂、碳纳米管/环氧树脂和基体环氧树脂极限抗压负载的比较

料。在相同添加量的情况下，相对基体环氧树脂，石墨烯的添加使抗压负载增加约 52%，而对单壁碳纳米管和多壁碳纳米管，仅分别增大约 15% 和 6%。图 7.3 显示了几种复合材料和纯净环氧树脂抗疲劳试验得出的应力强度因子 ΔK 与裂纹增大率 $\mathrm{d}a/\mathrm{d}N$ 之间的关系曲线[5]。显见，石墨烯的加入显著增强了材料的抗疲劳性能，其效果也明显高于一维碳纳米管所起的作用。

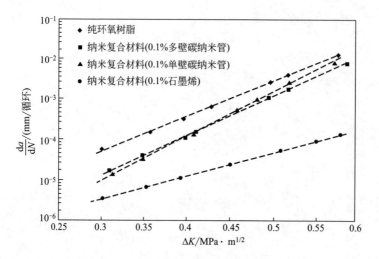

图 7.3　石墨烯/环氧树脂、碳纳米管/环氧树脂和基体环氧树脂的疲劳裂纹传
　　　　播试验：裂纹增大率与应力强度因子之间的关系

　　对聚合物材料，石墨烯比起一维的碳纳米管有更强的力学性能增强效果的原因可归结为石墨烯的超高比表面积、粗糙和波形的表面形态结构，以及由于其固有的片状二维结构而不要求在基体内的任何择优取向。

　　研究指出，石墨烯对陶瓷材料也有更佳的增强效果。例如有报道称，在相同实验条件下，石墨烯增强陶瓷复合材料的力学性质比起碳纳米管增强复合材料要高出 10%～50%[6]。

　　石墨烯表现出的对聚合物和陶瓷材料优异的增强效果，显然与这类复合材料的界面行为（包括界面微结构和界面微观力学）相关。科学家们正在使用多种方法努力探索石墨烯的特殊结构导致的独有的复合材料界面行为。然而，这种探索还处于起始阶段，相关研究成果的报道较少，尤其在界面微观结构方面，期待有兴趣的研究人员做出更大的贡献。本章仅阐述界面微观力学方面迄今取得的一些较为成熟的研究成果。与其它碳材料相似，主要方法是使用拉曼光谱术，利用石墨烯的拉曼峰行为对应变的响应研究石墨烯复合材料的界面微观力学。

7.2
石墨烯的拉曼峰行为对应变的响应

对应变/应力敏感的石墨烯拉曼峰行为表现在峰频移的变化。一些研究者报道了他们测定的石墨烯拉曼峰频移与应变的函数关系[7-12]。

7.2.1
实验方法

对厚度仅为单原子厚度的石墨烯直接做单向拉伸或压缩，以目前的实验技术是难以实现的。一般的做法是将石墨烯吸附在聚合物材料制成的基片（板或膜）上，而外负载直接施加在塑料基片上，将负载传递给石墨烯，实现石墨烯的拉伸或压缩应变。

一种将合成的石墨烯片转移到基片上的方法如图7.4所示[7]。这是将在Si基片上合成的单层石墨烯转移到聚二甲基硅氧烷（PDMS）膜上的成功方法。PDMS是一种聚硅氧烷弹性体，适用于施加应变。首先，在Si基片上沉积一层金膜以支撑单层石墨烯，随后在金膜上涂布一层浓PVA溶液；待PVA固化后，将其从Si基片上剥离，获得石墨烯/金膜/PVA组合物；将该组合物覆盖到PDMS上；最后，用去离子（DI）水去除PVA，用蚀刻法溶解金，石墨烯被转移到PDMS上。为"夹紧"石墨烯，在试样表面蒸发上钛栅条（宽$2\mu m$，厚60nm）[图7.4(g)]。转移后的基片上的石墨烯光学显微镜下可见，如图7.4(f)所示。也可以选用其它聚合物材料制作基片，例如PET和PMMA等。为了改善基片上石墨烯的光学可见性，可在转移前在基片表面涂布一薄层光刻胶（感光性树脂），厚度约为400nm。对机械剥离的石墨烯不必经过上述程序，可直接转移到基片上。

通常使用将基片弯曲的方法对石墨烯施加沿基片纵向的应变。可以是二点弯曲，也可选用四点弯曲，如图7.5所示[8]。注意示图尺寸并未按真实比例绘制。一个典型的PET膜基片尺寸为厚$720\mu m$、长23mm，丙烯酸塑料（perspex）基片的尺寸为厚3mm、长10cm和宽1cm[8]。石墨烯位于基片的中央，其尺寸应为基片长度的$10^{-4} \sim 10^{-3}$。有多种测量基片（石墨烯）纵向应变的方法。对如图7.4(g)所示的试样，可在光学显微镜下直接测量Ti栅条间距的变化获得应变的大小；使用应变片是另一种方便的方法；也可测量支点的位移，

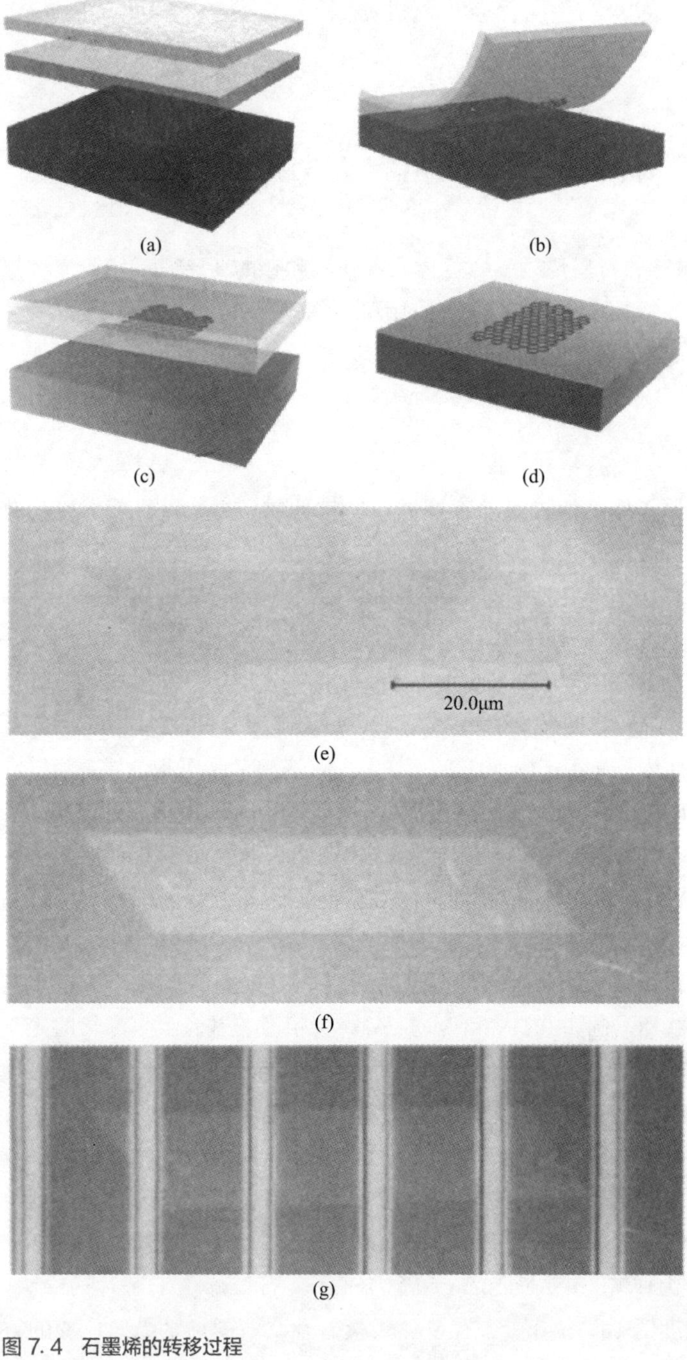

图 7.4　石墨烯的转移过程

（a）～（d）将 Si 基片上的石墨烯转移到 PDMS 膜上；（e）基片上石墨烯（转移前）的光学显微图；
（f）PDMS 片上石墨烯（转移后）的光学显微图；（g）沉积 Ti 栅条后的光学显微图

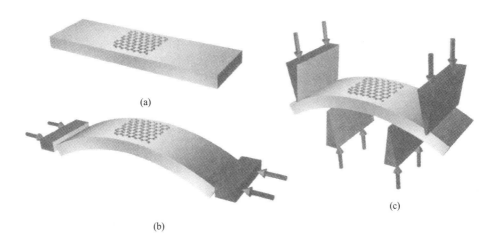

图 7.5 负载实验示意图
(a) 安置了石墨烯的基片（石墨烯片位于中央位置）；(b) 二点弯曲；(c) 四点弯曲

通过计算获得基片表面的应变大小。

做拉曼光谱测试时应注意激光功率的控制，通常应使试样上的功率小于 2mW，以保证石墨烯不会发生热损伤（在给定应变下，拉曼峰的频移和峰宽都不发生变化）。负载和卸载时数据的重现情况能确认石墨烯与基片间是否发生滑移。

7.2.2
峰频移与应变的函数关系

高质量石墨烯在 800～3000cm^{-1} 范围内的拉曼光谱通常显示两个特征峰：G 峰和 G′(2D) 峰。原子结构含有缺陷的石墨烯和氧化石墨烯则除了这两个峰外，还出现 D 峰。使用上述实验装置，各个研究组测得的拉曼峰频移与应变的函数关系既相似又有不同。共同的结果是：各个峰的峰频移都随应变的增大向低频移方向偏移，而且有良好的线性关系；在较大的应变下，G 峰发生分裂，形成 G$^+$ 峰和 G$^-$ 峰。不同的是测得的频移随应变的偏移率而有所差异。

图 7.6 显示了不同应变下石墨烯的拉曼光谱[8]。可以看到，应变使拉曼峰的频移发生红移，而且，应变越大，偏移越大；在较大应变下 G 峰分裂为两个峰（G$^+$ 峰和 G$^-$ 峰）。拉曼峰频移与应变的函数关系如图 7.7 所示[8]。对 G′峰、G$^+$ 峰和 G$^-$ 峰的数据点拟合直线的斜率分别为 −64cm^{-1}/％应变、−10.8cm^{-1}/％应变和 −31.7cm^{-1}/％应变。图中显示，测定的数据相对拟合直线有些分散。这可能是由于这组数据包括两种实验装置（二点弯曲和四点弯曲）测定的数据，也包

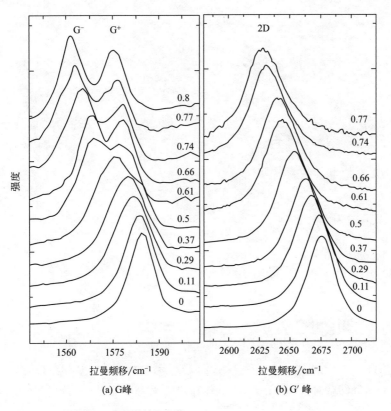

图 7.6　不同应变下石墨烯的拉曼光谱

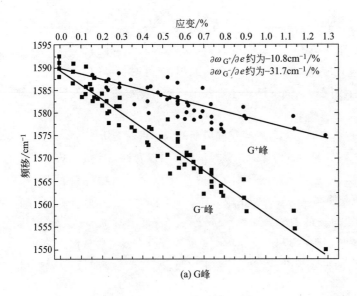

(a) G峰

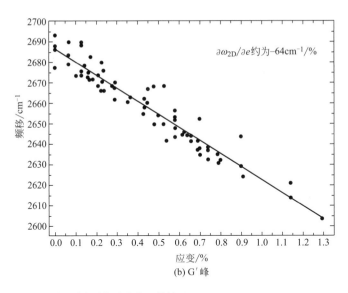

(b) G′峰

图 7.7 拉曼峰频移与应变的函数关系

含了循环负荷（负载和卸载）测定的所有数据。有些研究者测得的数据与直线则有很好的相关性[7,11,12]，如图 7.8 所示[7]。

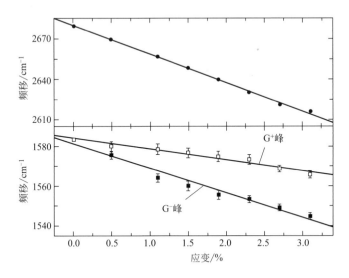

图 7.8 石墨烯 G 峰和 G′ 峰频移随应变的线性关系

显然，G′峰的行为适用于测定负载下复合材料中石墨烯的应变及其分布，并据此分析界面应力传递情况。

对氧化石墨烯，其拉曼光谱显现很强的 D 峰。研究指出，D 峰的频移也随应变的增大向低频方向偏移，而且有良好的线性关系[13]。这个函数关系也可应用于研究相关复合材料的形变微观力学，详情将在本章 7.5 节中阐述。

7.3
界面应力传递

7.3.1
Cox 模型剪切-滞后理论的有效性

Cox 的剪切-滞后理论（shear-lag theory）[14] 是讨论复合材料微观力学的基础。对于石墨烯纳米复合材料，增强体石墨烯仅有一个原子的厚度，这一理论是否适用？

对长连续纤维增强复合材料，复合材料中的纤维沿纤维排列方向的轴向应变与基体应变一般是相同的。因此，相对基体材料，较高模量的纤维承担了负载的主要部分，起到了增强作用。对短纤维增强体，情况比较复杂。Cox 的剪切-滞后理论已成功地应用于分析这种情况下的界面应力传递。对于诸如石墨烯这样的片状增强体，可将它考虑成纤维增强体的二维问题。实际上，剪切-滞后理论已经被用于分析诸如层状黏土[15] 和某些生物材料（骨骼和壳）[16,17] 等片状增强体的增强作用。

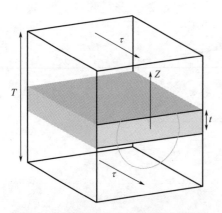

图 7.9　用于剪切-滞后分析的树脂内石墨烯片的模型

实验和理论研究表明 Cox 理论也适用于对石墨烯纳米复合材料的分析。

类似于不连续单纤维的情况，做出某些修正后，剪切-滞后理论能用于模拟单层石墨烯在基体中的力学行为[11]。假定石墨烯是力学连续体，而且，其周围是一层弹性聚合物树脂，如图 7.9 所示[18]。图中 τ 为剪切应力，作用在距离单层石墨烯片中心 Z 处。弹性应力通过增强体与基体之间界面的剪切应力从基体传递给增强体。根据片状体的剪切-滞后分析，对给定的

基体应变 e_m，单层石墨烯片上的应变 e_f 随位置 x 的变化由下式[18] 表示：

$$e_f = e_m \left[1 - \frac{\cosh\left(ns\,\dfrac{x}{l} \right)}{\cosh\left(\dfrac{ns}{2} \right)} \right] \tag{7-1}$$

$$n = \sqrt{\frac{2G_m}{E_g} \times \frac{t}{T}} \tag{7-2}$$

式中，G_m 是基体的剪切模量；E_f 是石墨烯片的杨氏模量；l 是石墨烯片在 x 方向的长度；t 是石墨烯的厚度；T 是树脂的总厚度；s 是石墨烯在 x 方向的长厚比（l/t）。参数 n 是在复合材料微观力学中被广泛认可的界面应力传递效率的有效量度，所以，ns 既有关于石墨烯片的形态，又取决于石墨烯与基体的相互作用程度即界面结合强度。

石墨烯/聚合物界面的剪切应力 τ_i 由下式给出[11]：

$$\tau_i = nE_g e_m \frac{\sinh\left(ns\,\dfrac{x}{l} \right)}{\cosh\left(\dfrac{ns}{2} \right)} \tag{7-3}$$

考察这些方程式可见，在乘积 ns 有大值时，单层石墨烯将承受大应力，亦即增强物有高的增强效果。这意味着为了获得好的增强效果，应该有大的长厚比 s 和大的 n 值。必须指出，上述分析假定了单片石墨烯和聚合物都具有线性弹性连续体行为。

7.3.2
应变分布和界面剪切应力

应用石墨烯 G' 拉曼峰频移与石墨烯应变间的近似线性关系，可监测石墨烯复合材料的应力传递行为。一些纤维包括碳纤维[19-21]、陶瓷纤维[22-24] 和聚合物纤维[25,26] 的拉曼峰频移或荧光峰波数对纤维应变敏感，据此，拉曼光谱术已经被成功地用于测定基体内纤维的应变分布、研究纤维与基体间的相互作用[27]。对石墨烯复合材料，可比照相似的方法，制备模型石墨烯复合材料，测定负载下石墨烯沿负载方向应变的分布，然后分析界面应力传递的详情。

图 7.10(a) 显示了一种模型石墨烯复合材料构造示意图[18]。作为实例，以下叙述模型石墨烯复合材料试样的一种制备方法。将厚度约为 5mm 的 PMMA 板材表面旋涂一层 SU-8 环氧树脂，厚度约为 300nm。将用机械剥离法获得的石墨烯片转移到环氧树脂表面上。这种方法制备的石墨烯片常有不同的层数，用

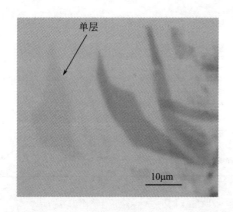

SU-8　　　　　　　　　单层石墨烯　　　　　　　聚合物

PMMA

(a)

(b)

图 7. 10　模型石墨烯复合材料的构造和石墨烯的应变分布

（a）构造示意图；（b）不同 *ns* 值对石墨烯应变数据的拟合曲线

单层

10μm

图 7. 11　石墨烯的光学显微图

光学显微术或拉曼光谱术可确认单层的石墨烯。最后用旋涂法在板材上覆盖一薄层 PMMA，厚度约为 50nm。两聚合物层之间的石墨烯在光学显微镜下可见。图 7. 11 显示了具有不同厚度石墨烯片的光学显微图，从石墨烯片与基片之间的衬度差异可以确定与单层石墨烯相应的区域。使用拉曼光谱术也能确认单层石墨烯片，其方法将在后文中叙述。

　　用四点弯曲法形变 PMMA 板材（参阅图 7.5），粘贴在其表面上的应变片能测定其应变值。石墨烯拉曼光谱的测定使用低功率的 HeNe 激光，试样上的功率小于 1mW。石墨烯的形变以其 G' 峰频移的偏移获得。激光束的偏振方向通常平行于拉伸方向。

　　应用式（7-1）对从图 7.10(a) 所示的试样测得的实验数据作拟合，可得到拟合曲线 [图 7.10(b)]。最佳拟合曲线的获得取决于 *ns* 值的合适选取。取不同

ns 值的拟合处理得出，在基体应变为 $e_m = 0.4\%$ 时，取 $ns = 20$ 获得了合适的拟合，如图 7.10(b) 中曲线所示。或大（$ns = 50$）或小（$ns = 10$）的 ns 值，都使拟合曲线与实验数据有更大的偏离。是否达到最佳拟合，可从拟合系数（率）判断。完全理想的拟合，其拟合系数应达到 1。

图 7.12(a) 显示了基体应变为 $e_m = 0.4\%$ 时，由应力引起的拉曼峰频移偏移测得的单层石墨烯沿 x 轴方向（拉伸方向）的应变 ［与图 7.10(b) 所示不同的另一组数据］。从图中可见，石墨烯在平行于应变轴方向的轴向应变沿 x 轴是不均匀的，应变在端头发生，沿中央方向逐渐增大，在中央区域成为平台常值，相等于基体应变 $e_m = 0.4\%$。这种情况与模型不连续单纤维复合材料，当纤维与基体有强界面结合，基体应变不是太大时的情况完全相似，可以用剪切-滞后理论作分析。

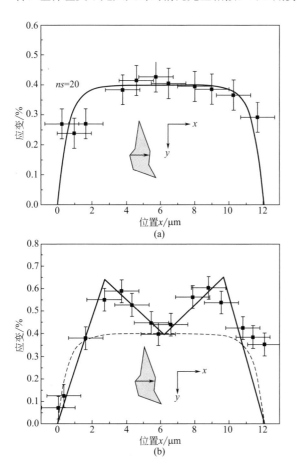

图 7.12 沿 x 轴方向石墨烯应变的分布

（a）基体应变 0.4%；（b）基体应变 0.6%

应用式（7-3），可确定石墨烯-聚合物间界面剪切应力 τ_i 沿 x 轴的变化。端头具有最大的剪切应力（约 2.3MPa）。

当基体应变达到 $e_m = 0.6\%$ 时，测得的单片石墨烯轴向应变的数据分布情况与图 7.12(a) 所示大有不同，如图 7.12(b) 所示。这时，石墨烯两端的应变近似呈直线分布，直到靠近中央的 0.6% 应变（相等于基体应变 $e_m = 0.6\%$）；在石墨烯的中央应变下降到 0.4%。这种情况下，似乎石墨烯与聚合物基体间的界面已经遭到破坏，发生了脱结合，应力传递通过界面摩擦力发生。在石墨烯中央应变并不下降到零，意味着石墨烯仍然与聚合物保持接触。这与碳纤维的单纤维断裂试验中发生的情况不同。这种情况下的界面剪切应力可使用下列力平衡方程从图 7.12(b) 的直线斜率计算得到：

$$\frac{\mathrm{d}e_f}{\mathrm{d}x} = -\frac{\tau_i}{E_f t} \tag{7-4}$$

计算得出，界面剪切应力在 $0.3 \sim 0.8$MPa 范围内。

在轴向应变大于 0.4% 后，单层石墨烯复合材料的形变导致石墨烯聚合物间界面破坏，与之相应，应变分布曲线出现显著不同的形状，界面剪切应力仅为约 1MPa。与碳纤维复合材料测得的界面剪切应力（τ_i 约为 $20 \sim 40$MPa[19-21]）相比较，单层石墨烯与聚合物间的结合程度明显较弱，因而增强效果是相当低的。考虑到一个原子厚度平坦的表面与基体间的相互作用是较弱的范德华力结合，这个结果是合理的。

7.3.3
最佳石墨烯尺寸

在纤维增强复合材料中，增强质量常用"临界长度" l_c 来描述。这个参数定义为从纤维端头到应变上升到平台区域距离的两倍，它的值越小，界面结合越强[28]。由图 7.12(a) 可见，从石墨烯端头到应变上升到平台区域应变 90% 的距离约为 $1.5\mu m$，因此，对这个试样的石墨烯增强体，临界长度约为 $3\mu m$。为了获得好的纤维增强效果，一般认为纤维长度应为约 $10l_c$。据此，为了有效地增强，石墨烯片需要有相当大的尺寸（大于 $30\mu m$）。然而，就目前制备石墨烯的剥离技术，获得的单层石墨烯尺寸要达到这个要求还有很远的距离。这也解释了为什么目前制备的石墨烯聚合物复合材料只有低增强效率。

7.3.4
应变图

在图 7.12 所示试样中对 y 轴方向各点应变的测量得出，在中央区域，沿 y

方向的应变分布也是均匀的。实际上，应用拉曼光谱术能对上述试样作精确的二维应变分布图。

图 7.13(a) 显示了一单层石墨烯形变前的光学显微图[12]。利用其拉曼 2D 峰频移与应变间的近似线性函数关系，测得在不同基体应变下石墨烯各点应变的分布，如图 7.13(b) 所示[18]。图中各黑色圆点表示拉曼测试点。由于激光斑点有约 $2\mu m$ 的大小，不可能测出石墨烯近边缘区域的应变，图中在应变图外绘出了试样的轮廓。示图显示，未形变和直到基体应变达到 0.6%，石墨烯各点的应变基本上是均匀的，超过了这个值，石墨烯表现出高度不均匀的应变分布（见基体应变为 0.8% 时的应变图）。高负载将导致石墨烯与聚合物层间界面的破坏，应力传递的方式发生改变，表现为石墨烯应变发生变化。引起模型复合材料损伤的可能机制有如下两个（图 7.14）：单层石墨烯断裂 [图 7.14(b)]；覆盖聚合物 SU-8 发生开裂 [图 7.14(c)]。考虑到石墨烯约 100GPa 的断裂应力和 20% 的断裂伸长率，仅仅 0.8% 的外加应变不可能使石墨烯发生破坏，因此，可能的机理是聚合物的开裂。尽管界面受到损伤，石墨烯与基体仍然保持接触。裂纹间石墨烯应变分布的形状呈三角形，界面剪切应力仅为约 0.25MPa，比开裂前小一个数量级。

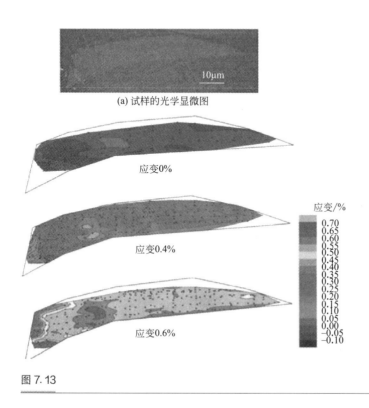

(a) 试样的光学显微图

应变0%

应变0.4%

应变0.6%

图 7.13

应变0.8%　　10μm

(b) 不同应变下石墨烯片上的应变分布

图 7.13　单层石墨烯的应变图

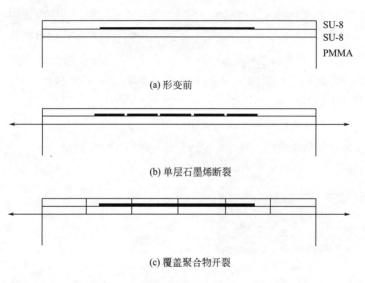

(a) 形变前

(b) 单层石墨烯断裂

(c) 覆盖聚合物开裂

图 7.14　模型石墨烯复合材料界面破坏的可能机制

7.3.5
压缩负载下的界面应力传递

　　复合材料在实际应用中通常都承受很复杂的应力场，而且常常损坏于压缩负载下的压曲破坏。拉曼光谱术也应用于在压缩负载下模型石墨烯复合材料的界面力学行为研究[29,30]。使用与图 7.10(a) 所示相似的试样：一种试样顶部覆盖一薄层聚合物，呈三明治结构；另一种试样则石墨烯裸露在外。一种悬臂梁装置可用于对模型复合材料施加拉伸或压缩负载，如图 7.15 所示[30]。调节悬臂梁端头的螺丝使其弯曲，对试样施加应变。应变由下式计算得到：

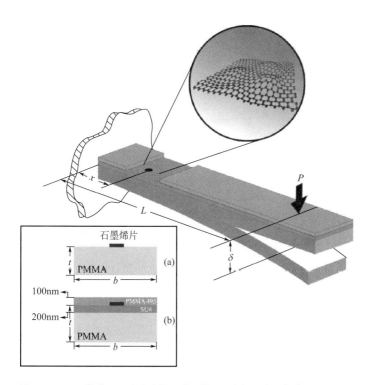

图 7.15　用于拉伸和压缩试验的悬臂梁装置。方框图中，（a）石墨烯裸露试样；（b）石墨烯三明治试样

$$e(x) = \frac{3t\delta}{2L^2}\left(1 - \frac{x}{L}\right) \tag{7-5}$$

式中，L 是悬臂梁的跨距；δ 是施加负载支点的位移；t 是悬臂梁的厚度。

图 7.16 显示了拉伸和压缩应变下石墨烯的拉曼光谱 G 峰[29]。与拉伸时的拉曼光谱行为不同，在压缩负载下，石墨烯拉曼 G 峰随应变的增大向高频移方向偏移，相似的行为是在较高负载下 G 峰都发生分裂，形成 G^+ 和 G^- 两个峰。试验表明，石墨烯的几何形状对峰频移与压缩应变的函数关系有影响。图 7.17 显示了三种不同几何形状石墨烯（F1、F2 和 F3）G 峰和 G′峰峰频移与压缩应变的函数关系[29]。可以看到，拟合曲线的形状、起始斜率和随压缩应变的增大斜率的变化都与石墨烯的形状相关。不过，整体而言，在压缩负载下，小应变时 G′峰频移以一定偏移率（与拉伸负载时相近）随应变增大向高频移方向偏移。然而，当压缩应变增大后，峰频移偏移率逐渐减小，直到临界压缩应变。这时，由于发生 Euler 型压曲过程，不再有进一步的峰偏移。临界压缩应变的大小与单层石墨烯的几何形状有关。

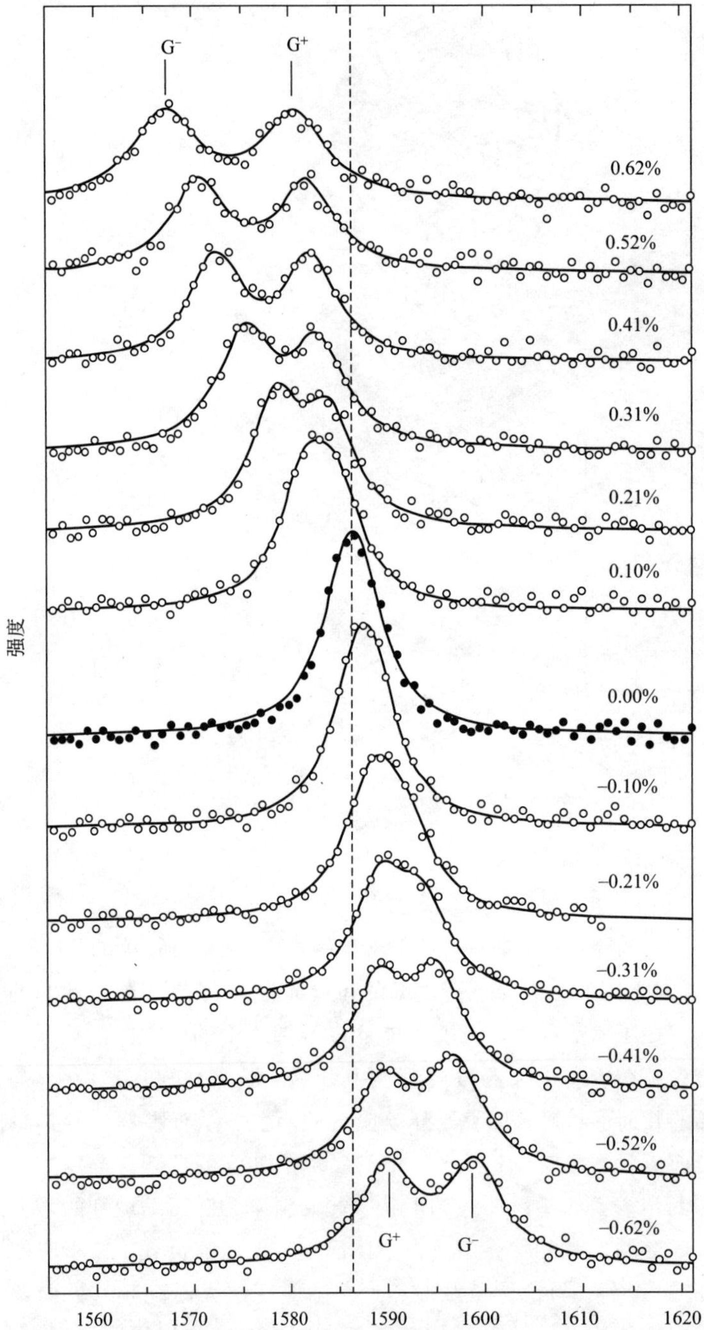

图 7.16　拉伸和压缩负载下的石墨烯拉曼光谱 G 峰

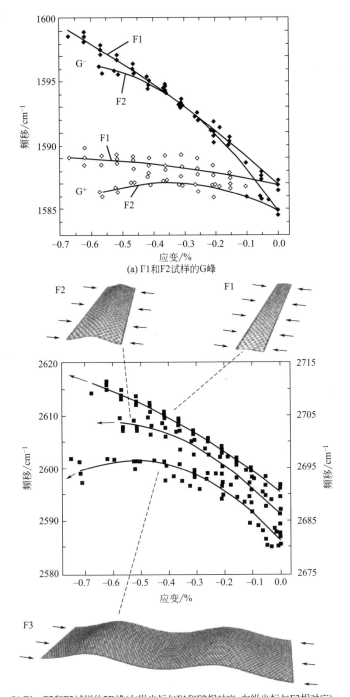

(a) F1和F2试样的G峰

(b) F1、F2和F3试样的2D峰(左纵坐标与F1和F2相对应,右纵坐标与F3相对应)

图 7.17　压缩负载下石墨烯拉曼峰频移与应变的函数关系

7.3.6
最佳石墨烯片层数

前文讨论了单层石墨烯复合材料的有效增强要求石墨烯片有足够大的平面尺寸（大于 $30\mu m$）。石墨烯的层数对复合材料的增强效果有什么影响是值得探索的另一个课题。许多研究人员已经花费很大的努力，研究如何从石墨大批量获取单层石墨烯[31-34]，以便用于复合材料的增强。一个疑问是单层石墨烯是否最有利于复合材料的增强。

已知石墨的各个石墨烯层之间只有相当弱的范德华力结合，因而各层间很易发生滑移。这是石墨具有低摩擦性质的经典解释。近期，有人使用 AFM 的摩擦力显微术研究了石墨烯片的摩擦特性。研究指出，单层石墨烯极大地降低了在 SiC 片上的摩擦力，而且，双层石墨烯片能进一步使摩擦力降低 2 个数量级[35]。对不同层数石墨烯片的系统研究发现[36]，摩擦力随石墨烯层数的增加单调地减小，而且趋向于块状材料的值。石墨烯层间的易于剪切，将减弱应力传递能力，从而减弱石墨烯在复合材料中的增强效果，所以，似乎可以认定单层石墨烯是增强体的最佳选择。

一个类似的问题也出现在多壁碳纳米管中，即使纳米管与基体间有强界面结合，内壁与外壁间的滑移也会降低增强效果。有研究人员[37]制备了双壁碳纳米管/环氧树脂模型复合材料，用四点弯曲法形变复合材料，研究多壁碳纳米管的层间应力传递。测得与外壁相对应的 2D 峰的高频次级峰的应变偏移率为 $-9.2cm^{-1}/\%$应变，而与内壁相对应的 2D 峰的低频次级峰的应变偏移率仅为 $-1.1cm^{-1}/\%$应变。这表明从外层向内层传递应力的效率是很低的，因而内壁并不承担多少负载。他们还证实多壁碳纳米管在复合材料中的有效模量随壁数的增加而降低，各壁的交联可能增大对剪切过程的阻抗。这种多壁碳纳米管应力传递的规律能否延伸到石墨烯的增强性能，需要做更深入的研究。

当石墨烯遭受形变时，其 G 峰和 G′峰会发生应力引起的大的频率偏移，而且，每单位应变的峰频移偏移率与材料的杨氏模量相关。一些研究还指出，应变引起的峰频移偏移率与石墨烯的层数有关，2 层和 2 层以上的多层石墨烯片的峰频移偏移率明显小于单层石墨烯[30,38,39]。这种行为似乎是石墨烯层间易于剪切的结果。

文献［40］报道了石墨烯层数对增强效果的系统研究，颇具参考价值。

判定制得的石墨烯片的层数是首先要做的事。最简便的方法是使用光学显微镜观察试样的光学像，从不同层数区域相对基片的衬度判断层数，如

图 7.18(a) 和 (b) 所示[41]（也可参阅图 7.11）。更确切的判定方法是使用拉曼光谱术，其依据是不同层数的石墨烯片常有不同数目的次级构成峰。图 7.18(c)~(f) 显示了不同层数石墨烯片的 G′ 峰。可以看到，单层石墨烯显示单峰，双层和三层石墨烯的 G′ 峰分别由 4 个和 6 个次级峰拟合而成，而多层石墨烯的拉曼峰则与石墨相似。从拉曼 G′ 峰的次级峰数目，可以明确无误地确认试样的石墨烯层数。

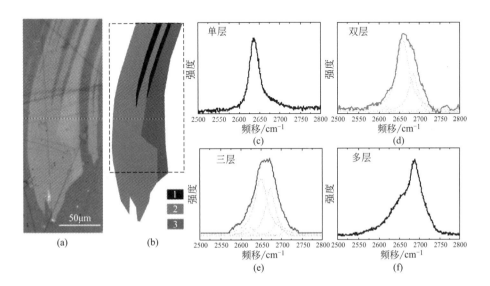

图 7.18　PMMA 片上石墨烯层数的判定

(a) 光学显微图；(b) 光学显微图中各不同石墨烯层数区域的示意图；(c) 单层石墨烯；(d) 双层石墨烯；(e) 三层石墨烯；(f) 多层石墨烯

　　使用类似于图 7.10(a) 所示的方法制备试样，用弯曲法实现石墨烯片的形变。对覆盖和未覆盖顶层聚合物的单层和双层石墨烯片测得的 2D 峰频移与拉伸应变的函数关系如图 7.19 所示[40]。图 7.19(a) 显示，对单层石墨烯，不论是否覆盖顶层聚合物都有相近的 G′ 峰频移应变偏移率；与之不同，对双层石墨烯相同测试的结果［以单峰拟合光谱，图 7.19(b)］得出，覆盖顶层聚合物的石墨烯比起未覆盖试样有显著高的单位应变 G′ 峰频移偏移。这个结果表明石墨烯与聚合物之间有较好的应力传递，而上层与下层石墨烯之间则有相对较弱的应力传递效果。图 7.20 显示了不同层数石墨烯 G′ 峰频移随应变的变化[40]。测试时，除了多层石墨烯片外，其它不同层数的石墨烯都在同一片试样上，如图 7.18(a) 所示。这是为了保证每个区域石墨烯的取向相同。石墨烯片上方都覆盖有一薄层聚合物。双层石墨烯片的 4 个次级峰频移随应变的变化显示在图 7.20(a) 中，作为比较，也显示了相邻区域单层石墨烯的数据。从图中可见，2D1B 和 2D2B 次级峰的数据较为分散，这是因为这两个峰的强度较弱。但是，2D1A 和 2D2A 两个强峰的拟合直线斜率都与邻近的单层石墨烯区域的相应斜率相近。这意味着双层石墨烯与单层石墨烯有相似的增强效果。图 7.20(b) 比较了不同石墨烯层数的 4 种试样的实验数据，其中多层石墨烯片与其它 3 种石墨烯不在同一片试样上。每个 2D 峰都拟合成单洛伦兹（Lorentzian）峰，以便于比较。图中显示双层与单层石墨烯有相近的拟合直线斜率（分别为 $-53\text{cm}^{-1}/\%$ 应变和 $-52\text{cm}^{-1}/\%$ 应变），3 层石墨烯斜率较小（$-44\text{cm}^{-1}/\%$ 应变），而多层石墨烯则有低得多的斜率（$-8\text{cm}^{-1}\%$ 应变）。这一实验事实再一次说明，石墨烯与聚合物间有好的界面结合，但是，石墨烯层间的应力传递能力较低。

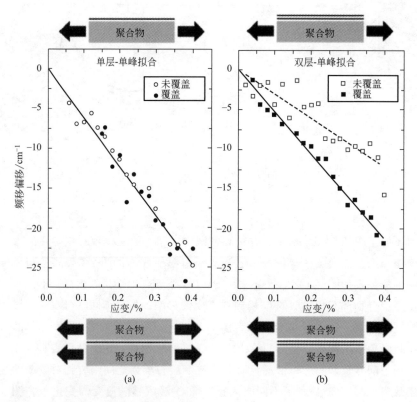

图 7.19　石墨烯 G′ 峰频移随应变的偏移

（a）单层石墨烯；（b）双层石墨烯

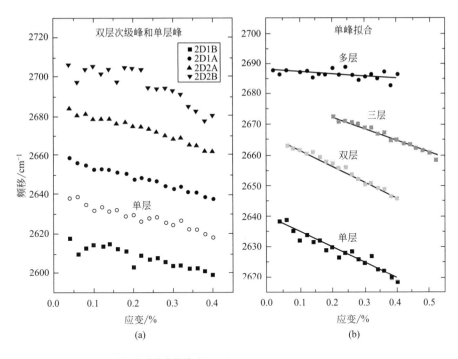

图7.20 石墨烯 G′ 峰频移随应变的偏移
（a）双层石墨烯次级峰；（b）单层、双层、三层和多层石墨烯单峰拟合

　　多壁碳纳米管有着类似的情况。有人提出一种理论[41]，用参数 K_i 表征壁间的应力传递效率。对壁间的完善传递，$K_i=1$；无应力传递，则 $K_i=0$。这种分析已经成功模拟了复合材料中双壁碳纳米管内外壁间的应力传递。应用这一理论，根据测得的 2D 峰频移偏移率，能对多层石墨烯的层间应力传递效率做出定量描述[40]。

　　对复合材料中石墨烯的增强效果，除了考虑石墨烯层间应力传递效率外，还必须考虑其它相关因素的作用。例如，使用双层石墨烯比使用单层材料的好处：对良好地分散在聚合物中的两片单层石墨烯，它们能够有的最小间距是聚合物线团的尺度，亦即至少几个纳米。然而，在双层石墨烯中两原子层间的距离仅为 0.34nm，因而，在聚合物纳米复合材料中更易于获得较高的填充物含量，使得增强能力的改善比单层石墨烯高出 2 个数量级。考虑上述因素可以确定对聚合物基纳米复合材料的最佳多层石墨烯层数。双层和单层石墨烯有相近的有效杨氏模量，此后则随层数的增加而降低。然而，在高体积含量的纳米复合材料中，石墨烯片间需要容纳聚合物线团，石墨烯片的间距将被聚合物线团的尺寸所限制，如图 7.21 所示[40]。石墨烯片的最小间距取决于聚合物的类型和聚合物与石墨烯的相互作用方式。这种最小间距不会小于 1nm，多半会达到几纳米，而在多层石墨烯中，层间距仅为 0.34nm。假定纳米复合材料内的所有石墨烯片都平行排列，片间充满厚度均匀的聚合物薄层。图 7.21 显示了分别含有单层和三层石墨烯的纳米复合材料的示意图。对给定的聚合物层厚度，复合材料中石墨烯的最大含量随石墨烯层数的增大而增大 ［图 7.22(a)[40]］。这种纳米复合材料的杨氏模量 E_c 可应用简单的"混合物规则"（rule of mixtures）模型由下式确定[28]：

$$E_c = E_{eff}V_g + E_mV_m \tag{7-6}$$

式中，E_{eff} 是多层石墨烯的有效杨氏模量；E_m 是聚合物基体的杨氏模量（约为 3GPa）；V_g 和 E_m 分别是石墨烯和基体的体积分数。使用该方程式和实验资料可确定纳米复合材料的最大杨氏模量。图 7.22(b)[40] 显示了几种不同厚度聚合物层，最大复合材料杨氏模量与石墨烯层数的函数关系。对 1nm 厚的聚合物层，当层数为 3 时，模量达到峰值，随后递减。对给定的石墨烯片层数，模量随基体聚合物厚度的增大而降低。在聚合物层厚度达到 4nm 时，纳米复合材料有最大杨氏模量，在石墨烯片层数大于 5 以后，基本保持不变。

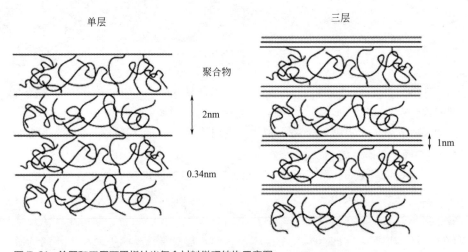

图 7.21 单层和三层石墨烯纳米复合材料微观结构示意图

基于上述研究，总的来说，为了达到最佳增强，单层材料并非是必须的条件。最佳增强取决于聚合物层的厚度和石墨烯层间的应力传递效率。需要指出，上述分析假定了石墨烯片是无限长的，而且石墨烯与聚合物间界面有良好的应力传递。实际上，石墨烯片的尺寸是有限的，石墨烯片与聚合物间也可能存在界面损伤，所以，实际模量要比预测的值小。

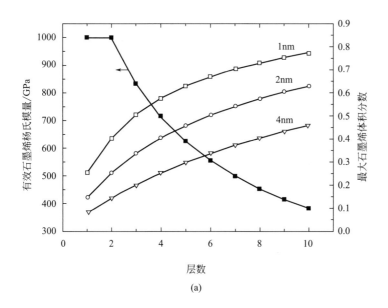

(a)

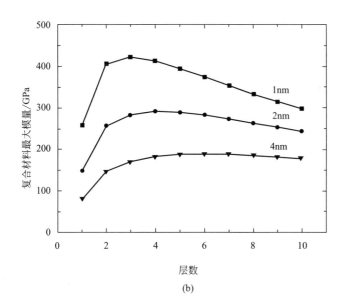

(b)

图 7.22 石墨烯层数对复合材料力学性质的影响

（a）有效石墨烯杨氏模量随石墨烯层数的变化和不同聚合物层厚度的最大石墨烯体积分数随石墨烯
层数的变化；（b）不同聚合物层厚度纳米复合材料的最大模量随石墨烯层数的变化

7.4
聚二甲基硅氧烷（PDMS）基纳米
复合材料的界面应力传递

上述分析的对象大都是模型复合材料。与真实复合材料相比，这种试样可限定材料中的可变参数，将问题简单化，便于试验和分析试验获得的数据，很适用于复合材料界面行为的分析。对真实复合材料界面应力传递行为的研究至今报道较少，以下仅涉及 PDMS（聚二甲基硅氧烷）基石墨烯纳米复合材料[42,43]和氧化石墨烯/聚合物纳米复合材料[13,44]。

一种石墨烯/PDMS 纳米复合材料使用溶液共混法制得[42]。石墨烯为热还原氧化石墨烯，平均尺寸为 $3\sim5\mu m$，每片石墨烯约含 $3\sim4$ 层石墨烯。作为参考，以下列出相关拉曼测试的实验参数[42]。使用可以安装在显微拉曼光谱仪中的微型力学试验仪对试样施加拉伸或压缩负载；PDMS 的拉曼峰在负载下不发生频移偏移，因而将标准的 PDMS 位于约 $2906cm^{-1}$ 的峰作为内标；用高斯-洛伦兹（Gaussian-Lorentzian）函数拟合各个拉曼峰；选取聚合物表面以下大于 $5\mu m$ 处的石墨烯片作为拉曼测试对象，以保证填充物与基体有适当的相互作用；所有峰的频移精确到 $0.2cm^{-1}$。

以石墨烯片的 G 峰作为考察对象。石墨烯/PDMS 纳米复合材料不同应变下的石墨烯 G 峰显示在图 7.23[42] 中。在应变增大的起始阶段，峰频移随应变向高频移方向偏移。在大于约 7% 以后，峰频移回到无负载的位置。这是因为大负载下石墨烯与基体间发生界面脱结合后石墨烯变得松弛。扫描电子显微镜下的原位应变动态观察能清楚地看到石墨烯片与聚合物发生界面脱结合的情景[42]。对石墨烯添加量为 0.1%（质量分数）的石墨烯/PDMS 纳米复合材料，G 峰频移随应变的变化如图 5.32 所示[18]。作为比较，图中还包含了石墨烯/PS 和单壁碳纳米管/PDMS 纳米复合材料的相应数据。图 7.24(a) 显示了弹性范围内的情况（应变小于 1.5%），而图 7.24(b) 显示了大应变下的响应。在弹性范围内，G 峰频移随施加的拉伸应变向低频移偏移，而在压缩应变下，则向高频移方向偏移。在拉伸和压缩负载下的应变偏移率分别是约 $2.4cm^{-1}$/%应变和 $1.8cm^{-1}$/%应变。相同体积分数的单壁碳纳米管增强纳米复合材料则有低得多的偏移率（约 $0.1cm^{-1}$/%应变）。这表明石墨烯/聚合物的界面比起单壁碳纳米管/聚合物的界面有更佳的负载传递效果。PS 有较高的模量，在拉伸和压缩下石墨烯/PS 纳米复合材料的频移偏移率达到约 $7.3cm^{-1}/\%$ 应变。在弹性区域，石墨烯/PS 有更高的偏移率，这是因为 PS 有着比 PDMS 高得多的剪切模量，高约 3 个数量级。

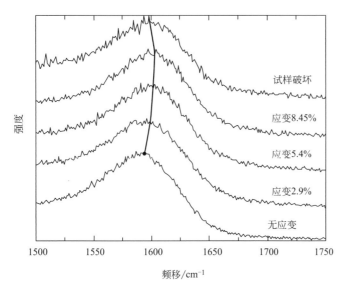

试样破坏

应变8.45%

应变5.4%

应变2.9%

无应变

图 7.23　不同应变下石墨烯/PDMA 纳米复合材料中石墨烯片的拉曼光谱 G 峰

在大应变区，G 峰频移对应变的响应如图 7.24(b) 所示。在该区域（应变大于 2%），聚合物已经发生塑性形变。此时，出现一个不寻常的现象：石墨烯在复合材料受拉伸的情况下，遭受压缩应变；反之亦然。这是因为在小应变时，基体对石墨烯有着有效的弹性应变传递，而在大应变时，易流动的 PDMS 分子链在单轴应力方向发生延伸。在这个过程中，分子链横向地压向石墨烯，使其原子间键受到压缩，导致拉曼峰向较高频移方向偏移。与此类似，在压应变时，分子链将对石墨烯施以拉伸应力（图 7.25）。图 7.24(b) 还指出在应变大于 7% 后，不论拉伸应变还是压缩应变，拉曼峰都返回到原始频移位置。

石墨烯纳米复合材料断裂面的 SEM 观察能表征负载传递的微观形态。图 7.26 是多层石墨烯/PDMS 和单层石墨烯/PDMS 纳米复合材料断裂面的 SEM 像[43]，显示了脱结合后拉出的石墨烯和搭桥石墨烯。拉出和搭桥是填充物对复合材料产生增强和增韧效果的重要机制。

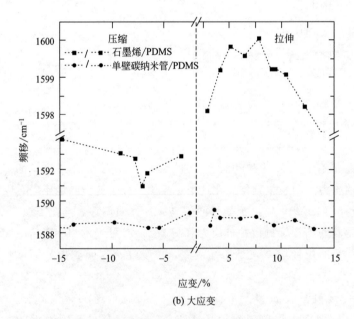

图 7.24 石墨烯添加量为 0.1%（质量分数）的石墨烯/PDMS、石墨烯/PS 和单壁碳纳米管/PDMS 纳米复合材料 G 峰频移随应变的变化

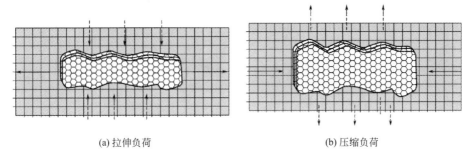

(a) 拉伸负荷　　　　　　　　　　　　(b) 压缩负荷

图 7.25　大应变下石墨烯/PDMS 纳米复合材料界面负载传递机制示意图

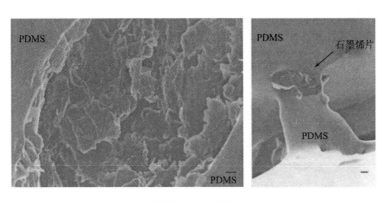

(a) 多层石墨烯复合材料

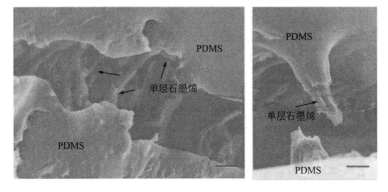

(b) 单层石墨烯复合材料

图 7.26　石墨烯/PDMS 纳米复合材料断裂面的 SEM 像 （图中标尺为 500nm）

7.5

氧化石墨烯纳米复合材料的界面应力传递

作为石墨烯的衍生物，氧化石墨烯由于具有优良的性质和能够在低成本下大批量生产，在复合材料的应用中受到广泛重视。

拉曼光谱术同样能用于这类复合材料界面行为的研究。然而，与石墨烯不同，对氧化石墨烯，其 2D 峰强度很弱，G 峰很宽，而且包含一弱 D′峰，形成不对称的形状，因而使用 2D 峰或 G 峰监测氧化石墨烯纳米复合材料的形变是困难的。研究指出，复合材料中氧化石墨烯的 D 峰频移随应变有较大的偏移，可用于监察这类材料的形变微观力学行为。

下面一个实例是关于氧化石墨烯/PVA 纳米复合材料的界面应力传递研究[13]。用溶液共混法制备氧化石墨烯/PVA 复合材料薄膜试样。试样粘贴在 PMMA 板材上，使用与模型复合材料测试相似的四点弯曲法施加负载。图 7.27 显示了施加拉伸应变 0.4% 前后氧化石墨烯的 D 峰，可见拉伸应力使 D 峰频移向低频方向偏移，这是由于石墨烯 C—C 键的伸长而发生的。复合材料中氧化石墨烯 D 峰频移随复合材料应变的函数关系显示在图 7.28 中，图中包含了负载和卸载的两组数据。图中显示负载和卸载下 D 峰频移随应变变化的实验数据几乎相互重合，而且都有近似的线性关系，偏移率约为 $-8cm^{-1}/\%$ 应变。这表明氧化石墨烯与 PVA 之间有良好的界面应力传递。

用 Hummers 方法制备的氧化石墨烯实际上是一种功能化石墨烯。最近的研究[45]指出，氧化石墨烯附着有某些氧化碎片。碱（NaOH）洗能够去除这种附着物，使氧化石墨烯的含氧量从 33% 降低到小于 20%。显然，碱洗氧化石墨烯和氧化石墨烯与聚合物基体可能会有不同的界面结合程度。拉曼光谱术能检测这种不同，判断不同的界面应力传递效率。

熔融共混法（使用双螺杆挤出机）被用于制备氧化石墨烯/PMMA 和碱洗氧化石墨烯/PMMA 纳米复合材料。使用四点弯曲法对试样直接施加应变。由于从基体 PMMA 通过界面的应力传递，石墨烯遭受相应的应变，其拉曼 D 峰的频移向低频移方向偏移。纳米复合材料中的氧化石墨烯和碱洗氧化石墨烯拉曼 D 峰频移与复合材料应变的函数关系如图 7.29 所示（增强填充物的含量均为 10%）[44]。拟合直线的斜率分别为 $4cm^{-1}/\%$ 应变和 $2.4cm^{-1}/\%$ 应变，估算的有效杨氏模量分别为 60GPa 和 36GPa，与拉伸试验和 DMTA 试验的结果相一致。这个结果表明两种填充物有明显差异的增强效果，氧化石墨烯比起碱洗氧化石墨烯与基体聚合物有更强的相互作用，应力传递效率更高。该项研究认为，这是由于氧化石墨烯中氧化碎片的存在产生了与基体聚合物间更强的界面结合，它也使石墨烯片在基体中获得更佳的分散。为了在纳米复合材料中获得好的石墨烯填充物增强效果，石墨烯的功能化似乎是一条值得选择的途径。

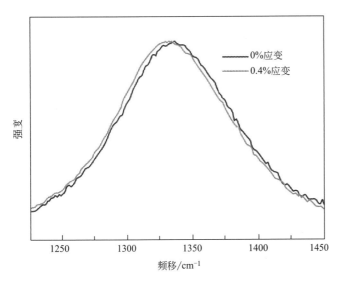

图 7.27　不同应变下氧化石墨烯/PVA 纳米复合材料中氧化石墨烯的拉曼 D 峰

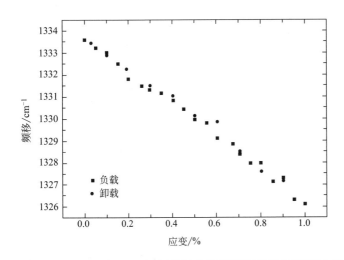

图 7.28　氧化石墨烯/PVA 复合材料中氧化石墨烯的拉曼 D 峰频移与复合材料应变的函数关系

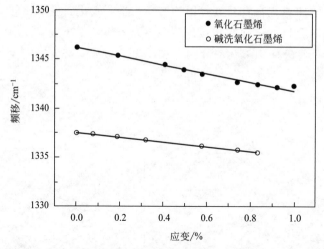

图 7.29　氧化石墨烯/PMMA 和碱洗氧化石墨烯/PMMA 纳米复合材料中石墨烯 D 峰频移与复合材料应变的函数关系

参考文献

［1］ 杨序纲，吴琪琳. 石墨烯纳米复合材料. 北京：化学工业出版社，2018.

［2］ Rafiee M A，Rafiee J，Yu Z Z，Koratkar N. Bucking resistant graphene nanocomposites. Appl Phys Lett，2009，95：223103.

［3］ Rafiee M A，Rafiee J，Wang Z，Song H，et al. Enhanced mechanical properties of nanocomposites at low graphene content. ACS Nano，2009，3：3884.

［4］ Halpin J C，Kardos J L. The Halpin-Tsai equation：a review. Polym Eng Sci，1976，16：344.

［5］ Rafiee M A，Rafiee J，Srivastava I，Wang I，et al. Fracture and fatique in graphene nanocomposites. Small，2010，6：179.

［6］ Tapaszto O，Tapaszto A，Marko M，Kern F，et al. Dispersion Paterns of graphene and carbon nanotubes in ceramic matrix composites. Chem Phys Lett，2011，511：340.

［7］ Huang M Y，Yan H，Chen C Y，Song D H，et al. Phono softening and crystallographic orientation of strained graphene by Raman spectroscopy. Proc Natl Acad Sci，2009，106：7304.

［8］ Mohiuddin T M，Lombardo A，Nair R，Bonetti A，et al. Uniaxial strain in grapheme by Raman

spectroscopy：G peak splitting，gruneisen parameters，and sample orientation. Phys Rev B，2009，79：205433.

［9］ Ferraris N. Probing mechanical properties of graphene with Raman spectroscopy. J Mater Sci，2010，45：5135.

［10］ Huang M Y，Yan H，Heinz T F，Hone J. Probing strain-induced electronic structure change in graphene by Raman spectroscopy. Nano Lett，2010，10：4074.

［11］ Gong L，Kinlock I A，Young R J，Riaz I，et al. Interfacial stress transfer in a graphene monolayer nanocomposite. Adv Mater，2010，22：2694.

［12］ Young R J，Gong L，Kinlock I A，Riaz I，et al. Strain mapping in a graphene monolayer nanocomposite. ACS Nano，2011，5：3079.

［13］ Li Z L，Young R J，kinloch I A. Interfacial stress transfer in graphene oxide nanocomposites. ACS Appl Mater Interfaces，2013，5：456.

［14］ Cox H L. The elasticity and strength of paper and other fibrous materials. Brit J Appl phys，1952，3：72.

［15］ Tsai J L，Sun C T. Effect of platelet dispersion on the load transfer efficiency in nanoclay composites. J Compos mater，2004，38：567.

[16] Kotha S P, Kotha S, Guzelsu N. A shear-lag model to account for interaction effects between inclusions in composites reinforced with rectangular platelets. Comp Sci Tech，2000，60：2147.

[17] Chen B, Wu P D, Gao H. A characteristic length for stress transfer in the nanostructure for biological composites. Comp Sci Tech，2009. 69：1160.

[18] Young R J, kinloch I A, Gong L, Novoselov K S. The mechanics of graphene nanocomposites：a review. Comp Sci Tech，2012，72：1459.

[19] Huang Y L, Young R J. Analysis of the fragmentation for carbon fiber epoxy model composites by means of Raman spectroscopy. Comp Sci Tech，1994，52：505.

[20] Huang Y L, Young R J. Interfacial behavior in high temperature cured carbon fiber/epoxy resin model composites. Composites A：Appl Sci Manuf，1995，26：541.

[21] Huang Y L, Young R J. Interfacial micromechanics in thermoplastic and thermosetting matrix carbon fibre Composites. Composites A：Appl Sci Manuf，1996，27：973.

[22] 袁象恺，潘鼎，杨序纲. 模型氧化铝单纤维复合材料的界面应力传递. 材料研究学报，1998，12：624.

[23] Young R J, Yang X. Interfacial failure in ceramic fibre/glass composites. Composites Part A，1996，27A：737.

[24] Mahiou H, Beakou A, Young R J. Investigation into stress transfer characteristics on alumina-fibre/epoxy model composites through the use of fluorescence spectroscopy. J Mater Sci，1999，34：606.

[25] De Lange P J, Mäder E, Mai K, Young R J, Admad I. Characterization and micromechanical testing of the interphase of aramid-reinforced epoxy composites. Composites Part A，2001，32：331.

[26] Andrews M C, Day R J, Patrikis A K, Young R J. Deformation micromechanics in aramid/epoxy composites. Composites，1994，25：745.

[27] 杨序纲. 复合材料界面. 北京：化学工业出版社，2010.

[28] Young R J, Lovell P A. Introduction to polymers. 3rd ed. Chapter 24. London：CRC Press，2011.

[29] Frank O, Tsoukleri G, Parthenios J, Papagelis K, et al. Compression behavior of single-layer grapheme. ACS nano，2010，4：3131.

[30] Tsoukleri G, Parthenios J, Papagelis K, Jalil R, et al. Subjecting a graphene monolayer to tension and compression. Small，2009，5：2397.

[31] Hernandez Y, Nicolosi V, Lotya M, Blighe M F, et al. High-yield production of graphene by liquid-phase exfoliation of graphite. Nat nanotechnol，2008，3：563.

[32] Khan U, O' neill A, Porwal H, May P, et al. Size selection of dispersed, exfoliated graphene flakes by controlled centrifugation. Carbon，2012，50：470.

[33] Smith R J, King P J, Litya M, Wirtz C, et al. Large-scale exfoliation of inorganic layered compounds in aqueous surfactant solutions. Adv Mater，2011，23：3944.

[34] Khan U, Powal H, O' neill A, Nawas K, et al. Solvent exfoliated graphene at extremely high concentration. Langmuir，2011，27：9077.

[35] Filleter T, McChesney J L, Bostwick A, Rotenberg E, et al. Friction and dissipation in epitaxial graphene films. Phys Rev Lett，2009，102：086102.

[36] Lee C, Li Q Y, Kalb W, Liu X Z, et al. Frictional characteristic of atomically thin sheets. Science，2010，328：76.

[37] Cui S, Kinloch I A, Young R J, Noe L, et al. The effect of stress transfer within double-walled carbon nanotubes upon their ability to reinforce composites. Adv Mater，2009，21：3591.

[38] Ni Z H, Yu T, Lu Y H, Wang Y Y, et al. Uniaxial strain on graphene：Raman spectroscopy study and band-gap opening. ACS Nano，2008，2：2301.

[39] Proctor J E, Gregoryanz E, Novoselo K S, Lotya M, et al. High-pressure Raman spectroscopy of graphene. Phys Rev B，2009，80：073408.

[40] Gong L, Young R J, Kinlock I A, Riaz I, et al. Optimizing the reinforcement of polymer-based nanocomposites by graphene. ACS Nano，2012，6：2086.

[41] Zalamea L, Kim H, Pipes R B. Stress transfer in walled carbon nanotubes. Comp Sci Tech，2007，67：3425.

[42] Srivastava I, Mehta R J, Yu Z Z, Koratkar N, et al. Raman study of interfacial load transfer in graphene nanocomposites. Appl Phys Lett，2011，98：063102.

[43] Xu P, Loomis J, Bradshaw R D, Panchapakesan B. Load transfer and mechanical properties of chemically reduced graphene reinforcements in polymer composites. Nanotechnology，2012，23：505713.

[44] Valles C, Kinloch I A, Young R J, Wilson N R, et al. Graphene oxide and base-washed graphene oxide as reinforcements in PMMA nanocomposites. Comp Sci Tech, 2013, 88: 158.

[45] Rourke J P, Pandey P A, Moor J J, Bates M, et al. The real graphene oxide revealed: stripping the oxidative debris from the graphene-like sheets. Angew Chem Int: Ed, 2011, 50: 3173.

第8章
Chapter 8

玻璃纤维增强复合材料

8.1
概述

玻璃纤维是复合材料中目前使用量最大的一种增强纤维，其复合材料制品广泛应用于各类民用工业和航空、宇航以及国防工业等高技术领域中。这主要是由于玻璃纤维具有高拉伸强度和良好的物理性能，价格低廉和便于大量生产也是其可取之处。

玻璃纤维大量用于增强有机聚合物（也用于增强水泥），制成俗称玻璃钢的复合材料。玻璃纤维与块状玻璃有近似的微晶结构，然而其拉伸强度比后者要高出许多倍，甚至高于高强度合金钢。在复合材料中能否充分发挥玻璃纤维的高拉伸强度取决于纤维与基体之间界面的力学性质。玻璃纤维表面与合成树脂之间的牢固结合才能有效地将负载从基体传递到纤维。纤维表面处理是达到这个目标通常使用的方法。

表面处理就是在玻璃纤维表面覆盖一层称为表面处理剂的特殊物质，使玻璃纤维能与基体材料紧密结合，以达到提高玻璃钢性能的目的。表面处理剂位于玻璃纤维与基体之间的界面区，它的作用是促使增强纤维和基体这两种性质不同的材料牢固地联结在一起，所以表面处理剂也称偶联剂。偶联剂的使用除了促进增大界面结合力外，也有利于改善界面的物理性能，如热学性能和电学性能。此外，偶联剂也能显著改善界面的耐水性和耐化学腐蚀性能。

人们提出多种玻璃纤维/聚合物复合材料的界面作用机制，主要有偶联理论、化学处理膜理论和物理吸附理论。然而各种理论都有其不尽完善之处。

偶联理论是一种受到广泛认可的理论。偶联剂一般是一种高分子化合物，通常含有两部分性质不同的基团。一种官能团能很好地与玻璃表面相结合，而另一种官能团则能与合成树脂相结合。这样，通过表面处理剂把两种性质截然不同的物质相联合，形成一个整体。因此，偶联剂也称搭桥剂。

偶联剂的设计和涂覆工艺对复合材料性能产生的效果主要由界面力学性质来判断。传统的界面微观力学试验加上显微拉曼光谱术能给出复合材料受力下界面破坏过程的详情，并精确测得最大界面剪切应力以及剪切应力的分布。无疑，这是设计和研制高性能玻璃纤维复合材料所需要的。

常用的玻璃纤维不显示对应变敏感的拉曼峰。为了能应用拉曼光谱术研究玻璃纤维的形变行为，可使用拉曼力学传感器。已经获得成功应用的有二乙炔-聚氨酯共聚物、单壁碳纳米管和石墨烯（参阅第 4 章 4.7 节）。

最近报道，含有 Sm 或 Er 离子的玻璃纤维在光束或电子束的激发下发射的荧光中，有的谱线其位置对应变敏感，可用于玻璃纤维应力状态的研究。

有一类玻璃纤维近来得到快速的发展，它不是用于复合材料的增强体，而是用于传输光学信息，称为光学玻璃纤维。首先，光学纤维通常有芯壳结构，壳层与芯部之间的界面状态，尤其是应力状态对光学纤维的性能如光学性能有直接影响。其次，光学纤维常常被包埋于某种聚合物中，以免使用中遭受损伤。光学纤维/聚合物复合材料的界面也要求有合适的结合强度。

8.2
玻璃纤维增强复合材料的界面应力

8.2.1
间接测量法

玻璃纤维是一种脆性材料，断裂应变小，适合应用单纤维断裂试验研究其聚合物基复合材料在外力作用下的界面行为。为了获得对纤维应变敏感的拉曼峰，在纤维表面涂布一薄层二乙炔-聚氨酯共聚物，随后制作供单纤维断裂试验用的模型复合材料。

表面覆盖了一薄层二乙炔-聚氨酯共聚物的玻璃纤维，其表面拉曼光谱的诸多峰中，来自 C≡C 伸缩模的 2090cm^{-1} 峰对纤维应变十分敏感。图 8.1 显示了应变为 0％和应变为 1％时的拉曼光谱[1]。拉伸应变使拉曼峰向其负频移的方向偏移。测量得出，频移的偏移与纤维应变间有近似的线性关系，偏移率为（−6.4±0.3）cm^{-1}／％应变。实验进一步证实，纤维的真实应变与由共聚物拉曼峰频移偏移换算得到的值是相一致的。如此，可以应用上述线性关系测定复合材料中玻璃纤维的应变，分析界面应力传递行为。

完好排列的不连续纤维增强复合材料，负载是通过界面剪切应力传递给刚性纤维的。对弹性纤维和弹性基体组成的模型复合材料，可用剪切-滞后分析程序预测应力、应变和界面剪切应力的分布。设纤维长度为 l，则在任意点 $x(0\leqslant x\leqslant 1)$ 的应力 σ_f 和应变 e_f 可分别用下式表示：

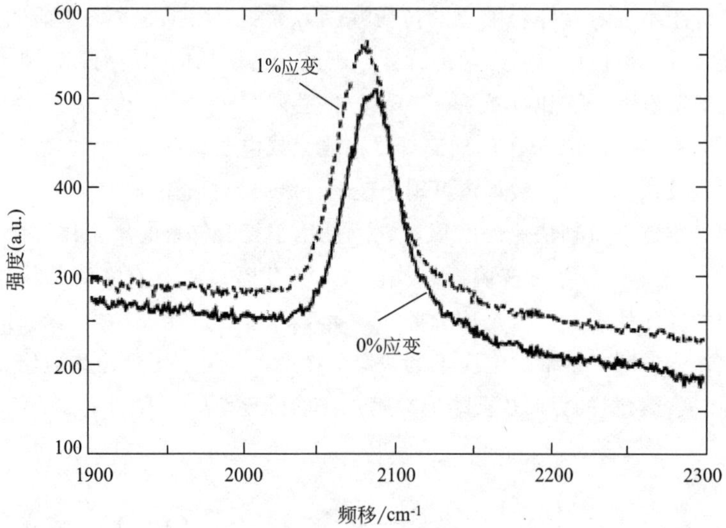

图 8.1　表面覆盖二乙炔-聚氨酯共聚物的玻璃纤维不同应变下的拉曼光谱

$$\sigma_f = E_f e_m \left\{ 1 - \frac{\cosh\left[\beta\left(\frac{l}{2} - x\right)\right]}{\cosh\frac{\beta l}{2}} \right\} \tag{8-1}$$

$$e_f = e_m \left\{ 1 - \frac{\cosh\left[\beta\left(\frac{l}{2} - x\right)\right]}{\cosh\frac{\beta l}{2}} \right\} \tag{8-2}$$

$$\beta = \left[\frac{2G_m}{E_f r^2 \ln\left(\frac{R}{r}\right)} \right]^{1/2}$$

式中，E_f 为纤维的杨氏模量；e_m 为基体的应变；G_m 为基体的剪切模量；r 为纤维半径；R 为相邻纤维轴线之间的距离。界面剪切应力 τ 的分布则可由下式表示：

$$\tau = E_f e_m \left[\frac{G_m}{2E_f \ln\left(\frac{R}{r}\right)} \right]^{1/2} \times \frac{\sinh\left[\beta\left(\frac{l}{2} - x\right)\right]}{\cosh\frac{\beta l}{2}} \tag{8-3}$$

用环氧树脂作基体材料制得单纤维模型复合材料，单纤维断裂试验的拉曼测试结果如图 8.2 和图 8.3 所示[1]。图 8.2(a) 显示了试样应变 e_m 为 0.00% 和 0.27% 时的纤维应变分布。基体应变 e_m 为零时，纤维各处的应变也为零。这是因为基体是在室温下固化，不产生热残余应力。基体遭受拉伸形变后纤维的应变分布情景有两点值得注意：①当基体发生应变时，纤维应变在其两端附近较小，小于基体应变值。随着向纤维段中央位置靠近，纤维应变逐渐增大，直至达到基体的应变值。这种情景表明，环氧树脂基体中的应力能通过纤维-共聚物涂层-基体之间的界面有效地传递给纤维。②更大的基体应变将导致纤维断裂。经测定，断裂端的应变为零。然而，纤维包埋于基体中的原有端头的应变并不等于零。这表明发生了通过纤维横断面（端头）的应力传递。这与传统的剪切-滞后分析不一致，后者有着与真实情景相悖的假设。

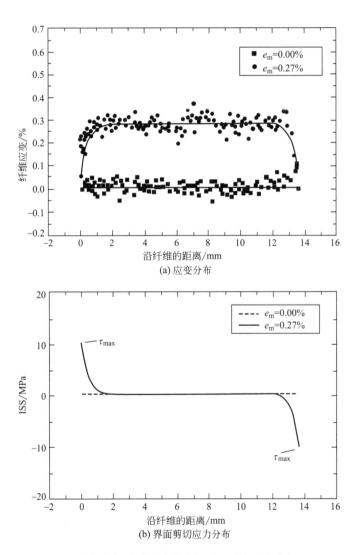

(a) 应变分布

(b) 界面剪切应力分布

图8.2　不同基体应变下纤维的应变分布和界面剪切应力分布

图 8.2(a) 中的实线是式(8-2) 对测得数据的拟合曲线。式中取 $R/r = 3$。这个值能获得对数据点较好的拟合。然而，对单纤维模型复合材料，以其常用尺寸计算，实际值应为 $R/r = 20$ 左右。这种对 R/r "任意" 取值的方式似乎是传统剪切-滞后分析的另一个不足之处。

应用式(8-3) 可得到界面剪切应力 τ 沿纤维轴向的分布，如图 8.2(b) 所示。从图中可见，剪切应力的极大值 τ_{max} 位于纤维端头。

增大基体应变，纤维将发生断裂，其断裂过程的情景如图 8.3 所示[1]。当 e_m 达到 0.45% 时，纤维断裂为许多段 [图 8.3(a)]。对每一段，纤维应变都从端头开始增大，直至达到基体应变值，而在各个断裂段端头处都接近为零。其中第 1 和第 4 段的最大应变小于基体应变。这是因为它们的长度已小于临界长度，从基体通过界面传递的应力已不能使纤维应变达到基体应变值。图中实线同样是应用式(8-2) 的拟合曲线。从图中可见，曲线与数据点的拟合十分紧密，表明在这种情况下剪切-滞后分析适合模拟该系统的微观力学行为。

进一步增大基体应变达到 0.69% 时，除第 1 和第 4 断裂段外，其它各段都在中央位置最大应变处再次发生断裂 [图 8.3(b)]。有两个情况值得注意：①各纤维断裂段的最大应变都小于基体应变；②用剪切-滞后理论得到的曲线与实测数据点基本相一致。但是，在较长的断裂段中，有些数据点低于拟合曲线。这可能是纤维与基体之间的界面开始发生脱结合的信号。

当基体应变增大到 1.10% 时，三个最长的纤维段发生了再次断裂，如图 8.3(c) 所示。从图中可见，每个断裂段的应变都比基体应变小得多。这可能是因为断裂过程已经达到饱和状态。这时，剪切-滞后模型已不再适用于对断裂段应变分布的分析，对数据点的最佳拟合是三角形应变分布。对给定断裂段的各个点，界面剪切应力是常数。

应用式(8-3) 对实验数据点的拟合，可以得到不同基体应变下界面剪切应力沿各纤维断裂段的分布，并计算出给定基体应变下的平均极大界面剪切应力。对图 8.3(c) 的情况，每一断裂段的界面剪切应力沿纤维各点是不变化的。最大界面剪切应力出现在基体应变 0.69%，而不是 1.10%。而且其大小与基体环氧树脂的剪切屈服应力相近。这是一个很有意义的结果，表明直到基体屈服发生也不出现界面脱结合，界面强度受限于基体的剪切屈服应力。

传统的纤维断裂试验分析假定界面剪切应力沿纤维断裂均匀分布（Kelly-Tyson 假定），得出的最大界面剪切应力比上述用拉曼光谱术测定的结果要小得多。实际上，传统方法只分析在断裂饱和时的行为，而没有考虑断裂饱和之前发生的界面形变过程，这是一个重大的欠缺。

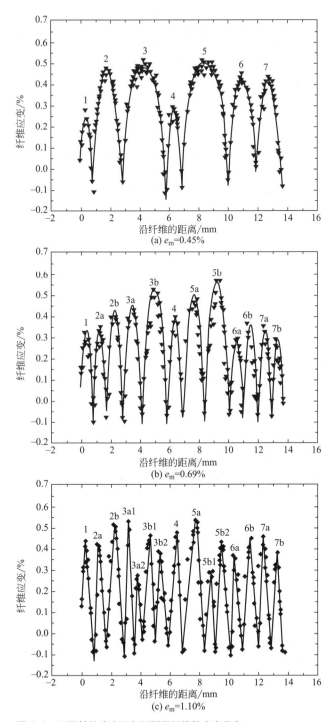

图 8.3 不同基体应变下各断裂段纤维的应变分布

纤维表面涂布乙二炔-聚氨酯共聚物的方法使得用拉曼光谱术探索玻璃纤维复合材料的界面微观力学行为获得成功。然而，这种表面涂布物质对复合材料界面性质产生多大的影响并不十分清楚。另一种拉曼力学传感物质——单壁碳纳米管的使用，由于用量极少，可以认为不会改变界面的性质。

E-玻璃纤维增强全同立构聚丙烯（IPP）复合材料，由于其热塑性基体的易成型性能和价格低廉，是一种颇有吸引力的材料。然而，由于聚丙烯缺乏能有效地与玻璃纤维表面相结合的合适的化学官能团，E-玻璃纤维表面也只有低化学官能性，这类复合材料系统纤维与基体之间的结合很弱。通常用上浆法改善其表面的化学性质以促进与基体物质的化学偶联。对上浆纤维涂布一层低分子量的聚合物乳液涂层，例如甲基丙烯酸甲酯或醋酸乙烯酯-乙烯乳液，能进一步改善上浆纤维的表面化学。应用单壁碳纳米管作力学传感器，可在显微拉曼光谱仪下成功地测定涂层对复合材料界面结合力的影响。

将少量（例如0.5%）单壁碳纳米管均匀地分散在浆料中，随后对纤维上浆，涂布乳液涂层，最后制得玻璃纤维/IPP复合材料试样，图8.4为其截面示意图。对上浆纤维测得的纤维应变与碳纳米管 G′ 峰频移间的关系如图8.5所示[2]。对数据点直线拟合的斜率为 $-2.5\text{cm}^{-1}/\%$ 应变。

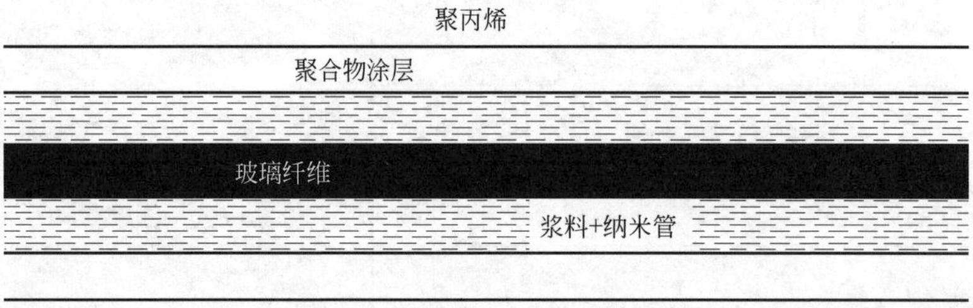

图 8.4　上浆和涂布聚合物 E-玻璃纤维/IPP 复合材料试样截面示意图

对玻璃纤维/IPP复合材料系统的单纤维复合材料试样做拉伸试验，应用上述函数关系测得纤维应变分布，据此可分析使用不同聚合物涂层时的应力传递情况和界面结合性能。

如果对单壁碳纳米管预先做表面酸化处理，连接上合适的功能基团，随后使其均匀地分散于液态环氧树脂中，这样制得的玻璃纤维/环氧树脂基体复合材料同样可以用拉曼光谱术研究其界面应力传递行为。研究表明，纳米管的功能化处理使玻璃纤维与环氧树脂基体之间有更强的界面结合[3]。

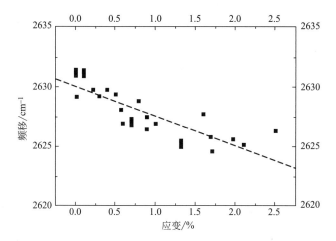

图 8.5 上浆 E-玻璃纤维 G′ 峰频移与纤维应变的关系

8.2.2
直接测量法

拉曼力学传感物质的使用使拉曼光谱术用于玻璃纤维复合材料界面微观力学的研究成为可能。然而，无论如何，这只是一种间接的测量方法，而且并不能完全排除传感物质对界面性质的影响。一种直接测量方法是利用玻璃纤维本身发射的荧光峰位置的力学敏感性。

含有少量 SmF_3 的玻璃纤维在光束作用下发射的 648nm 荧光峰的波长对纤维应变敏感，其校正曲线如图 4.20 所示。对单纤维环氧树脂基模型复合材料施加拉伸应变，测定荧光峰波长的偏移，利用图 4.20 的函数关系，得到不同基体拉伸应变下的纤维应变分布，如图 8.6(a) 所示[4]。从图中可见，纤维在中央区发生断裂。应变沿纤维的变化情景与使用乙二炔-聚氨酯共聚物作力学传感器所测得的结果 [图 8.2(a)] 相近似。但是其数据点较为分散，这可能是因为在实验室自行拉伸制得的玻璃纤维在形态学结构上的不均匀性，也可能源于对荧光峰的不完善拟合。界面剪切应力分布如图 8.6(b) 所示。分布情景和最大界面剪切应力的大小都与图 8.2(b) 所示相近似。

用硅烷偶联剂处理玻璃纤维表面，制备类似的复合材料试样，测定的结果与表面未处理纤维复合材料没有明显差异。它们的最大界面剪切应力与是否使用硅烷表面处理剂无关。实际上，许多研究人员的工作都指出，硅烷偶联剂的使用并未对界面力学性能产生多少改善作用或者根本没有作用。

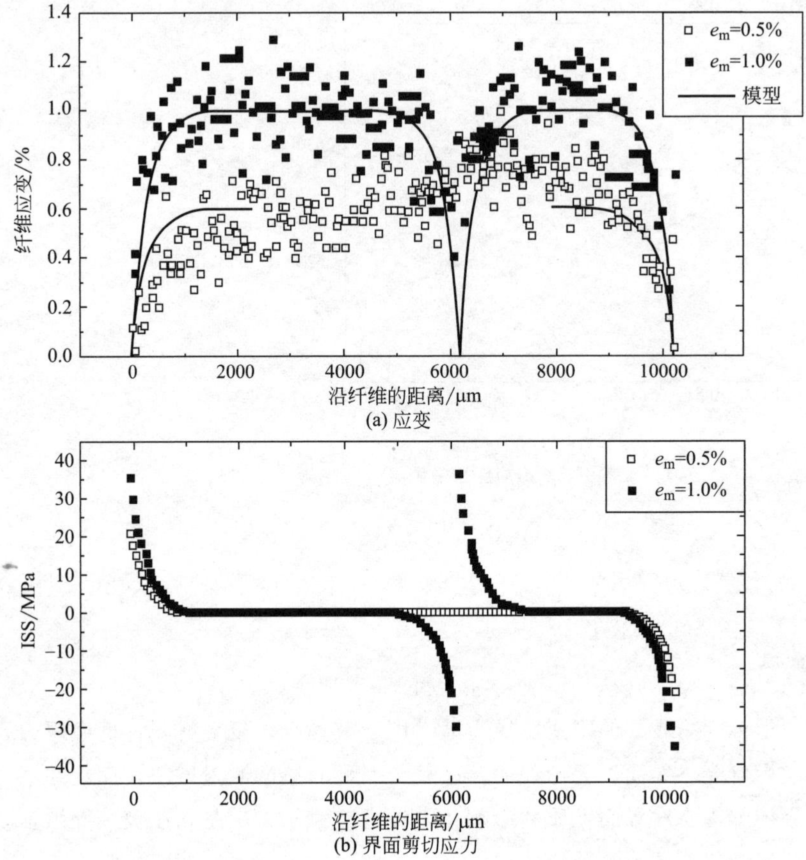

图 8.6　不同基体应变下纤维应变和界面剪切应力的分布

对玻璃纤维/环氧树脂复合材料最大界面剪切应力的测定有许多报道[5-7]，其大小大都为几十兆帕，多数在 30～50MPa 范围内，接近于树脂的剪切屈服应力。

8.3
界面附近基体的应力场

了解界面附近基体的应力分布是预测复合材料破坏模式所需要的。基体与纤维之间通过界面的应力传递也发生在纤维原有的端头和断裂段的端头。端头附近基体的应力场必定会受到干扰，因而对该局部区域应力场的探测也是人们感兴趣的目标。

理想的情况是聚合物基体有着对应变敏感的拉曼峰或荧光峰。然而，一些常用的玻璃纤维复合材料的基体材料，例如环氧树脂，并不具备这种条件。这时，可应用单壁碳纳米管作为力学敏感物质，使用偏振拉曼光谱术测定局部应力场。均匀地分散于环氧树脂中的碳纳米管的排列方向是随机的。偏振拉曼光谱术接收的信号是来自那些沿偏振方向排列的碳纳米管。这个方向也就是纤维轴向和外负载方向。

首先测定单位基体应变（1%）下单壁碳纳米管 G' 峰频移的偏移，以偏移率 R 表示。R 的大小与基体材料的配方和固化工艺有关，需对每个个别的案例进行测定。设测得基体某点 G' 峰频移相对零应变时的偏移为 $\Delta\nu$，则应力 σ 可用下式计算：

$$\sigma = -\Delta\nu \times \frac{E}{R} \tag{8-4}$$

式中，E 为基体的杨氏模量。

图8.7是一玻璃纤维/环氧树脂模型复合材料纤维端头附近基体应力场测定点的示意图。在三个不同外加应力下，沿纤维径向从 A 点到 B 点扫描测定基体轴向（沿纤维轴向）应力的结果显示在图 8.8[8] 中。图中横坐标为距纤维轴的距离，以纤维半径归一化（y/r_f，r_f 为纤维半径）。对每个应力状态，在远离纤维的各点，基体应力都等于外加应力，相当于曲线平坦区域。向纤维靠近，应力增大，在纤维端头处达到最大值。外应力为零时端头附近的应力并不为零。这是固化过程中产生的残余热应力。施加外力后，外加应力和残余应力共同引起基体的应力集中。图中显示，在三种应力状态下，纤维对基体应力的影响都延伸到离纤维端头

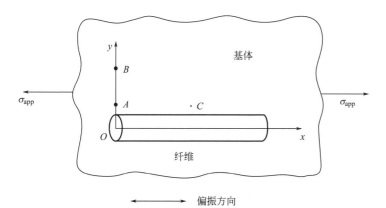

图 8.7 一玻璃纤维/环氧树脂复合材料纤维端头附近基体应力场测定点位置示意图

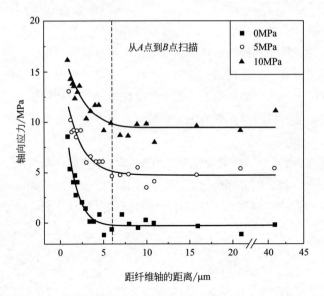

图 8.8　不同外加应力下沿 AB 线的应力分布

约 $6r_f$ 的区域（图中虚线所指）。

　　距离纤维 $2\mu m$，沿着纤维侧面（图 8.7 中 A 点到 C 点）的基体轴向应力分布如图 8.9 所示。应力分布曲线的外形与径向分布的情况相似。在 $x=0$ 时，纤

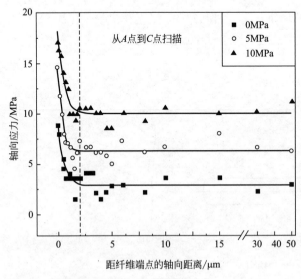

图 8.9　不同外加应力下沿 AC 线的应力分布

维端头处的局部应力大于外加应力，而远离端头区域应力为常数。应变集中区域的长度约为 $2r_f$。而且，对不同外加应力都有相同长度。这是因为复合材料的应变都在弹性范围内。注意到在外加应力为零时，远离端头的纤维各点有约 2.5MPa 的应力，这是由热残余应力引起的。

纤维端头应力集中区域的范围和应力的大小也可由光测弹性方法测定或进行理论预测，然而，在适用范围和测定精度方面似乎都以拉曼光谱术见长。

应力集中区域控制了基体向纤维的应力传递，而且对评估真实复合材料纤维端头或断裂端对相邻纤维的影响至关重要。它是人们探索复合材料破坏机理时不可忽视的问题。

8.4 纤维断裂引起的应力集中

纤维增强复合材料的破坏，从物理学角度看是一系列局部能量释放微观过程的综合结果。应力集中和应力重新分布是重要的瞬间阶段。纤维断裂是这一系列微观过程之一。它引起邻近区域的应力重新分布，从而导致在同一横截面内最邻近纤维的相继断裂。这种过程在实验上很容易观察到。首先可看到成簇的断裂模式，它们的逐渐发展最终导致复合材料的彻底破坏。

断裂纤维释放的负载将引起完好纤维的过载。为描述方便起见，定义 K_c 为完好纤维的局部应力 σ_{local} 与远离断裂端的纤维应力（包括外加应力和热残余应力）$\sigma_{applied}$ 之比值：

$$K_c = \frac{\sigma_{local}}{\sigma_{applied}} \tag{8-5}$$

因为 σ_{local} 由 $\sigma_{applied}$ 加上由于纤维断裂所释放的额外应力 σ_{extra} 所组成，所以又可表示成下式：

$$K_c = 1 + \frac{\sigma_{extra}}{\sigma_{applied}} \tag{8-6}$$

K_c 的大小表明了纤维断裂对其周围应力集中影响的程度，而其二维分布则能显示这种影响所能到达的区域大小。使用单壁碳纳管作应力传感物质能对二维分布做直接测量。

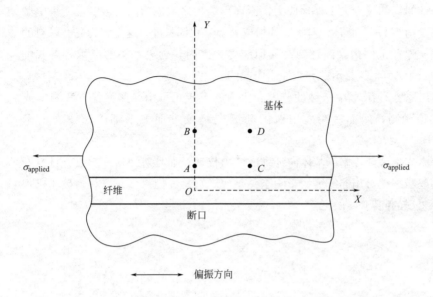

图 8.10　玻璃纤维/PUA 模型复合材料纤维断口周围基体的 K_c 值测量区域的示意图

　　图 8.10 是对一玻璃纤维/聚氨酯丙烯酸酯树脂模型复合材料，纤维断口周围基体的 K_c 值测量区域的示意图。测定区域仅包括二维区域的 1/4 部分。测定结果如图 8.11 所示[9]。图中横坐标是测定点离开纤维的径向距离，以纤维半径作为单位。图 8.11(a) 中的各测量点包括纤维断裂端点（图中 A 点）和沿着 AB 线的各点。图 8.11(b)～(d) 的各个测量点都沿着与纤维相垂直的直线，相距 A 点分别为 $5\mu m$、$20\mu m$ 和 $50\mu m$。从图中可见，最大的 K_c 值约为 1.48，位于 A 点。随着远离纤维断裂端，K_c 值逐渐减小，最后，在离开纤维边缘约 5～7 个半径以后减小为 1 ［图 8.11(a)～(c)］。沿着纤维长度离开断裂端，应力集中现象逐渐消失。最终，在距离约 8 个半径后完全消失 ［图 8.11(d) ］。

　　应用类似的方法，可以获得 K_c 值的二维分布图，如图 8.12 所示。图中 x 轴是沿纤维边缘离开断裂端点的距离，y 轴是离开纤维断裂端点的径向距离。两个坐标都以纤维半径作为计量单位，坐标原点对应于图 8.11 中的 A 点。最大应力集中位于纤维断裂处，随后沿两个方向逐渐减弱。在 x 轴，应力集中现象消失于约 4.5 个半径处；而在 y 轴，则消失于约 7 个半径处。

　　使用光弹性技术也能得到类似的二维分布图，然而，比起拉曼光谱术它能达到的分辨率要低得多。

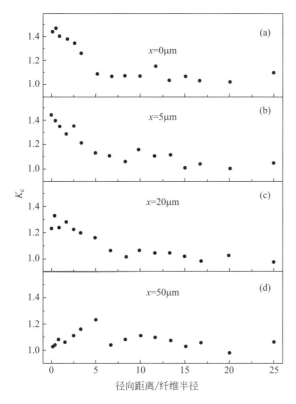

图 8.11　玻璃纤维/PUA 模型复合材料纤维断口周围基体的应力集中现象

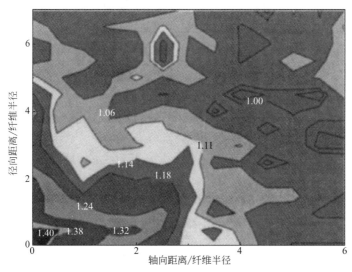

图 8.12　玻璃纤维断裂端附近基体 K_c 值的二维分布图

8.5
光学纤维内芯/外壳界面的应力场

光学纤维内芯在制造过程中产生的残余应力对其折射率有显著影响，这种现象通常称为应力-光学效应。弹性应力对折射率的贡献可以定量地以张量应力-光学方程来表征。在光沿着均匀又各向同性的光学纤维传播时，由残余应力引起的径向折射率变化 Δn 有下列线性关系：

$$\Delta n = C\sigma_h/3 \tag{8-7}$$

式中，C 为应力-光学系数，对纯二氧化硅玻璃其值为 $-4.2 \times 10^{-12} Pa^{-1}$；$\sigma_h$ 为平均静残余应力（单轴应力 $\sigma_u = \sigma_h/3$）。残余压应力对降低光学纤维的信号损失有利。因而，在二氧化硅基光学玻璃的制造过程中应该避免在纤维内芯产生残余张应力。

光学纤维中的残余应力主要在纤维抽伸过程中产生，其来源可能是热学和力学因素的叠加。对于这两个来源的残余应力，内芯结构中掺杂元素（例如Er）的进入起主要作用。因此，光学纤维制备过程中内应力的发展情况和掺杂元素的扩散都是人们关心的命题。

含有掺杂元素 Er 的玻璃纤维内芯在光束照射下发射荧光，其 548nm 峰的波长对应力敏感。应用式(4-8) 和表 4.4 给出的压谱系数值可以测定内芯和内芯与外壳之间界面的应力状态。

图 8.13 是一种光学纤维预制丝横截面的光学显微图和与之相应区域的荧光峰强度/残余应力分布图[10]。应力测量的分辨率为 $5\mu m$。图中清楚地显示了内芯区域有着相当高的张应力。在外壳区域，由于 Er 峰强度太弱，除了内芯/外壳界面区域存在小的压缩应力区外，几乎不能检测出其应力场。在内芯中心区直径 $100\mu m$ 范围内的区域有着低的峰强度和中等大小的压应力。这种特征与光纤内芯的制备工艺有关。

尽管如前所述，在外壳区域不能检测到 548nm 峰，然而，借助于制备过程中从内芯向外壳扩散的少量 Er 离子，依然能够测量内芯/外壳界面的应力。图 8.14 是在紧靠界面区域测得的峰强度分布图和应力分布图。该图的测量空间分辨率比图 8.13 要高得多，达到 $1\mu m$。峰强度分布图显示，Er 的扩散从内芯延伸到外壳约 $50\mu m$。应力场图表明在 Er 扩散区存在残余压应力，这正好平衡了存在于内芯的拉伸应力。

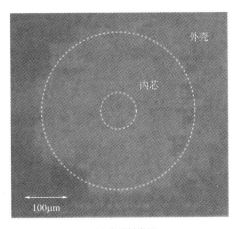

(a) 光学显微图

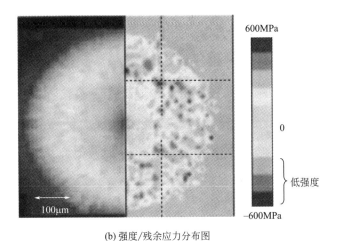

(b) 强度/残余应力分布图

图8.13　光学纤维预制丝横截面的光学显微图和相应区域的荧光峰强度/残余应力分布图

　　预制丝是光学纤维的半成品，经拉伸后获得成品光学纤维。芯部的直径仅为约 $5\mu m$，包埋于直径约为 $120\mu m$ 的外壳中。这时由激光光源激发荧光的显微拉曼光谱术由于分辨率的限制，已不适用于其应力场的测定，而必须应用电子束激发荧光装置，例如场发射扫描电子显微镜，其空间分辨率可达到纳米级。

　　通常，在装备有阴极射线致发光检测器的扫描电子显微镜中可进行电子束激发光的测试。电子束的斑点比起光束可能达到的最小斑点要小得多，因而可以达到高得多的分辨率。从内芯由电子束激发的荧光显示 410nm、460nm、630nm 和 650nm 各峰（参阅第 4 章 4.4.4 节和表 4.4）。实验指出，来自掺杂物

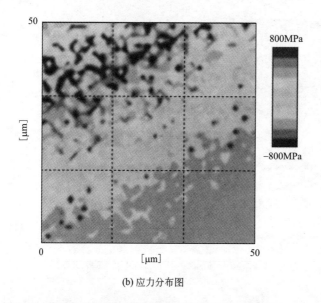

(a) 峰强度分布图

(b) 应力分布图

图 8.14　在紧靠界面区域测得的峰强度分布图和应力分布图

Ge 的 410nm 峰的位置对应力敏感，适用于测定内芯和界面区域的应力场。图 8.15 显示了光学纤维横截面的扫描电子显微图和界面区域（显微图中的方块区）410nm 荧光峰的强度分布图和相应的残余应力图[11]。显微图中的圆形部分为光学纤维的内芯。内芯在扫描二次电子像中并不可见（圆形区的右半部分），但是能在荧光光谱的强度图中显现出来（圆形区的左半部分）。右边插图为内芯/外壳界面区的 410nm 峰高分辨强度图（上图）和相应的应力分布图（下图）。应力测量的空间分辨率高于 5nm。应力图清楚地显示内芯区存在相当高的张应

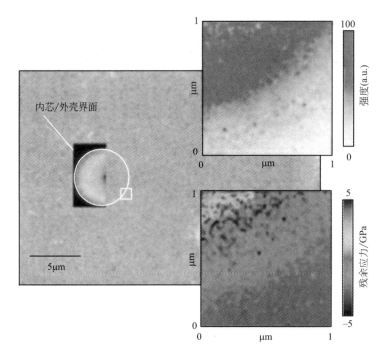

图 8.15　光学纤维横截面的扫描电子显微图和界面区域 410nm 荧光峰的强度分布图和相应的残余应力分布图

力，而邻近芯/壳界面的外壳区域则有压应力区。通常在外壳区不能检测到410nm 峰。然而，借助于加工过程中从内芯向外壳扩散的 Ge 离子，仍然能够测量内芯/外壳界面的应力。扩散距离约为 0.5μm。扩散区域内的压应力正好平衡了内芯的残余张应力。图中还显示应力分布是十分不均匀的，这与玻璃的微结构和可能存在的纳米裂缝有关。

对远离界面的外壳区域，可测量二氧化硅发射的 460nm 荧光峰，同样能获得应力分布图。

参考文献

[1] Young R J, Thongpin C, Stanford J L, Lovell P A. Fragmentation analysis of glass fibres in model composites through the use of Raman spectroscopy. Composites Part A，2001，32：253.

[2] Barber A H, Zhao Q, Wagner H D, Bailie C A. Characterization of E-glass-polypropylene interfaces using carbon-nanotubes as strain sensors. Comp Sci Tech，2004，64：1915.

[3] Sureeyatanapas P, Young R J. SWCNT composite coating as a strain sensor on glass fobres in model epoxy composites. Comp Sci Tech，2009，69：1547.

［4］ Hejda M，Kong K，Young R J，Eichhorn S T. Deformation micromechanics of model glass fibres composites. Comp Sci Tech，2008，68：848.

［5］ Berg J，Jones F R. The role of sizing resins，coupling agents and their blends on the formation of the interphase in glass fibre composites. Composites Part A，1998，29：1261.

［6］ Feillard P，Desarmot G，Favre J P. A critical assessment of the fragmentation test for glass epoxy systems. Comp Sci Tech，1993，49：109.

［7］ Shiya M，Takaku A. estimation of fibre and interfacial shear strength by using single fibre composites. Comp Sci Tech，1995，55：33.

［8］ Zhao Q，Fragley M D，Wagner H D. The use of carbon nanotubes to sense matrix stresses around a single glass fibre. Comp Sci Tech，2001，61：2139.

［9］ Zhao Q，Wagner H D. Two-dimension strain mapping in model fiber-polymer composites using nanotube Raman sensing. Composites Part A，2003，34：1219.

［10］ Leto A，Pezzotti G. Probing nanoscale stress fields in Er^{3+}-doped optical fibres using their native luminescence. J Phys：Condens Matter，2004，16：4907.

［11］ Pezzotti G，Leto A，Tanaka k，Sbaizero O. Piezo-spectroscopic assessment of nanoscopic residual stresses in Er^{3+}-doped optical fibres. J Phys：Condens Matter，2003，15：7687.

第9章

Chapter 9

陶瓷纤维增强复合
材料

9.1
概述

陶瓷纤维具有高强度、高模量和耐高温等优良性能，尤其是其高抗氧化性能，能在高温有氧环境下工作，是同为高温增强剂的碳纤维所不可及的。在耐高温复合材料的应用上陶瓷纤维是其它纤维所不可替代的，应用前景广阔。陶瓷纤维通常用于陶瓷基复合材料，也用于金属基复合材料。与其它复合材料不同，增强纤维在陶瓷/陶瓷复合材料中的主要作用是增韧，而不是增强。纤维对基体材料的增韧或增强作用是通过界面控制来达到的，因而，这两类复合材料有显著不同的界面行为。

陶瓷纤维/陶瓷基体复合材料要求组成物之间的界面有弱结合，以使材料在形变时界面能够发生脱结合，阻止基体中裂缝向原有方向的传播。同时要求在制备过程中避免或降低可能发生的化学反应。界面结合方式主要是机械锁合（参阅第 1 章 1.2 节）。对陶瓷纤维/金属基复合材料，通常要求它们之间的界面有强结合，以便能有效地传递应力。界面具有强的抵御环境侵蚀的能力则是所有各类复合材料的共同要求。在制备复合材料之前的纤维表面预处理是为了达到这些要求广泛使用的方法。另外，由于纤维与基体之间热膨胀系数的差异而引起的径向热残余应力，对机械锁合有着至关重要的作用，是讨论这类复合材料界面行为时不可忽视的因素。

对以增韧为主要目标的陶瓷纤维复合材料，界面起着宏观裂缝发展"阻尼器"的作用。主要作用机制为界面脱结合、在界面区裂缝的转向、纤维对裂缝的搭桥和纤维拉出的摩擦效应。这些机制消耗了能量，减小了基体中裂缝伸展的能量。其中，纤维拉出和搭桥是最主要的机制，这是本章着重阐述的问题。

陶瓷纤维品种繁多，主要有氧化铝类纤维、碳化硅类纤维、氮化硅纤维和硼纤维等。本章主要涉及氧化铝和碳化硅纤维增强复合材料的界面力学行为以及某些与之相关的问题。

9.2
陶瓷纤维的表面处理

9.2.1
涂层材料和涂覆技术

为了使界面具有预期的结构和性质，以便控制复合材料的性能，常常在制备复合材料之前对纤维表面做某些预处理。有许多方法可用于陶瓷纤维的表面处理，包括物理方法和化学方法。在纤维表面覆盖一层涂层物质是最为常用的方法。

涂层材料和涂覆工艺参数的选择要保证界面获得所期待的力学、化学和物理性质，同时能保持界面性能在复合材料加工和使用过程中的稳定性，以及防止在复合材料制备和使用过程中纤维遭受损伤或降解。

陶瓷纤维复合材料大都在高温环境下制备和使用，因此，涂层材料在高温下的热动力学稳定性是至关重要的。迄今得到较多应用的涂层材料可分为下列两类：高稳定性的氧化物，如 Y_2O_3、MgO、ZrO_3、SiO_2、Al_2O_3 和 SnO_2 等；不活泼的耐温物质，如 C、W、BN 和 SiC 等。每种涂层材料都有其固有的能保持其原有性质的温度上限。例如：BN 涂层在空气中温度达到 600℃将发生氧化，只是比碳涂层稍好些；而 SiC 涂层则在约 1200℃ 时才发生反应，形成 SiO_2。

涂层材料的热膨胀系数是必须考虑的重要参数。与复合材料组成材料之间大的热膨胀失配引起的热残余应力有可能导致涂层出现裂缝或者完全分裂。图 9.1 显示了 SiC 单丝表面的 Y_2O_3 涂层和热残余应力引起的开裂[1]。

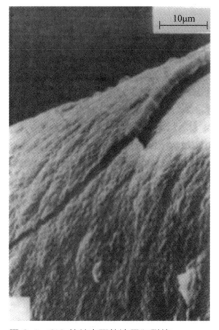

图 9.1 SiC 单丝表面的涂层和裂纹

覆盖层厚度是控制涂层性能的主要参数之一。厚度的选择应考虑到下列几点：保护纤维免受环境因素的侵蚀；使热残余应力达到最小；形成非脆性破坏模式。通常选用的涂层厚度在 $0.1 \sim 1.0 \mu m$ 范围内。

通常对所采用的涂覆技术有下列要求：涂覆工艺过程不会损伤或改变纤维的原有性质；沉积过程必须与纤维相容；涂覆沉积是一个连续过程；沉积产生的涂层厚度必须均匀。此外，还要求不产生延伸到纤维表面的孔隙。

常用的涂覆技术有化学气相沉积（CVD）、物理气相沉积（PVD）、涂布技术和溶胶-凝胶方法等。各种技术的阐述已经超出本书范围，读者可参阅后文提及的相关文献。

9.2.2
碳化硅纤维的表面涂层

有两种类型的碳化硅纤维，它们有完全不相同的构型。纤维性能不同，表面涂层处理工艺也不同。一种纤维有小直径（$10 \sim 30 \mu m$），由含有硅和碳的聚合物纤维热分解制得，主要成分是 β-SiC、碳晶体和 SiO_2。另一种称为碳化硅单丝（SCS），其直径为 $100 \sim 150 \mu m$。单丝有一内芯，为钨丝或碳丝。单丝的主体为使用化学气相沉积技术覆盖在内芯上的碳化硅。单丝的最外层表面常常覆盖一薄层碳涂层。

碳化硅纤维（如 Nicalon SiC）常用的涂层是碳。碳涂层减弱了纤维与基体在界面区的化学反应，从而有效地减小了界面结合强度。界面富碳层可以在制备复合材料之前涂覆，也可以在制备过程中由纤维表面与基体材料反应形成。

第 2 章图 2.17 显示了 SiC/SiC 复合材料的富碳界面区，其成分分析结果则如图 2.71 所示。碳涂层对复合材料的力学性能有显著影响。它促使界面易于脱结合，发生纤维拉出现象。影响的程度与涂层的厚度密切相关。图 9.2 显示了纤维碳涂层厚度与 Nicalon SiC 纤维/SiC 复合材料界面剪切强度的关系。界面剪切强度随碳涂层厚度的增大近似线性降低。纤维不同涂层厚度时的负载-位移曲线则如图 9.3 所示。

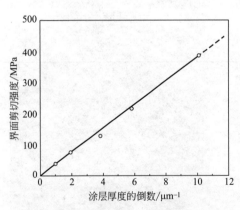

图 9.2　纤维碳涂层厚度与 Nicalon SiC 纤维/SiC 复合材料界面剪切强度的关系

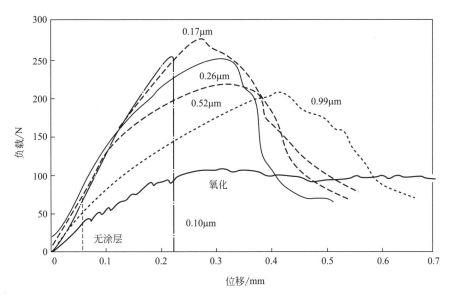

图 9.3　纤维不同碳涂层厚度 SiC/SiC 复合材料的负载-位移曲线

无碳层纤维的复合材料界面有强化学结合，因而有强界面剪切强度，不发生纤维拉出现象，表现为脆性断裂。具有氧化界面层的试样不存在界面结合，因为碳的氧化使纤维与基体之间产生了间隙。

碳涂层的均匀性常常是一个技术难题，尤其是对纤维束或织物。电泳沉积法似乎能克服这个困难。据报道，这种方法可使 SiC 纤维整个表面覆盖片状石墨。并且，在纤维束中心的纤维，其表面也能获得均匀的碳覆盖。这种均匀碳涂层纤维制备的 SiC/SiC 复合材料具有最合适的界面，促使材料破坏时出现大量的拉出纤维[2]。

碳涂层界面的重大缺点是低的抗高温氧化性能。在温度达到约 1000℃ 时，由于基体开裂而暴露的纤维和原先暴露的纤维将发生碳界面层的氧化侵蚀，严重恶化复合材料的性能。氮化硼（BN）涂层能克服这个缺点。BN 的力学行为与碳相似，但有很好的抗氧化性能。然而，BN 涂层会引起纤维强度的降低。

莫来石（$3Al_2O_3 \cdot 2SiO_2$）涂层似乎是一种好的选择。据报道[3]，用化学气相沉积法对 SiC 纤维涂覆莫来石涂层后，其抗氧化温度可达到 1300℃，并能维持 200h。

对某些应用于特殊场合的复合材料常常要求其界面层具有特定的性质。例如应用于核反应堆的 SiC/SiC 复合材料，除了要求具有一般 CMC 界面的性能外，还要求材料受到核辐照后只有低的残余放射性。BN 界面层不能满足这个要

求。研究表明，镁-硅-氧涂层具有低残余放射性[4]。界面层由 MgO、SiO_2、
$MgSiO_3$ 和 Mg_2SiO_4 等氧化物所组成。试样在弯曲试样中表现出韧性断裂行为，
在断裂中观察到纤维拉出现象。

碳化硅单丝 SCS 主要用于金属基体的增强，要求单丝与金属之间有强结合
界面。有几种类型的 SCS，如 SCS、SCS-2、SCS-6 和 SCS-8。它们大都在单丝
制备过程中已经在表面覆盖了涂层，例如 SCS 和 SCS-6 的表面通常有厚度在
$0\sim4\mu m$ 范围的富碳层。单丝表面涂层的作用除了控制单丝与金属基体之间的反
应，以达到强界面结合外，还可在高温环境制备复合材料的过程中保护单丝免
受损伤。

碳化硅单丝常用于增强铝或钛或它们的合金。为了进一步改善界面性能，
以达到特定的复合材料性能或应用于其它金属基体，人们也试图使用其它涂层
材料或工艺。例如，将原先主要用于增强钛基体的 SCS-6 用于增强铜基体，制
得 SCS-6/Cu 复合材料。这种材料具有优良的导热性能，常应用于核反应堆中的
部件[5]。未经表面改性的单丝与铜之间只有很弱的界面结合。在单丝表面覆盖
一薄层钛后，制得的复合材料显示很强的界面结合强度。图 9.4 显示了由单纤
维压出试验测得的含钛中间层和不含钛中间层两种复合材料脱结合负载 P_d 与试
样厚度之间关系曲线。界面剪切强度 τ_d 可由下式计算：

$$P_d = \frac{\tau_d 2\pi R}{\alpha}\tanh(\alpha L) \tag{9-1}$$

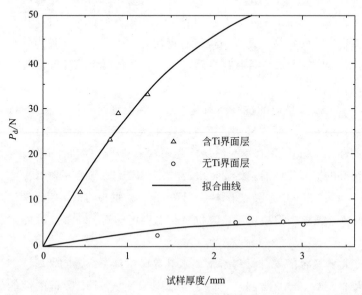

图 9.4　SiC 单丝含钛涂层和不含钛涂层制得的两种复合材料脱结合负载与试样厚度的关系曲线

$$\alpha = \sqrt{\frac{2G_i}{b_i RE_f}} \tag{9-2}$$

式中，R 是纤维半径；L 是试样厚度；G_i 是剪切模量；b_i 是界面厚度。据上式计算得到含钛中间层试样的 τ_d 高达 70MPa，是不含钛试样的 10 余倍。由压出试验测得的最大脱结合负载 P_{max} 可以计算出两种试样的界面摩擦应力 τ_f，分别为 4MPa 和 54MPa。

9.2.3
氧化铝纤维的表面涂层

氧化铝纤维主要包括多晶 α-Al_2O_3（FP，Nextel 610）纤维、α-Al_2O_3-ZrO_2（PRD-166）纤维、Al_2O_3-SiO_2 纤维、δ-Al_2O_3 纤维和单晶 α-Al_2O_3 纤维等。它们的表面形态结构与它们的氧化铝晶粒大小有关。例如大晶粒的 PRD-166 有粗糙的表面，而小晶粒的 Nextel 610 和单晶氧化铝则有光滑表面。

用于金属基复合材料的氧化铝纤维主要起增强作用，因而要求纤维与基体之间界面有强结合。然而，氧化铝纤维不容易被大多数金属润湿（这是由于这类纤维的低表面能），所以要求表面涂层能改善氧化铝纤维对基体金属的润湿性能。例如，用化学气相沉积法覆盖一薄层 Ni 或 Ti-Ni 合金，或者双层 Ti-Ni 涂层，能有效地促进熔融银的润湿性，明显增强界面结合，提高复合材料的拉伸强度。Ti-Ni 双层覆盖也适用于 Al 和 Ni-Cr 合金。

对于氧化铝纤维/玻璃基体这类氧化物-氧化物系统的复合材料，如果不做任何表面处理，界面将发生强烈的化学反应，产生一系列的中间化合物。如此，界面有很强的结合，复合材料将显示典型的脆性破坏模式。SnO_2 涂层能有效地阻止多晶氧化铝纤维 PRD-166 和单晶氧化铝纤维与玻璃之间化学反应的发生。纤维与 SnO_2 之间的界面纯粹是机械结合，而 SnO_2 与玻璃之间既有化学结合也存在机械结合。得到的复合材料表现为韧性破坏模式，主要增韧机理是纤维的裂缝搭桥和裂缝发展方向的偏转。

BN 涂层也用于氧化铝纤维的表面处理。例如，用于 Nextel 480 莫来石（$3Al_2O_3$-SiO_2）纤维能有效地改善该类纤维与玻璃基体组成的复合材料的断裂韧性。

不同纤维-基体组合常有不同的表面处理或涂层方法，早期的详细评述可参阅相关文献[6]。

9.3
陶瓷纤维的形变微观力学

9.3.1
碳化硅纤维和碳化硅单丝

碳化硅纤维主要包括 Nicalon 系列纤维（如 NLM202、Hi-Nicalon）、Hi-SNicalon 纤维、Tyrann 纤维以及 Sylramic 纤维等。碳化硅纤维的主要成分为 β-SiC 晶粒，还含有 SiO_2 和 C，例如，NLM202 纤维的三种成分含量分别为 65%、23% 和 12%。包含于纤维中的碳纳米晶粒的碳键是很好的拉曼散射体，可用于观测空气中和各种基体材料中纤维的应变。

自由状态下 Nicalon NLM202 碳化硅纤维的拉曼光谱如图 9.5 所示。光谱显示两个宽而强的峰，分别位于 $1345cm^{-1}$ 和 $1600cm^{-1}$ 附近。另有一相对较弱的峰，位于 $835cm^{-1}$ 附近。这个频移较低的峰归属于 SiC 的晶格振动。较高频移的两个峰来源于纤维中的石墨碳，分别对应于石墨的 E_{2g} 和 A_{1g} 模式，与碳纤维的 D 峰和 G 峰相当。一个值得注意的现象是碳化硅纤维的两个拉曼峰都比石墨

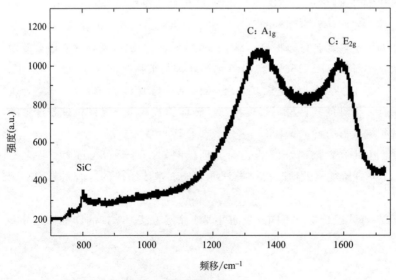

图 9.5 Nicalon NLM202 碳化硅纤维的拉曼光谱

化碳纤维对应的峰宽得多。我们知道，这两个峰的半高宽随碳材料结构的无序而变宽。这个现象表明碳化硅纤维中碳结构的相对无序。另一个值得注意的现象是碳化硅纤维 1345cm^{-1} 峰的强度通常高于 1600cm^{-1} 峰。已知 1345cm^{-1} 峰来自石墨晶粒的边界区，其强度反比于晶粒在石墨平面方向上的尺寸，所以该现象表明碳化硅纤维中有较小的晶粒大小。使用两个拉曼峰的强度比与晶粒尺寸的关系曲线，计算得出所测 Nicalon 纤维内游离碳结构单元的大小为 3.5nm，比碳纤维的值要小得多[7]。

拉伸实验测得碳化硅纤维三个拉曼峰的频移都随纤维拉伸应变而发生偏移，其中来自游离碳的两个峰随拉伸伸长增加向低频移方向偏移，而来自碳化硅晶粒的峰则相反，它向高频移方向偏移。

图 9.6(a) 显示了纤维应变引起的 G 峰频移的偏移，G 峰频移与纤维应变的函数关系显示在图 9.6(b) 中。D 峰也有类似的行为。两个峰的拉曼频移与纤维应变都有着良好的线性关系。它们的峰频移偏移率 d$\Delta\nu$/de 分别为 -6.2cm^{-1}/%应变和 -6.5cm^{-1}/%应变。来源于碳化硅的 835cm^{-1} 峰的频移与纤维应变也有近似线性函数关系，但数据点比较分散[8,9]。

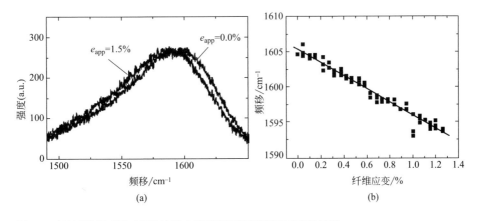

图 9.6 拉伸引起的碳化硅纤维拉曼 G 峰频移偏移和频移与应变的关系
(a) 纤维应变引起的 G 峰频移的偏移；(b) G 峰频移与纤维应变的关系

拉曼峰频移随应变增加向低频移方向偏移的特性和碳纤维的行为相似。这可解释为由于纤维宏观形变引起 C—C 链原子间距的增加，亦即键距的伸长导致拉曼峰频移的红移。而峰位置随应变偏移的线性关系在该纤维的宏观应力-应变曲线（直线）中得到反映。

表 9.1 列出了纤维 3 个拉曼峰的归属和 d$\Delta\nu$/de 值。

⊡ 表 9.1　Nicalon NLM202 碳化硅纤维 3 个拉曼峰的归属和 d△ν /de 值

拉曼峰/cm^{-1}	(d△ν /de) / (cm^{-1}/%应变)	归属
835	+8.2	碳化硅
1345	−6.8	游离碳
1600	−6.5	游离碳

　　这种线性关系在复合材料微观力学中具有重要应用价值。由于纤维和基体材料热膨胀系数的差异而导致的复合材料残余应力是材料设计和应用中应予充分考虑的问题，尤其是对耐高温的陶瓷基复合材料。上述函数关系可用来逐点测定残余应变/应力，给出其分布。利用上述关系也能测定外负载作用下纤维增强复合材料中纤维与基体相互作用力的分布，为最终了解复合材料的界面行为提供重要资料。这种分布具有高空间分辨率，是迄今任何其它研究界面行为的方法难以达到的。

　　使用有关分析软件可将来自游离碳的两个峰的重叠部分分离，从而获得每个峰的半高宽度。两个峰半高宽与应变的函数关系分别显示在图 9.7(a) 和 (b) 中。两个峰的半高宽都随纤维伸长的增加而减小，而且近似呈线性关系。已知纤维有不均匀的微观结构，因而在给定伸长下各原子键将经受不同的应力。这意味着原子键间的应变随纤维内该微区的结构而不同。如此，拉伸将引起拉曼峰的变宽。然而，拉伸形变也可能引起纤维结构的有序化，尤其是对未形变过的碳化硅纤维，因为它的石墨颗粒的排列是完全随机的。有序化将导致碳材料拉曼峰变窄，因而拉伸有可能引起纤维拉曼峰变宽。显而易见，应力的不均匀分布和结构有序化对碳化硅纤维拉曼峰的半高宽有着相反的作用。这里，拉伸

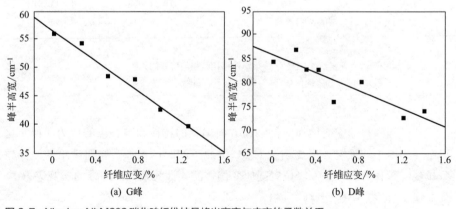

(a) G峰　　　　　　　　　　　　　　　　(b) D峰

图 9.7　Nicalon NLM202 碳化硅纤维拉曼峰半高宽与应变的函数关系

可能引起重大的结构有序化，以致由该机理引起的拉曼峰的变窄起主要作用，最终导致拉曼峰随拉伸应变的增大而变窄。

碳化硅纤维在压缩负载下的形变行为也可由其拉曼光谱来表征。测试表明，压应力下纤维的形变行为与拉应力下相似[10]。图 9.8 显示了拉曼 D 峰的频移与纤维应变的关系。可以看到，不管是拉伸应变还是压缩应变，应变与峰位置偏移之间都有近似的线性关系。这个结果表明，与拉应力的情况一样，压应力下纤维内部碳材料的微观结构也有相应的形变。

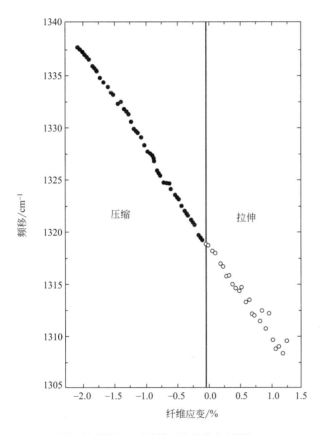

图 9.8   碳化硅纤维拉曼 D 峰的频移与纤维应变的关系

从碳化硅单丝（如 SCS-6 和 Sigma 1140＋）的表面也能获得确定的拉曼光谱[11]，显示来源于纤维表层石墨碳的两个拉曼峰：位于 1330cm⁻¹ 附近的 D 峰和位于 1600cm⁻¹ 附近的 G 峰。用四点弯曲法对 SCS-6 单丝施加拉伸应变，测得不同应变下单丝的拉曼光谱，发现与碳纤维和碳化硅纤维相似，两个拉曼峰的频移都随单丝拉伸应变的增大向低频移方向偏移，如图 9.9(a) 和 （b） 所示。峰频移与单丝应变间的函数关系显示在图 9.10(a) 和 （b） 中。每幅图中都列有两组数据，分别由光谱拟合过程中的三峰和双峰拟合模式得到。不同拟合模式获得的峰频移不同，然而与应变都有近似线性关系，而且直线斜率近似相等。对 D 峰和 G 峰，直线斜率 $d\Delta\nu/de$ 的值分别为 （-3.6 ± 0.6）cm^{-1}/％应变和（-2.6 ± 0.3）cm^{-1}/％应变。单丝 Sigma 1140＋也有类似的拉曼现象。

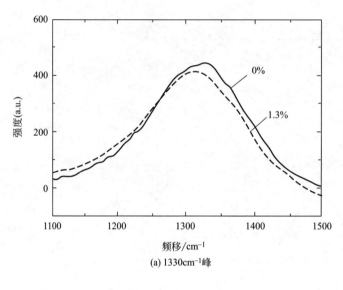

(a) $1330cm^{-1}$峰

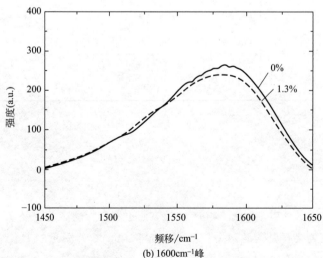

(b) $1600cm^{-1}$峰

图 9.9　应变引起的碳化硅单丝表面拉曼峰的频移偏移

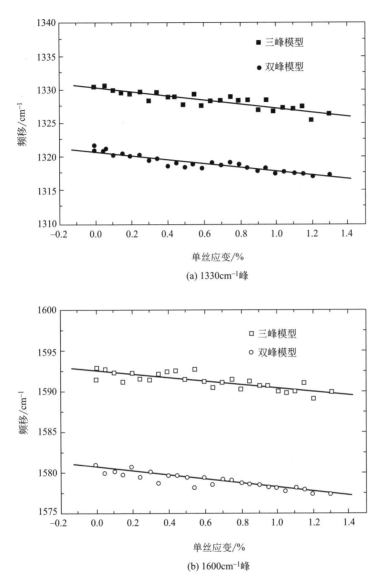

(a) 1330cm⁻¹峰

(b) 1600cm⁻¹峰

图 9.10　拉曼峰频移与单丝应变间的关系

　　光谱中两个碳峰的出现表明两种单丝表面存在碳结构单元。与碳纤维相似，宏观应变作用下的拉曼峰行为可以从石墨碳微观结构受力形变的行为来解释。

　　表 9.2 列出了几种碳化硅 Nicalon 纤维（包括表面处理和退火处理）和碳化硅单丝的 $d\Delta\nu/de$ 的值。

⊡ 表 9.2　碳化硅纤维和碳化硅单丝的 d$\Delta\nu$/de 值

纤维或单丝	d$\Delta\nu$/de/ (cm^{-1}/%应变)			数据来源
	D 峰	G 峰	SiC 峰	
Nicalon NLM202				
未处理	-6.2	-6.5	$+8.2$	[8]
上浆	-3.82 ± 1.4	-2.11 ± 0.7		[12]
退火	-4.01 ± 0.5	-3.33 ± 2.0		[12]
Hi-Nicalon				
上浆	-2.72 ± 0.3	-2.59 ± 0.8		[12]
退火	-3.05 ± 0.2	-2.84 ± 0.8		[12]
SCS-6	-3.6 ± 0.6	-2.6 ± 0.3		[11]
Sigma 1140+	-2.6 ± 0.4	-1.8 ± 0.3		[11]

9.3.2
应变氧化铝纤维的拉曼光谱行为

多晶氧化铝纤维 PRD-166 含有 80％的氧化铝、20％氧化锆和微量氧化钇。

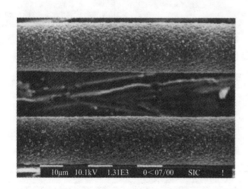

图 9.11　Al$_2$O$_3$-ZrO$_2$ 纤维 PRD-166 的 SEM 像

氧化铝和氧化锆晶粒的尺寸分别是 $0.1\sim0.6\mu m$ 和 $0.1\mu m$ 左右。图 9.11 为其表面的 SEM 图像，显示了粗糙的表面形态。纤维的微观结构已有详细报道[13,14]。

自由状态下 PRD-166 单纤维的拉曼光谱如图 9.12 所示。为比较起见，图中同时显示了纯多晶 Al$_2$O$_3$ 纤维（FP 纤维）的光谱。PRD-166 的光谱显示了位于 $378cm^{-1}$、$415cm^{-1}$、$460cm^{-1}$、$641cm^{-1}$ 和 $747cm^{-1}$ 附近的拉曼峰。其中，$378cm^{-1}$ 峰和 $415cm^{-1}$ 峰来源于 α-Al$_2$O$_3$，而 $460cm^{-1}$ 和 $641cm^{-1}$ 峰来源于 ZrO$_2$。未能确定 $747cm^{-1}$ 峰的归属。由于对多晶 Al$_2$O$_3$ 的拉曼散射缺乏足够的理论分析，目前还难以标定这些峰归属于何种分子振动模式。

图 9.13 显示了纤维在自由状态和随后拉伸应变 0.34％下 350～430cm^{-1} 范围内的拉曼光谱。可以看到，来自 α-Al$_2$O$_3$ 的 $378cm^{-1}$ 峰和 $415cm^{-1}$ 峰随应变都向高频移方向偏移。纤维应变对拉曼峰位置的影响如图 9.14 所示，应变与峰频移间有线性关系，其斜率 d$\Delta\nu$/de 的大小分别为 ＋4.9cm^{-1}/％应变和 ＋4.4cm^{-1}/％应变。

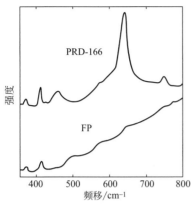

图 9.12　自由状态下 PRD-166 纤维和 FP 纤维的拉曼光谱

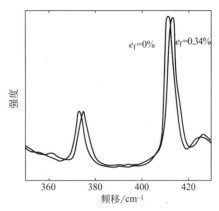

图 9.13　PRD-166 纤维自由状态和 0.34% 拉伸应变下的拉曼光谱

对来自 ZrO_2 的两个峰，应变对峰频移的影响却有不同的偏移方向。$460cm^{-1}$ 峰的频移随应变向负的方向偏移，$d\Delta\nu/de$ 为 $-5.7cm^{-1}/\%$ 应变；而 $641cm^{-1}$ 峰则偏移向正方向，$d\Delta\nu/de$ 为 $+4.3cm^{-1}/\%$ 应变。

$747cm^{-1}$ 峰也对纤维形变敏感。因为荧光背景强，数据较为分散。

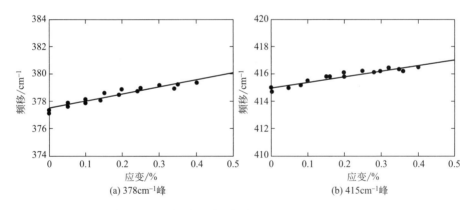

(a) 378cm⁻¹峰

(b) 415cm⁻¹峰

图 9.14　PRD-166 纤维拉曼峰频移与纤维应变的关系

所有 5 个拉曼峰频移与纤维应变的线性关系与纤维的宏观应力-应变线性关系相一致。已知 Al_2O_3-ZrO_2 纤维是多晶结构，纤维的宏观形变必定伴随着纤维中晶体的形变，如晶体伸长和/或晶体旋转。这意味着由于外加应变导致的拉曼峰频移的偏移直接有关于晶格形变，上述拉曼峰的应变敏感性是纤维中两种金属氧化物由于宏观形变而引起的晶格形变的反映。要完全了解这种现象，必须对金属氧化物的拉曼散射做详细的理论研究。尽管这种线性关系还未得到详细的理论解释，它在复合材料微观力学，尤其是在界面力学行为研究中十分有用。

纯氧化铝纤维，如 FP 纤维和 Nextel 610 纤维，也是多晶结构。后者由很微小的 Al_2O_3 颗粒所组成，有较好的柔韧性，便于编织加工。这种纤维也有类似的拉曼行为。

9.3.3
应变氧化铝纤维的荧光光谱行为

第 4 章 4.4 节已经指出氧化铝纤维有确定的荧光 R_1 峰和 R_2 峰，对荧光峰的某些参数与纤维应变和环境因素之间的函数关系已经做了详细阐述。

由图 4.16 可见，拉伸应变下，荧光 R_1 谱线和 R_2 谱线都发生明显的宽化。图 9.15 显示了 Nextel 610 纤维 R 谱线的半高宽与纤维应变的函数关系。可以看到，半高宽随应变增大而增大，而且呈近似的线性关系。两种纤维的 R 谱线宽化相对纤维应变的变化率已列于表 4.2。这种宽化现象必定与材料的微观结构相关。可能有两个来源：一是铬掺杂氧化铝的固有结晶学结构；二是探测区域（激光照明区域）内的不均匀应力分布。已知在氧化铝八面形晶体的晶格中，一些铝离子已被铬离子所取代，八面晶格受到扭曲，引起静电晶体场的不对称。这使得应变引起的谱线偏移与晶体相对于所施加应力方向的取向有关。由于谱线收集区域（通常为激光照明区域，大于 $1\mu m$）比晶粒的尺度大得多，所以总是包含许多个晶粒，所测得的谱线是许多个晶粒的平均值。考虑到各个晶粒无一致的取向，结晶结构的固有扭曲将导致应力下谱线的宽化。另外，TEM 研究指出[13,15]，两种纤维都有复杂的微观形态学结构，各个晶粒都处在不同的周围环境下，因而即便

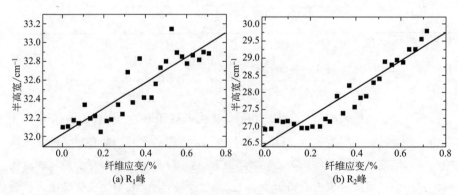

(a) R_1峰   (b) R_2峰

图 9.15　Nextel 610 纤维 R 谱线的半高宽与纤维应变的函数关系

在同一外加宏观应变下，各个晶粒也处于不均匀的应变场中。这意味着在纤维受拉伸时各个晶粒有着不同的应变，这也引起谱线的宽化。无疑，对 R 谱线半高宽的分析能提供关于纤维内应变/应力不均匀分布和晶粒取向的信息。

多晶氧化铝纤维的拉曼峰频移和荧光 R 峰波数相对纤维应变的偏移率和单晶氧化铝的荧光 R 峰的压谱系数列于表 9.3。这些数值是应用拉曼光谱术研究复合材料界面微观力学不可缺少的参数。

▣ 表 9.3 多晶氧化铝纤维的拉曼峰频移和荧光 R 峰波数相对纤维应变的偏移率和单晶氧化铝荧光 R 峰的压谱系数

拉曼峰/cm^{-1}	PRD-166			Nextel 610	单晶氧化铝
	d$\Delta \nu$/de (cm^{-1}/%应变)	归属		d$\Delta \nu$/de (cm^{-1}/%应变)	压谱系数 Π_u
378	$+4.9\pm0.7$	α-氧化铝			
415	$+4.4\pm0.8$	α-氧化铝			
460	-5.7 ± 0.9	氧化锆			
641	$+4.3\pm0.8$	氧化锆			
747	-3.7 ± 0.9	未定			
荧光峰					
R$_1$	$+6.11$			$+7.69$	$\Pi_{11}=2.56$
					$\Pi_{22}=3.50$
					$\Pi_{33}=1.53$
R$_2$	$+7.80$			$+9.86$	$\Pi_{11}=2.65$
					$\Pi_{22}=2.86$
					$\Pi_{33}=2.16$

9.4
碳化硅纤维增强复合材料的界面行为

9.4.1
碳化硅纤维/玻璃复合材料

有许多方法可用于复合材料界面力学性质的研究，其中单纤维拉出试验能给出最直接的测量。对陶瓷纤维/陶瓷基复合材料，单纤维拉出试验更具吸引力。这是因为用纤维增强陶瓷基体，多数情况下是为了改善脆性基体的韧性。

纤维与基体间的脱结合过程和从基体中拉出纤维的过程是控制这类材料韧性的关键机制，而单纤维拉出试验恰好能给出这方面资料的直接测量。

图 9.16 是供拉出试验的 SiC Nicalon/Pyrex 玻璃单纤维复合材料试样制作示意图。图示组合在 Ar 气氛 750℃下保持 30min 能获得合适的试样。详细的制作过程可参阅文献 [16-18]。

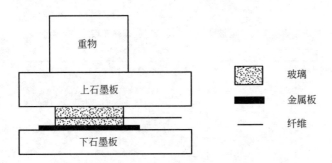

图 9.16　SiC Nicalon/Pyrex 玻璃单纤维复合材料试样制作示意图

使用波长为 488nm 的氩离子激光作激发光，激光束被聚焦于纤维或玻璃表面约 $1\sim2\mu m$ 的斑点上。激光束的偏振方向平行于纤维轴向。

图 9.17 是玻璃和包埋于玻璃中的纤维在 $1500\sim1680cm^{-1}$ 范围内的拉曼光谱。玻璃内部纤维的拉曼光谱与空气中纤维的拉曼光谱（图 9.5）相似，显示

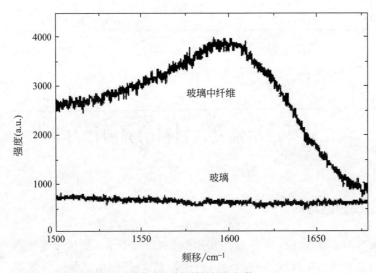

图 9.17　玻璃和包埋于玻璃中碳化硅纤维的拉曼光谱

一个位于 $1600\mathrm{cm}^{-1}$ 附近的拉曼峰（G 峰）；而玻璃的拉曼光谱在这个波段范围内是一条基本平直的谱线，没有出现任何拉曼峰。这意味着出现于纤维拉曼光谱中的 G 峰纯粹是包埋于玻璃内部纤维的贡献，而纤维周围的玻璃对它没有什么影响。如此，可以直接将表 9.1 中纤维的拉曼峰频移相对纤维应变的偏移率 $\mathrm{d}\Delta\nu/\mathrm{d}e$ 值用于玻璃中纤维应变的测定。

对自由状态的试样沿纤维逐点测定拉曼光谱，其 G 峰频移相对空气中自由状态下纤维 G 峰频移的偏移显示在图 9.18(a) 中。应用表 9.1 中的 $\mathrm{d}\Delta\nu/\mathrm{d}e$ 值，将频移偏移转换为纤维应变，得到如图 9.18(b) 所示的纤维应变分布图。图中所示的纤维应变为轴向应变。拉曼测量时已将激发光偏振方向设定为与纤维轴向相平行。实线是对数据点的最佳拟合。可以看到，包埋于玻璃中纤维的主要部分处于轴向压缩状态。在紧靠基体边缘的很短一段纤维显示拉伸应变，其值很小。这可能是试样压制过程中引入的，也可能来源于玻璃边缘处复杂的外形和物性，它使拉曼探针聚焦发生困难，甚至有时难以获得合适质量的光谱，导致可能的测量偏差。随后，纤维从零应变随着进入基体距离 x 的增大，压缩应力值增大，从约 $0.25\mathrm{mm}$ 起形成一个平台，其大小约为 0.08%。这个压缩应变是由于纤维与基体热膨胀不一致而导致的残余应变。在温度为 T 时，包埋于玻璃中的热应变 e_{f} 可用下式计算：

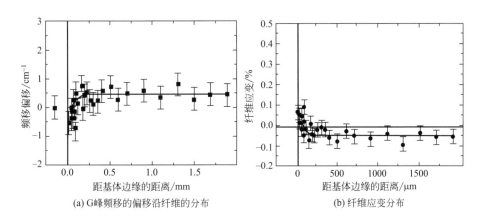

(a) G峰频移的偏移沿纤维的分布   (b) 纤维应变分布

图 9.18　自由状态下单纤维拉出试样 G 峰相对于空气中纤维 G 峰频移的偏移沿纤维的分布和纤维应变分布

$$e_{\mathrm{f}}=\int_{T}^{T_{\mathrm{a}}}\Delta\alpha\,\mathrm{d}t \qquad (9\text{-}3)$$

式中，T_{a} 是玻璃的退火温度，热应力从该温度开始产生，对 Pyrex 玻璃约为 565℃；$\Delta\alpha$ 是纤维与基体热膨胀系数之差（计算方法参阅本章 9.6 节）。理论计算的结果表明，理论应变值和拉曼测量得出的值在同一数量级。

对基体之外纤维施加 0.20％拉出应变后，基体内纤维应变随距离开基体边缘的距离 x 的变化如图 9.19(a) 所示，图中实线是对实验数据点的最佳拟合。刚进入基体的纤维的应变与空气中纤维应变近似相等。随后，随着距离 x 的增大急剧减小，在 $200\mu m$ 处达到零应变后，逐渐转变为大小不再变化的压缩应变。这个应变同样是热残余应变。

在基体外纤维应变达到 0.37％时，试样表现出类似的行为，如图 9.19(b) 所示。

图 9.19(a) 和 (b) 显示纤维进入基体内 $200\mu m$ 范围内，纤维应变 e 随 x 的减小是非线性的，这种行为不能用沿着纤维与基体界面有不变剪切应力的理论来解释。最大的可能性是在这个范围内的界面行为，由弹性应力传递或者脱结合或者这两者共同所控制。对图 9.19(b) 的实验数据做更详细分析的结果如图 9.20(a) 所示。图中点线为应用弹性应力传递理论得出的式(3-2)和方框中的参数对数据点的拟合。弹性理论正确地预测了应变衰减现象。然而，点线与数据点之间的拟合性并不很好，尤其是在纤维进入基体的一小段范围。

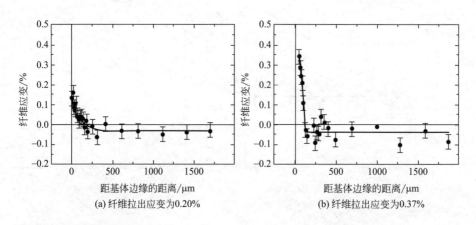

(a) 纤维拉出应变为0.20%　　　　(b) 纤维拉出应变为0.37%

图 9.19　纤维拉出时的应变分布

应用界面部分脱结合模型能十分圆满地分析图 9.19(b) 所示的界面行为。假设在纤维进入基体处即玻璃边缘（$x=0$）开始发生脱结合，从起始点开始计算的脱结合距离为 $(1-m)L$，L 为包埋纤维的长度，$0 \leqslant m \leqslant 1$。对具有脱结合界面的系统，沿纤维的轴向应变 e_f 随 x 的线性衰减可用下式表示：

$$e_f = \frac{2\tau_i}{rE_f}(l-x) \tag{9-4}$$

式中，τ_i 是沿脱结合界面的界面摩擦剪切应力（不随 x 变化）；r 为纤维半径；E_f 为纤维的杨氏模量。从式(9-4)得出，当 $x=L$ 时，纤维应变为零。然而，在部分脱结合情况时，在脱结合区域纤维应变的线性减小只到达点 $x=z$ 处。所以式(9-4)改写为：

$$e_f = \frac{2\tau_i}{rE_f}(z-x) \tag{9-5}$$

根据式(3-2)并考虑到轴向应变在 $x=(1-m)L$ 点的连续性，获得在界面完善结合区的纤维应变为：

$$e_f = \frac{2\tau_i}{rE_f}[z-(1-m)L]\frac{\sinh[n(mL-x)/r]}{\sinh(nms)} \tag{9-6}$$

对式(9-5)求导，并应用式（3-4），即得：

$$\tau = \frac{n\tau_i}{r}[z(1-m)L]\frac{\cosh[n(mL-x)/r]}{\sinh(nms)} \tag{9-7}$$

式(9-6)和式(9-7)分别是复合材料中界面未脱结合区域的纤维轴向应变和界面剪切应力的表达式。

最大界面剪切应力（即脱结合剪切应力 τ_d）位于纤维与基体界面脱结合区与未脱结合区的交界处。应用脱结合纤维的脱结合应变 e_d 可以方便地计算出 τ_d 值，将 $m=1$ 和 $x=0$ 代入式(9-6)和式(9-5)，即有：

$$e_f = e_d = \frac{2\tau_i}{rE_f}z \tag{9-8}$$

联合式(9-8)和式(9-7)即得：

$$\tau_d = e_d \frac{E_f}{2}n\frac{1}{\tanh(ns)} \tag{9-9}$$

图 9.20(a) 中的实线是部分脱结合理论［式(9-5)和式(9-6)］对实验数据点的拟合。与点线表示的弹性理论相比较，数据点与脱结合的实线更加靠近。可见，对于所试验的 SiC 纤维/玻璃试样，界面似乎发生了脱结合。脱结合发生在从玻璃边缘到约 $90\mu m$ 处的范围内。这个区域以外的界面应力传递是弹性应力传递。

从图 9.20(a) 的纤维应变分布可以推演出各种界面参数。应用式（3-4）对部分脱结合拟合曲线微分可以获得界面剪切应力的分布。τ 随 x 的变化曲线如图 9.20(b) 所示。脱结合区，不变化的界面剪切应力约为 $\tau_i = (23\pm4)MPa$。脱结合应力的峰值 $\tau_d = (60\pm12)MPa$。此后，是完善界面结合区，界面剪切应力快速减小。

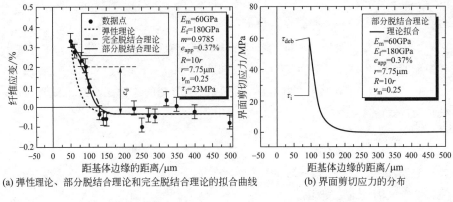

(a) 弹性理论、部分脱结合理论和完全脱结合理论的拟合曲线　　(b) 界面剪切应力的分布

图 9.20　对图 9.19（b）实验数据的分析

对一段距离内的数据点作直线拟合的结果如图 9.20(a) 中的虚线所示。这表示在该区域内全部界面都发生脱结合，$\tau_d=0$，τ_i 的值约为 30MPa。这种行为在其它复合材料系统（如聚合物纤维/聚合物基体）中没有被观测到。这似乎增加了用部分脱结合理论测定的界面参数值的不确定性。

根据图 9.20(a) 的资料也可以计算界面断裂韧性（临界应变能释放率）G_i，约为 $(1.8\pm0.6)\mathrm{J/m^2}$[17]。

不同研究组测得的 SiC/玻璃复合材料的界面参数列于第 3 章表 3.1。

9.4.2
压缩负载下 SiC/SiC 复合材料的界面行为

SiC/SiC 复合材料是一种重要的耐高温结构材料，通常由双向交织的 SiC 纤维层和使用 CVD 方法沉积的 SiC 基体所构成。图 9.21 是这种材料横截面经磨平抛光后的光学显微图，显示了织物经纱的横截面和纬纱的纵截面以及基体截面。基体填充了纤维之间的空隙，但是在织物层之间、纱线之间和纤维之间仍然存在未被填满的空间。复合材料内有些纤维并未与基体相结合或者只是部分结合。

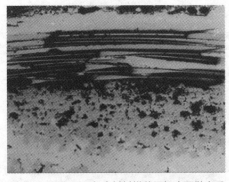

图 9.21　SiC/SiC 复合材料横截面经磨平抛光后的光学显微图

用于压缩负载试验的 SiC/SiC

复合材料试样结构如图 9.22 所示[19]。表面 A 经过抛光暴露出经纱的纵截面，便于使用拉曼光谱术测定纤维的应变。试样侧面粘贴高灵敏应变片，用于测定负载下试样的应变。

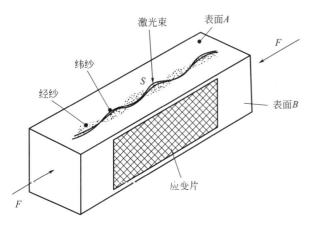

图 9.22　用于压缩负载试验的 SiC/SiC 复合材料试样示意图

断裂面的观察不仅能给出材料微观结构的信息，也能获得纤维形变和界面行为的资料。图 9.23(a) 是压缩负载引起的试样断裂面的扫描电子显微图，显示了沿着织物层分裂产生的断裂面。可以看到，几乎所有的纤维都覆盖了 SiC 基体。纤维束之间的空隙明显可见，纤维被覆盖的程度也不均匀。图 9.23(b) 是断裂面中基体较高放大倍数的显微图。基体显示了两种类型的形态结构：大小约为 $10\mu m$ 的颗粒状结构和含有许多大小约为 $1\mu m$ 孔穴的块状结构。这些微观结构情景多半与复合材料的制备过程有关。基体中的孔穴、晶粒之间的间隙和裂缝的存在有利于材料获得高断裂韧性。

图 9.23　SiC/SiC 试样压缩破坏引起的层间分离断裂面的扫描电子显微图
(a) 沿着织物层分裂产生的断裂面；(b) 基体断裂面

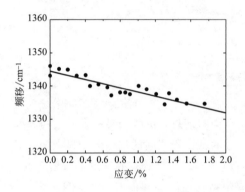

图 9.24　SiC/SiC 试样抛光表面压缩破坏后的形态

图 9.25　SiC/SiC 复合材料中纤维拉曼 D 峰的频移与复合材料承受压缩应变的函数关系

SiC/SiC 试样抛光表面压缩破坏后的形态如图 9.24 所示。可以看到复合材料的各种破坏模式：裂缝沿着纬纱纤维延伸，并发生方向偏转；经纱纤维与基体的脱结合（这是引起裂缝方向偏转的界面弱结合的证据）；纬纱中的纤维拉出和断裂，以及基体中多条裂缝的出现；层间分离也发生了。

断裂面形态观察表明，对压缩负载下 SiC/SiC 复合材料的力学现象，纤维与基体间的界面行为起了十分重要的作用。

测试表明，纤维的拉曼峰频移随复合材料压缩应变而偏移。图 9.25 显示了纤维拉曼 D 峰的频移与复合材料压缩应变的函数关系。D 峰频移随压缩应变的增大向低频移方向偏移，而且有近似的线性关系。根据图 9.8 所示 SiC 纤维拉曼峰频移与应变的函数关系，假定其压缩应变部分也适用于拉曼 D 峰，所测试的纤维在复合材料承载压缩应变时是处于拉伸状态。

单取向长纤维增强复合材料在承载轴向压缩时，通常纤维发生压缩形变。然而，对长纤维多取向复合材料会有更复杂的力学响应。这是因为后者有着复杂的纤维束网络结构。对 SiC/SiC 复合材料，由于其多孔结构和纤维与基体间界面的弱结合，其力学行为更为复杂。在压缩应变下不同微区可能出现有显著差别的力学响应。纤维的形变和破坏与网络结构的扭曲和纤维之间的摩擦密切相关。由界面弱结合引起的界面脱结合、裂缝传播方向的偏转和纤维拉出等界面现象也都影响纤维的受力状态。即便复合材料整体承受压缩负载，通过轴向分离和纤维搭桥过程在部分纤维中发生局部拉伸形变是可能的。一些近似平行于压缩负载方向的纬纱纤维倾向于在拉伸应力下断裂，而垂直于负载方向的某些经纱纤维则倾向于界面脱结合。

9.4.3
纤维搭桥

负载下未断裂纤维在裂缝两边的搭桥是复合材料增韧的主要机制之一。人们常用断裂力学研究搭桥现象的规律。这种方法的缺陷在于在研究诸如搭桥机理这种微米尺度现象时不能处理复合材料中各个相的作用和相间的相互作用。所以，人们期望在微米尺度对搭桥现象的直接测量。显微拉曼光谱术能在原位直接测定负载下搭桥纤维微米尺度的应变分布。这种测量能用于探索负载传递机理，依据测得的搭桥应力，计算界面剪切强度，并将测量结果与复合材料的宏观力学断裂行为相联系。

为了显示纤维搭桥现象，可将平板形复合材料试样的一边或两边开口或者不开口，随后施加拉伸负载，使试样发生裂缝。裂缝处能观察到连接于裂缝两边的纤维。作为参考，图9.26显示了一种实际使用的夹持两端直接施加拉伸应变，两边开口的试样示意图，图下方列出了试样的几何尺寸[20]。双开口试样的拉伸断裂行为可参阅图1.26及其相关描述[21]。据此可以认定，界面行为在上述纤维增韧力学现象中起着关键作用。研究指出，将拉曼光谱术应用于纤维搭桥试验能对其界面力学行为有更深入的认识。

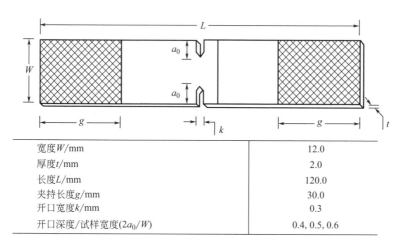

宽度W/mm	12.0
厚度t/mm	2.0
长度L/mm	120.0
夹持长度g/mm	30.0
开口宽度k/mm	0.3
开口深度/试样宽度($2a_0/W$)	0.4, 0.5, 0.6

图9.26　纤维搭桥试验双开口试样示意图

作为实例，以下简述一种碳化硅 Nicalon 纤维/玻璃-陶瓷复合材料双开口拉伸试验的拉曼研究结果。将拉曼探针的激光束聚焦于两开口之间裂纹中的搭桥碳化硅纤维表面，沿裂缝依次测得各根纤维的拉曼光谱。根据所测得光谱 D 峰与自由状态下 D 峰频移的偏移，应用预先测定的该纤维的频移-应变偏移率 d$\Delta\nu$/de，可以获得各根纤维在复合材料给定拉伸应变下的应变值。图 9.27 显示了对试样负载-位移曲线上三个不同点测得的结果。左侧负载-位移曲线标明相应的三个负载状态。拉曼偏移标示在左纵坐标，与之相应的纤维应变则标示在右纵坐标。横坐标已经归一化，与两开口间的距离相对应。搭桥纤维应变分布图显示在纤维搭桥区的大部分区域，除了断裂纤维（对应于图中空心数据点）外，大多数纤维的应变都位于中央平台处。搭桥应变在两端靠近开口附近区域的松弛现象明显可见，其宽度约为各搭桥区长度的 1/9，与负载的大小无关。松弛现象来源于开口周围基体的应变不均匀分布（应变梯度）。这种局部梯度随离开开口尖端距离的增大而减弱，它常常引起开口周围纤维的过早断裂。

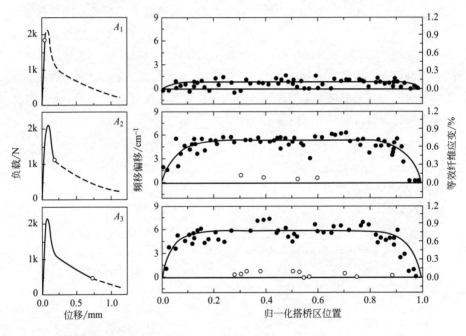

图 9.27　搭桥纤维的应变分布

从上述微米尺度的测量，可以计算出这种复合材料的界面剪切强度约为 7MPa，与宏观力学预测的值相一致。

纤维搭桥试验的一种更为常用的方法是试样单边开口，随后用四点弯曲或两端拉伸的负载方式产生裂缝并显现纤维搭桥现象。图 9.28 显示了一种使用四点弯曲使单边开口或不开口试样产生裂缝的装置示意图。施力装置可使用 minimat

（图 3.14），可同时记录负载和位移。装置可安装在显微拉曼光谱仪的显微镜载物台上，便于激光聚焦和测定拉曼光谱。这时，拉曼探针是沿单根纤维扫描，该纤维搭接于裂缝两壁，获得的是拉曼特征峰频移沿该纤维各点的偏移。使用类似的方法可以将峰频移转换为纤维应变或应力，得到应变或应力沿单根搭桥纤维的分布图。

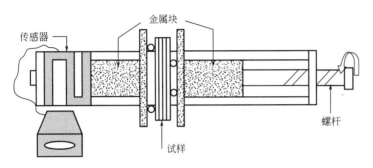

图 9.28 使用四点弯曲纤维搭桥试验装置示意图

图 9.29 显示了对弯曲负载产生的搭桥纤维进行拉曼探针扫描的示意图和对单根搭桥纤维测得的搭桥应力分布图[22]。试样为碳化硅单丝/玻璃复合材料，一根单晶氧化铝纤维包埋于基体内作为拉曼传感器。拉曼探针测定的是传感器

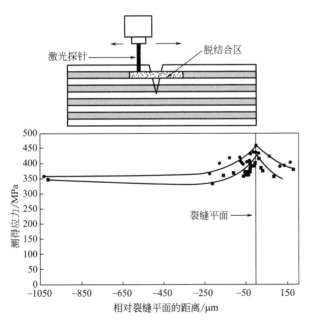

图 9.29 单根搭桥纤维拉曼探针扫描示意图和搭桥纤维的应力分布图

纤维的荧光光谱。应用预先测得的压谱系数值（第 4 章 4.4 节）可以将荧光峰波数的偏移转换为应力。图中所示的应力值包含了残余应力，是残余应力和搭桥应力的叠加。

9.5
氧化铝纤维增强复合材料的界面行为

9.5.1
氧化铝纤维/玻璃复合材料

9.5.1.1　热残余应力导致的界面行为

由高温热压制得的 Al_2O_3-ZrO_2 纤维/玻璃模型复合材料试样，整根纤维完全包埋在玻璃基体内部，如图 9.30 所示。由于纤维和基体材料热膨胀系统的失配，热压加工将引起纤维的热残余应变/应力。显微拉曼光谱术能用于测定这种应变/应力。试样表面经过抛光，以便激光和拉曼散射光能够透过。拉曼系统采用背散射几何方式。因为荧光 R 线位置对温度敏感，测试过程中应严格保持室温的稳定。两种不同种类、热膨胀系数相差较大的玻璃（Pyrex 和 SLS）用于基体材料。

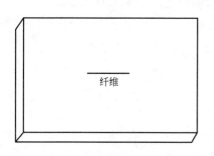

纤维

图 9.30　纤维全包埋试样示意图

图 9.31 显示了玻璃内纤维和基体玻璃的荧光光谱。可以看到，玻璃内纤维有确定的荧光 R 峰（a 和 b），与从空气中纤维观察到的峰相似。而基体材料 Pyrex 和 SLS 玻璃的荧光光谱（c 和 d）基本上是一平行于横坐标的直线，在所考察的波数范围内没有显示任何峰。所以 a 和 b 中的 R 峰基本上是纤维的贡献，而不受纤维周围基体的影响。

沿纤维轴向逐点测定纤维的荧光光谱。光谱沿纤维轴向的变化如图 9.32 所示。对 PRD-166/Pyrex 系统 [图 9.32(a)]，荧光 R_1 线的波数从纤维一端的最小值增加到一平台值，随后减小，在纤维另一端达到另一最小值。对纤维零应变的校正以在空气中测得的波数为准，如图中箭头所示。荧光 R_2 线的波数有相

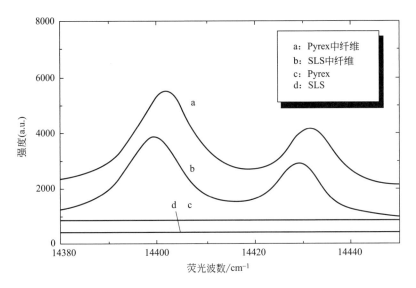

图 9.31 玻璃内纤维和基体玻璃的荧光光谱

似的表现。

图 9.32(b) 显示基体材料为 SLS 玻璃时的测定结果。与 Pyrex 系统不同，荧光波数从纤维一端的最大值减小到一平台值，随后增大，在纤维另一端达到另一最大值。

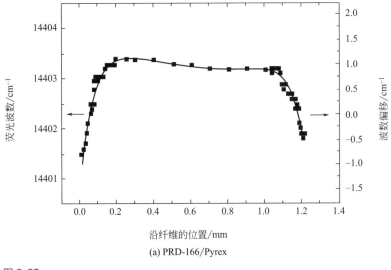

(a) PRD-166/Pyrex

图 9.32

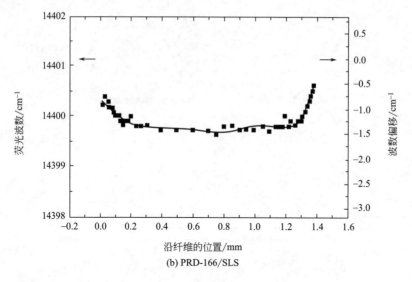

(b) PRD-166/SLS

图 9.32　模型复合材料中纤维荧光 R_1 峰波数沿纤维轴向的变化

应用表 9.3 所示的 R 线偏移与应变间的函数关系，可将上述荧光波数分布图转换为纤维应变分布图。然而，表 9.3 的数据仅表示正偏移与拉伸应变的关系。考虑到对同为多晶氧化铝组成的 Nextel 纤维和红宝石所做四点弯曲试验的发现，不论拉伸或压缩负载，荧光峰都有相同的线性偏移关系[23,24]，可以假定表 9.3 所列的线性关系在压缩应变下依然成立。这样就能得到完整的包括拉伸和压缩应变在内的纤维轴向热残余应变分布。

转换后得到的纤维轴向应变分布如图 9.33(a) 和 (b) 所示。该图将每种试样由 R_1 峰和 R_2 峰获得的数据放在同一图中。可以看到，对两种不同基体的复合材料，纤维有着很不相同的热残余应变分布。在 Pyrex 基体系统，纤维受拉伸应变，在平台区有最大值（约 0.41%）；而在 SLS 基体系统，与之相反，纤维受压缩应变，在平台区约为 -0.13%。注意到对部分包埋纤维试样（单纤维拉出试样）的测试结果[18,25]，可以认定，不管哪个基体系统，全包埋和部分包埋的纤维在平台区都有近似相等的轴向应变值，亦即包埋纤维在平台区的轴向应变值与试样几何无关。

高温制作的复合材料，由于各成分热性能的失配而引起的热残余应力/应变，可通过建立模型进行分析计算给以预测。这种分析的主要困难是确定在什么温度开始不再发生应力松弛，亦即何时应力开始产生。本章 9.6 节将假定松弛在退火温度以下不再发生，并预测了几种模型和真实复合材料的热残余应变。预测值与拉曼测定的值一致。

然而，用分析法处理靠近端头的纤维段或刚进入基体的纤维段（部分包埋

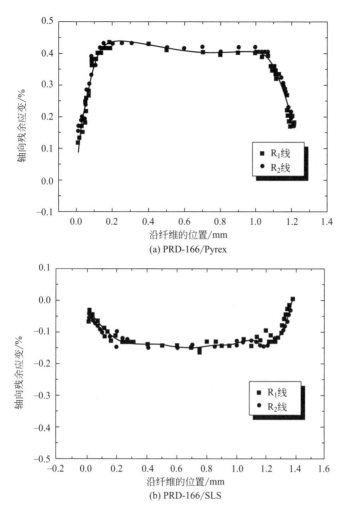

图 9.33　纤维沿轴向的残余应力分布

纤维试样）的热应变分布是不易做到的。拉曼光谱术似乎是唯一能获得这些资料的方法。它已成功地测量了 SiC/JG6 复合材料的平均热应变，以及 SiC/SLS 和 SiC/Pyrex 复合材料沿纤维轴向各点的应变分布[8,26,27]。不过，这些测量的困难依然存在。主要是有些材料的拉曼信号较弱，同时在纤维端头和基体边缘处常常难以将激光聚焦到纤维表面上。氧化铝纤维的拉曼峰也比较弱，而且 $d\Delta\nu/de$ 也较小，难以获得精的测量值。与之相反，荧光 R 线有很强而尖锐的峰，而且 $d\Delta\nu/de$ 较大。这些优点使荧光光谱术成为测定这类材料应变分布图的更强有力的工具。

　　两种基体材料和纤维的热膨胀系数按大小有如下排列次序：Pyrex＜PRD-

166＜SLS。因此，可以预期，在试样从压制温度（大于700℃）冷却时，纤维比 Pyrex 收缩得更大，以致在 PRD-166/Pyrex 系统中纤维有热残余拉伸应变；而 SLS 比纤维收缩得更大，所以在 PRD-166/SLS 系统中，纤维热残余应变是压缩的。这种简单的定性分析结果与上述实验测定相一致。定量计算可应用本章9.6 节中阐述的方法，计算值与拉曼光谱术测量的值基本吻合。

应用力平衡方程，将应变沿纤维的分布 ［图 9.33(a) 和（b）］转换成界面剪切应力（ISS）τ 沿纤维的变化，如图 9.34(a) 和（b）所示。ISS 的极大值位

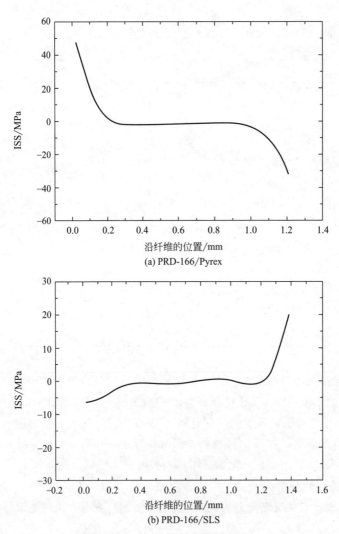

(a) PRD-166/Pyrex

(b) PRD-166/SLS

图 9.34　界面剪切应力（ISS）τ 沿纤维轴向的变化

于纤维的两端。这个结果是材料界面真实行为的反映还是在应变分布数据的曲线拟合过程中产生的，还难以做出定论。在 ISS 的分布问题上有着许多争论，尤其是在纤维的端点。剪切-滞后分析预测，全包埋纤维的端点有一确定的 ISS 值，而比较复杂的分析指出，纤维端点的 ISS 值应为零。经典分析法一般都假定纤维端点的横截面与基体材料不发生结合，而实际上这种结合是可能发生的，尤其是在纤维受轴向压缩的情况。一个有趣的结果是，不管是 Pyrex 还是 SLS 复合材料系统，拉出试样和全包埋试样都有近似相等的极大 ISS 值。对 Pyrex 系统为 30～45MPa，而 SLS 系统为 5～20MPa，亦即极大 ISS 值与试样几何无关。而两个系统极大 ISS 值的差异可能表明 PRD-166/Pyrex 有更强的界面结合。需要指出，上述测试数据分析中忽略了一个更复杂的情况——纤维的径向应力。事实上热性能失配还使 Pyrex 基体内的纤维在界面上受到径向拉伸应力，而 SLS 基体内的纤维则受到径向压缩应力。

9.5.1.2　拉伸应力导致的界面破坏

陶瓷复合材料制备过程中为增强纤维的增韧效果，常常对纤维进行表面预处理。在纤维表面覆盖一很薄的碳膜是方法之一。为了测定碳膜的增韧效果亦即对负载下的界面行为的影响，制备了两种全包埋试样：一种未对纤维做任何预处理，而另一种则对纤维在真空中喷镀了一薄层碳膜。

覆盖碳膜将对纤维的荧光 R 峰位置产生影响，如图 9.35 所示[28]。与未覆盖碳膜的纤维（光谱 a）相比，涂碳纤维（光谱 b）的 R 峰位置向低波数方向偏

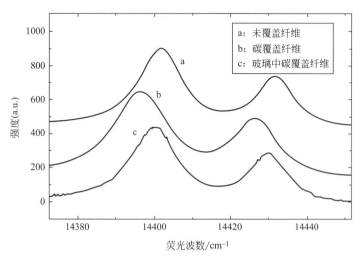

图 9.35　纤维表面覆盖碳膜对纤维荧光 R 峰位置的影响

移约 5cm^{-1}。这是由于碳膜吸收了激光的能量引起纤维温度的升高而导致的偏移（参阅第 4 章 4.3 节）。涂碳纤维埋入基体后（光谱 c），峰位置向回偏移。这可能与玻璃基体的散热作用使激光能量引起的纤维温度升高效果的减弱有关。

应用四点弯曲技术对薄试样施加拉伸应变。

沿纤维各点测定试样不同应变下纤维的荧光 R 线，根据表 9.3 给出的 $\text{d}\Delta\nu/\text{d}e$ 值，将荧光波数的偏移转换成纤维轴向应变值，得到如图 9.36 所示的不同基体应变下的纤维轴向应变分布图。对未覆盖碳膜纤维复合材料，在基体应变

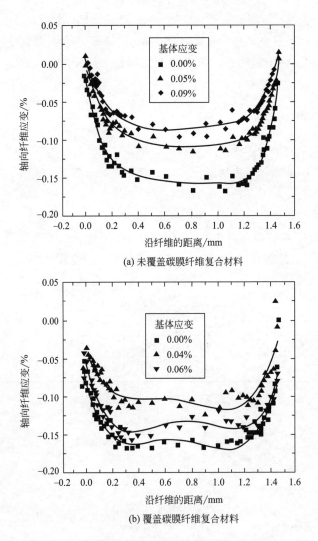

(a) 未覆盖碳膜纤维复合材料

(b) 覆盖碳膜纤维复合材料

图 9.36　不同基体应变下的纤维轴向应变分布

为零时即为图9.33(b) 所示的情况。纤维应变是由于纤维和基体热膨胀系数失配而引起的热残余应变,纤维有最大约为0.15%的压应变。两种试样都有相似的应变分布外形和近似相等的最大值。在未受外负载的情况下,它们似乎都有完好的纤维-基体间结合。

在试样因为弯曲而受到外加拉伸应力发生形变时,两种试样的纤维应变分布有不同的行为。受拉伸时,纤维轴向应变增大(即压缩应变值减小),应变分布外形则维持不变。对纤维未覆盖碳膜的试样 [图9.36(a)],随着基体应变的增大,纤维应变的平台值也逐步增大。与之不同,对覆盖碳膜的纤维 [图9.36(b)],在基体拉伸应变较小(0.04%) 时,纤维应变也随之增大。然而,在基体拉伸应变达到较大值(0.06%) 时,纤维应变的平台值反向减小。显然,这是由于纤维-基体间的界面发生了破坏。

图9.37 能明确地反映出拉伸应变过程中发生的界面破坏行为,该图表示纤维轴向应变在平台区的大小与基体应变的函数关系。对表面未做处理的纤维 [图9.37(a)],其应变随基体应变而增大,一直到0.08%的基体应变,此后不再增大。然后,在基体应变达到0.11%时,基体断裂。这表明界面破坏发生在基体应变0.08%时,因为此后基体应变的增大不再能通过界面传递给纤维了。对覆盖碳膜的纤维 [图9.37(b)],界面破坏发生在基体应变约为0.05%时,达到0.07%时基体断裂。上述结果表明,覆盖碳膜显著减弱了这类陶瓷纤维增强复合材料纤维-基体间的界面强度。

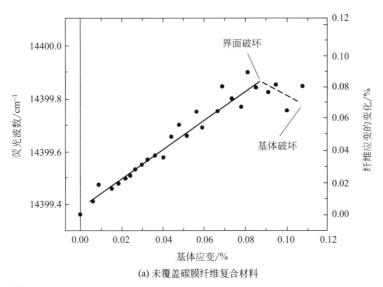

(a) 未覆盖碳膜纤维复合材料

图9.37

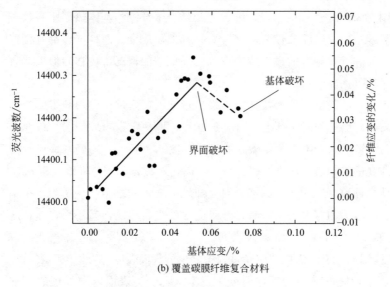

(b) 覆盖碳膜纤维复合材料

图 9.37　平台区纤维轴向应变随基体应变的变化

根据力平衡原理，可将纤维应变分布（图 9.36）转换成界面剪切应力分布。结果得出前一种试样的最大界面剪切应力 [(14±2)MPa] 显著大于后一种试样 [(10±2)MPa]。进一步证实纤维表面的碳覆盖减弱了界面强度。

假定界面和纤维端面也是结合的，以此修正剪切-滞后模型，并用以分析上述实验数据，结果得出在较小基体应变下，在非纤维端头区域，理论预测和实验测量结果十分吻合。但是，对脱结合和基体开裂的作用还需做进一步的理论分析。

9.5.1.3　界面应力传递模型的修正

在界面应力传递分析解的经典剪切-滞后分析模型中，假定了包埋纤维的端面与基体是脱结合的，应力传递仅仅发生在沿纤维长度的纤维与基体之间的界面。然而，使用荧光光谱术实测得出，在 PRO-166 纤维/玻璃复合材料中，纤维端头处于压缩状态 [图 9.36(a)]。表明纤维端面受压应力，纤维端面与基体间存在良好的结合。为此，应对经典分析予以修正。

图 9.38 是分析解模型示意图。纤维位于圆柱形基体的中央。纤维承受残余应力和外负载，应力传递既发生于沿纤维长度的界面，也存在于纤维端面与基体之间的界面。分析解的过程和最终表达式比较冗长，有兴趣的读者可参阅文献 [15,29,30]。

图 9.39 显示了上述模型分析解的结果（图中实线）与实测数据 [图 9.36

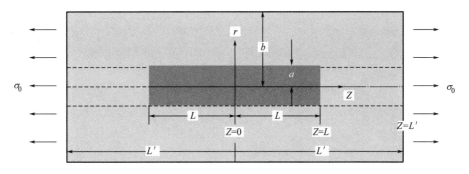

图 9.38　分析解模型示意图

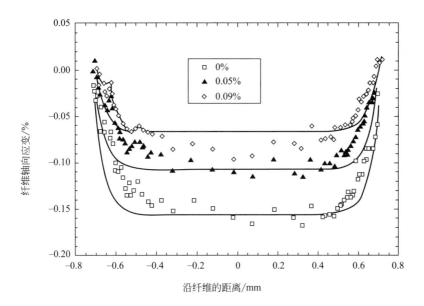

图 9.39　分析解与实测数据的比较（实线为分析解）

（a）] 的比较。可以看到，在外加基体应变小于 0.09%（实际上应为 0.08%，此时已观察到基体裂缝）时，在远离纤维端头区域，计算结果与实测数据十分吻合。分析解预测的结果（实线）与图 9.37 所示数据的比较显示在图 9.40 中。同样，在基体应变小于 0.08% 时，分析解的结果与实测数据相一致。

在靠近纤维端面的区域和基体应变大于 0.08% 后的中央平台区域，纤维轴向应变的预测值与实测值之间存在明显的偏差。分析计算的结果是基于下述条件下获得的：纤维端面和沿纤维长度的表面与基体间有完好的结合；在复合材料系统中应力-应变关系服从胡克定律。因此，上述预测值与实测值之间的偏差

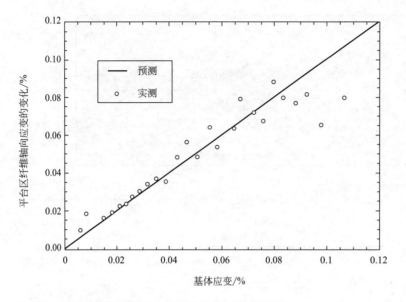

图 9.40 平台区实测数据与分析解的比较（实线为分析解）

可能来源于：①纤维端面的脱结合；②界面脱结合；③纤维断裂或基体开裂。对实测数据的进一步分析指出：在基体应变小于 0.08% 时，出现在靠近纤维端面区域的偏差可能来源于端面周围的界面脱结合；而在基体应变大于 0.08% 时，出现在平台区的偏差则可能来源于基体开裂。

界面脱结合和基体开裂对界面力学行为的作用仍然是有待进一步研究的问题。

9.5.2
氧化铝纤维/金属复合材料

压出试验能在原位对真实复合材料实施，而且测试比较简便。然而，传统的压出试验方法能给出的微观力学信息比较少。通常，压出试验记录的是负载与纤维位移的关系，据此获得整个界面脱结合后纤维滑移过程中界面的平均有效摩擦应力。仅从负载-位移关系研究界面脱结合过程，尽管人们做了许多努力，成效甚少。如果能精确测定压出过程各阶段纤维的应力分布，就能够获得界面行为的各项参数。以下以单晶 Al_2O_3 纤维/γ-TiAl 复合材料的纤维压出试验为例[31]，探索这类复合材料外负载下的界面行为。

对 c 轴垂直于复合材料表面这种轴向对称的问题，压谱方程［式(4-7)］可简化为下式：

$$\Delta\nu = 2\Pi_a\sigma_r + \Pi_c\sigma_z \tag{9-10}$$

式中，$\Delta\nu$ 为 R 线偏移；σ_r 为径向应力；σ_z 为轴向应力；Π_a 和 Π_c 分别为 a 和 c 方向的压谱系数，其值已经测得，分别为 $2.70\mathrm{cm}^{-1}/\mathrm{GPa}$ 和 $2.15\mathrm{cm}^{-1}/\mathrm{GPa}$。正偏移意味着拉伸，而负偏移为压缩。如此，只要测得 $\Delta\nu$，就能根据上式得到应力大小。

由于金属 γ-TiAl 是不透明的，聚焦激光束于纤维表面测量 R 线偏移已不可行。一个可用的方法是使用共焦显微拉曼术（第 4 章 4.5.2 节）。激光经显微镜物镜从纤维端头进入，荧光信号也由同一物镜收集。图 9.41 为其光路示意图。显微镜物镜必须是小场深的，以便有较高的轴向分辨率。首先将激光聚焦于试样上表面以下深度为 z 处，测得荧光 R 线，随后将聚焦点沿 c 轴逐次下移，直到试样下表面。这样可测得沿纤维轴向（c 轴）各点的 R 线偏移。每次测量的信号仅来自焦平面前后的小范围内。透镜场深越小，这个小范围也越小。所测得的波数偏移 $\Delta\nu$ 实际上是有效激发体积内的平均值。因此，波数偏移沿深度的

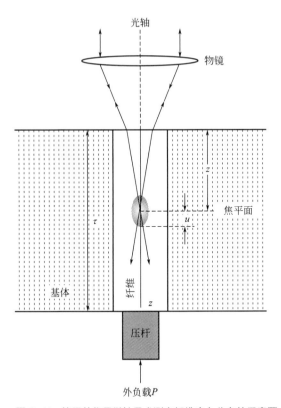

图 9.41　使用共焦显微拉曼术测定纤维应力分布的示意图

真实分布情况必须用显微镜的场深函数从所测得的值进行转换。关于场深函数和数据转换方法可参阅有关文献[32]。

压出负载 P 施加于纤维另一端。负载阶梯式增大，直到发生界面完全脱结合。对每个负载都测定从纤维一端到另一端的 R 线偏移分布。

图 9.42 显示了不同负载脱结合状态下波数偏移 $\Delta\nu$ 随深度 z 的变化。上表面相当于 $z=0$，而下表面负载施加处相当于 $z=516\mu m$。最上方的曲线为负载为零时测得，对应于纤维仅受残余应力作用的状态。由单晶 Al_2O_3 和 γ-TiAl 热膨胀失配分析的理论预测得出，纤维应处于压缩状态。这与实测的纤维内部负偏移相一致。靠近上表面或下表面，偏移都减小，这是由于试样准备时发生的应力松弛。注意到曲线相对中央位置两边的不对称，这来源于随着深度增加场深分辨率的减小，可以通过变换予以校正。图中还显示，随着负载 P 的增大，在纤维较深处负偏移的大小相应增大，但在靠近顶端基本保持不变。

当负载增加到 $P>4.01GPa$ 时，整个界面脱结合，纤维滑出。

根据上述压出试验得到的在不同压出阶段单晶纤维的轴向荧光波数偏移分布，建立适当的模型（例如有限元模型）将应力分布与各界面参数相联系，能获得各项界面力学参数，如脱结合能、界面摩擦力和界面脱结合长度等。

图 9.42 中各个箭头指示了不同压出负载下的脱结合长度。当脱结合长度较

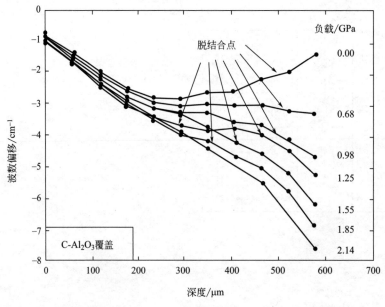

图 9.42　碳膜覆盖氧化铝纤维/ γ -TiAl 复合材料不同压出负载下的界面脱结合位置

小时，它随着负载的增大稳步地逐渐增加。这表明在这一阶段，脱结合过程是一稳定态的裂缝增长过程。而最后界面的突然脱结合则表明也存在一个不稳定的裂缝发展过程。

上述利用共焦显微拉曼光谱术测定荧光 R 线偏移分布的方法经过改进，使用光导纤维传输光学信号，已成功地应用于测定单晶纤维/Ti 复合材料的热残余应力，但得出与现有理论预测相差甚大的结果[33]。测试得出的纤维轴向应力比同轴圆柱模型预测值大两倍，而纤维径向应力则小于预测值。这种差异来源于理论模型没有考虑到下列两个实际存在的因素：复合材料制作时的热压容器与材料之间的热膨胀系数失配引起的热残余应力；径向基体开裂引起的横向应力松弛。这个测量结果表明热压容器对金属基复合材料的性能有很大影响。这对材料制造工艺的设计有重大意义，并提示建立更完善的理论模型。

9.5.3
纤维的径向应力

基体内纤维的径向应力对界面结合（尤其是对陶瓷纤维-陶瓷基体复合材料中最常遇到的界面机械锁合结合模式）和界面破坏过程有着十分重要的作用。所以在考虑轴向应力的同时，在许多情况下还必须着重分析界面径向应力。径向应力可能来源于纤维与基体的热膨胀系数失配，也可能来源于两种材料不相同的泊松比。

Broutman 试验（颈弯试样压缩试验）能用于测定复合材料压缩负载下的纤维径向应力（界面张力）。该试验的基本依据是如果基体材料有大的泊松比，则在纤维轴向的压缩应力下，将引起界面张力。图 9.43 为 Broutman 试验示意图。

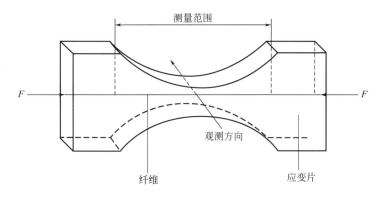

图 9.43　Broutman 试验示意图

典型的试样尺寸为 1.5in×1in×0.45in（1in＝2.54cm），在中部颈弯部分弧线的半径为1in。外加负载 F 施加于试样两端的表面，其方向平行于纤维轴向。这种颈弯形状的试样使最大轴向应力发生在试样中央，以保证在中央区引发脱结合。同时，这种对称几何形状可使中央区的剪切应力为零。

Broutman 的理论分析得出[34]，在试样中央产生脱结合所须的界面张应力 σ_{it} 可用下式预测：

$$\sigma_{it} = -\frac{\sigma_0(\upsilon_m - \upsilon_f)E_f}{(1+\upsilon_m)E_f + (1-\upsilon_f-2\upsilon_f^2)E_m} \qquad (9\text{-}11)$$

式中，σ_0 是试样最小横截面处的轴向应力，可由脱结合时的外加负载和最小横截面积求得；υ_m 和 υ_f 分别是基体和纤维的泊松比；E_m 和 E_f 分别是基体和纤维的杨氏模量。

式(9-11) 可以修正成为界面张应力沿试样长度 x 分布的预测，只需用轴向应力分布 $\sigma_0(x)$ 替代式中的 σ_0。应力等于面积除以恒定的外加负载 F_{app}。试样横截面 A_c 是个变量，考虑试样的几何形状，则：

$$A_c = t\left[W_{end} - 2\sqrt{R_n^2 - x^2} + 2\sqrt{R_n^2 - (L/2)^2}\right] \qquad (9\text{-}12)$$

式中，t 是试样厚度；W_{end} 是试样端头的宽度；R_n 是试样弯颈圆弧的半径；L 是弯颈两肩之间的长度。x 的原点（即 $x=0$ 处）定义为试样的中央处。

联合式(9-11) 和式(9-12) 即可获得界面径向（或横向）纤维应力分布。图 9.44(a) 显示了从一种氧化铝 Nextel 610/环氧树脂试样得出的不同外加负载下的径向应力分布[35]。

假定所有材料都有弹性行为，并且忽略颈弯形状的应力集中效应，也可以计算轴向纤维应力关于 x 的函数 σ_f。设在任何 x 位置，纤维和基体的应变相等（$e_f = e_m$），在同一 x 处的基体受力 F_m 和纤维受力 F_f 相加等于总的外加力 F_{app}，可得出：

$$\sigma_f = \frac{F_{app}}{A_f + A_m(E_m/E_f)} \qquad (9\text{-}13)$$

式中，A_f 是纤维横截面积（假设为不变值）；A_m 是基体横截面积，是 x 的函数；E_m 和 E_f 分别是基体和纤维的模量。考虑到 $A_f \ll A_m$，可以假定 A_m 等于复合材料的横截面积 A_c。联合式(9-12) 和式(9-13)，即得：

$$\sigma_f = \frac{F_{app}}{A_f + t\left[w_{end} - 2\sqrt{R_n^2 - x^2} + 2\sqrt{R_n^2 - (L/2)^2}\right](E_m/E_f)} \qquad (9\text{-}14)$$

应用式(9-14)，即可得到 Broutman 试样在不同压缩负载下纤维的轴向应力分析，如图 9.44(b) 所示。

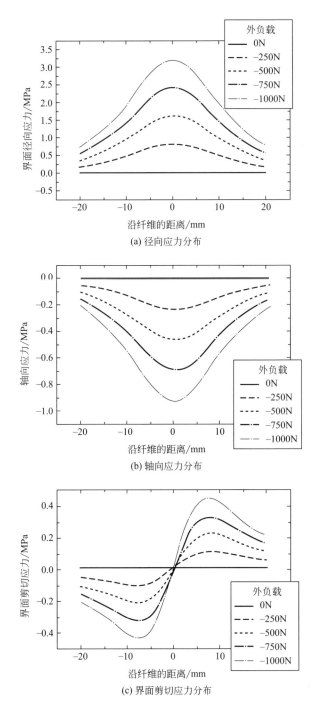

图 9.44　Nextel 610/环氧树脂复合材料纤维径向应力分布、轴向应力分布和界面剪切应力分布的
理论预测

根据力平衡原理，可以得出界面剪切应力 ISS 的预测，如图 9.44(c) 所示。在纤维中央，界面剪切应力为零。这意味着在该位置纤维仅受到垂直应力。值得注意的是最大界面剪切应力比起最大径向应力要小一个数量级［比较图 9.44 (a) 和（c）］。

应用荧光峰波数随纤维应变的偏移率，可用显微拉曼光谱术测定 Broutman 试样中不同负载下的纤维应变分布。图 9.45 显示了一种单晶氧化铝纤维 (Saphikon)/环氧树脂试样不同压缩负载下的纤维应变分布。应变分布形状在小负载时与图 9.44（b）所示的预测相近似。在压缩负载达到－1160N 时，观测到界面脱结合。脱结合区位于 $x = -8 \sim -4$mm 以外的区域。从图中上方照片中可观察到与之对应的较为明亮的纤维段。在界面结合区也测量到明显较大的纤维压缩应变。

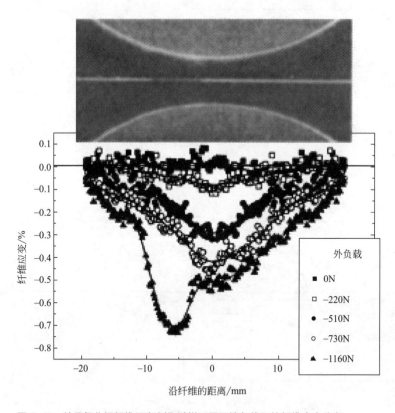

图 9.45　单晶氧化铝纤维/环氧树脂试样不同压缩负载下的纤维应变分布

从压谱方程［式(4-7)］可计算出纤维的径向和轴向应力。为方便起见，将各符号作以下改写：$\Pi_{11}=\Pi_r$，$\Pi_{33}=\Pi_z$，$\sigma_{rr}=\sigma_r$，$\sigma_{zz}=\sigma_z$。如此，对 R_1 和 R_2 峰，式(4-7) 可用下式表达

$$(\Delta\nu)_1=2(\Pi_r)_1\sigma_r+(\Pi_z)_1\sigma_z \tag{9-15}$$

$$(\Delta\nu)_2=2(\Pi_r)_2\delta_r+(\Pi_z)_2\sigma_z \tag{9-16}$$

式中，下标 1 和 2 分别对应于 R_1 峰和 R_2 峰。

考虑到在单晶氧化铝纤维中 c 轴的取向平行于纤维轴向，因而具有径向对称性，式(9-15) 和式(9-16) 可作为联立方程计算径向和轴向应力，得到下列表达式：

$$\sigma_z=\frac{(\Delta\nu)_1(\Pi_r)_2-(\Delta\nu)_2(\Pi_r)_1}{(\Pi_z)_1(\Pi_r)_2-(\Pi_z)_2(\Pi_r)_1} \tag{9-17}$$

$$\sigma_r=\frac{(\Delta\nu)_2(\Pi_z)_1-(\Delta\nu)_1(\Pi_z)_2}{2\left[(\Pi_z)_1(\Pi_r)_2-(\Pi_z)_2(\Pi_r)_1\right]} \tag{9-18}$$

式中，σ_z 和 σ_r 分别是轴向和径向应力分量；$\Delta\nu_1$ 和 $\Delta\nu_2$ 分别是测量得到的相对未受应力纤维的荧光 R_1 峰和 R_2 峰的波数偏移；Π_{ij} 是 R_1 峰和 R_2 峰在轴向和径向的压谱系数。对于单轴形变的 Saphikon 纤维，已测得压谱系数如下（参阅表 9.3）：$(\Pi_z)_1=1.53\text{cm}^{-1}/\text{GPa}$，$(\Pi_z)_2=2.16\text{cm}^{-1}/\text{GPa}$，$(\Pi_r)_1=2.56\text{cm}^{-1}/\text{GPa}$，$(\Pi_r)_2=2.65\text{cm}^{-1}/\text{GPa}$。

由式(9-17) 计算得到的轴向应力显示在图 9.46(a) 中，其外形与图 9.45 相应。轴向应力随外负载的增大而增大，也出现界面脱结合的情景。

图 9.46(b) 是从图 9.46(a) 推算出的界面剪切应力分布图，最大界面剪切应力达到 16MPa。

不同负载下的径向应力沿界面的分布如图 9.47 所示。随着外加压缩负载的增大，径向应力有所增大。在各个负载下径向应力的大小都在试样中央区比较大，与对界面垂直应力的预测［图 9.44(a)］定性相一致。这意味着测量到的径向应力是由泊松效应所产生。

在 -730N 负载时，有两个位置（$x=-4\text{mm}$ 和 $x=-8\text{mm}$）出现径向应力为零，与显微光学观察到的脱结合界面位置相一致。在较高负载时也测量到在脱结合区径向应力为零。这些情况表明，在 -730N 负载时，出现了两个很小的脱结合区，随后，随着负载的增大，脱结合沿着界面向试样两端头传播，直到仅留下从 $x=-8\sim-4\text{mm}$ 的界面结合区。

脱结合起始点并不出现在人们通常所期待的试样中央。这可能与纤维表面的不规则或者存在污染物等因素有关，因为这类因素将引起界面结构和性能的不均匀。

径向应力的实验测定值比预测值约大 2 个数量级。然而，与别的类似

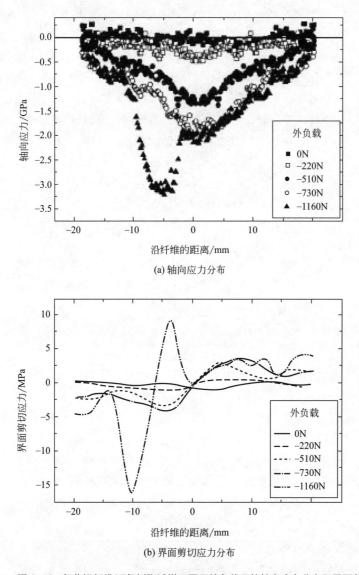

(a) 轴向应力分布

(b) 界面剪切应力分布

图 9.46　氧化铝纤维/环氧树脂试样不同压缩负载下的轴向应力分布和界面剪切应力分布

复合材料系统如玻璃纤维/环氧树脂和碳纤维/环氧树脂用其它方法测得的界面横向强度（120～240MPa）相比较，用荧光光谱术测得的值是合理的。

　　应用 Broutman 试验对横向界面脱结合的应力分析，可参阅文献［36,37］。由残余热应力引起的纤维径向应力的性质和测定方法可参阅文献［38］。

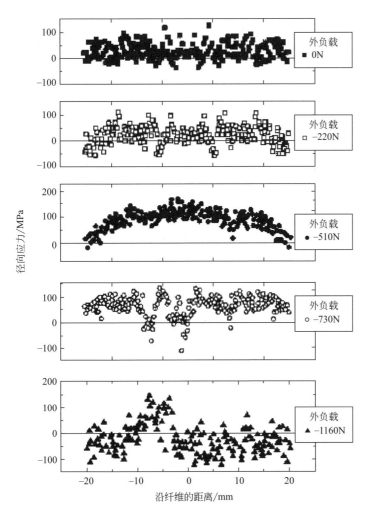

图 9.47 氧化铝纤维/环氧树脂复合材料不同压缩负载下的纤维径向应力分布

9.5.4
纤维间的相互作用

由纤维断裂引起的纤维之间的相互作用对陶瓷纤维复合材料的破坏行为常常起着决定性作用。纤维断裂引起邻近完整纤维的应力重新分布，导致相邻纤维的应力集中，界面剪切应力也随之发生变化。了解断裂纤维和完整的相邻纤维的界面剪切应力重新分布是探索陶瓷纤维复合材料破坏行为的微观机理所不可缺少的。

　　图 9.48 是多纤维模型复合材料试样示意图，由三根氧化铝 Nextel 纤维包埋于环氧树脂中所构成。图中指出了拉伸引起的中间纤维（纤维 2）的断裂处，纤维 1 和纤维 3 是与纤维 2 相邻的纤维。

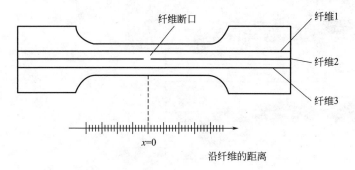

图 9.48　多纤维模型复合材料试样示意图

　　应用氧化铝纤维荧光峰波数与应力的关系，测得不同基体应变下三根纤维应力分布，如图 9.49 所示，其中图 9.49(c) 对应于纤维 2 发生了断裂的情况。在基体应变为零时 ［图 9.49(a)］，三根纤维都有大小近似相等的压缩应力，是试样制备过程和基体固化时产生的残余应力。施加 0.46％拉伸应变后 ［图 9.49(b)］除了抵消残余压缩应力外，三根纤维都受到拉伸，拉伸应力的大小近乎相等。进一步增大基体应变，中央纤维发生断裂，断裂纤维（纤维 2）和相邻未断裂纤维（纤维 1 和纤维 3）的应力分布都发生了很大变化，如图 9.49(c) 所示（纵坐标以应力集中因子 SCF 表示）。这是由于中央纤维断裂引起的应力重新分布。断裂端头的纤维应力近乎为零，向两边延伸应力分布有一直线段。随后应力继续逐渐增大，达到与相邻完整纤维相等的拉伸应力。与之对应的界面剪切应力分布如图 9.50 所示。

　　综合上面所述，从相邻纤维应力分布的测量结果可以获得如下有关纤维相互作用的资料。

　　① 与断裂纤维相邻的纤维应力集中因子 SCF，其大小与纤维间距直接相关，随着间距的减小而增大。例如：在间距为 $12.3\phi_f$（ϕ_f 为纤维直径）时，SCF 近乎为 1；而间距为 $2.6\phi_f$ 时，SCF 达到 1.21。最大应力位于断裂平面上；

　　② 有效影响长度和失效长度；

　　③ 界面剪切应力分布，其最大值位于界面的基体屈服区域（接近于断裂端的应力线性变化区）。

　　文献 ［38,39］ 对纤维间的相互作用和相应的界面行为做了详细的分析。

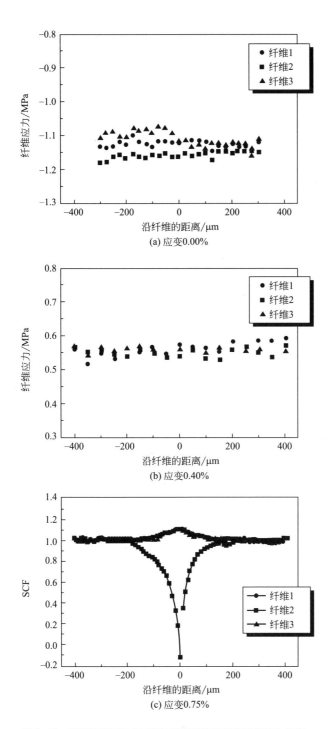

(a) 应变0.00%

(b) 应变0.40%

(c) 应变0.75%

图 9.49 多纤维模型复合材料拉伸应变下各根纤维的应力分布

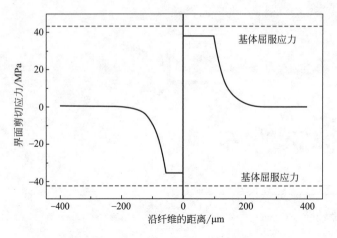

图 9.50　与图 9.49（c）对应的界面剪切应力分布

9.6
陶瓷纤维复合材料的热残余应力

9.6.1
理论预测

　　应用于高温环境下的陶瓷纤维增强陶瓷（包括陶瓷、玻璃和玻璃-陶瓷）或金属基复合材料，由于增强材料与基体之间热膨胀系数的失配而引起的热残余应

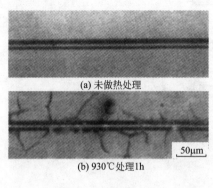

(a) 未做热处理

50μm

(b) 930℃处理1h

图 9.51　高温热处理引起的复合材料内部裂纹

力，常常大到足以危害材料的安全使用。因而，不论在复合材料设计还是在应用中都必须予以足够关注。热残余应力可能发生在材料制作过程中，在从高温冷却至室温时发生。应力分布常常是不均匀的，因而引起材料内部局部应力集中，严重时产生局部裂缝或基体材料屈服或界面脱结合等现象，导致材料不能达到原设计的力学性能。热残余应力也可能发生在应用时的高温热循环过程中，引起材料的不正常破坏。图 9.51

显示了模型 SiC/Pyrex 玻璃复合材料由于高温热处理引起的内部裂纹[40]。裂纹大都起源于界面，向基体内部和界面延伸。显然，热残余应力直接影响材料的界面行为。

纤维增强复合材料的热残余应力可以用理论分析进行预测，纤维轴向应力的下限可由下式计算[41]：

$$\sigma_{zf} = \int_T^{T_s} \frac{\Delta \alpha}{\dfrac{1}{E_f} + \dfrac{V_f}{E_m V_m}} dT \tag{9-19}$$

式中，T 为室温；T_s 为热加工温度；$\Delta \alpha$ 为纤维和基体的热膨胀系数差值；E_f 和 E_m 分别为纤维和基体的杨氏模量；V_f 和 V_m 分别为纤维和基体的体积分数。取 $T=20℃$ 和 $T_s=800℃$，对 SiC/JG6 玻璃复合材料的计算结果为纤维承受压缩应变 0.09%。纤维轴向应力的上限则用下式计算：

$$\sigma_{zf} = \int_T^{T_s} \frac{\Delta \alpha E_m V_m}{(1-\upsilon_m) V_f} dT \tag{9-20}$$

式中，υ_m 为基体的泊松比。由此算得 SiC/JG6 玻璃复合材料的压缩应变上限为 0.28%[8]。

9.6.2
实验测定

人们发展了许多种不同的测试技术，用于实验测定复合材料的热残余应力。不过它们的应用都受到不同程度的限制。例如：通常的 X 射线衍射术无法获得大块材料内部的信息；中子衍射或同步加速器 X 射线辐射虽然具有很强的穿透能力和强大的功能，但这类昂贵的技术设备是很稀少的，难以得到普遍应用。近年来，拉曼光谱术和荧光光谱术由于探针和光纤技术的应用，在残余应力的测定方面做出了杰出贡献。它们能提供许多其它技术难以测得的资料。

测定基体中纤维相对于空气中自由状态下纤维特征拉曼峰频移的偏移，应用表 9.2 和表 9.3 给出的 $d\Delta\nu/de$ 值，可以计算得到复合材料中纤维的热残余轴向应变值。图 9.52 显示了对模型 SiC/JG6 复合材料的测定结果。这是 50 根纤维的轴向应变直方分布图。所有纤维都处于压缩状态，与理论预测的结果一致。平均热残余应变为 -0.6%，大于预测值的上限，但处于同一数量级。

对几种模型复合材料 SiC/SLS、SiC/Pyrex、Al$_2$O$_3$/Pyrex 和 Al$_2$O$_3$/SLS 的测量结果列于表 9.4。考虑纤维和基体的热膨胀系数值做定性分析，实测结果

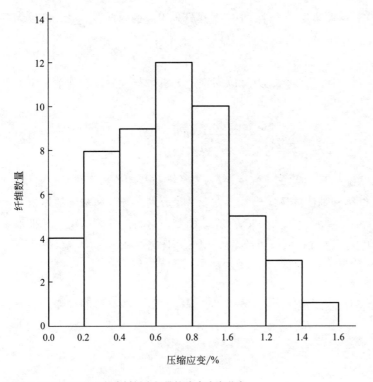

图 9.52　SiC/JG6 复合材料内纤维的残余应变分布

显示的纤维所处的受力状态（压缩或拉伸）是合理的。对模型复合材料，设 $V_f=0$ 和 $V_m=1$，式(9-19) 可简化为：

$$\sigma_{zf}=\int_{T}^{T_s}\Delta\alpha E_f \mathrm{d}T \tag{9-21}$$

取 T_s 为玻璃的退火温度，对上述四种材料纤维热残余应变的计算结果分别为 -0.05%、-0.30%、$+0.32\%$ 和 -0.01%。实验测定值与理论预测值相一致。

表 9.4 所示的值表明，纤维的热残余应变值与复合材料压制温度基本无关。在压制温度时，基体在负载下处于流动状态。纤维开始发生热残余应变的温度必定是在玻璃的软化点以下。应用式(9-21) 时，取温度上限 T_s 为退火温度而非压制温度是合理的。

表 9.4 也指出高温（930℃）热处理使纤维的热残余应变急剧增大。实际上，有两个因素影响热残余应变的大小：一是纤维与基体之间热膨胀系数的失配；一是冷却过程中基体材料的结晶行为。从图 9.51(b) 中可观察到界面附近的许多亮点，这可能是基体在热处理过程中产生的结晶

体。结晶伴随着的体积变化将使纤维产生很大的残余应变。基体结晶相与无定形相之间和基体与纤维之间热膨胀系数的失配导致起始于界面的大量裂缝的发生。

▣ 表9.4　几种模型复合材料纤维的热残余应变

复合材料	压制温度/℃	$e_{af}/\%$
SiC/Pyrex	730	−0.07
	800	−0.06
	870	−0.07
	780，随后930℃热处理1h	−1.8
SiC/SLS	670	−0.53
	730	−0.49
	790	−0.50
Al_2O_3/Pyrex	730	+0.30
	800	+0.28
	870	+0.28
Al_2O_3/SLS	670	−0.04
	730	−0.04
	790	−0.06

利用含 Cr^{3+} 或 Sm^{3+} 或 Er^{3+} 纤维的荧光峰波数与纤维应变或应力的函数关系，也可测定复合材料内部氧化铝纤维和玻璃纤维的热残余应力，并探索热残余应力对材料界面行为的影响。

式(4-7)提供了一种测定纤维径向应力的途径。对一种单晶氧化铝纤维/玻璃复合材料的测定结果如图9.53所示[38]（试样中纤维的两端暴露于基体之外），图中同时显示了轴向应力沿纤维的分布。轴向应力的分布轮廓与多晶氧化铝纤维相似。径向应力的大小比轴向应力要小得多，沿纤维长度大体上保持不变。

热残余应力引起的界面剪切应力沿纤维长度的分布如图9.54所示。与多晶氧化铝纤维从应变测量获得的结果[16,42]［图9.34（a）］相似，最大界面剪切应力出现在纤维端头。

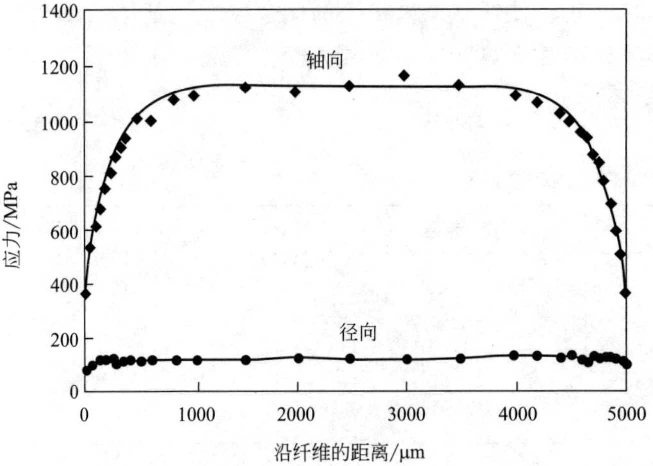

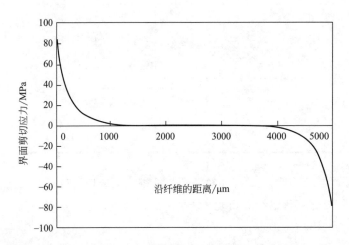

图 9.53 单晶氧化铝纤维/玻璃复合材料的纤维径向应力和轴向应力分布

图 9.54 热残余应力引起的界面剪切应力沿纤维长度的分布

参考文献

[1] Kiescheke R R，Somehk R E，Clyne T W. Sputter deposited barrier coating on SiC monofilaments for use in reactive metallic matrices. Part 1. Optimisation of barrier structure. Acta Metall Mater，1991，39：427.

[2] Yoshida K，Matsukawa K，Imai M，Yano T. Formation of carbon coating on SiC fibers for two dimension SiC/SiC composites by electrophoretic deposition. Mater Sci Eng B，2009，161：188.

[3] Varadarajan S，Pattanaik A K，Sarin V K. Mullite interfacial coatings for SiC fibers. Surf Coat Tech，2001，139：153.

[4] Igawa N，Taguch T，Yamada R，Ishii Y，Jit-

sukawa S. Mechanical properties of SiC/SiC composites with magnesium-silicon-oxide interface. J Nuclear Mater，2007，367-370：725.

[5] Brendel A，Popescu C，Schurmann H，Bolt H. Interface modification of SiC-fibre/copper matrix composites by applying a titanium interlayer. Surf Coat Tech，2005，200：161.

[6] Kim J K，Mai Y W. Engineered interfaces in fiber reinforced composites. Amsterdam：Elsevier，1998.

[7] Yang X，Wang Y M，Yuan X K. An investigation of microstructure of SiC/ceramic composites using Raman spectroscopy. J Mater Sci Lett，2000，19：1599.

[8] Yang X，Young R J. Fibre deformation and residual strain in silicon carbide fibre reinforced glass composites. British Ceramic Transactions，1994，93：1.

[9] Young R J，Yang X. Nicalon/SiC composites：The microstructure and fibre deformation//Naslain R，Lamon J. High temperature ceramic matrix composites. Bordeaux：Woodhead Publishing limited，1993.

[10] Young R J，Broadbridge A B L，So C L. Analysis of SiC fibres and composites using Raman spectroscopy. J Microscopy，1999，196，2：257.

[11] Ward Y，Young R J，Shatwell R A. Determination of residual stresses in SiC monofilament reinforced metal-matrix composites using Raman spectroscopy. Composites Part A，2002，33：1409.

[12] Gouadec G，Kalin S，Colomban Ph. Raman extsometry study of NLM 202 and H—Nicalon SiC fibres. Composites Part B，1998，29B：251.

[13] Yang X，Hu X，Day R J，Young R J. Structure and deformation of high-modulus alumina-zirconia fibres. J Mater Sci，1992，27：1409.

[14] 杨序纲，王依民. 氧化铝纤维的结构和力学性能. 材料研究学报，1996，10：628.

[15] Hsueh C H，Young R J，Yang X. Stress transfger in a model composite containing a single embedded fiber. Acta Mater，1997，45：1469.

[16] 杨序纲，吴琪林. 拉曼光谱的分析与应用. 北京：国防工业出版社，2008.

[17] Yang X，Bannister D J，Young R J. Analysis of the single-fiber pull-out using Raman spectroscopy：Part 3. Pull-out of Nicalon fibers from a Pyrex matrix. J Am Ceram Soc，1996，79：1868.

[18] 杨序纲，袁象恺，潘鼎. 复合材料界面的微观力学行为研究——单纤维拉出试验. 宇航材料工艺，1999，19（1）：56.

[19] Yang X，Young R J. The microstructure of a Nicalon/SiC composite and fibre deformation in the composite. J Mater Sci，1993，28：2536.

[20] Dassios K G，Galiotis C. Direct measurement of fiber bridging in notched glass-ceramic-matrix composites. J Mater Res，2006，21：1150.

[21] Dassios K G，Galiotis C，Kostopoulos V，Steen M. Direct in situ measurements of bridging stress in CFCCs. Acta Materialia，2003，51：5359.

[22] Banerjee D，Rho H，Lackson H E，Singh R F. Mechanics of load transfer from matrix to fiber under flexural loading in a glass matrix composite using micro-fluorescence spectroscopy. Comp Sci Tech，2002，62：1181.

[23] Yallee R B，Young R J. Micromechanics of fibre fragmentation in model epoxy composites reinforced with alumina fibres. Comp Sci Tech，1998，29A：1353.

[24] Ma Q，Clarke D R. Measurement of residual strains in sapphire fiber composites using fluorescence. Acta Metall Mater，1993，41：1817.

[25] Yang X，Young R J. Determination of residual strains in ceramic fiber reinforced composites using fluorescence spectroscopy. Acta Metall Mater，1995，43：2407.

[26] Yang X，Pan D，Yuan X K. Determination of residual strain in composites using Raman and fluorescence spectroscopy. ICCE/5. ed by Hui D，Las Vegas，1998.

[27] 袁象恺，潘鼎，杨序纲. 模型氧化铝单纤维复合材料的界面应力传递. 材料研究学报，1998，12：624.

[28] Young R J，Yang X. Interfacial failure in ceramic fibre/glass composites. Composites Part A，1996，27A：737.

[29] Hsueh C H. A modified analysis for stress transfer in fibre-reinforced composites with bonded fibre ends. J Mater Sci，1995，30：219.

[30] Hsueh C H，Becher P F. Residual thermal stresses in ceramic composites. Part 1. with short fibers. Mater Sci Eng，1996，A212：29.

[31] Ma Q，Liang L C，Clarke D R，Hutchinson J W. Mechanics of the push-out process from in situ measurement of the stress distribution along embedded sapphire fibres. Acta Metall Mater，1994，42：3299.

[32] Ma Q，Clarke D R. Measurement of residual strains in sapphire fiber composites using fluorescence. Acta Metall Mater，1993，41：1817.

[33] Hough H，Demas J，Williams T O，Wadley M N G. Luminescence sensing of stress in Ti/Al₂O₃ fi-

ber reinforced composites. Acta Metall Mater, 1995, 43: 821.

[34] Broutman L J. Measurement of the fibre-polymer matrix interfacial strength//Interfaces in composites. (ASTM STP 452) American Society for Testing Materials, 1969: 27.

[35] Sinclair R, Young R J, Martin R D S. Determination of axial and radial fibre stress distributions for the Broutman test. Comp Sci Tech, 2004, 64: 181.

[36] Schüller T, BechertW, Lauke B, Ageorges C, Friedrich K. Single fibre transverse debonding: stress analysis of the Broutman test. Composites Part A, 2000, 31: 661.

[37] Ageorges C, Friedrich K, Schüller T, Lauke B. Single-fibre Broutman test: fibre-matrix interface transverse debonding. Composites Part A, 1999, 30: 1423.

[38] Banerjee D, Rho H, Jackson H E, Singh R N. Characterization of residual stresses in a sapphire-fiber-reinforced glass-matrix composite by micro-fluorescence spectroscopy. Comp Sci Tech, 2001, 61: 1639.

[39] Mahiou H, Beakou A, Young R J. Investigation into stress transfer characteristics on alumina-fibre/epoxy model composites through the use of fluorescence spectroscopy. J Mater Sci, 1999, 34: 6069.

[40] Yang X, Young R J. Model ceramic fibre-reinforced glass composites: residual thermal stresses. Composites, 1994, 25: 488.

[41] Nairn J A. Thermoelastic analysis of residual stress in unidirectional, high-performance composites. Polymer composites, 1985, 6: 123.

[42] 杨潇, 卞昂, 阎捷, 杨序纲. 复合材料残余应力的拉曼测定. 光散射学报, 2008, 20: 47.

第10章

Chapter 10

高性能聚合物纤维
增强复合材料

10.1.1
芳香族纤维和 PBO 纤维的分子形变

芳香族纤维如 Kevlar、Twaron、Technora 和 PBO 纤维是近期发展起来的高性能合成纤维，不仅具有超高杨氏模量，还具有高尺寸稳定性、耐热和抗化学腐蚀等优良性能，是理想的高性能复合材料增强纤维。

有许多方法和技术可用于探索高性能聚合物纤维的分子形变过程，其中近代显微拉曼光谱术是最为合适的一种。纤维特征拉曼峰的位置（频移）、半峰强度的峰宽度（半高宽）和峰外形的对称程度与纤维分子形变行为密切相关。这些峰参数特别适合描述纤维宏观应力和应变引起的分子形变过程。

图 10.1 显示了 Kevlar 和 PBO 纤维的典型拉曼光谱[1]。这类纤维在未形变和形变情况下的拉曼峰外形一般都是对称的。应用洛伦兹（Lorentzian）函数 $L(x)$ 可获得良好的拟合：

$$L(x) = \frac{IxW^2}{(x-p)^2 + W^2} \qquad (10\text{-}1)$$

式中，P 为峰频移；W 是峰最高强度一半处的峰宽度；I 为拉曼散射强度。

在图示频移范围内有 10 余个确定的拉曼峰，所有纤维都显示归属于对亚苯基环对称振动模的 1610cm^{-1} 附近的拉曼峰。该峰的各个参数都对纤维应变或应

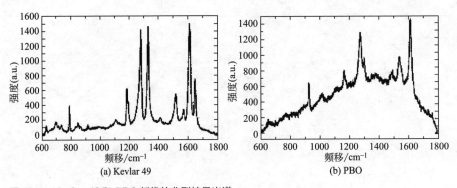

图 10.1　Kevlar 49 和 PBO 纤维的典型拉曼光谱

力十分敏感，可作为探索分子形变的特征峰。

芳香族纤维和 PBO 纤维的 $1610cm^{-1}$ 拉曼峰频移都随纤维应变的增大向低频方向偏移。图 10.2 显示了 Kevlar、Technora 和 PBO 纤维峰频移与纤维应变的函数关系[1]。可以看到，拉曼峰偏移与纤维应变有着近似线性关系，而且直线拟合的斜率随纤维模量增大而增大 [参阅图 10.2(a) 所示不同模量 Kevlar 纤维的拟合直线斜率，图中纤维模量从大到小依次为 Kevlar 149、Kevlar 49 和 Kevlar 29]。

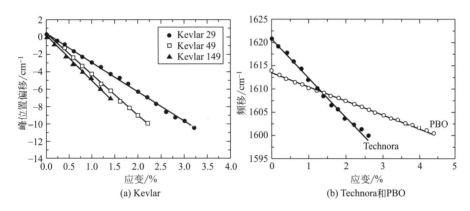

图 10.2　纤维拉曼光谱 $1610cm^{-1}$ 峰频移与应变的关系

纤维应力与拉曼峰频移偏移的关系如图 10.3 所示[1]。所有纤维都显示了应力与峰偏移间的直线关系。一个十分重要的现象是所有纤维的拟合直线斜率都近似相同，约为 $-4.0cm^{-1}/GPa$。拉曼峰频移的偏移反映了受力下的分子形变，所以这一现象意味着所有不同类型纤维的分子形变过程都是相似的，与纤维的

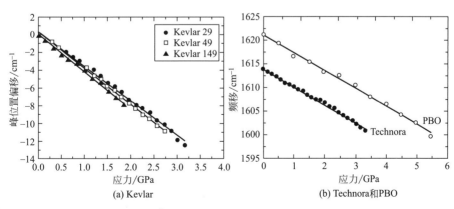

图 10.3　纤维拉曼光谱 $1610cm^{-1}$ 峰频移与应力的关系

分子结构和加工经历无关。

纤维应力还引起拉曼峰的显著宽化。图 10.4 显示了几种纤维峰半高宽随应力的变化[1]。峰半高宽的增大随应力呈近似线性函数关系。峰宽随应力的宽化率（图 10.4 中的拟合直线斜率）与纤维杨氏模量有关，随着模量的增大，纤维的峰宽化率降低，如图 10.4(a) 所示（3 种纤维的模量大小依次为 Kevlar 149＞Kevlar 49＞Kevlar 29）。峰宽反映了分子应力分布，峰宽增大表示应力分布的不均匀性增加。与其它 Kevlar 纤维相比，Kevlar 149 有最小的宽化率（图中直线斜率最小）。这是由于 Kevlar 149 有较高的分子取向程度，因而在拉伸应变过程中纤维内分子有较为均匀的负载分布。图 10.5 显示了芳香族纤维（Kevlar 和 Twaron）的模量与应力引起的峰宽化率之间的近似线性关系。

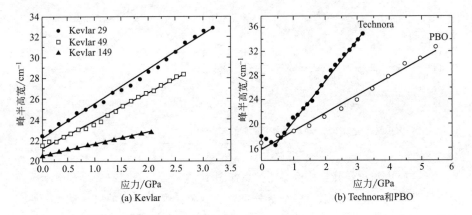

(a) Kevlar　　　　　　　　(b) Technora和PBO

图 10.4　几种纤维拉曼光谱 1610cm^{-1} 峰的半高宽随纤维应力的变化

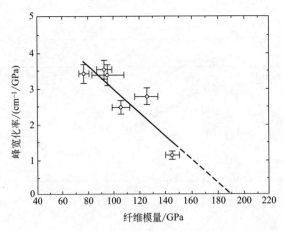

图 10.5　Kevlar 纤维和 Twaron 纤维的模量与纤维应力引起的峰宽化率的关系

Technora 纤维的宽峰化行为与其它纤维有些不同。在施加应力的起始阶段，随应力增大，峰宽减小。这与该纤维有别于其它纤维的形态学结构有关。在形变的起始阶段，应力使纤维中的分子或晶体发生重新排列。这种形态学结构也使该纤维最终表现出最大的峰宽化率。

表 10.1 列出了几种芳香族纤维和 PBO 纤维由应力和应变引起的拉曼峰频移偏移率和宽化率。

▣ 表10.1　几种纤维由应力和应变引起的拉曼峰频移偏移率和宽化率

纤维	未形变峰位置 /cm^{-1}	应变峰偏移率 / (cm^{-1}/%)	应力峰偏移率 / (cm^{-1}/GPa)	应力峰宽化率 / (cm^{-1}/GPa)
Kevlar 29	1610	-3.2 ± 0.3	-3.9 ± 0.2	3.4 ± 0.3
Kevlar 49	1610	-4.5 ± 0.3	-3.9 ± 0.2	2.8 ± 0.2
Kevlar 149	1610	-5.1 ± 0.4	-4.0 ± 0.3	1.1 ± 0.1
Twaron LM	1610	-3.2 ± 0.2	-3.9 ± 0.2	3.4 ± 0.3
Twaron IM	1610	-3.5 ± 0.2	-4.0 ± 0.2	3.5 ± 0.2
Twaron HM	1610	-3.7 ± 0.3	-4.0 ± 0.4	2.5 ± 0.2
Technora	1614	-2.9 ± 0.3	-4.0 ± 0.4	6.8 ± 0.4
PBO	1621	-8.1 ± 0.4	-3.9 ± 0.2	2.1 ± 0.2

通常的 PET 纤维并非高力学性能聚合纤维，其分子结构中也包含对亚苯基环，与其振动模对应的拉曼散射在光谱中表现为位于 1616cm^{-1} 附近的拉曼峰。这个峰的参数也对应力敏感。峰频移随应力向低频移方向偏移。同时，与前述纤维不同，峰外形变得很不对称，图 10.6 显示了拉曼峰频移偏移与应力之间的函数关系。PA、PB、PC、PF、PG 和 PL 是指不同加工工艺和力学性质的 PET 纤维。可以看到，各种纤维都有近乎相同的直线斜率，与纤维结构无关。而且，频移偏移率的大小（-4.0cm^{-1}/GPa）与前述高性能纤维具有相同值。这意味着含有对亚苯基环的各种不同纤维，在拉伸形变过程中，对给定的宏观应力都承受相同大小的平均分子应力。与芳香族和 PBO 纤维相比，PET 纤维由于存在无定形区和较低的分子取向程度，力学性能要差得多。然而，这些纤维的分子形变机理都是惊人地相似。

对归属于对亚苯基环振动在 1610～1620cm^{-1} 范围的拉曼峰频移随施加应力的偏移，可以用下式表示：

$$\Delta\nu_\sigma = \alpha_x\sigma \tag{10-2}$$

式中，$\Delta\nu_\sigma$ 是应力引起的峰偏移；σ 为施加的轴向应力；α_x 为应力引起的峰偏移因子。对式(10-2) 微分得到下式：

$$\mathrm{d}\Delta\nu_\sigma = \alpha_x \mathrm{d}\sigma \qquad (10\text{-}3)$$

两边除以轴向应变微分 $\mathrm{d}e$，即得：

$$\frac{\mathrm{d}\Delta\nu_\sigma}{\mathrm{d}e} = \alpha_x \frac{\mathrm{d}\sigma}{\mathrm{d}e} = \alpha_x E_f \qquad (10\text{-}4)$$

式中，E_f 为纤维的杨氏模量。图 10.7 显示了实验测得的应变引起的峰频移偏移率与纤维杨氏模量的关系。可以看到，所有纤维拉曼峰偏移率与纤维模

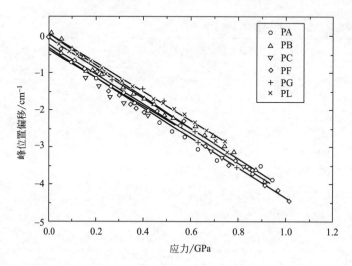

图 10.6　几种型号 PET 纤维拉曼光谱 1616cm^{-1} 峰频移偏移与应力之间的关系

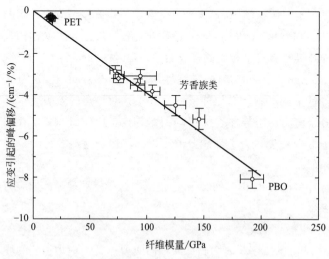

图 10.7　几种纤维拉曼峰频移偏移率与纤维模量的关系

量存在正比关系，与式(10-4) 相一致。

压缩负载下芳香族和 PBO 纤维的分子形变机理也可从纤维特征拉曼峰的行为得到阐明[2,3]。

PBO 纤维压缩应变下 $1618cm^{-1}$ 峰频移和半高宽与应变之间的关系，与拉伸应变下有所不同。从拉伸应变转变到压缩应变，峰频移和峰宽的变化是连续的。在拉伸下，峰频移向较低方向偏移，而且有近似线性关系。而在压缩下，峰频移近似线性地偏向较高波数，在一临界应变下到达最高值，然后保持在一平台值。峰半高宽在拉伸时变宽，而在压缩时则变窄，在到达临界应变后成为常数。这个应变临界值与频率偏移到达平台时的临界应变值相近。从达到平台的临界应变值可估算出 PBO 纤维的压缩强度。

从微观角度考虑，压缩应变下半高宽度变窄意味着局部分子应力的分布范围减小了。PBO 的这种行为与碳纤维不同，后者在拉伸和压缩时拉曼峰都变宽。这与它们有不同的超分子结构有关。PBO 纤维中分子并不像碳纤维中的碳那样形成三维结晶结构。碳纤维的每个分子都可以形成自己与众不同的构象。PBO 纤维在凝固和热处理过程中产生的残余应变在压缩形变时得到松弛，从而导致拉曼峰变窄。

应变下拉曼峰的宽化只发生在纤维，而不会在单晶中出现。这意味着，如果能制造出零峰宽化的纤维，那么测出的模量就是晶体模量了。拉曼峰的宽化取决于纤维结构的完善程度。如果纤维由 100% 完善的晶体所构成（例如所有分子都沿纤维轴向完善地排列），纤维的峰宽化就为零，其模量将达到晶体模量。显然，拉曼峰宽化是用于表征纤维微观结构的均匀性和纤维力学性质间关系的重要参数。

PBO 纤维分子间只有弱相互作用，沿着纤维轴向，其结构是不均匀的。当纤维轴向形变时，无序区就可能引起分子滑移，并且随应力增大而传播到整个纤维。拉曼峰的宽化就是这种分子滑移的结果。

10.1.2
超高分子量聚乙烯纤维的分子形变

超高分子量聚乙烯（UHMWPE）纤维也具有高模量和高强度等优良力学性能。其缺点是在室温或更高温度时对蠕变敏感，亦即纤维难以在静负载下保持其模量和强度；另一使其应用受到限制的缺点是抗热性能较差。然而，UHMWPE 纤维有一个突出的优点：它的密度较小，亦即有较高的模量或强度重量比。因而在对重量敏感的应用场合，它是一种杰出的可供选用的材料。

聚乙烯纤维的典型拉曼光谱在 $800 \sim 1600 \mathrm{cm}^{-1}$ 范围内有六个强峰，其中 $1060 \mathrm{cm}^{-1}$ 峰、$1130 \mathrm{cm}^{-1}$ 峰和 $1295 \mathrm{cm}^{-1}$ 峰分别归属于不对称 C—C 伸缩、对称 C—C 伸缩和 CH_2 扭转振动，而 $1418 \mathrm{cm}^{-1}$ 峰、$1440 \mathrm{cm}^{-1}$ 峰和 $1463 \mathrm{cm}^{-1}$ 峰归属于 CH_2 弯曲振动。归属于 C—C 伸缩振动的拉曼峰，其位置和形状对施加于分子主链的拉伸应力较为敏感，可用于探索分子应力分布。$1060 \mathrm{cm}^{-1}$ 峰和 $1130 \mathrm{cm}^{-1}$ 峰的频移显示出对力学形变最大的偏移，偏移率分别达到约 $-6.0 \mathrm{cm}^{-1}/\mathrm{GPa}$ 和 $-4.5 \mathrm{cm}^{-1}/\mathrm{GPa}$（偏移率对不同牌号的 PE 会有差异）。这两个峰在大应力时会发生明显展宽，可能引起较大的相互重叠，在曲线拟合时必须考虑到这一现象。大应力下还可能发生分峰，亦即在小应力时显示的单个拉曼峰，在大应力时可能分裂成两个或多个峰。用拉曼光谱术表征宏观应变（应力）下 PE 纤维的分子行为已有大量报道[4-7]。

表 10.2 列出了 S1000PE 纤维在室温下四个拉曼峰的频移和峰宽以及它们随应力的偏移率。$1064 \mathrm{cm}^{-1}$ 和 $1130 \mathrm{cm}^{-1}$ 这两个 C—C 伸缩峰有较大的偏移率。在小应力下它们都随应力增大向低频移方向近似线性偏移，但达到某一定应力后，主峰不再偏移，这个应力约为 1.2GPa。

☐ 表 10.2　S1000PE 纤维四个拉曼峰的归属、频移和峰宽以及它们随应力的偏移率

项目	峰位置/cm^{-1}	峰宽 FWHM/cm^{-1}	偏移率/ (cm^{-1}/GPa)
C—C 不对称伸缩（B_{1g}）	1063.7	7.6	-4.9
C—C 对称伸缩（A_g）	1130.5	6.2	-3.4
C—H 转动（B_{1g}）	1293.3	4.8	-1.1
C—H 弯曲（A_g）	1417.1	6.7	-1.7

PE 纤维的蠕变在拉曼光谱中有强烈响应，图 10.8 显示了固定负载下不同时间在 $900 \sim 1200 \mathrm{cm}^{-1}$ 范围内的拉曼光谱。可以看到，蠕变下 $1064 \mathrm{cm}^{-1}$ 和 $1130 \mathrm{cm}^{-1}$ 两个峰都有相似的行为。在负载 2.2GPa 开始施加时，每个峰都包含一主峰和一小峰。主峰频移随外加应力的增大发生偏移，然而其位置并不随时间而变化。小峰则有不同的表现，其位置随时间进一步向低波数方向偏移，而且发生明显宽化，蠕变达到一定时间（如 52min）后，光谱曲线变得平坦，已经不能区分出小峰。

纤维蠕变必定伴随着纤维微观结构的变化，从而也发生分子应力分布的变化。蠕变时的拉曼光谱行为正是这些变化的反映。

为了探索精确的分子形变行为，仅依据纤维形变的拉曼行为显然是不够的，尽管它是一个主要的研究手段。使用 TEM 和其它测试方法对纤维微观结构做更完善的认识必定十分有益，因为分子应力分布及其形变过程与纤维微观结构

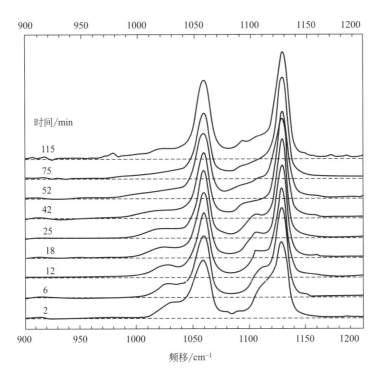

图 10.8 PE 纤维在固定负载下不同时间的拉曼光谱

密切相关。图 10.9 显示了 UHMWPE 纤维在外负载 1.5GPa 应力下的应力分布模型。该模型的依据是高分辨 TEM 观察和纤维拉曼光谱行为研究的结果[4]。高分辨 TEM 像显示了纤维高度取向的微观结构，同时也存在无序区和缺陷。后者引起应力的不均匀分布。

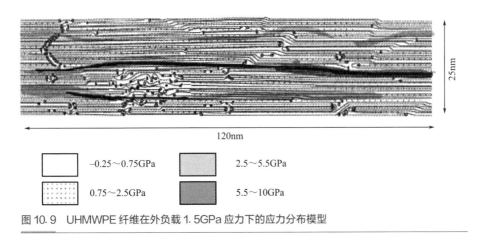

图 10.9 UHMWPE 纤维在外负载 1.5GPa 应力下的应力分布模型

10.1.3
分子形变和晶体形变

外力作用下纤维的拉曼光谱行为，包括特征峰的频移、峰宽和峰形状的变化，可用于探索纤维的分子形变机理，它所反映的分子形变信息既来自纤维的无定形区，也包含结晶区分子的贡献。峰频移与纤维应变或应力之间的函数关系可用于测定复合材料中的应变或应力分布。表 10.3 列出了主要几种高性能聚合纤维的特征拉曼峰频移及其应变偏移率和应力偏移率。需要指出，表中所列数据即使对同一种纤维，也随型号和测试环境的不同而有所差异。

▫ 表 10.3　几种高性能聚合纤维的特征拉曼峰频移及其应变偏移率和应力偏移率

纤维	峰频移/cm^{-1}	应变偏移率 $(d\Delta\nu/de)$ / $(cm^{-1}/\%)$	应力偏移率 $(d\Delta\nu/d\sigma)$ / (cm^{-1}/GPa)
芳香族	1613	−4.4	−4.0
PBO	1280	−7.9	−4.0
ABPBO	1555	−5.9	—
PBT	1477	−12.1	−4.0
PE	1130		−6.0
	1060	约−5	−4.5
PET	1615	<−1	
PP	808	<−1	

外力作用下纤维中晶体的形变是从另一个角度探索纤维形变机理。早期人们都使用通常的 X 射线源提供的射线，从 X 射线广角衍射花样研究一束纤维的晶体形变行为[8,9]。据此获得的晶体形变信息不是单根纤维而是若干根纤维的平均结果。此外，对束纤维施加外力难以使纤维处于高度均匀的应变状态。然而，为了区分均匀应变或均匀应力状态，这个要求是不可避免的。

同步辐射 X 射线源能够提供微米级大小束斑的 X 射线，而且有足够高的强度，是研究单纤维晶体形变行为的强有力工具。使用这种技术能够获得纤维晶体应变和取向的分布，作出沿纤维非直径的空间分布图。

图 10.10(a) 和 (b) 分别显示了用同步辐射光源获得的单根 PBO 高模量纤维的 X 射线衍射花样和纤维拉伸形变下（005）和（006）布拉格峰（Bragg peak）位置的偏移[10]。图中箭头表示应力的方向。在拉伸应力下，层线向衍射花样的中心靠近。这说明在链方向的晶格参数 c 随着施加拉伸应力而增大。晶体形变 e_c 定义为 $\Delta c/c_o$（c_o 为形变前链方向的晶格参数）。假定晶体是结构的增强单元，并服从弹性形变规律，则应力的增大与晶体形变的增量有如下关系：

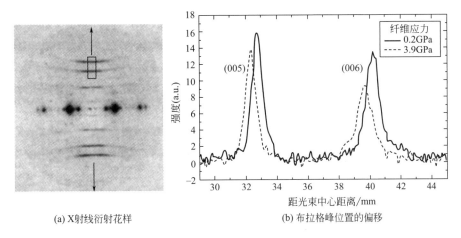

(a) X射线衍射花样　　　　　　　　　　(b) 布拉格峰位置的偏移

图 10.10　用同步辐射光源获得的单根 PBO 高模量纤维的 X 射线衍射花样和纤维拉伸形变下（005）和（006）布拉格位置的偏移

$$de_c \propto d\sigma_c \qquad (10-5)$$

式中，σ_c 为晶体应力。该式与式（10-3）相似。

　　毫无疑问，拉曼光谱术与同步辐射 X 射线衍射术的联合应用将能对高性能纤维的形变行为（包括分子形变和晶体形变）有一个较为完整的认识。然而，为建立形变机理更完整而精确的理论，还必须做更多的工作，其中，应用包括 TEM 在内的其它技术更详尽地探索纤维的微观结构是必不可少的。

10.2
界面剪切应力

10.2.1
概述

　　界面剪切应力是描述复合材料界面行为的最主要参数之一。它决定了负载的传递效率和传递方式，直接影响界面的破坏模式。不同的增强纤维-基体复合材料系统常常显示出显著不同的界面剪切应力行为。

　　图 10.11 显示了单纤维包埋模型复合材料中一段纤维的受力情景。图中 r_f 是纤维半径，dx 是纤维段长度，而 σ_f 是轴向纤维应力。根据力平衡原理，界面

剪切应力 τ 可表示如下：

$$\tau = \frac{r_f}{2} \times \frac{\mathrm{d}\sigma_f}{\mathrm{d}x}$$

(10-6)

显见，为了获得界面剪切应力沿纤维轴向 x 的分布，必须测得纤维轴向应力关于 x 的函数关系。

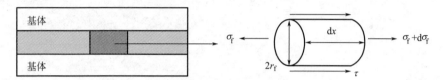

图 10.11 单纤维包埋模型复合材料中一纤维段的受力情景示意图

对高性能聚合物纤维增强复合材料（常用聚合物作为基体），几种单纤维包埋模型复合材料的微观力学试验，如单纤维拉出、微滴包埋拉出和单纤维断裂试验等，都可用于测定纤维轴向应力分布，从而获得界面剪切应力分布。

有两种方法可用于逐点精确测定纤维轴向应力分布：一种方法是利用纤维中的分子形变对其拉曼特征峰参数的响应而建立的显微拉曼光谱术。这种方法的应用受到某些限制：①不适用于对可见光不透明的基体复合材料，除非纤维是透明材料（使用共焦显微术）；②对试样某些特殊位置，如纤维进入基体的边缘区和微滴包埋拉出试验中与阻挡刀片接触的区域，将激光聚焦于确定的位置会发生困难。另一种方法是近几年发展起来的同步辐射源 X 射线衍射技术，其基本原理是利用纤维的晶体形变在其衍射花样中的响应。对高取向结晶良好的高性能纤维增强复合材料，这种方法是可取的。

研究表明，与其它复合材料系统不同，对各种高性能聚合物纤维/聚合物基体复合材料，其界面微观力学行为有一个共同点：界面剪切应力引起的界面破坏，通常不是由于界面结构缺陷引起的界面弱结合，而是来源于基体材料的屈服。当界面剪切应力达到或高于基体材料的屈服应力时，界面发生脱结合，界面破坏。这种界面破坏方式的前提是纤维与基体之间有良好的结合。对聚合物纤维/聚合物复合材料，通常要求界面能够达到最大程度的负载传递，因而其制造工艺力求复合材料具有牢固的界面结合。近代纤维表面改性工艺（参阅本章 10.3 节）已经达到较为完满的程度，对多数聚合物纤维/聚合物系统都能达到强界面结合。

10.2.2
芳香族纤维/环氧树脂复合材料

芳香族纤维增强聚合物复合材料的界面微观力学已获得广泛研究，既使用传统的微观力学试验方法，也使用能逐点测定纤维应变的光谱法和同步辐射源X射线衍射法[11-14]。不同试验方法测得的界面剪切应力数据并不等同，但都在同一数量级范围内，应力分布规律也具有可比较性。

由一种表面覆盖有聚乙烯醇（PVA）的Kevlar纤维和环氧树脂制得的全包埋单纤维模型复合材料试样，在不同基体拉伸应变下，由拉曼光谱术测得的纤维应变分布（仅显示试样中纤维的左端）如图10.12(a)所示。在基体低应变时，纤维应变分布情景与剪切-滞后理论所预测的相一致，表明纤维表现出弹性形变行为。然而，在基体应变大于1.5%以后，纤维端头附近应变分布的斜率明显变小。从图10.12(a)的数据推算出的界面剪切应力分布如图10.12(b)所示。大基体应变下，界面行为与小基体应变时显著不同，此时纤维已不再表现为弹性行为。在纤维端头，界面剪切应力不再是最大值，而是一较小的值，随后才增大达到峰值，接着又缓慢减小达到零值。这表明界面已经发生了部分脱结合。

界面剪切应力随基体应变的增大而增大，如图10.13(a)所示。在基体低应变时，纤维端头的界面剪切应力随基体应变逐步增大，而在高基体应变时，该

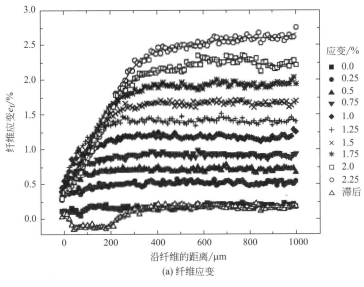

(a) 纤维应变

图10.12

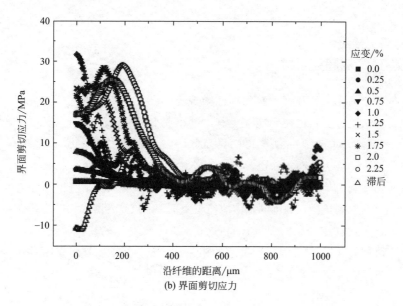

(b) 界面剪切应力

图10.12 Kevlar单纤维/环氧树脂全包埋模型复合材料纤维应变和界面剪切应力的分布

位置的界面剪切应力小于最大界面剪切应力。这再一次表明部分脱结合导致界面破坏。从图10.12(b) 可确定不同基体应变下的脱结合长度。基体应变与界面脱结合长度之间的关系如图10.13(b) 所示。将数据外推，可得出脱结合开始发生时的基体应变约为1.3%。

由于纤维表面的PVA覆盖，纤维与基体之间的结合不强，在界面剪切应力并未达到基体剪切屈服点时就发生界面脱结合。去除PVA的纤维，会形成纤维与环氧树脂的强界面结合，最大界面剪切应力将达到基体屈服应力，约40MPa。

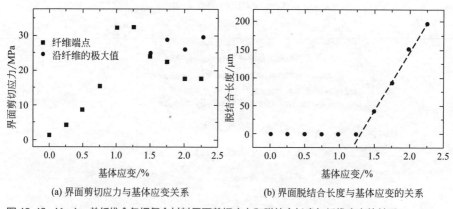

(a) 界面剪切应力与基体应变关系　　　　(b) 界面脱结合长度与基体应变的关系

图10.13 Kevlar单纤维全包埋复合材料界面剪切应力和脱结合长度与纤维应变的关系

此时，界面破坏来源于基体屈服。单纤维拉出试验也获得与之相近似的最大界面剪切应力值[15]。

对芳香族 Technora 纤维/环氧树脂系统，最大界面剪切应力在 38～46MPa 范围内[16]，与环氧树脂的剪切屈服应力相近。

10.2.3
PBO 纤维/环氧树脂复合材料

PBO 纤维与 PPTA 纤维一样，具有高结晶度微观结构，能显示确定而明锐的广角 X 射线衍射花样，因而适用于应用同步辐射源 X 射线衍射术探索基体中单纤维的形变行为，获得应力沿纤维轴向的分布，并据此测得界面剪切应力。

微滴包埋单纤维拉出试验是适用于 PBO/环氧树脂系统界面微观力学研究的试验方法之一。然而，传统的试验方法在测定阻挡刀片附近纤维的应变或应力时常常发生困难；另外，由于阻挡刀片对基体的局部作用，使应力场产生局部变形，引起数据分析的复杂化。一种新的试验方法能克服上述困难。此时，不使用阻挡刀片，而对包埋于微滴的单纤维两端施加拉伸力，测定纤维的应力分布。图 10.14 为其示意图。

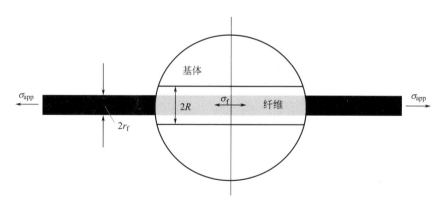

图 10.14　单纤维微滴包埋试样拉伸试验示意图

微滴两端的纤维受到方向相反、大小相等的拉伸力。实际上可以看成从微滴中央垂直于纤维轴的平面为基准的两个对称的单纤维拉出试验。微滴内部应力沿纤维的分布可模仿为两个单独拉出试验的情况，只是在中央点是不连续的。据此，应用不同的边界条件，将单纤维拉出分析予以修正[14]，可得到在弹性应

变情形下纤维应力 σ_f 的预测：

$$\sigma_f = \sigma_{app} \frac{\cosh(nx/r_f)}{\cosh(nL/r_f)} \tag{10-7}$$

式中，坐标变量 x 以微滴中央为原点；L 为沿纤维轴向微滴中央至边缘的距离（相当于微滴直径为 $2L$）；r_f 为纤维半径，σ_{app} 为外加应力；n 则如下式所示：

$$n^2 = \frac{E_m}{E_f} \times \frac{1}{\ln(R/r)} \times \frac{1}{(1+\upsilon_m)} \tag{10-8}$$

式中，E_m 和 E_f 分别为基体和纤维的杨氏模量；υ_m 为基体的泊松常数；R 为有效界面半径。应用式（10-6），即得界面剪切应力 τ 随 x 的变化，如下式所示：

$$\tau = \sigma_{app} \frac{n}{2} \times \frac{\sinh(nx/r_f)}{\sinh(nL/r_f)} \tag{10-9}$$

如若忽略泊松效应可能引起的基体收缩的影响，并且仅由脱结合引起界面破坏，则界面应力取决于基体与纤维间的摩擦力，其大小是个常数。界面破坏也可能来源于基体屈服。这时，应力分布轮廓与前一种情况相似，但有更大的界面剪切应力（相近于基体的剪切屈服应力）。根据力平衡原理，容易获得脱结合情况下的界面剪切应力分布。

应用上述分析计算出的纤维轴向应力和界面剪切应力分布如图 10.15 和图 10.16 所示，两幅图分别对应于界面完全结合的情况和界面完全脱结合的情况。可以看到，两种情况下纤维应力的极大值都位于纤维进入微滴的那一

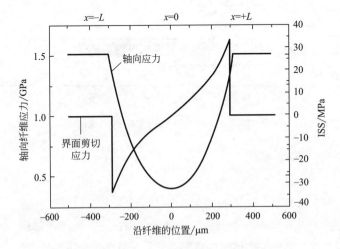

图 10.15　界面完全结合情况下纤维轴向应力和界面剪切应力分布的理论预测

点，随后逐渐衰减，在微滴中央达到最小值。在界面完全结合情况下，界面剪切应力在微滴内连续变化，而在界面完全脱结合时，则保持为常量不变化。从界面剪切应力的大小可以判断脱结合是界面本身的破坏还是由基体剪切屈服引起的。

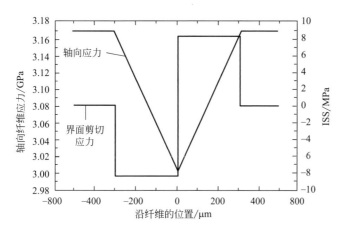

图10.16 界面完全脱结合情况下纤维轴向应力和界面剪切应力分布的理论预测

界面剪切应力的极大处有时会发生界面局部破坏，产生界面部分脱结合的情况。这时可以将上述弹性模型（完全界面结合）和非弹性模型（脱结合或基体屈服）相联合，形成界面部分脱结合模型。

应用同步辐射源 X 射线衍射术测定复合材料中纤维应力分布的依据是纤维应力与晶格间距之间的函数关系。沿纤维轴向的晶体晶格间距 c 可以应用下式计算：

$$c = \frac{n_1 \lambda}{\sin[\arctan(h/r)]} \tag{10-10}$$

式中，n_1 是衍射级数；λ 为 X 射线波长；r 为试样至检测器的距离；h 是相对光束中心的反射距离。试样形变过程中的晶体应变 e_c 可以表示如下：

$$e_c = \frac{c_\sigma - c_0}{c_0} \tag{10-11}$$

式中，c_0 是未形变时的 c 间距；c_σ 是纤维应力为 σ_{app} 时测得的试样 c 间距。假定这些纤维试样是处于均匀应力状态（晶体应力等于外加应力），就可以使用上述原理推算出 c 间距与外加纤维应力间的关系。

根据上述分析，从微滴包埋纤维拉出试验测得，在不同外加应力下的纤维应力分布如图 10.17 所示。图中对数据点的拟合实线是从修正后的理论预测计算得出的曲线。拟合过程中选用合适的参数 n 的值［式(10-8)］以获得最佳拟合。可以看到，不管在低负载下界面完全结合的情况［图 10.17(a)］，还是高负载下界面破坏的情况［图 10.17(b)］，理论曲线与实测数据都基本吻合。

在低外加应力下，实测数据呈典型的 U 形分布，应力弹性传递，界面保持完全结合。当外加应力增大到较高程度时，例如 2GPa 以上，实测数据点呈近

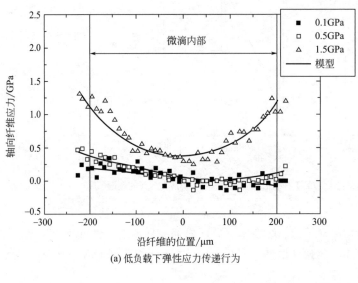

(a) 低负载下弹性应力传递行为

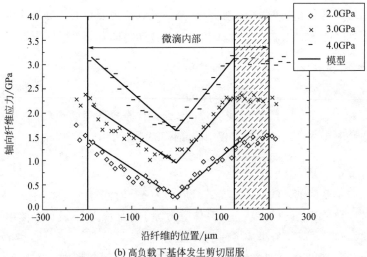

(b) 高负载下基体发生剪切屈服

图 10.17 应用同步辐射源 X 射线衍射测得的 PBO/环氧树脂复合材料在不同负载下纤维的应力分布

似直线分布，形成典型的 V 形。此时，界面发生破坏或者基体屈服。在界面脱结合情形下，应力完全通过摩擦传递。图 10.17(b) 中的阴影区对应于纤维与基体完全脱离的情形。

应用式(10-6) 可将图 10.17 的纤维应力分布数据转换成界面剪切应力分布，如图 10.18 所示。图 10.18(a) 显示，当应力通过纤维/基体的界面弹性传递时，极大界面剪切应力可高达约 40GPa，这个值与纤维全包埋试样的测定值相近。接近于环氧树脂的剪切应力（40~50GPa），表明基体与纤维之间有很强

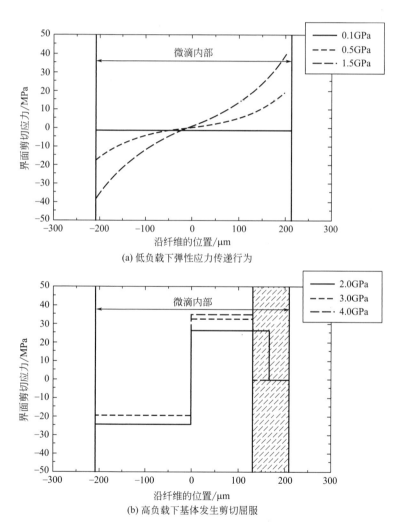

(a) 低负载下弹性应力传递行为

(b) 高负载下基体发生剪切屈服

图 10.18　应用同步辐射源 X 射线衍射测得的 PBO/环氧树脂复合材料在不同负载下的界面剪切应力分布

的结合。在较高外加应力作用下 [图 10.18（b）]，基体发生屈服，在微滴边缘位置的界面剪切应力下降至较低的值（24～26GPa）。界面剪切应力分布轮廓在外加应力继续增大时保持稳定。

10.2.4
PE 纤维/环氧树脂复合材料

应用传统的单纤维拉出试验结合显微拉曼光谱术，研究聚乙烯纤维/环氧树脂复合材料在外负载下的界面行为，发现随着外负载的增大，界面行为经历如下过程：在低外加应力下，复合材料系统表现为弹性行为。自由纤维段应力的增大引起界面脱结合的发生，脱结合区的前端沿着纤维/基体的界面发展传播。界面结合区的行为仍然是弹性的。由于脱结合区的前端沿着纤维传播，脱结合界面逐渐延长，最终到达包埋纤维的末端。此时，纤维开始拉出，界面完全破坏，界面剪切应力来源于摩擦力。在脱结合区，纤维应力分布是线性的，界面剪切应力较小，而且为一常数。

图 10.19 显示了 PE 纤维/环氧树脂模型复合材料单纤维拉出试验中的界面脱结合过程。在较低拉出应力时，界面显示弹性行为，对应于图 10.19（a）所示的情况。在基体边缘处纤维应力达到极大值，随后沿着纤维轴向稳步减小到零。较大的拉出应力引起靠近基体处发生界面脱结合，其前端沿着纤维表面传播 [图 10.19（b）]。这时，有两个确定的不相同的界面区域：一是靠近基体边缘的线性区域，应力由摩擦力控制，这是脱结合区；另一是弹性区域，靠近包埋纤维的端头，是界面结合区。从应力分布图可确定不同拉出应力下两个区域转变点的位置。

图中与外加应力为 0.60GPa 相应的纤维应力分布显示，此时脱结合区前端已经传播到纤维的末端。界面有着几个确定的线性区域。这表示一旦界面脱结合，界面沿纤维表面存在几个摩擦力大小不相等的区域。与界面完全脱结合对应的纤维分布如图 10.19（c）所示。此时，纤维抵抗摩擦力从基体中拉出，纤维应力呈线性分布。由于界面破坏，空气中纤维段的应力下降。

高性能聚乙烯纤维有其特有的微观结构和相应的力学性能，例如黏弹性和松弛性能，因此，与芳香族和 PBO 纤维增强系统相比，PE/环氧树脂系统有着自身的更为复杂的界面行为，详情可参考文献 [17]。

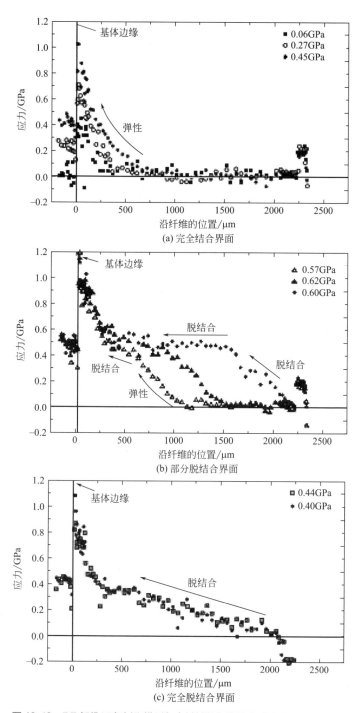

图 10.19　PE 纤维/环氧树脂模型复合材料单纤维拉出试验的界面脱结合过程

10.3
纤维表面改性对界面行为的作用

与陶瓷基复合材料要求界面弱结合不同，对聚合纤维增强聚合物基复合材料，通常要求有强界面结合，以便能通过界面有效地传递负载。纤维表面改性是达到这一要求的主要方法。首先，表面改性能增强纤维与基体材料之间的相互吸引，改善润湿性，或者增强静电引力或原子、分子的相互扩散或机械锁合，甚至发生化学键结合，或者上述各项兼而有之，主要目标是达到界面强结合。其次，表面改性也能赋予界面抗温度变化和耐化学腐蚀等能够在恶劣环境下工作的性能。

有许多方法可用于表征纤维的表面，如 X 射线光电子谱术、二次离子质谱术（SIMS）、反相气相色谱术（IGC）、原子力显微术和扫描电子显微术等。这些技术都可用于研究表面改性对界面结构的影响，同时应用复合材料微观力学试验探索界面行为，测定界面剪切应力的平均值和极大值。

表面化学改性和物理改性都可用于改善界面结合性能。例如，在纤维表面涂覆一层物质，该层物质与纤维和基体都有良好的吸附性能，甚至能发生化学反应，从而形成界面强结合。用等离子体轰击纤维表面则是一种有效的物理改性方法。轰击可显著增大纤维表面的粗糙度，有利于纤维与基体的界面机械锁合。

10.3.1
PPTA 纤维表面的化学改性

获得图 10.12 的试样为 Kevlar 49/环氧树脂全包埋单纤维模型复合材料，纤维表面含有 PVA 浆料。将 PVA 去除后，制得类似的试样，实测得到的界面剪切应力分布如图 10.20 所示。比较图 10.20 与图 10.12(b)，可以看到，在低基体应变时，两者的界面剪切应力分布没有什么差异。然而在较高基体应变（1.0%和 1.5%）时，前者的最大界面剪切应力明显高于后者。更高的基体应变时，两者又接近相同，界面都有不同程度的局部破坏。这种情况表明，去除纤维表面的浆料后的复合材料有较强的界面结合，亦即纤维表面 PVA 的存在使界面结合减弱。这可能是由于 PVA 薄层形成纤维的光滑表面，减弱了纤维原有

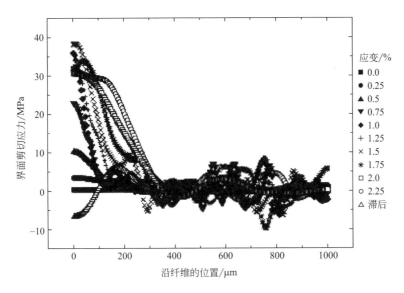

图 10. 20　Kevlar/环氧树脂全包埋单纤维在不同应变下的界面剪切应力分布

粗糙表面的机械锁合效果。对纤维表面进行化学改性，引入侧胺基团后的界面应力分布如图 10.21 所示（改性过程详见文献［13］）。从图中可见，在各个不同基体应变值下，最大界面剪切应力都出现在纤维端头，未界面破坏现象。界面剪切应力和纤维轴向应力沿纤维的分布都与剪切-滞后弹性分析的理论预测

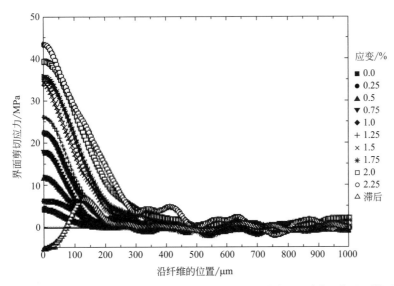

图 10. 21　引入侧胺基团后 Kevlar/环氧树脂全包埋单纤维在不同应变下的界面剪切应力分布

相一致。同时也注意到，在施加最大基体应变时，极大界面剪切应力接近于基体剪切屈服应力。显然，侧胺基团的引入使界面达到强结合。

在低基体应变（1%以下）时，纤维表面处理对界面剪切应力分布形状几乎没有什么影响。例如，在 0.5%基体应变时，对所有三种不同表面处理的纤维都有接近相等的极大界面剪切应力（10MPa）和约为 400μm 的应力传递长度。然而，在基体应变大于 1%以后，表面处理显著改变试样的界面行为。除了上面所述界面剪切应力分布轮廓不同外，它们的界面破坏方式也不相同。例如，表面含有 PVA 的纤维，其复合材料界面的破坏是由于界面脱结合；对去除 PVA 的纤维，界面破坏则来源于基体剪切屈服；而对含有侧胺基团的化学改性表面纤维，在最大基体应变下也未发生界面破坏。

将环氧树脂-胺混合物固化于纤维（Twaron）表面，获得所谓黏结活化纤维（adtesive active fiber），能显著提高界面结合强度[18]。除了用微观力学试验定量测定其界面剪切应力外，应用 AFM 图像和表面粗糙度的定性和定量分析也能确定表面改性对界面行为产生什么样的影响。对单纤维拉出试验中拉出纤维表面的分析指出，用黏结活化纤维制得的模型复合材料试样的界面破坏行为是一种内聚破坏（cohesive frature），因而有较高的界面结合力。

10.3.2
PE 纤维的等离子体处理

聚乙烯纤维低反应性的化学性质限制了其在复合材料中的应用，尤其是应用在如环氧树脂这类热固性基体材料中。为了改善聚乙烯纤维表面与基体材料之间的相互作用（物理作用或化学作用，或兼而有之），以增大界面结合强度，对聚乙烯纤维预先进行表面改性是不可缺少的工艺。等离子体处理和化学处理都是有效的表面改性方法。微观力学研究的单纤维拉出试验可用于检测改性对改善界面结合的效果。

未经表面改性处理的纤维显示弱界面结合，在拉出试验中要求有长包埋长度，并且对空气中纤维施加小拉出应力就能将纤维拉出，表现为稳定的脱结合过程。等离子处理后的纤维显示较强的界面结合，在短得多的纤维包埋长度下也能测定界面脱结合过程，最大界面剪切应力：前者约为 4.5～6MPa，后者则能达到 10～12MPa。

化学处理对改善界面结合也是明显的。例如铬酸处理后的纤维，界面不像未处理纤维那样易于破坏。

等离子体处理后加以浓硫酸处理能获得最佳效果，使界面强度达到更高，最大界面剪切应力高达 13MPa[17]。

需要指出，前文所列数据并不对所有 PE 纤维/环氧树脂系统适用。界面剪切应力的值与系统准备过程、材料型号和试验方法都直接相关。然而，作为数量级上的认识和相似条件下的比较研究仍然是有意义的。

10.4
裂缝与纤维相互作用引起的界面行为

界面在裂缝传播过程中起怎样的作用，与纤维和基体性能相关的各个参数在裂缝与纤维相互作用时对界面行为有怎样的影响，可以通过裂缝搭桥纤维试验做定性和定量测定。

图 10.22 是一种裂缝搭桥纤维试验示意图。P_{app} 为外加负载。在外负载下，用显微拉曼谱术测定搭桥纤维的应力分布。从而获得界面剪切应力随外负载的变化。

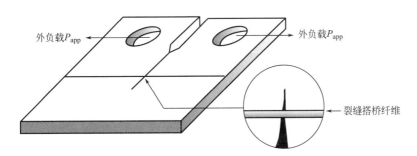

图 10.22　裂纹与纤维相互作用试验示意图

对 PPTA 纤维（Twaron）/环氧树脂试样，在裂缝宽度即纤维搭桥的长度为 $12\mu m$ 时测得的纤维应力分布如图 10.23(a) 所示。图中坐标原点 $x=0$ 处为裂缝平面位置。

基体的开裂使裂缝平面两边的纤维产生不均匀分布的应力。在裂缝平面出现应力的极大值，随后在两个相反方向沿纤维逐渐衰减，到达某一 x 坐标处，减小到零。在裂缝平面的每一边，纤维应变都可分为两个区域。在应变较高的区域，应变呈线性分布。应变传递由摩擦力所控制，纤维发生滑移，纤维/基体

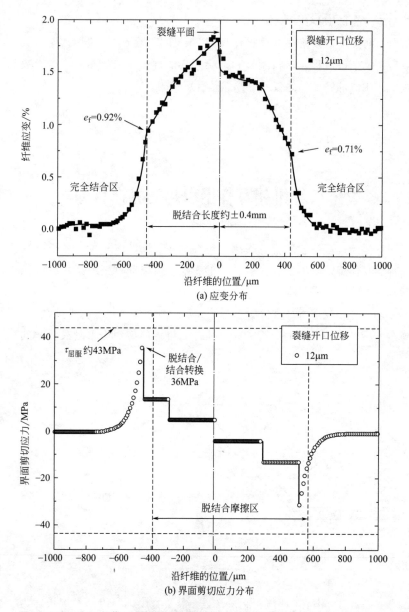

图 10.23　PPTA 纤维/环氧树脂试样搭桥纤维的应力分布和界面剪切应力分布

之间脱结合。这个区域又可分为两个次级区域，它们有不相同的应变梯度，表明有不同大小的摩擦力。图中指出了这个区域的长度，即为脱结合长度。

线性区域的末端标志着从脱结合区向完全结合区的转变，其特征是纤维应变有一急剧的变化。在该区域纤维应变分布是非线性的，而是呈指数函数衰减。

这是弹性应变传递的特征，表明在该区域纤维与基体保持结合状态。

裂缝两边的应变分布相对裂缝平面近似对称，表明裂缝两边有相同的应变传递行为。

图 10.23(a) 中的实线是应用部分脱结合理论模型对实测数据的拟合曲线。线性应变分布区应用式(9-4)作拟合曲线，而式(9-6)则用于弹性结合区。可以看到，理论拟合曲线与实测数据基本一致。

界面剪切应力的分布如图 10.23(b) 所示。图中实线为应用理论模型对数据点的拟合曲线［应用式(9-7)］。图中可以测得各区域的界面剪切应力和位于脱结合与完全结合转变点的最大界面剪切应力。

对不同种类的高性能聚合纤维，裂缝与搭桥纤维相互作用时界面行为的过程大致如前所述。然而，纤维性质（如强度和模量）、基体性质和界面结合程度等都会显著影响具体的响应过程[18,19,20]。有的纤维（如 PIPD 和碳纤维）会出现纤维断裂时的回弹现象，如图 10.24 所示。在界面破坏区，回弹纤维受到压缩应力。

表 10.4 列出了几种纤维/环氧树脂系统的纤维性质（模量 E_f、强度 σ_f^* 和半径 r）、界面行为参数（最大剪切应力 τ_{max}、摩擦应力 τ_f 和界面脱结合长度 L_d）和搭桥状态。

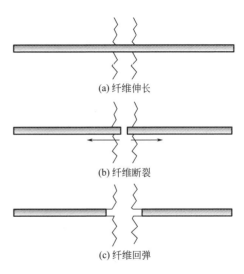

(a) 纤维伸长

(b) 纤维断裂

(c) 纤维回弹

图 10.24　搭桥纤维断裂后回弹过程示意图

PPTA（Twaron）和 PBO（Zylon）是韧性纤维，基体开裂后能保持不受损伤。在纤维/基体界面开始破坏后，有可能会有相当大的脱结合传播。而对 PIDD（M5）和碳（T50u）纤维，由于它们固有的纤维性质和界面特性的限制，其脱结合只能传播到小得多的长度。

▣ 表 10.4　高性能纤维/环氧树脂复合材料在裂纹纤维搭桥试验中的界面行为参数和搭桥状态

纤维	E_f/GPa	σ_f^*/GPa	τ_{max}/MPa	τ_f/MPa	$r/\mu m$	L_d/mm	稳定搭桥
Twaron	104	2.1	33	0～10	6.2	1.2	√
Zylon	228	4.9	33	0～5	6.75	>2	√
T50u	325	2.3	27	8	3.6	0.35	×
M5	304	3.7	40	20	6.7	0.3	×

参考文献

[1] Yeh W-Y，Young R J. Molecular deformation processes in aromatic high modulus polymer fibers. Polymer，1999，40：857.

[2] Andrews M C，Lu D，Young R J. Compressive properties of aramid fibres. Polymer，1997，38：2379.

[3] Kitagawa T，Yabuki K，Young R J. An investigation into the relationship between processing, structure and properties for high-modulus PBO fibres. Part 1. Raman band shifts and broadening in tension and compression. Polymer，2001，42：2101.

[4] Berger L，Hausch H H，Plummer C J G. Structure and deformation mechanisms in UHMWPE fibres. Polymer，2003，44：5877.

[5] Amornsakchai T，Unwin A P，Ward I M，Batcheder N D. Strain inhomogeneities in high oriented gel-spun polyethylene fibers. Macromolecules，1997，30：5034.

[6] Moonen J A H M，Roovers W A C，Meier R J，Kip B J. Crystal and molecular deformation in strained high-performance polyethylene fibers studied by wide-angle X-ray scattering and raman spectroscopy. J Polym Sci Part B Polym Phys，1992，30：231.

[7] Grubb D V T，Li Z F. Molecular stress distribution and creep of high-modulus polyethylene fibres. Polymer，1992，33：2587.

[8] Amornsakchai T，Unwin A P，Ward I M，Batchelder D N. Strain inhomogereites in highly oriented gel-spun polyethylene. Macromolecles，1997，30：5034.

[9] Moonen J A H M，Roovers W A C，Meier R J，Kip B J. Crystal and molecular deformation in strained high-performance polyethylene fibers studies by wide-angle X-ray scattering and Raman spectroscopy. J Polym Sci Part B Polym Phys，1992，30：361.

[10] Young R J，Eichhorn S T. Deformation mechanisms in polymer fibres and nanocomposites. Polymer，2007，48：2.

[11] Andrews M C，Day R J，Patrikis A K，Young R J. Deformation micromechanics in aramid/epoxy composites. Composites，1994，25：745.

[12] Day R J，Cauich Rodrigez J V. Investigation of the micromechaniscs of the microbond test. Comp Sci Tech，1998，58：907.

[13] Day R J，Hewson K D，Lovell P A. Surface modification and its effect on the interfacial properties of model aramid-fibre/epoxy composites. Comp Sci Tech，2002，62：153.

[14] Eichhorn S J，Bennett J A，Shyng Y T，Young R J，et al. Analysis of interfacial micromechanics in microdroplet model composites using synchrotron microfocus X-ray diffraction. Comp Sci Tech，2006，66：2197.

[15] Patrikis A R，Andrews M C，Young R J. Analysis of the single fibre pull-out test by the use of Raman spectroscopy. Part 1. Pull-out of aramid fibres from a epoxy resin. Comp Sci Tech，1994，52：387.

[16] Prasithphol W. Interfacial micromechanics of technora fibre/epoxy composites. J Mater Sci，2005，40：5381.

[17] Gonzalez-chi P I，Young R J. Deformation micromechanics of a thermoplastic-thermoset interphase of epoxy composites reinforced with polyethylene fiber. J Mater Sci，2004，39：7049.

[18] De Lange P J，Mader E，Mai K Young R J，Ahmad I. Characterization and micromechanical testing of the interphase of aramid-reinforced epoxy composites. Composites Part A，2001，32：331.

[19] Bennett J A，Young R J. Micromechanical aspects of fibre/crack interactions in an aramid/epoxy composite. Comp Sci Tech，1997，57：945.

[20] Bennett J A，Young R J. A strength based criterion for the prediction of stable fibre crack-bridging. Comp Sci Tech，2008，68：1282.